全国高等教育自学考试指定

机械工程控制基础

（2024 年版）

（含：机械工程控制基础自学考试大纲）

全国高等教育自学考试指导委员会　组编

董　霞　编著

机 械 工 业 出 版 社

本书是全国高等教育自学考试指导委员会组编教材，是为适应自学考试机械电子工程（专升本）、机电一体化技术（专科）等专业的学生学习“机械工程控制基础”课程而修订和编写的。本次修编主要基于2012年版本，理论体系上仍然只保留了经典控制理论的内容，在阐明经典控制理论的基本概念、基本理论和基本方法的基础上，对全书内容进行了补充、修改和润色。本书主要内容包括绪论、拉普拉斯变换的数学方法、控制系统的数学模型、控制系统的时域（主要是瞬态响应与系统误差）分析、控制系统的频率特性、控制系统的稳定性以及控制系统的校正与设计。本书除绪论外，在各章给出了基于MATLAB应用的例题。每章后都附有自学指导、复习思考题和精选的习题。书末附有MATLAB应用的基础知识和部分习题参考答案。

本书适合作为自学考试机械电子工程（专升本）、机电一体化技术（专科）等专业“机械工程控制基础”课程教材，也可作为普通高等教育机电一体化、机械电子工程、机械设计制造及自动化等专业相关课程教材，还可供工程技术人员参考。

图书在版编目（CIP）数据

机械工程控制基础/全国高等教育自学考试指导委员会组编；董霞编著．—2版．—北京：机械工业出版社，2024.4

全国高等教育自学考试指定教材

ISBN 978-7-111-75717-7

Ⅰ.①机…　Ⅱ.①全…　②董…　Ⅲ.①机械工程-控制系统-高等教育-自学考试-教材　Ⅳ.①TH-39

中国国家版本馆CIP数据核字（2024）第086151号

机械工业出版社（北京市百万庄大街22号　邮政编码100037）

策划编辑：徐鲁融　　责任编辑：徐鲁融　赵晓峰

责任校对：樊钟英　张　征　　封面设计：严娅萍

责任印制：郜　敏

中煤（北京）印务有限公司印刷

2024年7月第1版第1次印刷

184mm×260mm · 19.25印张 · 474千字

标准书号：ISBN 978-7-111-75717-7

定价：63.80元

电话服务　　网络服务

客服电话：010-88361066　　机　工　官　网：www.cmpbook.com

010-88379833　　机　工　官　博：weibo.com/cmp1952

010-68326294　　金　书　网：www.golden-book.com

封底无防伪标均为盗版　　机工教育服务网：www.cmpedu.com

组编前言

21世纪是一个变幻难测的世纪，是一个催人奋进的时代，科学技术飞速发展，知识更替日新月异。希望、困惑、机遇、挑战，随时随地都有可能出现在每一个社会成员的生活之中。抓住机遇，寻求发展，迎接挑战，适应变化的制胜法宝就是学习——依靠自己学习，终生学习。

作为我国高等教育组成部分的自学考试，其职责就是在高等教育这个水平上倡导自学、鼓励自学、帮助自学、推动自学，为每一个自学者铺就成才之路。组织编写供读者学习的教材就是履行这个职责的重要环节。毫无疑问，这种教材应当适合自学，应当有利于学习者掌握和了解新知识、新信息，有利于学习者增强创新意识、培养实践能力、形成自学能力，也有利于学习者学以致用、解决实际工作中所遇到的问题。具有如此特点的书，我们虽然沿用了“教材”这个概念，但它与那种仅供教师讲、学生听，教师不讲、学生不懂，以“教”为中心的教科书相比，已经在内容安排、编写体例、行文风格等方面都大不相同了。希望读者对此有所了解，以便从一开始就树立起依靠自己学习的坚定信念，不断探索适合自己的学习方法，充分利用自己已有的知识基础和实际工作经验，最大限度地发挥自己的潜能，达到学习的目标。

欢迎读者提出意见和建议。

祝每一位读者自学成功。

全国高等教育自学考试指导委员会

2022年12月

主要符号一览表

符号	含义	符号	含义
m	质量	R	电阻常数
J	转动惯量	C	电容常数
B	黏性阻尼系数	L	电感常数
k	弹簧常数	ζ	阻尼比
K	系统增益	j	虚单位（$\mathrm{j}=\sqrt{-1}$）
e	自然对数的底	s	复数变量（$s=\sigma+\mathrm{j}\omega$）
e_{ss}	稳态误差	t	时间变量
M_p	超调量	t_r	上升时间
t_p	峰值时间	t_s	调整时间
T	时间常数	ω	频率（rad/s）
ω_n	无阻尼固有频率	ω_d	有阻尼固有频率
ω_T	转折频率	ω_r	谐振频率
M_r	谐振峰值	ω_b	截止频率
ω_c	幅值穿越频率	γ	相位裕度
ω_g	相位穿越频率	K_g	幅值裕度
$L[\quad]$	拉普拉斯变换	$L^{-1}[\quad]$	拉普拉斯反变换（逆变换）
$e(t)$	时域误差函数	$E(s)$	时域误差函数的拉普拉斯变换
$x(t)$, $r(t)$	一般表示系统时域的输入函数	$X(s)$, $R(s)$	一般表示系统输入的拉普拉斯变换
$y(t)$, $c(t)$	一般表示系统时域的输出函数	$Y(s)$, $C(s)$	一般表示系统输出的拉普拉斯变换
$n(t)$	干扰信号	$N(s)$	干扰信号的拉普拉斯变换
$u_i(t)$	输入电压信号	$U_i(s)$	输入电压的拉普拉斯变换
$u_o(t)$	输出电压信号	$U_o(s)$	输出电压的拉普拉斯变换
$i(t)$	电流信号	$I(s)$	电流的拉普拉斯变换
$g(t)$	单位脉冲响应函数（或权函数）	$G(s)$	传递函数
$H(s)$	反馈传递函数	$L(\omega)$	对数幅频特性
$\varphi(\omega)$	相频特性	$\tan(\quad)$	正切函数
$\arctan(\quad)$	反正切函数	$1(t)$	单位阶跃函数
$\delta(t)$	单位脉冲函数		

目　录

组编前言
主要符号一览表

机械工程控制基础自学考试大纲

大纲前言
Ⅰ. 课程性质与课程目标 …… 3
Ⅱ. 考核目标 …… 4
Ⅲ. 课程内容与考核要求 …… 4
Ⅳ. 关于大纲的说明与考核实施要求 …… 17
附录　题型举例 …… 18
大纲后记 …… 21

机械工程控制基础

编者的话 …… 23
第1章　绪论 …… 25
1.1　控制理论的发展简史 …… 25
1.2　机械工程控制论的研究对象 …… 27
1.3　控制系统的基本概念 …… 28
1.4　机械工程控制的应用实例 …… 33
1.5　本课程特点及内容简介 …… 36
自学指导 …… 36
复习思考题 …… 36
习题 …… 36
第2章　拉普拉斯变换的数学方法 …… 39
2.1　复数和复变函数 …… 39
2.2　拉普拉斯变换与拉普拉斯反变换的定义 …… 41
2.3　典型时间函数的拉普拉斯变换 …… 42
2.4　拉普拉斯变换的性质 …… 46
2.5　拉普拉斯反变换的数学方法 …… 53
2.6　用拉普拉斯变换解常微分方程 …… 60
自学指导 …… 63
复习思考题 …… 63
习题 …… 64
第3章　控制系统的数学模型 …… 66
3.1　概述 …… 66
3.2　系统微分方程的建立 …… 68
3.3　传递函数 …… 76
3.4　系统框图 …… 86
3.5　机、电系统的传递函数 …… 95
自学指导 …… 105
复习思考题 …… 105
习题 …… 105
第4章　控制系统的时域分析 …… 109
4.1　时间响应 …… 109
4.2　一阶系统的时间响应 …… 112
4.3　二阶系统的时间响应 …… 114
4.4　高阶系统的时间响应 …… 118
4.5　瞬态响应的性能指标 …… 121
4.6　系统误差分析 …… 130
自学指导 …… 138
复习思考题 …… 138
习题 …… 138
第5章　控制系统的频率特性 …… 141
5.1　系统的频率响应与频率特性 …… 141
5.2　频率特性的对数坐标图 …… 148
5.3　频率特性的极坐标图 …… 161
5.4　最小相位系统及其辨识 …… 171

5.5 开环频率特性与系统时域性能的关系 …… 175
5.6 闭环频率特性与频域性能指标 …… 176
自学指导 …… 180
复习思考题 …… 181
习题 …… 181
第6章 控制系统的稳定性 …… 184
6.1 稳定性 …… 184
6.2 劳斯-赫尔维茨判据 …… 187
6.3 奈奎斯特判据 …… 193
6.4 系统的相对稳定性 …… 206
6.5 根轨迹法 …… 211
自学指导 …… 228
复习思考题 …… 229
习题 …… 229
第7章 控制系统的校正与设计 …… 233
7.1 控制系统的性能指标与校正方式 …… 233
7.2 串联校正 …… 236
7.3 并联校正 …… 250
7.4 PID校正器的设计 …… 255
自学指导 …… 264
复习思考题 …… 264
习题 …… 264
附录 …… 267
附录A MATLAB应用的基础知识 …… 267
A.1 如何应用MATLAB …… 269
A.2 线性系统的数学模型 …… 270
A.3 有关计算与系统分析 …… 274
A.4 绘图 …… 280
A.5 本书所用MATLAB命令 …… 282
附录B 部分习题参考答案 …… 282
参考文献 …… 300
后记 …… 301

全国高等教育自学考试

机械工程控制基础
自学考试大纲

全国高等教育自学考试指导委员会　制定

大纲前言

为了适应社会主义现代化建设事业的需要，鼓励自学成才，我国在 20 世纪 80 年代初建立了高等教育自学考试制度。高等教育自学考试是个人自学、社会助学和国家考试相结合的一种高等教育形式。应考者通过规定的专业考试课程并经思想品德鉴定达到毕业要求的，可获得毕业证书；国家承认学历并按照规定享有与普通高等学校毕业生同等的有关待遇。经过 40 多年的发展，高等教育自学考试为国家培养造就了大批专业人才。

课程自学考试大纲是规范自学者学习范围、要求和考试标准的文件。它是按照专业考试计划的要求，具体指导个人自学、社会助学、国家考试及编写教材的依据。

随着经济社会的快速发展，新的法律法规不断出台，科技成果不断涌现，原大纲中部分内容已陈旧。为更新教育观念，深化教学内容方式、考试制度、质量评价制度改革，使自学考试更好地提高人才培养的质量，各专业委员会按照专业考试计划的要求，对原课程自学考试大纲组织了修订或重编。

修订后的大纲，在层次上，本科参照一般普通高校本科水平，专科参照一般普通高校专科或高职院校的水平；在内容上，及时反映学科的发展变化，增补了自然科学和社会科学近年来研究的成果，对明显陈旧的内容进行了删减，以更好地指导应考者学习使用。

全国高等教育自学考试指导委员会

2023 年 12 月

Ⅰ　课程性质与课程目标

一、课程性质和特点

机械工程控制基础是机械电子工程（专升本）、机电一体化技术（专科）等专业的一门专业基础课。

课程主要阐述机械工程控制理论的基本概念、基本理论和基本方法，结合机械工程实际，注意机、电、液结合，注重数理基础知识和专业知识之间的联系；彻底删除了对自考生不做考核要求的内容，但为适应学科发展的需求，增加了根轨迹法及其应用；引入了MATLAB软件作为控制系统分析和设计的工具，加强了计算机仿真技术在控制系统中的应用；增加了一些利用MATLAB进行有关问题求解和分析的例题与习题，并附上了MATLAB应用的基础知识和部分习题答案，以便于自考生自学。

二、课程目标

课程设置的目标是使考生掌握机械工程控制的基础理论，在一个机械工程系统的设计和分析中，能以动态的观点而不是静态的观点去看待，特别培养考生以下能力：

1. 通过对控制系统中信息的传递、转换和反馈过程等的分析建立机械系统数学模型的能力。

2. 对机械控制系统进行包括时域与频域等动态分析的能力。

3. 对机械控制系统进行设计和综合的能力，以及使用计算机进行仿真分析和设计的能力。

最终目标是使考生能够采用控制论的观点和思想方法解决生产过程中存在的各种控制问题，为使系统按预定的规律运动、达到预定的性能指标以及实现最优控制打下基础，也为后续课程学习以及从事机电一体化系统设计打下理论基础。

在具体课程内容的学习中，考生应达到以下课程学习目标。

1. 深刻理解并熟练掌握：采用集中参数法建立机、电系统数学模型的方法；拉普拉斯变换在工程中的应用；传递函数与框图的建立以及框图的简化方法等。

2. 深刻理解并熟练掌握典型系统（特别是一阶系统和二阶系统）的时域和频域特性。

3. 掌握稳定性的概念、判别线性系统稳定性的基本准则以及常用的稳定性判据，并能判别系统的稳定性。

4. 掌握线性系统的时域与频域性能指标以及相应的系统综合和校正方法。

5. 初步具备用MATLAB软件进行控制系统性能分析和系统校正（或设计）的能力。

三、本课程与相关课程的关系

学习本课程之前，考生应具有一定的高等数学、力学和电工学基础（至少以高等数学、理论力学和电工电子技术为先修课程），同时应具有一定的机械工程基础知识和计算机应用能力，以便使考生顺利掌握机械工程数学模型的建立以及相应的运算。

四、课程的重点和难点

课程重点如下：

1. 深刻理解经典控制理论的基本概念：反馈、开环控制、闭环控制、拉普拉斯变换、传递函数等基本概念。

2. 熟练掌握：建立机、电系统数学模型（包括微分方程、传递函数和框图）的方法，对控制系统进行时域和频域分析的方法，并能根据相应的性能指标从稳定性、准确性和快速性三方面对系统的性能进行评价。

3. 掌握控制系统设计和校正的概念、各校正环节传递函数的特点及其对控制系统性能的影响；初步学会用 MATLAB 软件进行控制系统相关分析和求解。

课程难点主要体现在以下方面。

1. 建模方面：对机械系统建模时进行的动力学分析，由框图的简化求系统传递函数。

2. 系统分析方面：闭环零点和极点对控制系统时域性能的影响，开环零点和极点对控制系统频域性能的影响。

3. 系统校正和综合方面：如何采用频域的近似方法（以伯德图形式）进行系统的校正。

Ⅱ 考核目标

本大纲在考核目标中，按照识记、领会、简单应用、综合应用 4 个层次规定考生学习该课程应达到的能力层次要求。4 个能力层次是递升的关系，后者必须建立在前者的基础上。

各能力层次的含义如下。

识记：要求考生能够识别和记忆本课程中有关的名词（术语）、概念、定理等的内容，如拉普拉斯变换的定义、拉普拉斯变换的性质、叠加原理、判断稳定性的基本准则等内容及其意义，并能根据考核要求正确表述、选择和判断。

领会：要求考生在识记的基础上，能够领悟和理解本课程中基本概念（如传递函数）、基本原理（如奈奎斯特判据）的内涵和外延，理解其确切含义及适用条件，能够根据考核要求对具体问题进行推理和论证以做出正确的判断、解释和说明。

简单应用：要求考生在领会的基础上，能够运用本课程中学过的一两个知识点和简单的数学方法，分析和解决一般应用问题，如利用典型二阶系统的极点分布确定其传递函数并分析其单位阶跃响应的特点等。

综合应用：要求考生在简单应用的基础上，面对具体、实际的控制系统，能够建立合理的数学模型，分析系统的性能，如运用本课程中学过的稳定性分析及频率特性的作图表示方法等进行频域性能指标推导和求解，提出改善系统性能（稳定性、准确性、快速性）的途径，以达到综合分析和解决较复杂问题的目的。

考核时要特别注意考查学生对基本结论和性质的正确应用能力，而不要过多地纠缠于结论和性质的数学推导和证明等。

Ⅲ 课程内容与考核要求

第 1 章 绪 论

一、学习目的与要求

通过本章学习，了解机械控制工程的基本概念、研究对象及任务，了解系统的信息传递、反馈和反馈控制等概念以及控制系统的分类，初步具备对实际系统建立原理框图的能力。本章中介绍的一些工程上的术语、定义等在以后章节中会经常用到，需要熟记。

二、课程内容

1.1　控制理论的发展简史

（一）控制论的诞生标志，信息和反馈是控制论的两个核心。

（二）工程控制论作为控制论一个主要的分支学科，其主体理论即自动控制理论。

（三）自动控制理论发展可分为4个阶段：经典控制理论、现代控制理论、大系统理论以及智能控制理论。

1.2　机械工程控制论的研究对象

（一）机械工程控制论是研究以机械工程技术为对象的控制论问题。

（二）控制系统研究系统的输入、输出与系统本身之间的动态关系，即动态特性。

（三）控制系统研究涉及的问题划分以及本课程涉及的主要内容。

1.3　控制系统的基本概念

（一）信息及信息传递的概念。

（二）反馈及反馈控制的概念。

（三）系统与控制系统的概念，以及控制系统的一般组成和分类。

（四）对控制系统的基本要求：稳定性、准确性和快速性。

1.4　机械工程控制的应用实例

（一）液压压下钢板轧机。

（二）数控机床工作台的驱动系统。

（三）车削过程。

（四）静压轴承。

（五）工业机器人。

1.5　本课程特点及内容简介

（一）本课程特点。

（二）各章节内容安排。

三、考核知识点与考核要求

（一）控制理论的发展简史：

识记：控制论的两个核心；自动控制理论的发展阶段。

领会：工程技术与科学理论的相互关系；自动控制理论每个发展阶段的时代背景与影响因素。

（二）机械工程控制论的研究对象：

识记：机械工程控制论的研究对象；控制系统与其输入、输出的概念。

领会：控制系统与其输入、输出关系所派生出的几类问题及其意义；本课程的主要研究内容。

（三）控制系统的基本概念：

识记：信息及信息传递的概念；系统与控制系统的概念；控制系统的一般组成和分类；反馈及反馈控制的概念；对控制系统的基本要求：稳定性、准确性和快速性。

领会：信息与信息传递的形式；开环系统与闭环系统的比较；控制系统性能指标间的关系。

（四）机械工程控制的应用实例：

简单应用：能根据控制系统的组成和工作原理画出系统框图，分析其控制实现的形式。

四、本章重点与难点

本章重点：机械工程控制论的研究对象；信息的传递、反馈及反馈控制的概念；系统与控制系统的概念，以及控制系统的一般组成和分类；控制系统的基本要求；根据实际控制系统的工作原理画出系统的框图。

本章难点：根据实际控制系统的工作原理画出系统的框图。

第 2 章　拉普拉斯变换的数学方法

一、学习目的与要求

通过本章学习，明确拉普拉斯变换是分析研究线性动态系统的有力工具；时域的微分方程可以通过拉普拉斯变换变换为复数域的代数方程；掌握拉普拉斯变换的定义，并能根据定义求常用时间函数的拉普拉斯变换；掌握拉普拉斯变换的重要性质及其应用；会查拉普拉斯变换表，掌握用部分分式法求拉普拉斯反变换的方法以及用拉普拉斯变换求解线性微分方程的方法；初步学会用 MATLAB 软件进行部分分式的分解。

二、课程内容

2.1　复数和复变函数

（一）复数的概念及其表示方法。

（二）复变函数、极点与零点的含义。

2.2　拉普拉斯变换与拉普拉斯反变换的定义

（一）拉普拉斯变换的定义。

（二）拉普拉斯反变换的定义。

2.3　典型时间函数的拉普拉斯变换

（一）各种常用典型时间函数的拉普拉斯变换。

（二）拉普拉斯变换对照表。

2.4　拉普拉斯变换的性质

（一）线性性质。

（二）延时定理。

（三）复数域的位移定理。

（四）微分定理。

（五）积分定理。

（六）初值定理。

（七）终值定理。

（八）卷积定理。

（九）相似定理。

（十）周期函数的拉普拉斯变换。

2.5　拉普拉斯反变换的数学方法

（一）拉普拉斯反变换的查表法。

（二）拉普拉斯反变换的部分分式法。

（三）使用 MATLAB 函数求解原函数。

2.6　用拉普拉斯变换解常微分方程

（一）解常微分方程的步骤。

（二）系统补函数和特解函数的概念。

三、考核知识点与考核要求

（一）复数和复变函数：

识记：复数的几种表示方法，如点表示法、向量表示法、三角函数表示法和指数表示法；复变函数、极点与零点的概念。

（二）拉普拉斯变换与拉普拉斯反变换的定义：

识记：拉普拉斯变换的定义；原函数和像函数的概念。

领会：拉普拉斯变换存在的条件；了解拉普拉斯反变换的定义。

（三）典型时间函数的拉普拉斯变换：

识记：7 种典型时间函数包括单位阶跃函数、单位脉冲函数、单位斜坡函数、指数函数、正弦函数、余弦函数以及幂函数的表达；7 种典型时间函数的拉普拉斯变换表达式。

领会：7 种典型时间函数的原函数表达式和其拉普拉斯变换表达式；会使用时间函数及其拉普拉斯变换的对照表。

（四）拉普拉斯变换的性质：

识记：拉普拉斯变换的线性性质、延时定理、复数域的位移定理、微分定理、积分定理、初值定理、终值定理以及卷积定理 8 个性质。

简单应用：应用典型时间函数和拉普拉斯变换的性质求各种时间函数或波形的拉普拉斯变换。

（五）拉普拉斯反变换的数学方法：

识记：拉普拉斯反变换的部分分式法，无重极点和有重极点的情况。

简单应用：利用部分分式法进行复变域函数的拉普拉斯反变换；使用 MATLAB 软件求拉普拉斯反变换。

（六）用拉普拉斯变换解常微分方程：

识记：系统补函数和特解函数的概念，了解系统传递函数、特征方程、补函数和特解函数与课程后续内容的关系。

简单应用：用拉普拉斯变换解常微分方程的步骤和方法。

四、本章重点与难点

本章重点：拉普拉斯变换的定义；典型时间函数的原函数与像函数（即其拉普拉斯变换）；拉普拉斯变换的性质及其应用；用部分分式法求拉普拉斯反变换的方法；用拉普拉斯变换法解常微分方程。

本章难点：求一些规则波形（如方波、三角波、梯形波等）的原函数表达和其拉普拉斯变换式（即其像函数表达）。

第 3 章　控制系统的数学模型

一、学习目的与要求

通过本章学习，要明确为了分析和研究机械工程系统（特别是机、电综合系统）的动态特性，或者对它们进行控制，最重要的一步是建立系统的数学模型；明确数学模型的含义，掌握采用解析法建立一些简单机、电系统数学模型的方法；掌握传递函数的定义、特点及其8个典型环节，即比例环节、积分环节、微分环节、惯性环节、一阶微分环节、振荡环节、二阶微分环节和延时环节的表达式；掌握框图的表达特点及其简化原则；理解数学模型、传递函数与框图之间的关系。

要求能够通过工作原理分析建立机械系统、电路系统以及机电一体化系统的微分方程、传递函数与框图等形式的数学模型。

二、课程内容

3.1　概述

（一）系统数学模型的概念。

（二）线性系统与非线性系统

1. 线性系统的含义及其特点，线性定常系统和线性时变系统的特点。

2. 非线性系统的定义及其线性化方法。

3.2　系统微分方程的建立

（一）应用达朗贝尔原理建立机械系统的运动微分方程。

（二）应用流体连续方程、达朗贝尔原理及液压元件的特性，建立液压系统的微分方程。

（三）应用基尔霍夫电流定律和电压定律建立电网络系统的微分方程。

3.3　传递函数

（一）传递函数的定义及其特点。

（二）传递函数零点与极点的概念。

（三）传递函数的典型环节及其数学表示。

3.4　系统框图

（一）框图的构成及其表示方法。

（二）动态系统的构成。

1. 串联、并联和反馈连接的传递函数计算。

2. 带反馈连接的控制系统中开环传递函数、闭环传递函数、反馈传递函数、误差传递函数以及前向传递函数等概念。

（三）框图的等效变换及简化。

1. 框图的等效变换法则：分支点的移动、相加点的移动，以及分支点之间与相加点之间的相互移动。

2. 框图的简化原则。

3. 建立系统框图及求其传递函数的步骤。

3.5　机、电系统的传递函数

（一）一些典型机械系统的传递函数。

（二）一些电网络的传递函数。

（三）加速度计传递函数的推导。

（四）切削过程传递函数的推导。

（五）直流伺服电动机驱动的进给系统传递函数的推导。

三、考核知识点与考核要求

（一）概述：

识记：数学模型的概念；线性系统与非线性系统的定义；线性定常系统和线性时变系统的定义。

领会：数学模型的含义；线性系统的含义及其最重要的特征，即可以运用叠加原理；非线性系统的定义及其线性化方法。

（二）系统微分方程的建立：

领会：理解回转机械系统的等效转动惯量、等效阻尼系数以及等效输出力矩等概念。

简单应用：运用达朗贝尔原理建立机械系统的运动微分方程；运用基尔霍夫电流定律和基尔霍夫电压定律，建立电网络系统的微分方程；系统建模时对中间变量的选取。

（三）传递函数：

识记：传递函数的定义；传递函数零点与极点的概念；传递函数的8个典型环节的表达式。

领会：理解传递函数的主要特点，①传递函数的概念只适用于线性定常系统，它只反映系统在零初始条件下的动态性能；②传递函数反映系统本身的动态特性，只与系统本身参数和结构有关，与输入无关；③对于物理可实现系统，传递函数分母中s的阶次必不少于分子中s的阶次；④传递函数不一定对应系统的物理结构，不同的物理系统只要其动态特性相同，则传递函数也相同。

简单应用：建立控制系统传递函数的方法。

（四）系统框图：

识记：框图的表示方法及其构成；系统各环节框图之间的连接形式有串联、并联与反馈连接；闭环控制系统中的传递函数概念：闭环传递函数、开环传递函数、反馈传递函数、前向传递函数和误差传递函数。

综合应用：求闭环控制系统中的传递函数，如闭环传递函数、开环传递函数、反馈传递函数、前向传递函数和误差传递函数；熟悉框图的简化方法及简化原则；熟悉建立系统框图的步骤和方法，以及由框图简化求传递函数的过程。

（五）机、电系统的传递函数：

综合应用：求各种机械系统的传递函数；求各种电网络的传递函数；对较复杂的机、电综合系统建立其传递函数的过程和方法。

四、本章重点与难点

本章重点：学习如何采用分析法建立机械、电网络系统的数学模型（包括微分方程、传递函数、框图）；如何对框图进行简化求传递函数。

本章难点：建模时如何选中间变量；对机械系统如何进行受力分析；如何根据微分方程建立系统框图并通过简化框图求传递函数。

第4章　控制系统的时域分析

一、学习目的与要求

通过本章学习，要求考生明确在对控制系统建立了数学模型（包括微分方程、传递函数和框图）之后，可以根据输入信号的性质在不同的领域对控制系统的性能进行分析和研究。其中，控制系统的时域分析是一种直接分析法，它根据描述系统的微分方程或传递函数在时间域内直接计算系统的时间响应，从而分析和确定系统的稳态性能和动态性能。

具体要求：掌握系统的时间响应、脉冲响应函数的基本概念；典型一阶、二阶系统的时间响应；高阶系统的时间响应以及主导极点的概念；系统瞬态响应的性能指标以及影响因素；系统误差与稳态误差的概念及影响稳态误差的主要因素。

二、课程内容

4.1 时间响应

（一）时间响应的概念：

1. 时间响应的含义。

2. 瞬态响应的含义。

3. 稳态响应的含义。

4. 典型输入信号及其选取意义。

（二）脉冲响应函数（或权函数）：

1. 脉冲响应函数（或权函数）的含义。

2. 脉冲响应函数与传递函数的关系。

（三）任意输入作用下系统的时间响应：

1. 如何根据脉冲响应函数求任意输入信号作用下系统的时间响应。

2. 如何用拉普拉斯变换与反变换的方法求系统规则输入波形的时间响应。

4.2 一阶系统的时间响应

（一）一阶系统的数学模型。

（二）一阶系统的单位阶跃响应。

（三）一阶系统的单位脉冲响应。

（四）一阶系统的单位斜坡响应。

4.3 二阶系统的时间响应

（一）二阶系统的数学模型。

（二）二阶系统的单位阶跃响应：

1. 欠阻尼情况。

2. 临界阻尼情况。

3. 零阻尼情况。

4. 过阻尼情况。

（三）二阶系统的单位脉冲响应。

4.4 高阶系统的时间响应

（一）高阶系统的阶跃响应。

（二）闭环主导极点的概念。

4.5 瞬态响应的性能指标

（一）瞬态响应的性能指标。

（二）二阶系统的瞬态响应指标。

（三）零点对二阶系统瞬态响应的影响。

4.6 系统误差分析

（一）误差与稳态误差的概念：

1. 误差的定义。

2. 系统的误差与稳态误差表达。

（二）系统的稳态误差分析：

1. 影响稳态误差的因素。

2. 静态误差系数与稳态误差。

（三）扰动作用下的稳态误差。

三、考核知识点与考核要求

（一）时间响应：

识记：时间响应、瞬态响应与稳态响应的定义；典型输入信号的形式；脉冲响应函数的定义。

领会：采用典型输入信号进行时域分析的意义；脉冲响应函数与传递函数的关系。

简单应用：利用脉冲响应函数或者拉普拉斯变换与反变换分别求系统在任意输入下的时间响应。

（二）一阶系统的时间响应：

识记：一阶系统的数学模型；一阶系统参数。

领会：一阶系统的时间常数与系统瞬态响应的关系；对于线性系统，其输入函数之间与对应输出函数之间满足同样的函数关系。

简单应用：一阶系统数学模型的建立，其传递函数、增益和时间常数的计算；一阶系统单位脉冲响应的计算；一阶系统单位阶跃响应的计算；一阶系统单位斜坡响应的计算。

（三）二阶系统的时间响应：

识记：二阶系统的数学模型；二阶系统参数。

简单应用：二阶系统数学模型的建立，其传递函数、无阻尼固有频率、有阻尼固有频率和阻尼比的计算；求二阶系统不同阻尼情况（欠阻尼、零阻尼、临界阻尼、过阻尼）下的单位阶跃响应，但只要求记住其欠阻尼时的单位阶跃响应表达式；二阶系统特征方程根的分布与系统参数的关系；二阶系统特征方程根的位置与其单位阶跃响应的关系；阻尼比、无阻尼固有频率与响应曲线的关系；求二阶系统不同阻尼比下的单位脉冲响应；

综合应用：理解闭环零点对二阶系统瞬态响应和性能的影响，能针对具体系统进行定性分析、对比和给出结论。

（四）高阶系统的时间响应：

识记：闭环主导极点的概念。

简单应用：闭环主导极点对系统响应的影响。

（五）瞬态响应的性能指标：

识记：瞬态响应性能指标的定义。

简单应用：典型一阶、二阶系统瞬态响应指标的计算；二阶系统的阻尼比、无阻尼固有频率与各性能指标间的关系；根据性能指标的要求来计算二阶系统的阻尼比、无阻尼固有频率、有阻尼固有频率；初步使用 MATLAB 软件分析系统对于不同输入信号的响应性能。

（六）系统误差分析：

识记：误差与稳态误差的概念；系统类型的定义；静态误差系数中静态位置误差系数、

静态速度误差系数和静态加速度误差系数的定义。

综合应用：误差和稳态误差的计算；系统稳态误差与系统类型、开环增益及输入信号之间的关系；静态误差系数、稳态误差与系统输入信号、系统类型的关系；求解扰动作用下的系统稳态误差，具有扰动作用下系统稳态误差的计算能力。

四、本章重点与难点

本章重点：时间响应的基本概念；一阶系统的时间响应；系统瞬态性能指标的定义；典型一阶、二阶系统的阶跃响应及性能指标；闭环零点对系统瞬态响应和性能的影响；误差及稳态误差的定义；静态位置误差系数、速度误差系数与加速度误差系数与相应输入下系统稳态误差的计算；干扰作用下的系统误差与稳态误差计算。

本章难点：高阶系统的定性分析和判断；闭环零点对系统响应和性能的影响；系统误差与稳态误差的影响因素分析；干扰作用下的系统误差与稳态误差的计算。

第5章　控制系统的频率特性

一、学习目的与要求

通过本章学习，要求明确频率响应与频率特性的基本概念、频率特性与传递函数的关系、系统的动刚度与动柔度的概念，掌握频率特性的伯德图与奈奎斯特图两种图形表示方法，频率特性与时间响应之间的关系，8个典型环节及一般系统的对数坐标图和极坐标图的画法，闭环频率特性及相应的性能指标，为系统的频域分析、稳定性分析以及综合校正打下基础。

二、课程内容

5.1　系统的频率响应与频率特性

（一）频率响应与频率特性的概念。

（二）频率特性的含义及特点。

（三）机械系统动刚度的概念。

（四）频率特性的表示方法。

5.2　频率特性的对数坐标图

（一）对数坐标图的表示方法和特点。

（二）各种典型环节伯德图的近似画法及相应的误差。

（三）绘制系统伯德图的一般步骤和方法。

（四）系统类型和对数幅频曲线之间的关系。

5.3　频率特性的极坐标图

（一）极坐标图的表示方法和特点。

（二）典型环节极坐标图的画法。

（三）系统奈奎斯特图的一般画法。

（四）用MATLAB画系统的奈奎斯特图。

5.4　最小相位系统及其辨识

（一）最小相位系统的定义。

（二）非最小相位系统的概念。

（三）由伯德图估计最小相位系统的传递函数。

5.5 开环频率特性与系统时域性能的关系

（一）低频段的定义及其与系统时域性能的关系。

（二）中频段的定义及其与系统时域性能的关系。

（三）高频段的定义及其与系统时域性能的关系。

5.6 闭环频率特性与频域性能指标

（一）闭环频率特性的概念。

（二）频域性能指标及其计算。

三、考核知识点与考核要求

（一）系统的频率响应与频率特性：

识记：频率响应、幅频特性与相频特性的定义。

领会：频率特性与传递函数、脉冲响应函数、时间响应的关系；系统动刚度与动柔度概念；频率特性的对数坐标图和极坐标图的表示方法。

简单应用：利用频率特性概念求解正（余）弦输入下系统的稳态响应。

（二）频率特性的对数坐标图：

识记：对数坐标图的组成及特点。

综合应用：各种典型环节伯德图的近似画法及相应的误差计算；绘制一般系统伯德图的步骤和方法，掌握系统类型、开环增益对系统伯德图画法的影响。

（三）频率特性的极坐标图：

识记：极坐标图的表示方法及特点。

综合应用：各种典型环节极坐标图的画法及特点；一般系统极坐标图的画法及特殊点的计算方法；理解系统的型次、阶次及零、极点位置对极坐标图的影响。

（四）最小相位系统及其辨识：

领会：最小相位系统与非最小相位系统的定义；理解非最小相位系统中，当零、极点分布在［s］平面的右半平面时，与系统频率特性的关系。

（五）开环频率特性与系统时域性能的关系：

识记：掌握开环频率特性的频段划分及其与系统时域性能的关系。

（六）闭环频率特性与频域性能指标：

综合应用：熟悉系统闭环频率特性的概念及其计算方法；掌握频域性能指标及其计算方法。

四、本章重点与难点

本章重点：频率特性的基本概念及其伯德图和奈奎斯特图的画法及特点；闭环频率特性的性能指标及其计算方法。

本章难点：频率特性的伯德图（采用渐近线作图，关键点是转折频率处）与奈奎斯特图的画法，特别是有零点时两者的画法。

第6章 控制系统的稳定性

一、学习目的与要求

通过本章学习，明确稳定性的概念，掌握判别系统稳定性的基本准则，掌握劳斯-赫尔维茨判据、奈奎斯特判据以及系统相对稳定性的概念。掌握根轨迹法的基本原理，初步学会利用根轨迹法则进行根轨迹的概略绘制，能够初步利用根轨迹对系统的性能进行分析和评价。

二、课程内容

6.1　稳定性

（一）稳定性的概念。

（二）判别系统稳定性的基本准则。

6.2　劳斯-赫尔维茨判据

（一）劳斯稳定性判据及其应用。

（二）赫尔维茨稳定性判别方法及步骤。

（三）基于 MATLAB 的稳定性分析。

6.3　奈奎斯特判据

（一）奈奎斯特判据的基本原理。

1. 闭环特征方程的极点与开环传递函数极点的关系。

2. 闭环特征方程的零点数及极点数的关系。

3. 辐角原理。

4. 奈奎斯特稳定性判别方法和步骤。

（二）用奈奎斯特法判别系统的稳定性。

1. 对不同型次系统进行稳定性判别的方法和步骤。

2. 对具有延时环节的系统进行稳定性判别的方法。

（三）工程实例。

通过稳定性分析，明确系统参数对稳定性的影响以及改善措施。

6.4　系统的相对稳定性

（一）相位裕度和幅值裕度。

1. 系统相对稳定性的基本概念。

2. 相位裕度和幅值裕度的定义及表示方法。

3. 相位裕度和幅值裕度的选取及其应注意的几个问题。

（二）条件稳定系统的基本概念。

6.5　根轨迹法

（一）根轨迹法与其基本原理。

1. 根轨迹的幅值条件。

2. 根轨迹的相位条件。

（二）根轨迹作图法则。

（三）基于根轨迹的系统性能分析。

三、考核知识点与考核要求

（一）稳定性：

识记：稳定性的概念；判别系统稳定性的基本准则。

领会：特征根在复平面不同位置时对应系统的稳定性特点；判别系统稳定性的直接方法为求闭环特征根，间接方法为利用劳斯-赫尔维茨判据与奈奎斯特判据。

（二）劳斯-赫尔维茨判据：

识记：劳斯判据；赫尔维茨判据。

简单应用：利用劳斯判据判断系统稳定性；当劳斯数列中第一列出现零或某一行全为零时等特殊情况的处理方法；利用赫尔维茨判据判断稳定性。

（三）奈奎斯特判据：

识记：奈奎斯特稳定性判据，奈奎斯特判据的表达及其参数 z、p、N 的意义。

领会：闭环特征方程与特征函数的关系、闭环特征方程的极点与开环传递函数的极点、闭环特征方程零点数与极点数的关系；能看懂辐角原理的推导，但不要求掌握其推导过程；理解延时环节对系统稳定性的影响。

简单应用：用奈奎斯特判据判断各类型系统的稳定性，如 0 型系统判稳方法及特殊点计算，Ⅰ型系统判稳方法及特殊点计算，Ⅱ型系统判稳方法及特殊点计算。

综合应用：系统参数对系统稳定性的影响程度及如何改善系统性能；各种判据在系统处于临界稳定情况时的表现。

（四）系统的相对稳定性：

识记：系统相对稳定性的基本概念及其衡量指标：幅值裕度和相位裕度。

领会：用相位裕度和幅值裕度来衡量系统稳定性时应注意的几个问题；条件稳定系统的基本概念，进行系统设计时应避免出现条件稳定。

综合应用：相位裕度和幅值裕度在伯德图和奈奎斯特图上的表示及计算方法。

（五）根轨迹法：

识记：根轨迹的概念；根轨迹法的基本原理，明确其幅值条件与相位条件表达式的意义。

简单应用：掌握根轨迹作图的法则（重点前 6 条法则），能根据开环零、极点的分布作出根轨迹趋势图。

综合应用：能够初步利用根轨迹图分析系统的稳定性与瞬态性能，理解根轨迹位置与系统性能的对应关系。

四、本章重点与难点

本章重点：系统稳定性的基本概念，判断系统稳定的基本准则，利用劳斯判据判稳的方法，利用奈奎斯特判据判稳的方法，相位裕度和幅值裕度的概念、计算方法和其在伯德图和奈奎斯特图上的表示。开环增益变化时根轨迹的概略绘制。

本章难点：绘制 ω 取值范围为 $[-\infty, \infty]$ 时的奈奎斯特图。根轨迹的绘制及其分离点、汇合点和与虚轴交点等有关计算。

第 7 章　控制系统的校正与设计

一、学习目的与要求

通过本章学习，明确在预先规定了系统性能指标的情况下，如何选择适当的校正环节和参数使系统满足要求，因此应掌握系统的时域性能指标、频域性能指标以及它们之间的相互关系，各种校正方法的特点及其实现过程。

二、课程内容

7.1　控制系统的性能指标与校正方式

（一）系统的时域和频域性能指标：

1. 时域性能指标：瞬态性能指标与稳态性能指标。
2. 频域性能指标。
3. 二阶系统中时域和频域性能指标的转换。
4. 频率特性曲线与系统性能的关系。

（二）校正的概念与方式：

1. 校正的概念。
2. 校正的方式：串联校正、并联校正与 PID 校正器。

7.2　串联校正

（一）控制系统的增益调整及其特点。

（二）相位超前校正及其特点。

（三）相位滞后校正及其特点。

（四）相位滞后-超前校正及其特点。

7.3　并联校正

（一）反馈校正及其特点。

（二）顺馈与前馈校正及其特点：

1. 按输入校正。
2. 按扰动校正。

7.4　PID 校正器的设计

（一）PID 校正器原理。

（二）PID 校正器的形式及其作用。

1. PI 校正器。
2. PD 校正器。
3. PID 校正器。

三、考核知识点与考核要求

（一）控制系统的性能指标与校正方式：

识记：系统的时域、频域性能指标的定义、表达符号；系统频段的划分，校正的概念、方式及其特点。

领会：系统的时域、频域性能指标及其对于系统性能的意义；系统低、中、高频段的开环对数幅频特性与系统性能的对应关系。

（二）串联校正：

识记：增益校正的特点及实现方法；相位超前校正、相位滞后校正以及相位滞后-超前校正环节的传递函数形式及特点。

简单应用：增益调整、相位超前校正环节、相位滞后校正环节以及相位滞后-超前校正环节对系统性能的影响或作用。

（三）并联校正：

识记：反馈校正的形式及特点；顺馈与前馈校正的形式及特点。

简单应用：反馈校正的实现方法及作用有降低系统型次，提高系统稳定性；减小时间常数，提高系统响应速度；增强系统阻尼比，在不改变系统快速性情况下又具有较好的稳定性。顺馈和前馈校正（或补偿）的实现方法及作用，按输入、扰动分别进行顺馈校正及实现全补偿的原理。

（四）PID 校正器的设计：

识记：PID 校正器的特点及应用。

领会：PID 校正器的构成及原理；PID 校正器几种形式（PI、PD 和 PID）的传递函数及其对控制系统的作用。

简单应用：用 MATLAB 进行系统的校正和性能分析。

四、本章重点与难点

本章重点：系统设计与系统校正的概念，校正的目的，校正的方法；掌握增益调整、相位超前校正、相位滞后校正、相位滞后-超前校正以及 PID 校正等串联校正方式的传递函数特点及其对系统性能调整的作用，掌握采用频率法进行系统校正的方法和步骤。要求考生能够根据系统校正前后的伯德图识别校正环节，判断校正环节对系统性能的改变。

本章难点：各种校正环节的设计及其对控制系统的作用。

Ⅳ 关于大纲的说明与考核实施要求

一、自学考试大纲的目的和作用

本课程自学考试大纲是根据机械电子工程（专升本）、机电一体化技术（专科）等专业自学考试计划的要求，结合自学考试的特点而制定的，其目的是对个人自学、社会助学和课程考试命题进行指导和约定。

本课程自学考试大纲明确了课程学习的内容以及深广度，规定了课程自学考试的范围和标准，因此，它是编写自学考试教材和辅导书的依据，是社会助学组织进行自学辅导的依据，是自学者学习教材、掌握课程内容知识范围和程度的依据，也是进行自学考试命题的依据。

二、课程自学考试大纲与教材的关系

课程自学考试大纲是进行学习和考核的依据，教材是学习掌握课程知识的基本内容与范围，教材的内容是大纲所规定的课程知识和内容的扩展与发挥。课程内容在教材中可以体现一定的深度或难度，但在大纲中对考核的要求一定要适当。

大纲与教材所体现的课程内容应基本一致；大纲里面的课程内容和考核知识点，教材里一般也要有。反过来，教材里有的内容，大纲里就不一定体现（注：如果教材是推荐选用的，则与大纲要求不一致的内容，应以大纲规定为准）。

三、关于自学教材

《机械工程控制基础》（2024 年版）由全国高等教育自学考试指导委员会组编，董霞编著，机械工业出版社出版。

四、关于自学方法指导

本课程是一门系统性较强的技术基础课，要求考生在掌握机械工程控制的基本概念、基本知识与基本方法的基础上，紧密结合机电系统实际，以沟通和加强数理基础知识与专业知识之间的联系，对于本课程自学教材要认真阅读、理解和体会，同时还必须独立完成思考题和作业，才能达到理解和巩固自学教材所学知识的目的。在此提出以下几点注意事项供考生自学时参考。

1. 在开始自学每一章前，要先翻阅一下大纲中有关这一章的知识点、基本要求、重点以及对各知识点能力层次的具体要求，以便自学教材时做到心中有数、突出重点，而不平均使用力气。

2. 自学教材时要逐句推敲，深刻领会每一个知识点，对基本概念必须深刻理解，对基本原理应彻底弄清。

3. 完成思考题和作业是帮助理解、消化、巩固和掌握所学知识、培养分析问题和解决问题能力的重要环节。因此，自学完每一章后，应及时独立完成全部有关作业（可由辅导教师指定）。

4. 教材中的“复习思考题”和“习题”是用来检查各阶段学习情况的，衡量经过自学后是否达到大纲的要求，具有阶段测验性质，应独立完成（可由辅导教师指定）。

5. 在辅导答疑前要挑选出自己不能判断是否完全做对的作业，答疑时首先向老师说明自己的观点，然后再请老师判断，这样答疑才有较好的效果。

6. 对考核要求中规定要记住的定义和公式必须牢牢记住，这样有利于对教材内容的理解。

五、对考核内容的说明

1. 本课程要求考生学习和掌握的知识点内容都作为考核的内容。课程中各章的内容均由若干知识点组成，在自学考试中成为考核知识点。因此，课程自学考试大纲中所规定的考试内容是以分解为考核知识点的方式给出的。由于各知识点在课程中的地位、作用以及知识自身的特点不同，自学考试将对各知识点分别按 4 个认知（或能力）层次确定其考核要求。

2. 按照课程内容与章节，建议考试试卷中绪论与数学方法（第 1、2 章）、数学模型（第 3 章）、时间响应与系统误差分析（第 4 章）、频率特性（第 5 章）、系统的稳定性（第 6 章）、控制系统的校正与设计（第 7 章）所占的比例约为：10%、15%、25%、20%、20%、10%。

六、关于考试方式和试卷结构的说明

1. 本课程的考试方式为闭卷、笔试，满分 100 分，60 分及格。考试时间为 150 分钟。考生可携带铅笔、钢笔（签字笔）、橡皮、三角板、无存储无记忆功能的计算器参加考试。

2. 本课程在试卷中对不同能力层次要求的分数比例大致为：识记占 20%，领会占 30%，简单应用占 35%，综合应用占 15%。

3. 要合理安排试题的难易程度，试题的难度可分为：易、较易、较难和难 4 个等级。必须注意试题的难易程度与能力层次有一定的联系，但二者不是等同的概念。在各个能力层次中对于不同的考生都存在着不同的难度。在大纲中要特别强调这个问题，应告诫考生切勿混淆。

4. 课程考试命题的主要题型一般有填空题、单项选择题、简答题、计算题等题型。

在命题工作中必须按照本课程大纲中所规定的题型命制，考试试卷使用的题型可以略少，但不能超出本课程对题型的规定。

附录　题型举例

一、填空题

1. 系统传递函数为 $\frac{2}{s(s+2)}$，则该系统的权函数（即脉冲响应函数）$g(t)$ 为__________。

2. 已知系统误差函数为 $E(s)=\dfrac{s+6}{s(s^2+4s+7)}$，则其稳态误差为________。

3. 若已知某二阶系统传递函数为 $G(s)=\dfrac{2s+1}{s^2+s+1}$，则可以用 MATLAB 的 3 个语句将其表达出来：________；________；________。

4. 系统开环传递函数为 $KG(s)H(s)$，某复数 s 满足 $G(s)H(s)=5\angle 180°$等式，若 s 在系统的根轨迹上，则 $K=$________。

5. 若对控制系统进行串联校正，其校正环节的传递函数为 $G_c(s)=\dfrac{4s+1}{s+1}$，则该校正环节为________环节，其对控制系统性能的调整作用是：________；________。

二、单项选择题（在每小题列出的备选项中只有一项是最符合题目要求的，请将其选出。）

1. 关于闭环系统稳定性的正确叙述是其稳定性（　　）
A. 由系统输入信号的性质及大小确定
B. 由其开环传递函数的零点和极点确定
C. 由其闭环传递函数的极点确定
D. 由其开环传递函数的极点确定

2. 线性系统与非线性系统的根本区别在于（　　）
A. 线性系统的系数为常数，而非线性系统的系数为时变函数。
B. 线性系统只有一个外加输入，而非线性系统有多个外加输入。
C. 线性系统满足叠加原理，而非线性系统不满足叠加原理。
D. 线性系统在实际系统中普遍存在，而非线性系统在实际系统中较少见到。

3. 系统的传递函数为 $G(s)=\dfrac{10\ (s+2)}{s(s^2+3s+1)\ (s+1)}$，则当输入正弦信号的频率 ω 从 $0\sim\infty$ 变化时，其相位范围为（　　）
A. $0°\sim360°$　　B. $-90°\sim-270°$　　C. $0°\sim-270°$　　D. $-90°\sim-360°$

4. 某系统的原传递函数为 $G(s)=\dfrac{10}{s(0.25s+1)}$，串联校正后的传递函数为 $G'(s)=\dfrac{10(20+0.5s)}{s(0.25s+1)}$，则该校正环节为（　　）
A. 比例校正　　B. PI 校正　　C. PD 校正　　D. PID 校正

5. 若保持二阶系统的阻尼比不变，提高系统的无阻尼固有频率，则可以（　　）
A. 增加上升时间和峰值时间
B. 减少上升时间和峰值时间
C. 增加调整时间和超调量
D. 减少调整时间和超调量

三、简答题

1. 已知某标准二阶系统的极点分布如下图所示，试确定系统的传递函数，并说明系统性能主要取决于哪个极点？为什么？

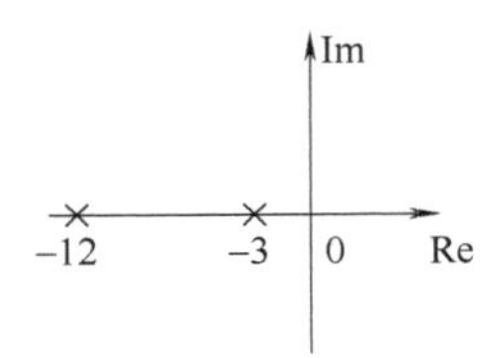

2. 某最小相位系统的渐近对数幅频曲线如下图所示，试估计系统的传递函数。

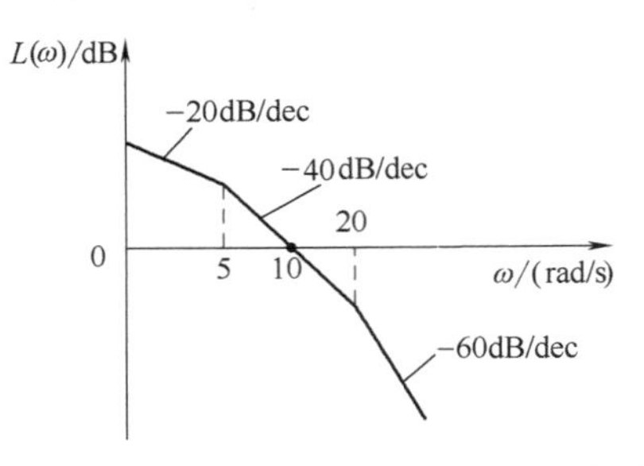

3. 如下图所示的机械系统，输入为位移 $x(t)$，输出为位移 $y(t)$，试列写其微分方程，并求其传递函数。

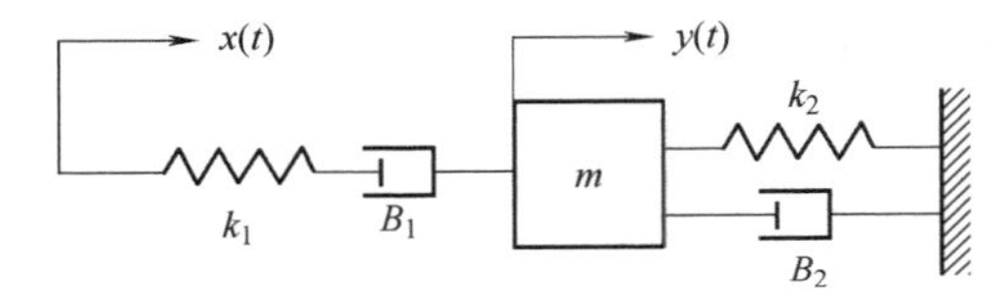

四、计算题

1. 设原系统传递函数为 $G(s)=\dfrac{10}{0.2s+1}$，欲通过加入负反馈使系统带宽提高为原来的 10 倍，并保持总增益不变，求 K_f 和 K_0。

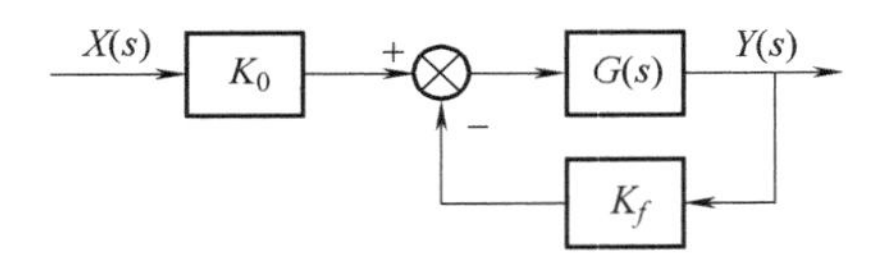

2. 已知某单位负反馈系统的开环传递函数分别为

$$G_1(s)=\frac{10}{s(0.1s+1)(s+5)}\qquad G_2(s)=\frac{10}{s^2(s+1)(s+5)}$$

分别求这两个系统的静态位置、速度与加速度误差系数，并求当输入为 $r(t)=4t$ 时两系统的稳态误差。

3. 已知某单位负反馈系统的开环传递函数为 $G(s)=\dfrac{K}{(2s+1)(3s+1)(s+5)}$

（1）试确定使系统稳定的 K 的取值范围。

（2）当 $K=50$ 时，试绘制其奈奎斯特图，图中应标注 $\angle G(j\omega)=0°$ 和 $\angle G(j\omega)=-90°$ 对应的幅值 $|G(j\omega)|$，并利用奈奎斯特判据判断闭环系统的稳定性。

（3）当 $K=50$ 时，试求其相位穿越频率 ω_g 和幅值裕度 K_g。

大纲后记

本大纲是根据《高等教育自学考试专业基本规范（2021年）》的要求，由全国高等教育自学考试指导委员会机械及轻纺化工类专业委员会组织制定的。

全国高等教育自学考试指导委员会机械及轻纺化工类专业委员会对本大纲组织审稿，根据审稿会意见由编者进行修改，最后由机械及轻纺化工类专业委员会定稿。

本大纲由西安交通大学董霞副教授编写；参加审稿并提出修改意见的有西北工业大学王润孝教授、长安大学段晨东教授。

对参与本大纲编写和审稿的各位专家表示感谢。

全国高等教育自学考试指导委员会
机械及轻纺化工类专业委员会
2023年12月

全国高等教育自学考试指定教材

机械工程控制基础

全国高等教育自学考试指导委员会　组编

编 者 的 话

在国家战略的指引下，我国目前正在由制造业大国向制造业强国迈进。作为制造业的主要支撑，机械工程学科在通信与计算机技术等学科发展的推动下也在向自动化与智能化发展。自动控制理论在现代智能制造中的重要性日益显著。“机械工程控制基础” 作为一门将自动控制理论应用于机械工程的专业基础课，已被许多高等学校列入机械工程学科的培养计划，也被全国高等教育自学考试指导委员会列为机械电子工程（专升本）、机电一体化技术（专科）等专业的一门课程，为培养适应于现代化技术要求的高级工程技术人才，发挥了重要作用。

本书是全国高等教育自学考试指导委员会组编教材，是为适应自学考试机械电子工程（专升本）、机电一体化技术（专科）等专业的学生学习“机械工程控制基础”课程而修订和编写的。本次修编主要基于 2012 年版本，理论体系上仍然只保留了经典控制理论的内容，在阐明经典控制理论的基本概念、基本理论和基本方法的基础上，对全书内容进行了补充、修改和润色。本次主要修订内容如下：密切结合机械工程实际，在第 5 章中增加了动刚度在机械工程中的应用实例分析；在第 6 章增加了根轨迹法及其在控制系统分析中的应用，力求把知识的传授与能力的培养结合起来；为避免不同误差定义可能造成的困惑，对系统的误差分析内容做了适当修改，明确了误差与偏差的区别以及两者之间的关系；对附录 A 中 MATLAB 应用的基础知识的大部分内容做了修改，去掉了关于状态空间中矩阵运算的内容，补充了本书所用的主要内容和算例；修改和润色了几乎所有章节中的有关词句表达，对部分绘图做了更新或更正，增强了逻辑性和易读性。

本书作为一门自学考试指定教材，主要特点有：引入了 MATLAB 软件作为控制系统分析和设计的工具；将对自考生不做考核要求的内容彻底删除，增加了根轨迹法及其应用，在考核时可适当增加根轨迹内容；增加了一些利用 MATLAB 进行有关问题求解分析的例题和习题，并附上了 MATLAB 应用的基础知识和部分习题参考答案，以便于自考生自学。请自考生注意将机、电结合，厘清数理基础知识和专业知识之间的联系，不过多纠结于理论的推理和证明，加强计算机仿真软件 MATLAB 在控制系统分析和设计中的应用，为将控制理论应用于工程实际打下基础。

本书基于作者所在教学团队多年教学经验和科研实践编著而成，谨此纪念已经过世的西安交通大学阳含和教授、李天石教授，致谢已是耄耋之年的西安交通大学何钺教授、陈康宁教授等前辈，致敬他们在机械控制工程学科的创立、发展和传承中做出的卓越贡献！

全书内容共 7 章。第 1 章绪论，主要对本学科的发展历史和基本概念做概要介绍；第 2 章拉普拉斯变换的数学方法，是本书必需的数学基础；第 3 章控制系统的数学模型，介绍运用力学、电学基础对系统建立数学模型的方法以及传递函数、框图等重要概念；第 4～6 章分别为控制系统的时域分析、频率特性和稳定性，它们是在已知系统数学模型的前提下分别从不同角度对控制系统进行动态响应、误差与稳态误差、稳定性分析；第 7 章控制系统的校正与设计，主要介绍各种校正方式和方法以及如何在已知系统中增加相应环节使其满足相关性能指标的要求。附录中介绍了 MATLAB 应用的基础知识，并列出了部分习题参考答案。

本书由西北工业大学王润孝教授主审，长安大学段晨东教授参加审阅，他们提出了许多宝贵意见和建议，编著者对此表示衷心的感谢。全国高等教育自学考试指导委员会机械及轻纺化工类专业委员会主任梅雪松教授、秘书长许睦旬教授等也给予了编著者许多支持和帮助，在此一并致以诚挚的谢意。

限于编著者的水平，书中难免有不妥之处，恳请广大读者批评指正。

编著者

2023 年 12 月

第1章 绪　　论

本书主要阐述“机械工程控制论”中的基础理论及其在机械工程中的应用。当前机械制造技术正向着高度自动化的方向发展，各种先进的自动控制加工系统不断出现，过去那种只侧重于局部和静态的研究方法已不能符合要求，应将机械加工过程各个环节的组合看作是一个整体系统，从控制论的角度来研究和解决加工中所出现的各种技术问题，这时必须要用到机械工程控制论。

“机械工程控制论”是研究“控制论”在“机械工程”中应用的一门技术科学。由于机械工程控制论是一门新兴学科，大量的问题，从概念到方法，从定义到公式，从理论的应用到经验的总结，都需要进一步的探讨。

本章着重介绍了控制理论的发展简史、机械工程控制论的研究对象及控制系统的基本概念，并列举了机械工程控制的一些应用实例，最后对控制系统的基本要求和本课程的学习特点及内容作了简要介绍和说明。

1.1　控制理论的发展简史

任何理论的产生和发展都是与人类认识世界和改造世界的过程密切相关的。在第二次世界大战中，自动武器和自动驾驶等战争的需要，推动了人类在电子技术、火力控制技术、航空器自动驾驶、生产自动化以及高速计算机等科学技术的迅速发展，并促进了反映科学体系的统一方法论——控制论的诞生。它以诺伯特·维纳（Norbert Wiener，1894—1964，美国数学家和通信理论家，如图1-1所示）于1948年发表和出版的学术著作 *Cybernetics: or Control and Communication in Animal and the Machine* 为标志，抓住了包括人在内的生物系统和包括工程在内的非生物系统以及与二者有关的社会、经济系统等所有系统中的控制与通信的共同特点，揭示了其通过信息的传递、加工处理和反馈来实现控制的共同本质，即信息传递过程是人类认识客观世界的前提，反馈控制过程是人类改造客观世界的途径，信息与控制是控制论的两个核心，反映了人类对客观世界的可知性与可控制性。

图1-1　诺伯特·维纳（1894—1964）

控制论是一门与技术科学和基础科学紧密相关的边缘科学。实践证明，它不仅具有重大的理论意义，而且对生产力的发展、生产率的提高、尖端技术的研究与尖端武器的研制，以及对社会管理等方面都产生了重大的影响。因此，控制论在建立后的很短时期内便迅速渗透到许多科学技术领域，大大推动了现代科学技术的发展，并从中派生出许多新的边缘学科。例如，生物控制论——运用控制论研究生命系统的控制与信息处理；经济控制论——运用控制论研究经济计划、财贸信贷等经济活动及其控制；社会控制论——运用控制论研究社会管理与社会服务；工程控制论——控制论与工程技术的结合等。

其中，工程控制论作为控制论的一个主要的分支学科，是关于受控工程系统的分析、设计和运行的理论。工程控制论诞生的标志是钱学森（1911—2009，中国杰出科学家和中国航天事业的奠基人，如图 1-2 所示）于 1954 年发表的《工程控制论》（英文版 *Engineering Cybernetics*）专著，它首先奠定了“工程控制论”的基础。

20 世纪 70 年代，西安交通大学阳含和教授（1920—1988，如图 1-3 所示）在我国首创了《机械控制工程》课程的开设，建立了机械工程控制论的理论体系。

图 1-2　左一为钱学森（1911—2009）

图 1-3　右一为阳含和（1920—1988）

工程控制论的主体理论即自动控制理论，根据自动控制理论发展的过程，可以将其划分为以下几个阶段：

第一阶段的自动控制理论，即经典伺服机构理论（也称经典控制理论），它成熟于 20 世纪 40~50 年代，是在当时手工计算的条件下，针对工程技术运用控制论的基本原理建立起来的在复数域（频率域）内以传递函数（频率特性）概念为基础的理论体系，主要数学基础是拉普拉斯变换（Laplace transform）和傅里叶变换（Fourier transform），主要研究单输入——单输出线性定常系统的分析与设计。本课程讲述的主要内容即属于经典控制理论。

第二阶段的自动控制理论，即形成于 20 世纪 60 年代的现代控制理论。20 世纪 50 年代末到 60 年代初，伴随着计算机以及空间技术等的发展，面对大型复杂的系统对象，如运载火箭和空间探测器等，以及其对高速度、高精度的控制要求，经典控制理论的局限性便暴露出来，这促使人们去寻找更完善、更有效的控制理论和方法解决所面临的新问题。在此背景下，美国的贝尔曼（Richard Bellman，1920—1984，美国数学家，美国国家科学院院士，动态规划的创始人）于 1960 年成功地将状态空间法引入控制系统的研究，并提出了可控性与可观测性的新概念，这就是现代控制理论发展的开端。现代控制理论主要是以状态空间法为基础建立起来的理论体系，主要针对多输入——多输出（线性或非线性）系统研究其稳定性、可控性、可观测性等系统分析、综合以及最优控制和自适应控制等问题。

第三阶段的自动控制理论，即在 20 世纪 70 年代形成的大系统理论。它主要针对规模特别庞大的如生态系统、社会系统以及大型电力系统、大型交通运输网等，或者特别复杂的如人类大脑等含有众多变量的大系统的运行分析及综合问题，采用网络化的计算机进行多级递阶控制。

第四阶段的自动控制理论，即始于20世纪70年代如今仍方兴未艾的智能控制理论。从控制论的观点来看，人是自然界中最巧妙、最灵活、自动化程度最高的控制系统，伴随着计算机技术和人工智能科学的发展，使工程系统、社会、管理与经济系统等具有人工智能，即在没有人的干预下，系统能够进行自学习、自组织以适应外界环境的变化并做出相应的决策和控制。今天，智能控制理论作为自动控制的最高阶段仍然是计算机科学、神经生理学、心理学、信息学以及工程学等许多学科领域研究者的热点研究问题。

以上第二~四阶段的控制理论，本课程基本没有涉及。本课程主要以经典控制理论内容为重点，研究控制系统的建模、分析与设计（校正）问题。

这里还应强调，工程控制论是一门技术科学，不是工程技术，它与“自动控制”“伺服机构”等既有密切的联系，又有区别。前者是指导实现“自动控制”技术、“伺服机构”设计的基本理论；后者则是运用“工程控制论”中的基本理论以解决某些工程实际问题的具体技术措施，主要研究工程设计中的具体细节。另外，如前所述，工程控制论并不是只局限于研究自动控制及伺服技术的基本理论，其内容、范围和所涉及的问题比“自动控制”“伺服机构”等工程技术要深刻且广泛得多。因为即便某些非自动控制即由人来控制的工程系统，也必须按照工程控制论所指出的规律或思想方法进行控制（或操作）才能更有效地运转。

1.2 机械工程控制论的研究对象

机械工程控制论是研究以机械工程技术为对象的控制论问题。具体地讲，是研究在这一工程领域中广义系统的动力学问题，即研究系统在一定的外界条件（输入与干扰）作用下，系统从某一初始状态出发所经历的整个动态过程，也就是研究系统及其输入、输出三者之间的动态关系。例如，在机床数控技术中，调整到一定状态的数控机床就是系统，数控指令就是输入，而数控机床的运动就是输出。

因为输入的结果是改变系统的状态，并使系统的状态不断改变，这就是力学中所讲的强迫运动；当系统的初始状态不为零时，即使没有输入，系统的状态也会不断改变，这也就是力学中所讲的自由运动。因此，从使系统的状态不断发生改变这点来看，将系统的初始状态看作为一种特殊的输入，即“初始输入”或“初始激励”也是十分合理的。

机械工程控制论所研究的系统是极为广泛的，这个系统可大可小，可繁可简，完全由研究的需要而定。例如，当研究机床在切削加工过程中的动力学问题时，切削加工本身可作为一个系统；当研究此台机床所加工工件的某些质量指标时，这一工件本身又可作为一个系统。

就图1-4所示的控制系统及其输入、输出三者之间的动态关系而言，可以将控制系统所涉及的研究问题划分为以下几类：

图1-4 控制系统及其输入、输出框图

1）当系统已经确定，且输入已知而输出未知时，要求确定系统的输出（响应）并根据输出来分析和研究该控制系统的性能，此类问题也称系统分析。

2）当系统已经确定，且输出已知而输入未施加时，要求确定系统的输入（控制）以使输出尽可能满足给定的最佳要求，此类问题也称最优控制。

3）当系统已经确定，且输出已知而输入已施加但未知时，要求识别系统的输入（控制）或输入中的有关信息，此类问题即滤波与预测。

4）当输入与输出已知而系统结构、参数未知时，要求确定系统的结构与参数，即建立系统的数学模型，此类问题即系统辨识。

5）当输入与输出已知而系统尚未构建时，要求设计系统使系统在该输入条件下尽可能符合给定的最佳要求，此类问题即最优设计。

从本质上来看，问题1）是已知系统和输入求输出，问题2）和3）是已知系统和输出求输入，问题4）与5）是已知输入和输出求系统。

本书主要是针对机械工程系统以经典控制理论来研究问题1），对问题4）和5）只涉及部分内容。

1.3 控制系统的基本概念

为了更好地理解和掌握本书内容，下面对控制理论中涉及的一些基本概念加以介绍。

如前所述，控制论的一个极其重要的概念就是信息的传递、反馈以及利用反馈进行控制。无论是机械工程系统或过程，生物系统或社会、经济系统都存在信息的传递与反馈，并可利用反馈进行控制使系统按一定的“目的”进行运动。

1. 信息及信息的传递

在科学史上，控制论与信息论第一次把一切能表达一定含义的信号、密码、情报和消息概括为信息概念，并把它列为与能量、质量相当的重要科学概念。

“机械工程”是所有技术科学中发展最早、最古老的一门科学，然而引用“信息”这个概念还是比较晚的，如果不把20世纪50年代初建立“工程控制论”时期所涉及的航天、火箭等机械系统算在内的话，正式引用这个概念来分析研究问题的时间不会早于20世纪50年代末或60年代初，而这在其他技术科学领域中，如电子科学、计算机科学等早已是古典的概念了。机械工程科学领域早期所涉及的问题主要是纯几何的、静力学的或者是到达平衡状态的稳定运动。然而，随着工业生产以及科学技术不断地发展，机械工程科学面临着许多高精度、高速度、高压、高温的复杂问题，这就必然要涉及系统或过程的动态特性（或动力特性）、瞬态过程以及具有随机过程性质的统计动力学特性等，显示出了机械工程科学与控制论所研究问题的相似性。

事实上，机械系统中的应力、变形、温升、几何尺寸与形状精度、表面粗糙度以及流量、压力等，与电子系统用以表达其状态的电压、电流、频率一样，也是表达机械系统或过程某一状态的信号、密码、情报或消息，只不过信息的运载介质不同。图1-5a所示为某一液压系统的液体压力曲线，图1-5b所示为某一机械加工一批零件按顺序排列的工件尺寸点图。它们分别与电子系统的电压信息以及电脉冲序列或时间序列等没有什么不同，同样都包含了系统或过程某些特性的信息。

信息传递是指信息在系统及过程中以某种关系动态传递（或称转换）的过程。在机床加工工艺系统中，工艺过程中信息的传递如图1-6所示。它将工件尺寸作为信息，通过工艺

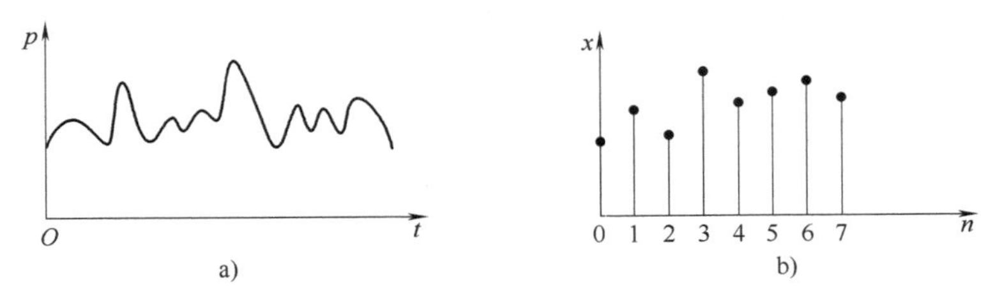

图 1-5 液体压力曲线及工件尺寸点图
a）液体压力曲线 b）工件尺寸点图

过程的转换，使得加工前后工件尺寸分布有所变化。这样，研究机床加工精度问题，便可通过运用信息处理的理论和方法来进行。

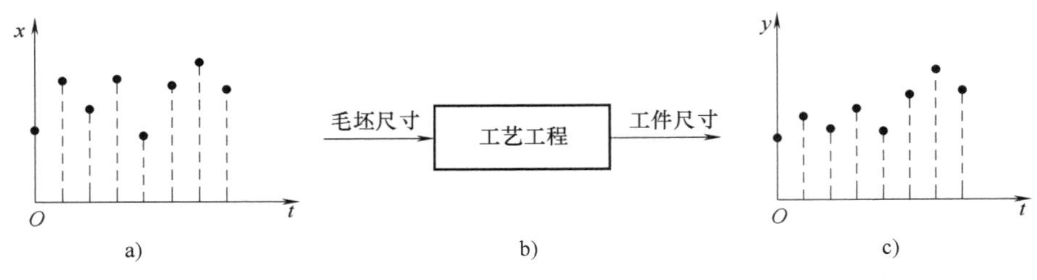

图 1-6 工艺过程中信息的传递
a）毛坯尺寸 b）转换过程 c）工件尺寸

同样，采用控制论和信息论处理信息的概念和方法，如传递函数、频率特性以及系统识别、状态估计与预测、故障诊断等，可研究机械工程系统及过程中信息的传递关系并揭示其本质，这也说明机械控制工程有其广阔的应用和发展前景。

2. 反馈及反馈控制

信息的反馈，就是把一个系统的输出信号不断直接地或经过中间变换后全部或部分返回到输入端，再输入到系统中去。如果反馈回去的信号（或作用）与原系统的输入信号（或作用）的方向相反（或相位相差 180°），则称为“负反馈”；如果方向或相位相同，则称之为“正反馈”。控制工程中使用的反馈一般默认为“负反馈”。

人类最简单的活动，如走路或取物都利用了反馈的原理以保持正常的动作。人抬起腿每走一步路，腿的位置和速度的信息不断通过人眼及腿部皮肤及神经感觉反馈到大脑，以保持正常的步法；人用手取物时，物体的位置、手的位置及速度信息不断反馈到大脑，以保证准确而适当地抓住待取之物。人若失去上述这类反馈控制作用或者反馈不正常，就会手足颤动显示病态。其他动物也是一样，并且在一切生物系统、社会及经济系统中也都存在或利用上述反馈控制的作用，以维持正常的机能。

人们早就知道利用反馈控制原理设计、制造机器、仪表或其他工程系统。我国早在北宋时期（1086—1089 年）就由苏颂（1020—1101，北宋天文学家）、韩公廉（生卒年不详）等人发明和制造了具有反馈控制原理的自动调节系统——水运仪象台，它是中国古代真正意义上的机械钟和天文仪器，标志着中国古代天文仪器制造史上的高峰，被誉为世界上最早的天文钟。水运仪象台是一个按负反馈原理构成的闭环非线性自动控制系统，其齿轮传动系统如图 1-7 所示。

一般认为，最早应用于工业过程的自动反馈控制器是瓦特（James Watt，1736—1819，英国发明家、工程师）于1769年发明用来控制蒸汽机速度的飞球调速器，它解决了蒸汽机的速度控制问题，引起了人们对控制技术的重视，开启了控制理论的发展。飞球调速器是一种机械装置，其结构如图1-8所示。

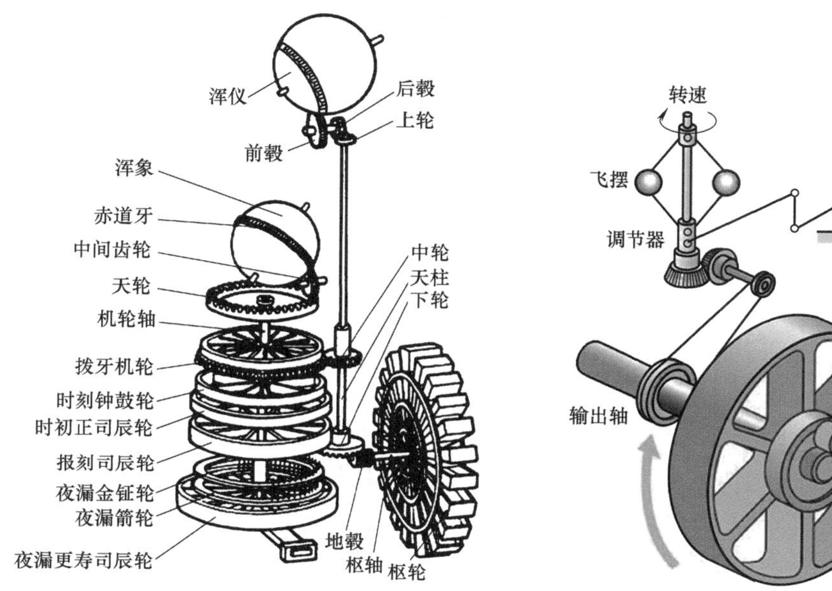

图1-7　水运仪象台的齿轮传动系统

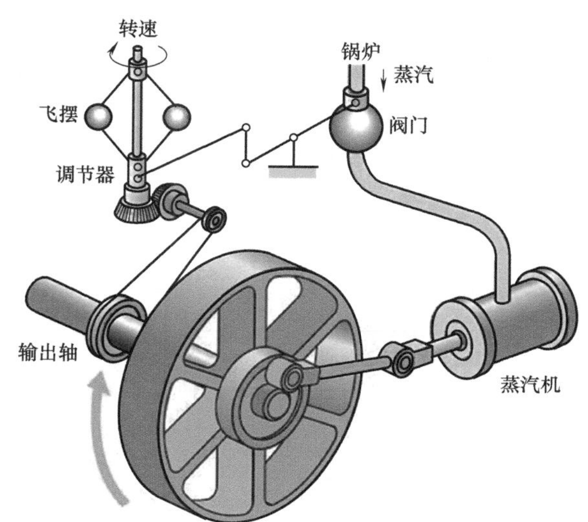

图1-8　飞球调速器的结构

通常都把具有反馈的系统称之为闭环系统。例如，最古老又最简单的贮槽液位自动调节器（图1-9）就是一个简单的闭环控制系统。浮子测出液面实际高度 h 与要求液面高度 H_0 之差 e，推动杠杆控制进水阀放水，一直到实际液面高度 h 与要求液面高度 H_0 相等时关闭进水阀。它们之间的信息、传递如图1-10所示。在这里，反馈信息为实际液面高度 h，经与期望液面高度 H_0 相比较形成一个闭环控制系统。

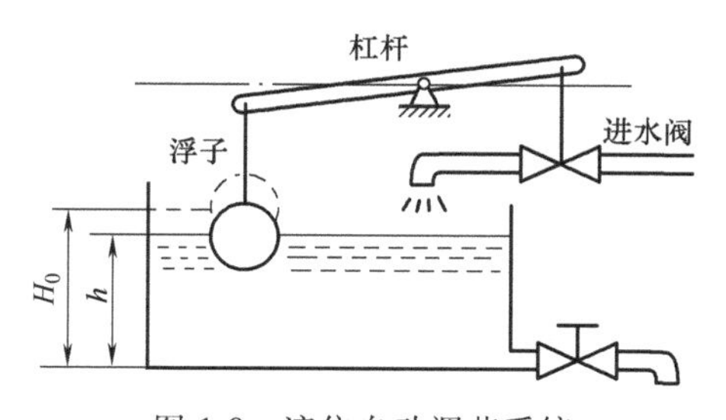

图1-9　液位自动调节系统

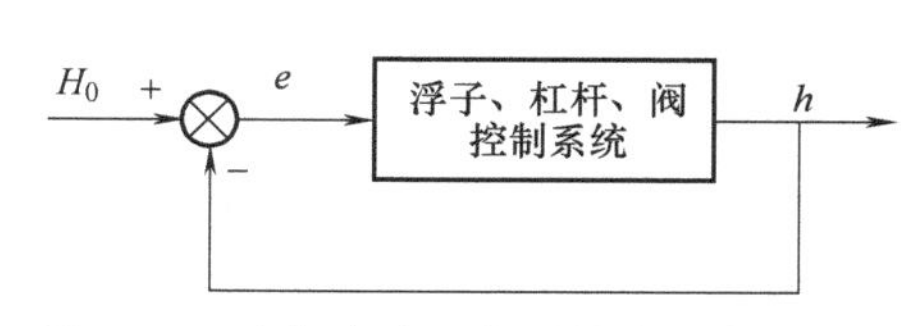

图1-10　液位自动调节系统中的信息传递

应当特别指出，人们往往把闭环反馈系统局限于自动控制系统，或者仅从表面现象来判定某些系统为开环或闭环控制系统，这就大大限制了控制论的应用范围。人们往往利用反馈控制原理在机械系统或过程中加上一个“人为的”反馈，从而构成一个自动控制系统，如上述液位自动调节系统以及其他所谓“自动控制系统”都人为地外加反馈。但是，在许多机械系统或过程中，往往存在内在的相互耦合作用构成非人为的“内在的”反馈，从而形成一个闭环控制系统，如机械系统中作用力与反作用力的相互耦合即可形成内在反馈，又如在机械系统或过程（如切削过程）中自激振动的产生，也必定存在内在的反馈使能量在内部循环，促使振动持续进行。很多机械系统或过程从表面上看是开环控制系统，但经过分析可以发现它们实质上都是闭环控制系统。但是，必须注意从动力学而不是静力学的观点、从系统而不是孤立的观点进行分析才能揭示系统或过程的本质。

为了说明内在反馈的情形，观察如图 1-11 所示的两自由度机械系统。从表面上看虽然是一个开环控制系统，但是，列出其动态微分方程后可知，当质量 m_2 有一个小位移 x_2（作为输入）使质量 m_1 产生相应的位移 x_1（作为输出），其动力学方程为

$$m_1\ddot{x}_1+(k_1+k_2)x_1=k_2x_2 \tag{1-1}$$

位移 x_1 又反过来影响质量 m_2 的运动，其动力学方程为

$$m_2\ddot{x}_2+k_2x_2=k_2x_1 \tag{1-2}$$

信息量 x_1 与 x_2 的传递关系式（1-1）和式（1-2）可以表示为如图 1-12 所示的闭环控制系统。

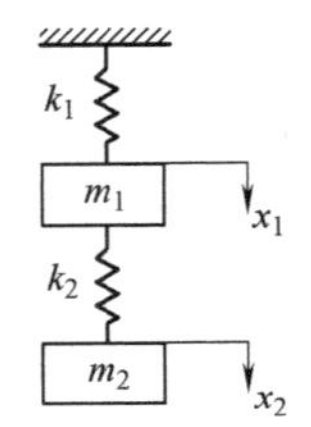

图 1-11　两自由度机械系统

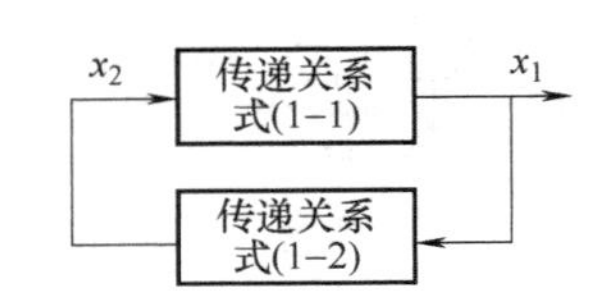

图 1-12　机械系统中的信息传递关系

从这个简单的实例可以看到，机械工程系统及过程中广泛存在着内在的或外加的反馈。有关实例将在下一节及本书其他有关章节中详细介绍。

3. 系统及控制系统

系统一般指的是能完成一定任务的一些部件的组合。控制工程中所指的系统是广义的，广义系统不限于上面所指的物理系统（如一台机器），它也可以是一个过程（如切削过程、生产过程），还可以是一些抽象的动态现象（如在人机系统中研究人的思维及动态行为）。

（1）控制系统　系统的可变输出如果能按照要求由参考输入或控制输入进行调节，即称为控制系统。若不加说明，本书中所提到的系统都是指控制系统。

控制系统主要由控制装置和被控对象两部分组成。其中，控制装置包含给定元件、测量元件、比较元件、校正元件、放大元件和执行元件，给定元件给出系统的控制指令即输入；被控对象则是看得见的实体，输出即被控量是反映被控对象工作状态的物理量，其组成框图如图 1-13 所示。

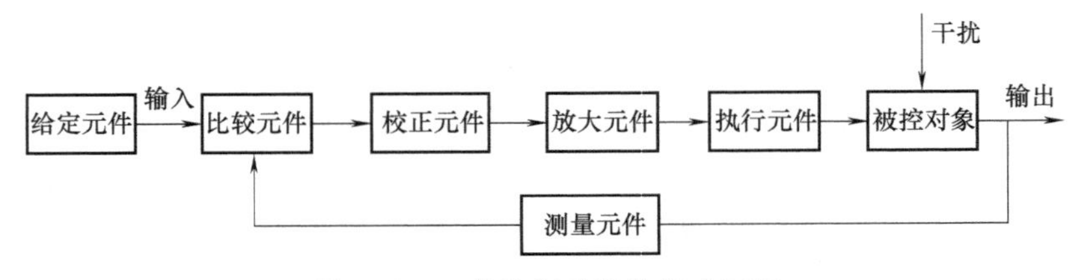

图 1-13　一般控制系统的组成框图

控制系统的分类方式很多，主要有以下几种分类：

1）若按控制系统的微分方程进行分类，则可分为线性系统和非线性系统。根据微分方程的系数是否随时间变化，线性系统和非线性系统又分别有定常系统与时变系统之分。

2）若按控制系统中传递信号的性质分类，可分为连续系统与离散系统两类。

3）若按控制信号（输入信号）的变化规律可分为3种：恒值控制系统，又称自动调节系统，此时控制信号已知且是常数，如恒温炉的控制；程序控制系统，又称过程控制系统，此时控制信号已知且为序列程序，如洲际弹道导弹的飞行；随动系统，又称伺服跟踪系统，此时控制信号是未知的时间函数，由对目标的测量信息确定，如火炮自动瞄准系统。

4）若按系统中是否存在反馈，可分为开环控制系统和闭环控制系统，这是本书中经常用到的分类形式。

（2）开环控制系统　系统的输出量对系统无控制作用，或者说系统中没有一个环节的输入受到系统输出的反馈作用，则称开环控制系统。例如，自动洗衣机按洗衣、漂洗、脱水、干衣的顺序进行工作时，无需对输出信号即衣服的清洁程度进行测量，它就是一个开环系统；简易数控机床的进给控制，输入指令通过控制装置和驱动装置推动工作台运动到指定位置，该位置信号不再反馈，这也是典型的开环控制系统。图1-14所示为开环控制系统原理框图。

（3）闭环控制系统　系统的输出量对系统有控制作用，或者说系统中存在反馈回路的，称为闭环控制系统。对于自动控制系统，任何一个环节的输入都可以受到系统输出的反馈作用。如果控制装置的输入受到输出的反馈作用，该系统就称为全闭环系统，或简称为闭环系统。例如，有恒温控制的空调系统、机器人、大多数数控（CNC）机床的驱动系统等都属于闭环系统。采用闭环控制的CNC机床的进给系统中，工作台的位置作为系统输出，通过检测装置进行测量，并将该信号反馈给控制器，进而控制运动位置本身。图1-15所示为闭环控制系统原理框图。

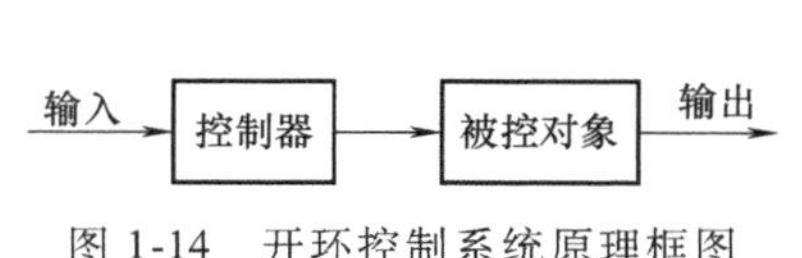

图1-14　开环控制系统原理框图

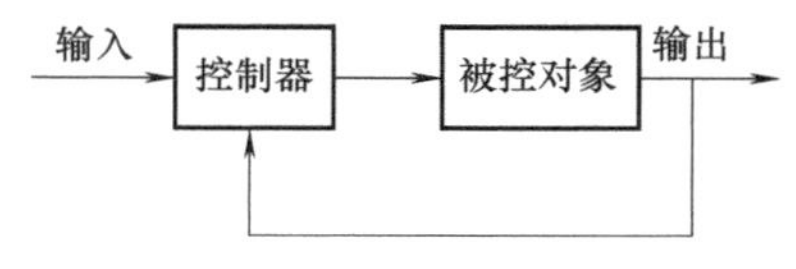

图1-15　闭环控制系统原理框图

4. 对控制系统的基本要求

评价一个控制系统的好坏，其指标是多种多样的。但对控制系统的基本要求（即控制系统所需的基本性能）一般可归纳为：系统的稳定性、响应的快速性和准确性。

（1）系统的稳定性　系统的稳定性是指系统在受到外界扰动作用时，系统的输出将偏离平衡位置，当这个扰动作用去除后，系统恢复到原来的平衡状态或者趋于一个新的平衡状态的能力。由于系统存在着惯性，当系统的各个参数分配不恰当时，将会引起系统的振荡而使其失去工作能力。稳定性的要求是系统能够正常工作的首要条件。

（2）响应的快速性　响应的快速性是指当系统实际输出量与期望的输出量之间产生偏差时，消除这种偏差的快速程度。这是在系统稳定前提下提出的。

（3）响应的准确性　响应的准确性是指在调整过程结束后实际输出量与期望输出量之间的偏差，又称为静态精度或稳态精度，通常以稳态误差来表示，这也是衡量系统工作性能的重要指标。例如，数控机床精度越高，加工精度也越高。

由于被控对象的具体情况不同，不同的系统对稳、快、准的要求各有侧重。例如，随动系统对响应快速性要求较高，而调速系统对稳定性提出较严格的要求。对于同一系统，稳、快、准三方面的要求是相互制约的，如提高了系统的快速性，可能导致系统不稳定；改善了系统的稳定性，又可能使系统的稳态精度降低。如何分析和解决这三者之间的矛盾，是本书的重要内容，将在后面章节中加以讨论。

另外，根据控制系统的性能及成本来比较，在设计开环与闭环控制系统时给出以下选择原则：

开环控制系统与闭环控制系统的主要差别就在于是否采用“反馈”。开环控制系统因为没有反馈，相对来说结构比较简单，从稳定性的角度看它比较容易稳定，且因结构简单其成本也比较低。因此一般来说，当系统的输入量能预先知道并且不存在任何扰动或扰动不大时，建议采用开环控制系统；只有当系统中存在无法预计的扰动或系统中元件参数存在着无法预计的变化时，才采用闭环控制系统。

闭环控制系统由于采用了反馈，因而可以使系统的输出（响应）对外部干扰和系统内部元器件的参数变化不很敏感，甚至有可能采用不太精密的、成本较低的元器件来构成具有较高精度的控制系统，这一点在开环控制系统中是不可能做到的。但是，正是由于闭环控制系统采用了反馈，使其系统结构变得复杂，若系统设计不当就可能造成较大的振荡甚至发散而不稳定。所以，对于闭环控制系统，其稳定性始终是一个很重要的问题，这需要读者在今后的课程学习和工程实践中慢慢体会和理解。

1.4 机械工程控制的应用实例

如同其他技术科学一样，机械工程科学的主要任务之一就是要掌握和了解机械工程系统或过程的内部动态规律，也就是系统或状态的动态特性，要研究其内部信息传递、变换规律以及受到外加作用时的反应，从而决定控制它们的手段和策略，以便使之达到人们所期望的最佳状态。这也正是“机械控制工程”或“机械工程控制论”的主要内容。大多数自动控制系统、自动调节系统以及伺服机构都是应用反馈控制原理控制某一个机械刚体，如机床工作台、振动台、火炮或火箭体等，或控制一个机械生产过程，如切削过程、锻压过程、冶炼过程等的机械控制工程实例。

例 1-1 液压压下钢板轧机。

图 1-16 所示为一台反馈控制的液压压下钢板轧机原理图。由于钢板轧制速度及精度要求越来越高，现代化轧钢机已经用电液伺服系统代替了旧式的机械式压下机构。图中工作辊的辊缝信息 h_g 或钢板出口厚度信息 h（或者 h_g 与 h 两者同时）由检测元件 3 测出并反馈到电液伺服系统 2 中，发出控制信号驱动液压缸 1，以调节轧制辊缝 h_g，从而使钢板出口厚度 h 保持在要求的公差范围内。为了使上述钢板轧机伺服系统能发挥其高灵敏度、

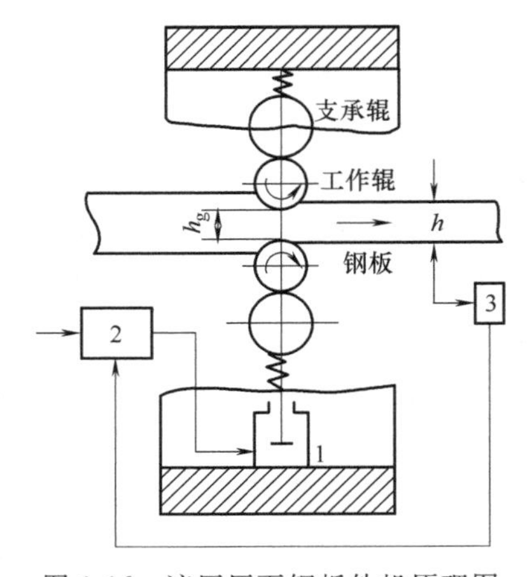

图 1-16 液压压下钢板轧机原理图

高精度的优良特性，必须应用机械控制工程有关理论进行分析、综合。钢板轧制厚度控制原理框图如图 1-17 所示。

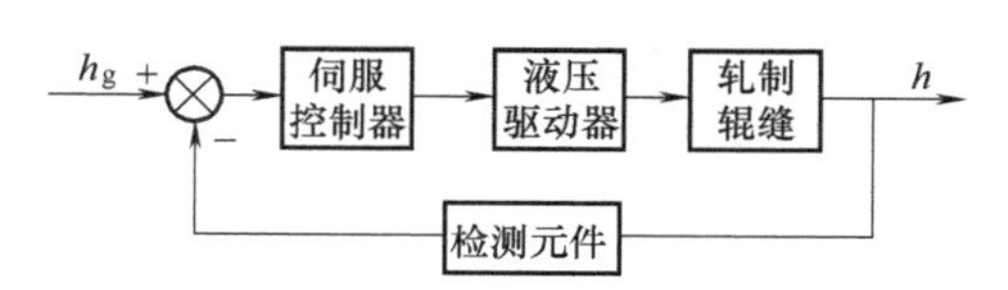

图 1-17 钢板轧制厚度控制原理框图

例 1-2 数控机床工作台的驱动系统。

图 1-18 所示为数控机床工作台的伺服驱动系统简图。由光栅等检测装置随时测量工作台的实际位置（即输出信号）并与控制指令比较，可得到工作台实际位置与目标位置之间的差值。控制的目的就是考虑驱动系统的动力学特性，按一定的规律设计相应的控制策略，使被控系统按输入指令的要求进行动作。数控机床工作台的闭环控制原理框图如图 1-19 所示。

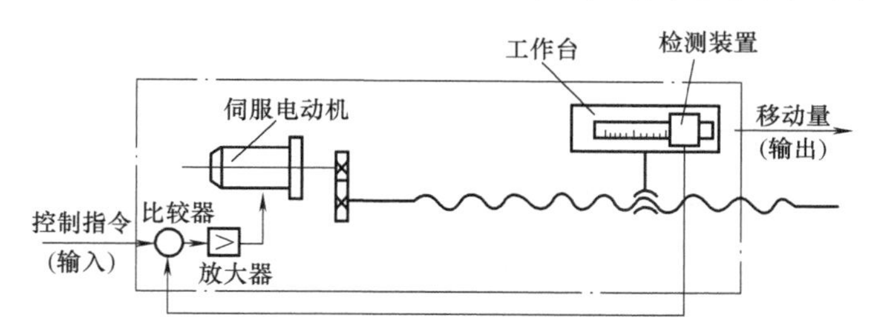

图 1-18 数控机床工作台的伺服驱动系统简图

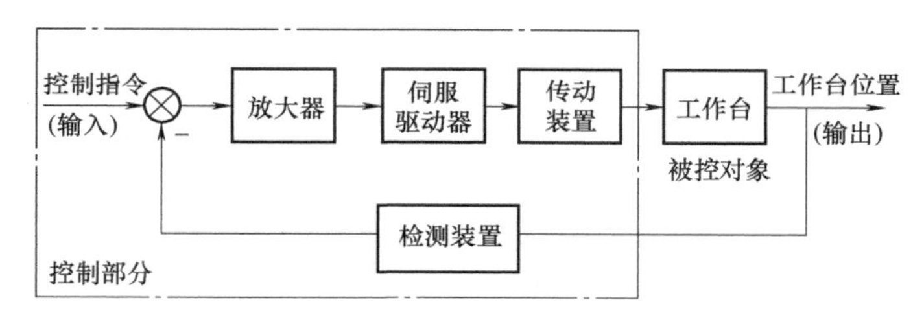

图 1-19 数控机床工作台的闭环控制原理框图

例 1-3 车削过程分析。

图 1-20 所示的车削过程，往往会产生自激振动，这种现象的产生与切削过程本身存在内部反馈作用有关。当刀具以名义进给 x 切入工件时，由切削过程特性产生切削力 P_y，在 P_y 的作用下，又使机床-工件系统发生变形退让 y，从而减少了刀具的进给量，这时刀具实际进给量为 $a=x-y$。上述信息传递关系可用图 1-21 所示闭环系统来表示。这样，对于切削过程的动态特性和切削自激振动的研究，完全可以应用控制理论中有关稳定性理论进行分析，并从而提出控制切削过程、抑制切削振动的有效途径。

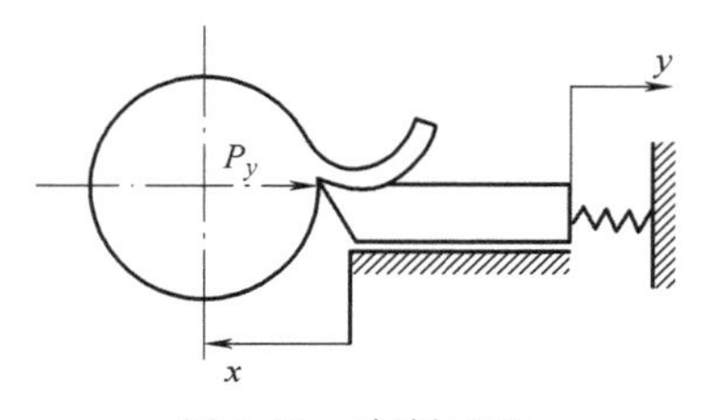

图 1-20 车削过程

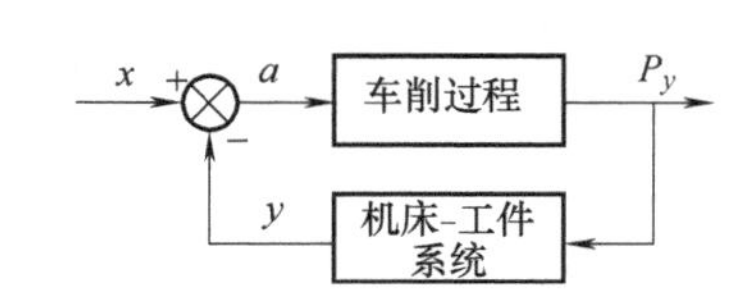

图 1-21 车削过程信息传递框图

例 1-4 静压轴承。

图 1-22 所示为薄膜反馈式径向静压轴承。当主轴受到负荷 W 后产生偏移 e，因而使下油腔压力 P_2 增加 ΔP，上油腔压力 P_1 减少 ΔP。这样，与之相通的薄膜反馈机构的下油腔压力增加 ΔP，上油腔压力减少 ΔP，从而使薄膜向上变形弯曲。这就使薄膜下半部高压油输入轴承的流量增加，而上半部减少，轴承主轴下部油腔产生反作用力 R（$R=2\Delta P\cdot A$，A 为油腔面积）与负荷 W 相平衡以减少偏移量 e，或完全消除偏移量 e（即达到无穷大刚性）。上述有关静压轴承内部信息传递关系可以由图 1-23 表示为一个闭环系统。利用控制论有关动态特性分析理论，即可对轴承的设计与分析提供更有效的途径。

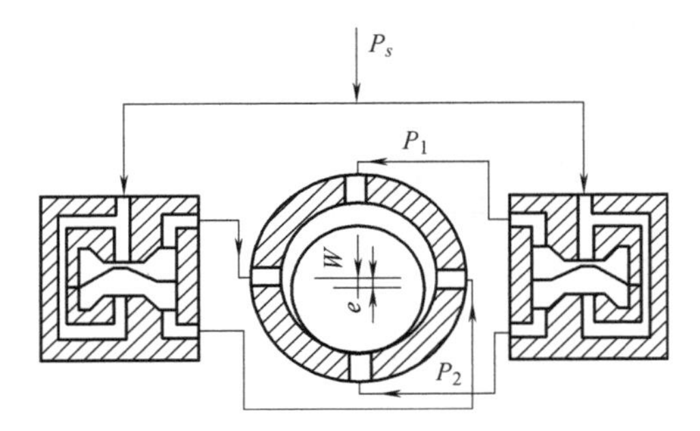

图 1-22　薄膜反馈式径向静压轴承

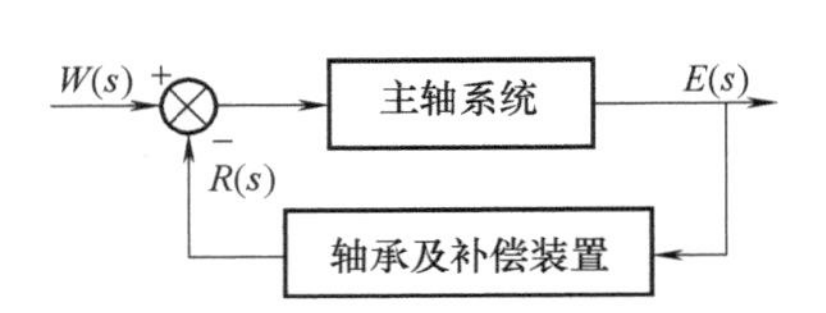

图 1-23　静压轴承内部信息传递框图

例 1-5 工业机器人。

图 1-24 所示工业机器人要完成将工件放入指定孔中的任务，其基本的控制原理框图如图 1-25 所示。其中，控制器的任务是根据指令要求，以及传感器所测得的手臂实际位置和速度反馈信号，考虑手臂的动力学，按一定的关节运动轨迹产生控制作用，驱动手臂各关节和连杆，以保证机器人末端手爪完成指定的工作并满足性能指标的要求。

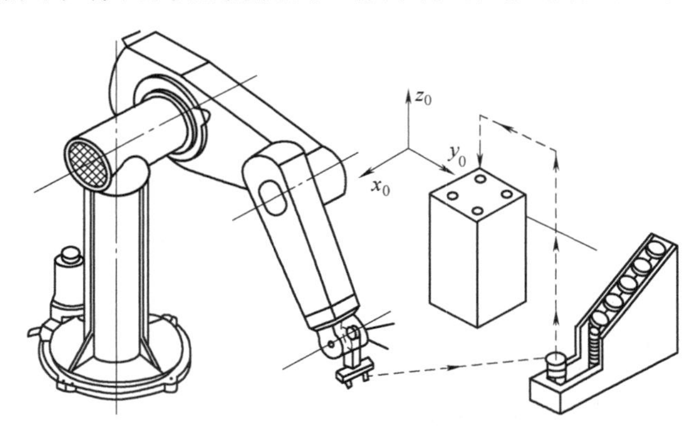

图 1-24　工业机器人完成装配工作

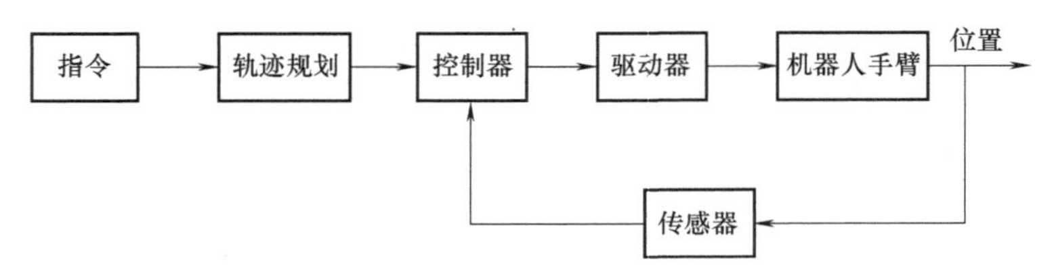

图 1-25　工业机器人基本控制原理框图

1.5 本课程特点及内容简介

“机械工程控制基础”是控制论与机械工程技术相结合的边缘学科，侧重介绍机械工程控制的基本原理，同时密切结合工程实际，是一门技术基础课程。本课程内容较抽象，概括性强，而且涉及知识范围广。学习本门课要有良好的数学、力学、电学和计算机方面的基础，要求以高等数学、理论力学、电工电子技术为先修课程，还要有一定的机械工程方面的专业知识。本课程主要讲述经典控制论范畴的基本知识，包括以下几方面内容：

1）数学工具方面：第 2 章拉普拉斯变换的数学方法。

2）系统建模方面：第 3 章控制系统的数学模型。

3）系统分析方面：有 3 章内容，包括第 4 章控制系统的时域分析、第 5 章控制系统的频率特性、第 6 章控制系统的稳定性。

4）系统的校正与设计方面：第 7 章控制系统的校正与设计。

本课程内容体系清晰、系统性较好，读者在学习时应注意理清思路，把握经典控制理论的核心内容和体系，能正确应用性质和结论去分析和解决问题即可，而不必纠缠于性质和结论的推导与证明。另外，新编教材进一步突出了控制理论在机械工程中的应用背景，增加了工程应用方面的例题和练习题量，并引入 MATLAB 软件作为分析工具进行实例分析，在每章后面都附有自学指导、复习思考题和习题，以便于学生对课程内容的学习。希望学生能根据自学指导把握各章的主要内容和要点，认真独立地完成作业，初步学会使用 MATLAB 软件来帮助分析问题、验证结论，以加深对基本概念、基本理论和基本方法的理解和掌握，着力提高自己解决工程实际问题的能力。

自学指导

学习本章内容，自学者应理解和掌握控制系统的基本原理和反馈、开环控制、闭环控制等基本概念，以及控制系统的基本要求；应具有根据系统工作原理画出系统框图的能力。

复习思考题

1. 机械工程控制论的研究对象及任务是什么？
2. 什么是信息及信息的传递？试举例说明。
3. 什么是反馈及反馈控制？试列举几个负反馈控制的实例。
4. 工程领域中有没有正反馈的例子？自然与社会等其他领域是否有正反馈例子？
5. 对控制系统的分类方式有哪些？
6. 对控制系统的基本要求是什么？
7. 举例说明开环控制系统及闭环控制系统，它们的区别是什么？
8. 比较开环系统与闭环系统各自的优缺点。

习题

1-1　如图题 1-1 所示，分析汽车驾驶人驾驶汽车过程中的反馈控制实现过程并画出其框图。

1-2　电热水器工作原理如图题 1-2 所示，水箱中水的温度通过金属管加热器、测温元件以及温控开关来控制。当使用热水时，水箱中的热水由出水口流出，同时冷水自入水口进入。试画出该控制系统的框图，并说明这个系统在分类上是什么控制系统。

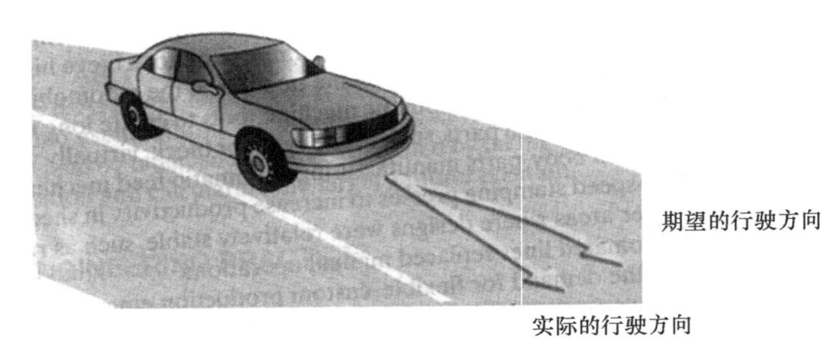

图题 1-1 汽车驾驶过程

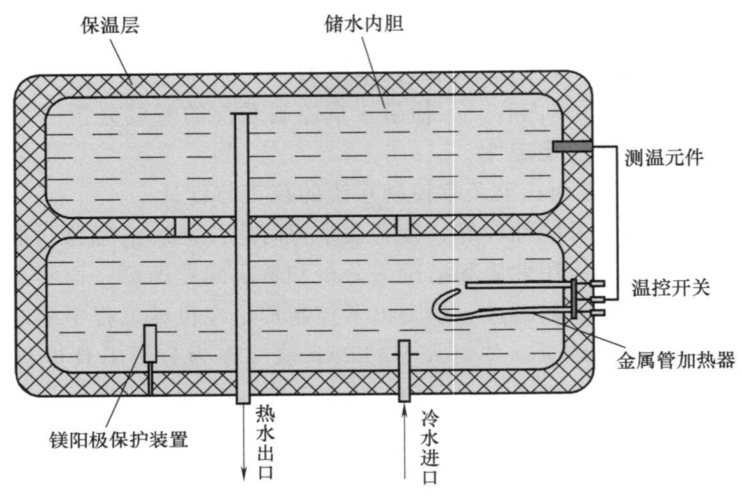

图题 1-2 电热水器工作原理

1-3 图题 1-3 所示为两个液位控制系统，它们都是通过浮球来测量水箱的液位，一个通过杠杆控制进水阀门，一个通过电气控制进水阀门，试分别绘制其工作原理框图。

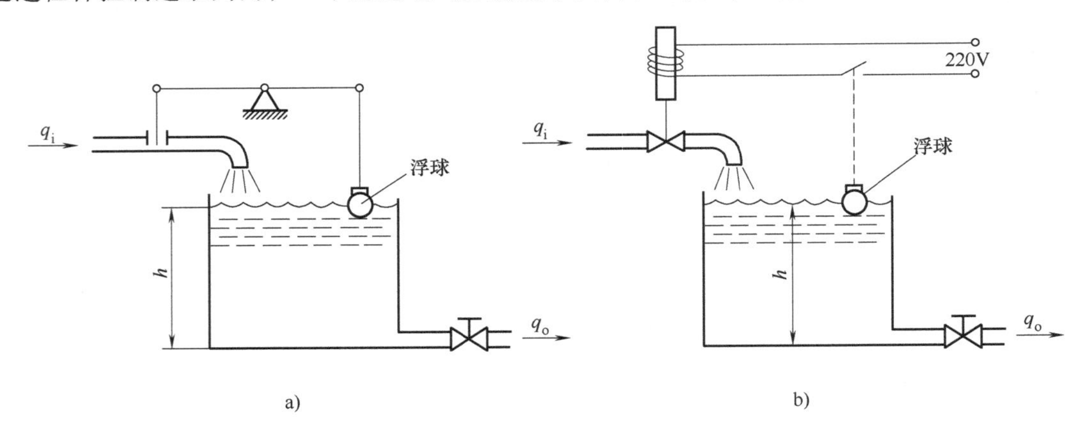

图题 1-3 液位自动控制系统

a）杠杆控制 b）电气控制

1-4 电冰箱的制冷系统工作原理如图题 1-4 所示，当冰箱控制器给继电器信号使压缩机工作，压缩机吸入蒸发器中的低温、低压制冷剂蒸汽进行压缩，使制冷剂液化，释放出大量的热，这些热量通过冷却器的散热管和散热片散发到空气中。液化的制冷剂散热之后，温度降低，再进入到蒸发器中，制冷剂在蒸发器中蒸发吸收大量的热，使蒸发器周围的温度迅速降低。这样就实现了冰箱的制冷。试画出系统的框图，并说明这个系统在分类上是什么控制系统。

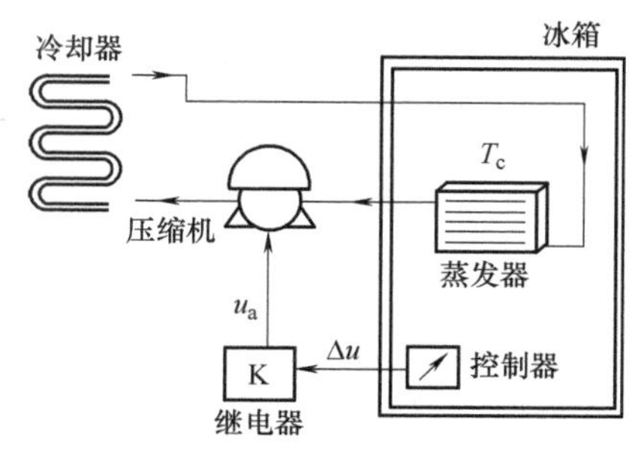

图题 1-4　电冰箱制冷系统工作原理

1-5　函数记录仪全称为 x-y 函数记录仪，它将通过传感器测得的压力、电流或位移等函数变化用图像的形式绘制在记录纸上，为人们提供可视化函数以供参考。函数记录仪工作原理如图题 1-5 所示，输入电压 ΔU 经过适当衰减，调整到合适的灵敏度，与平衡电桥输出电压合成 ΔE，经放大器推动电动机转动。它拖动滑线电位器 R_3 和 R_4 变化，使得平衡电桥输出电压改变，直至合成电压 $\Delta E=0$ 时停止。在这个调节过程中，与滑线电位器上的滑动触点同步的记录笔随之而动，它记录了输入电压 ΔU 变化的全部过程。试画出系统的框图，并说明这个系统在分类上是什么控制系统。

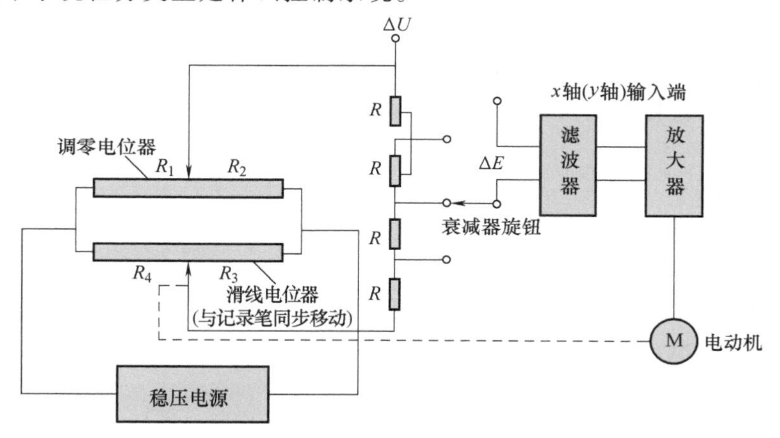

图题 1-5　函数记录仪工作原理

1-6　仓库大门自动控制原理如图题 1-6 所示，当合上开门开关时，电位器桥式测量电路产生一个偏差电压信号。此偏差电压经放大后，驱动伺服电动机带动绞盘转动，使大门向上提起。与此同时，与大门连在一起的电位器电刷上移，使桥式测量电路重新达到平衡，电动机停止转动，开门开关自动断开。反之，当合上关门开关时，伺服电动机反向转动，带动绞盘转动使大门关闭，从而实现远距离自动控制大门开闭的要求。试画出系统的原理框图。

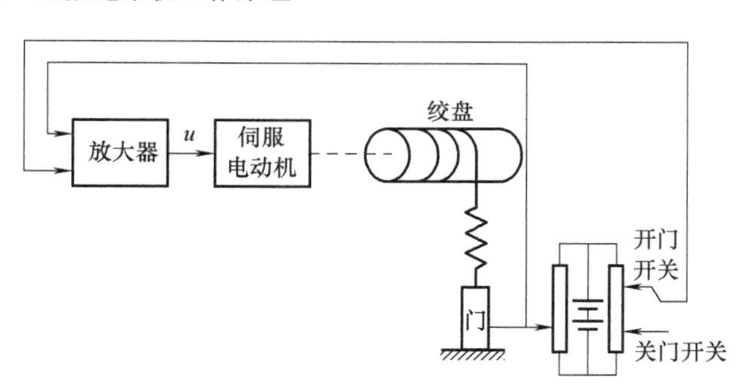

图题 1-6　仓库大门自动控制原理

1-7　请查阅资料了解水运仪象台齿轮传动系统（图 1-7）的工作原理，并画出系统的原理框图。

1-8　对图 1-8 所示的飞球调速器，说明其实现转速控制的原理，并画出系统的原理框图。

第2章　拉普拉斯变换的数学方法

经典控制理论是以传递函数或频率特性概念为基础的理论体系，其主要数学方法是维纳等人提出的拉普拉斯（Pierre-Simon marquis de Laplace，1749—1827，法国著名天文学家和数学家）变换和傅里叶（Baron Jean Baptiste Joseph Fourier，1768—1830，法国著名数学家和物理学家）变换。

拉普拉斯变换（Laplace transform）是分析和研究线性动态系统的有力数学工具。通过拉普拉斯变换可以将控制系统的时域微分方程变换为复数域的代数方程，这不仅方便了微分方程求解而使系统的分析大为简化，而且在经典控制论范畴，它可以直接在频域中研究系统的动态特性，并对系统进行分析、综合和校正，因而具有很广泛的实际意义。

本章在简要地复习有关复数和复变函数以后，着重介绍拉普拉斯变换与拉普拉斯反变换的定义、典型时间函数的拉普拉斯变换、拉普拉斯变换的性质以及拉普拉斯反变换的数学方法。最后，介绍用拉普拉斯变换解常微分方程。在学习中应注重数学方法的应用，为后续章节的学习奠定基础。

2.1　复数和复变函数

因为在拉普拉斯变换中，要用到复数和复变函数，所以本节主要讨论复数的概念及其表示方法、复变函数的概念。

1. 复数的概念

复数 $s=\sigma+\mathrm{j}\omega$，其中 σ、ω 均为实数，分别称为 s 的实部和虚部，记作

$$\sigma=\mathrm{Re}(s),\omega=\mathrm{Im}(s) \tag{2-1}$$

式中，j 为虚单位，$\mathrm{j}^2=-1$。

当两个复数相等时，必须且只需它们的实部和虚部都分别相等。若一个复数为零，则它的实部和虚部必须都为零。当实部为零而虚部不为零时，复数即为纯虚数；当虚部为零而实部不为零时，复数即为纯实数。所以，实数可以看作是复数的特殊情形或复数的一部分，但是实数可以比较大小，而复数不能比较大小。

2. 复数的表示方法

（1）点表示法　因为任一复数 $s=\sigma+\mathrm{j}\omega$ 与实数 σ、ω 成一一对应关系，故在平面直角坐标系中，以 σ 为横坐标（实轴），以 $\mathrm{j}\omega$ 为纵坐标（虚轴），复数 $s=\sigma+\mathrm{j}\omega$ 可用坐标为（σ，ω）的点来表示，如图 2-1 所示。实轴和虚轴构成的平面称为复平面或［s］平面，这样，一个复数就对应于复平面上的一个点。

（2）向量表示法　复数 s 还可用从原点指向点（σ，ω）的向量来表示，如图 2-2 所示。向量的长度称为复数 s 的模或绝对值，表示为

$$|s|=r=\sqrt{\sigma^2+\omega^2} \tag{2-2}$$

向量与 σ 轴的夹角 θ 称为复数 s 的辐角，即

$$\theta=\arctan\frac{\omega}{\sigma} \tag{2-3}$$

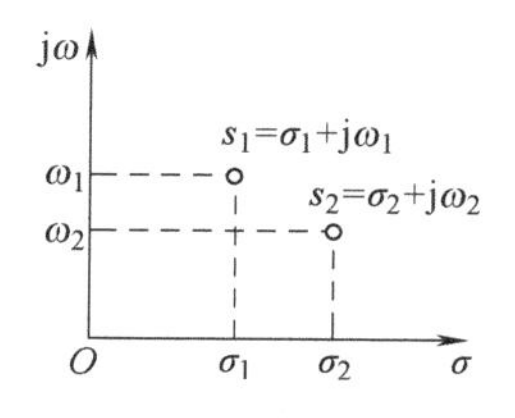

图 2-1　复数的点表示法

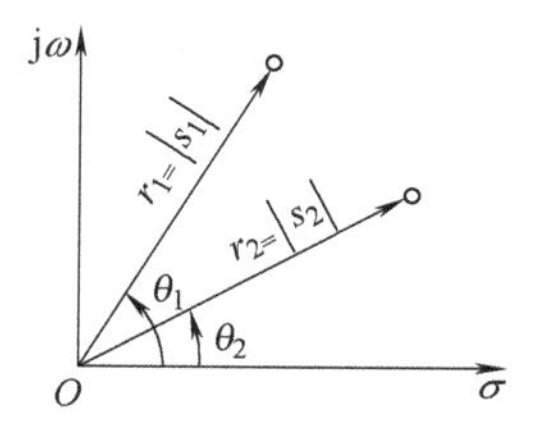

图 2-2　复数的矢量表示法

两个复数乘积的模等于两个复数模的乘积，辐角等于两个复数辐角的和；两个复数商的模等于两个复数模的商，辐角等于两个复数辐角的差。

（3）三角函数表示法和指数表示法　由图 2-2 可以看出，复数的实部和虚部可分别由模和辐角表示为

$$\sigma=r\cos\theta, \omega=r\sin\theta$$

因此，复数可用三角函数表示为

$$s=r(\cos\theta+j\sin\theta) \tag{2-4}$$

利用欧拉公式，有

$$e^{j\theta}=\cos\theta+j\sin\theta \tag{2-5}$$

故复数 s 也可用指数表示为

$$s=re^{j\theta} \tag{2-6}$$

做复数的乘、除、乘方与开方运算时，采用三角函数和指数表示往往比代数表达更方便。

3. 复变函数的概念

对于复数 $s=\sigma+j\omega$，若以 s 为自变量，按某一确定法则构成的函数 $G(s)$ 称为复变函数，$G(s)$ 可写成

$$G(s)=u+jv$$

u、v 分别为复变函数的实部和虚部。在线性控制系统中，通常遇到的复变函数 $G(s)$ 是 s 的单值函数，对应于 s 的一个给定值，$G(s)$ 就唯一地被确定。

例 2-1　有复变函数 $G(s)=s^2+1$，当 $s=\sigma+j\omega$ 时，求其实部 u 和虚部 v。

解： 将 $s=\sigma+j\omega$ 代入 $G(s)=s^2+1$，得

$$\begin{aligned}G(s)&=s^2+1=(\sigma+j\omega)^2+1\\&=\sigma^2+j2\sigma\omega-\omega^2+1\\&=(\sigma^2-\omega^2+1)+j2\sigma\omega\end{aligned}$$

因此 $G(s)$ 的实部与虚部分别为

$$u=\sigma^2-\omega^2+1, v=2\sigma\omega$$

若有复变函数表示如下

$$G(s)=\frac{K(s-z_1)\cdots(s-z_m)}{(s-p_1)\cdots(s-p_n)} \tag{2-7}$$

当 $s=z_1$，…，z_m 时，$G(s)=0$，则称 z_1，…，z_m 为 $G(s)$ 的零点；

当 $s=p_1$，…，p_n 时，$G(s)=\infty$，则称 p_1，…，p_n 为 $G(s)$ 的极点。

2.2 拉普拉斯变换与拉普拉斯反变换的定义

如前所述，经典控制理论解决问题的数学方法主要是通过拉普拉斯变换实现的，下面介绍拉普拉斯变换与其反变换的定义。

1. 拉普拉斯变换

拉普拉斯变换是工程数学中常用的一种积分变换，它来源于傅里叶变换，对于一个定义在区间（$-\infty$，∞）的函数 $f(t)$，它的傅里叶变换式 $F[f(t)]$ 或 $F(\omega)$ 定义为

$$F[f(t)] = F(\omega) = \int_{-\infty}^{\infty} f(t) \cdot \mathrm{e}^{-\mathrm{j}\omega t}\mathrm{d}t$$

对于实际的物理系统，其时间函数 $f(t)$ 一般定义在［0，∞）区间，即 $f(t)$ 只在 $t\geqslant 0$ 时有定义，当 $t<0$ 时 $f(t)=0$。故对于 $f(t)$ 的拉普拉斯变换可表示为

$$L[f(t)] = F(s) = \int_{0}^{\infty} f(t) \cdot \mathrm{e}^{-st}\mathrm{d}t \tag{2-8}$$

式中，e 是自然对数的底数（其值为 2.71828……）；s 为复数变量，通常表示为实部与虚部和的形式，即 $s=\sigma+\mathrm{j}\omega$；$F(s)$ 是复变量 s 的函数，是把一个时间域函数 $f(t)$ 变换到复频域内的复变函数，称 $f(t)$ 为原函数，$F(s)$ 为像函数。

若式（2-8）的积分收敛于一确定的函数值，那么 $f(t)$ 的拉普拉斯变换 $F(s)$ 存在，这时 $f(t)$ 须满足下列两个条件：

1）在任一有限区间上，$f(t)$ 分段连续，只有有限个间断点，如图 2-3 的［a，b］区间。

2）当 $t\to\infty$ 时，$f(t)$ 的增长速度不超过某一指数函数，即满足

$$|f(t)| \leqslant M\mathrm{e}^{at} \tag{2-9}$$

式中，M、a 均为实常数，且 $M>0$、$a\geqslant 0$。这一个条件使拉普拉斯变换的被积函数 $f(t)\mathrm{e}^{-st}$ 的绝对值收敛。

由于拉普拉斯变换的被积函数

$$|f(t)\mathrm{e}^{-st}| = |f(t)| \cdot |\mathrm{e}^{-st}| = |f(t)|\mathrm{e}^{-\sigma t}$$

所以

$$|f(t)\mathrm{e}^{-st}| \leqslant M\mathrm{e}^{at} \cdot \mathrm{e}^{-\sigma t} = M\mathrm{e}^{-(\sigma-a)t}$$

$$\begin{aligned}\left|\int_0^{\infty} f(t) \cdot \mathrm{e}^{-st}\mathrm{d}t\right| &\leqslant \int_0^{\infty} |f(t) \cdot \mathrm{e}^{-st}|\mathrm{d}t \\ &\leqslant \int_0^{\infty} M\mathrm{e}^{-(\sigma-a)t}\mathrm{d}t \\ &= \frac{M}{\sigma-a}\end{aligned}$$

即只要在复平面上对于 $\mathrm{Re}(s)=\sigma>a$ 的所有复数 s，都能使式（2-8）的积分绝对收敛，则称 $\sigma>a$ 为拉普拉斯变换的定义域，a 称为收敛坐标，如图 2-4 所示。

值得说明的是，本书后面对时域函数进行拉普拉斯变换时，没有进行拉普拉斯变换是否存在的验证，因为物理上可实现的函数以及工程技术中常见的函数都是可拉普拉斯变换的。

本书后面所用到的时域函数，如不特加说明，时间的取值范围均为 $t \geqslant 0$。例如，$f(t)$ 只在 $t \geqslant 0$ 时有定义，当 $t<0$ 时，$f(t)=0$。

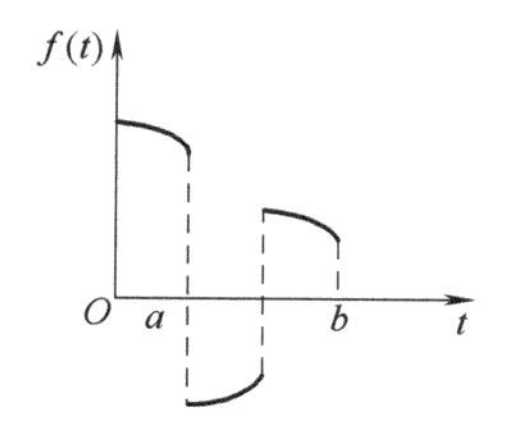

图 2-3　在 $[a, b]$ 上分段连续

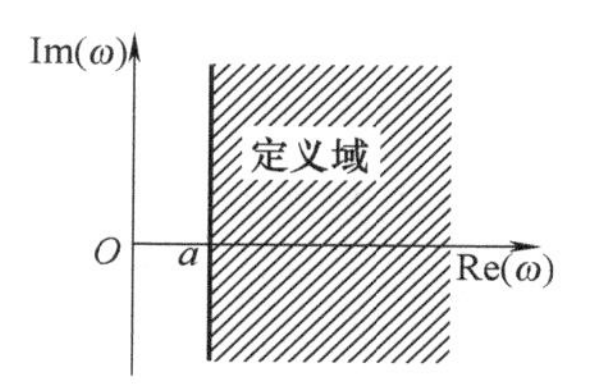

图 2-4　拉普拉斯变换定义域

2. 拉普拉斯反变换

当已知 $f(t)$ 的拉普拉斯变换 $F(s)$，欲求原函数 $f(t)$ 时，则可通过拉普拉斯反变换（inverse Laplace transform）来实现。将对 $F(s)$ 的拉普拉斯反变换记作 $L^{-1}[F(s)]$，并定义为如下积分

$$f(t)=L^{-1}[F(s)]=\frac{1}{2\pi \mathrm{j}}\int_{\sigma-\mathrm{j}\infty}^{\sigma+\mathrm{j}\infty} F(s)\cdot \mathrm{e}^{st}\mathrm{d}s \tag{2-10}$$

式中，σ 为大于 $F(s)$ 所有奇异点实部的实常数［奇异点，即 $F(s)$ 在该点不解析，也就是说在该点及其邻域不处处可导］。

式（2-10）是求拉普拉斯反变换的一般公式，因 $F(s)$ 是一复变函数，计算式（2-10）的积分需借助复变函数中的留数定理来求，比较麻烦。通常对于简单的像函数，可直接查拉普拉斯变换表求得原函数 $f(t)$，对于复杂的像函数 $F(s)$，可用本书 2.5 节中所述的部分分式法和使用 MATLAB 来求原函数 $f(t)$。

2.3　典型时间函数的拉普拉斯变换

在分析和测试控制系统时，通常需要用到一些典型时间函数作为输入或输出，来测试和验证控制系统设计是否合理。下面来讨论这些典型时间函数的定义及其拉普拉斯变换表达式。

1. 单位阶跃函数

如图 2-5 所示，单位阶跃函数定义为

$$1(t)=\begin{cases}0, & t<0\\ 1, & t\geqslant 0\end{cases} \tag{2-11}$$

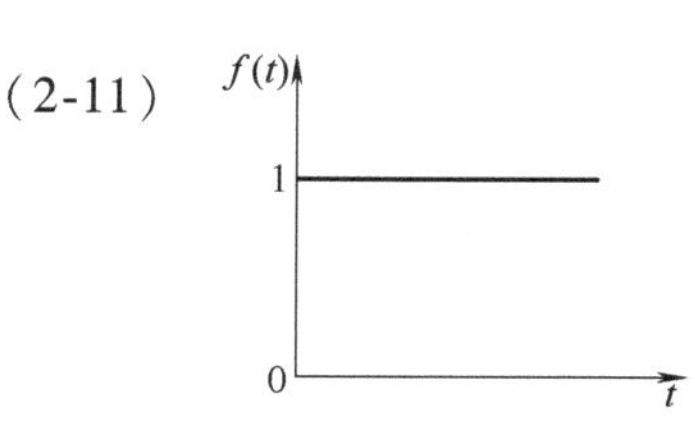

图 2-5　单位阶跃函数

由拉普拉斯变换定义式（2-8），有

$$L[1(t)]=\int_0^{\infty} 1(t)\cdot \mathrm{e}^{-st}\mathrm{d}t=-\left.\frac{\mathrm{e}^{-st}}{s}\right|_0^{\infty}=\frac{1}{s}$$

2. 单位脉冲函数

单位脉冲函数又称狄拉克（Dirac）函数，如图 2-6 所示。其定义为

$$\delta(t)=\begin{cases}\infty, & t=0\\ 0, & t\neq 0\end{cases} \tag{2-12}$$

单位脉冲函数具有以下性质：

1) $\int_{-\infty}^{\infty}\delta(t)\mathrm{d}t=1$，即单位脉冲函数在整个时间轴上的积分等于1。

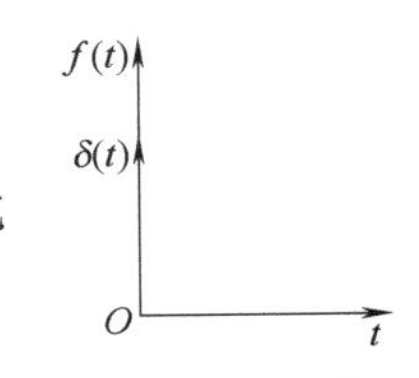

图 2-6 单位脉冲函数

2) $\int_{-\infty}^{\infty}\delta(t)\cdot f(t)\mathrm{d}t=f(0)$，$f(0)$ 为 $t=0$ 时刻的函数 $f(t)$ 的值，此性质为单位脉冲函数的采样性质。

若对函数 $f(t)$ 在 t_0 时刻进行采样，则有以下表达式

$$\int_{-\infty}^{\infty}\delta(t-t_0)\cdot f(t)\mathrm{d}t=f(t_0) \tag{2-13}$$

由拉普拉斯变换定义式（2-8）求 $\delta(t)$ 的拉普拉斯变换，可得

$$L[\delta(t)]=\int_0^{\infty}\delta(t)\mathrm{e}^{-st}\mathrm{d}t=\mathrm{e}^{-st}\Big|_{t=0}=1$$

3. 单位斜坡函数

单位斜坡函数又称单位速度函数，如图 2-7 所示，单位斜坡函数定义为

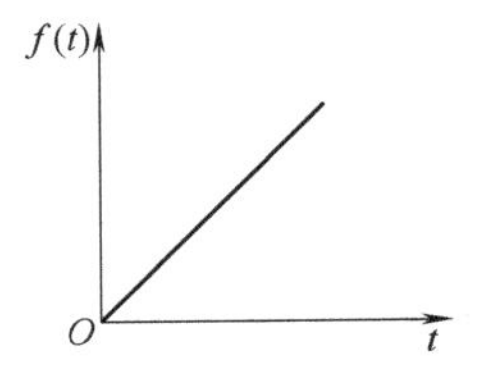

图 2-7 单位斜坡函数

$$f(t)=\begin{cases}0, & t<0\\ t, & t\geqslant 0\end{cases} \tag{2-14}$$

由拉普拉斯变换定义式（2-8）求得单位斜坡函数的拉普拉斯变换为

$$\begin{aligned}L[t]&=\int_0^{\infty}t\cdot\mathrm{e}^{-st}\mathrm{d}t=-t\frac{\mathrm{e}^{-st}}{s}\Big|_0^{\infty}-\int_0^{\infty}\left(-\frac{\mathrm{e}^{-st}}{s}\right)\mathrm{d}t\\&=\int_0^{\infty}\frac{\mathrm{e}^{-st}}{s}\mathrm{d}t=-\frac{1}{s^2}\mathrm{e}^{-st}\Big|_0^{\infty}=\frac{1}{s^2}\end{aligned}$$

4. 指数函数

如图 2-8 所示，指数函数 e^{at}（a 为常数）的拉普拉斯变换为

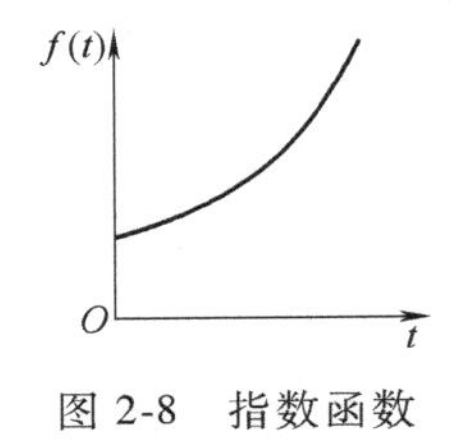

图 2-8 指数函数

$$\begin{aligned}L[\mathrm{e}^{at}]&=\int_0^{\infty}\mathrm{e}^{at}\mathrm{e}^{-st}\mathrm{d}t=\int_0^{\infty}\mathrm{e}^{-(s-a)t}\mathrm{d}t\\&=-\frac{\mathrm{e}^{-(s-a)t}}{s-a}\Big|_0^{\infty}=\frac{1}{s-a}\end{aligned}$$

类推可得

$$L[\mathrm{e}^{-at}]=\frac{1}{s+a}$$

5. 正弦函数

正弦函数 $\sin\omega t$ 可利用欧拉公式表达如下

$$\sin\omega t=\frac{1}{2\mathrm{j}}(\mathrm{e}^{\mathrm{j}\omega t}-\mathrm{e}^{-\mathrm{j}\omega t}) \tag{2-15}$$

由拉普拉斯变换定义式（2-8），有

$$\begin{aligned}L[\sin\omega t]&=\int_0^{\infty}\sin\omega t\cdot\mathrm{e}^{-st}\mathrm{d}t\\&=\int_0^{\infty}\frac{1}{2\mathrm{j}}(\mathrm{e}^{\mathrm{j}\omega t}-\mathrm{e}^{-\mathrm{j}\omega t})\mathrm{e}^{-st}\mathrm{d}t\end{aligned}$$

$$=\frac{1}{2\mathrm{j}}\int_{0}^{\infty}\mathrm{e}^{-(s-\mathrm{j}\omega)t}\mathrm{d}t-\frac{1}{2\mathrm{j}}\int_{0}^{\infty}\mathrm{e}^{-(s+\mathrm{j}\omega)t}\mathrm{d}t$$

$$=\frac{1}{2\mathrm{j}}\left[-\frac{\mathrm{e}^{-(s-\mathrm{j}\omega)t}}{s-\mathrm{j}\omega}\bigg|_{0}^{\infty}+\frac{\mathrm{e}^{-(s+\mathrm{j}\omega)t}}{s+\mathrm{j}\omega}\bigg|_{0}^{\infty}\right]$$

$$=\frac{1}{2\mathrm{j}}\left(\frac{1}{s-\mathrm{j}\omega}-\frac{1}{s+\mathrm{j}\omega}\right)$$

$$=\frac{1}{2\mathrm{j}}\frac{s+\mathrm{j}\omega-s+\mathrm{j}\omega}{s^{2}+\omega^{2}}$$

$$=\frac{\omega}{s^{2}+\omega^{2}}$$

6. 余弦函数

余弦函数 $\cos\omega t$ 可由欧拉公式表达为

$$\cos\omega t=\frac{1}{2}(\mathrm{e}^{\mathrm{j}\omega t}+\mathrm{e}^{-\mathrm{j}\omega t}) \tag{2-16}$$

求其拉普拉斯变换，有

$$L[\cos\omega t]=\int_{0}^{\infty}\cos\omega t\cdot\mathrm{e}^{-st}\mathrm{d}t$$

$$=\frac{1}{2}\int_{0}^{\infty}(\mathrm{e}^{\mathrm{j}\omega t}+\mathrm{e}^{-\mathrm{j}\omega t})\cdot\mathrm{e}^{-st}\mathrm{d}t$$

$$=\frac{1}{2}\left(\frac{1}{s-\mathrm{j}\omega}+\frac{1}{s+\mathrm{j}\omega}\right)$$

$$=\frac{s}{s^{2}+\omega^{2}}$$

7. 幂函数

幂函数 t^{n}（n 为正整数）的拉普拉斯变换式为

$$L[t^{n}]=\int_{0}^{\infty}t^{n}\mathrm{e}^{-st}\mathrm{d}t$$

采用换元法，令 $u=st$，则 $t=\frac{u}{s}$，$\mathrm{d}t=\frac{1}{s}\mathrm{d}u$，代入上式可得

$$L[t^{n}]=\int_{0}^{\infty}\frac{u^{n}}{s^{n}}\mathrm{e}^{-u}\cdot\frac{1}{s}\mathrm{d}u=\frac{1}{s^{n+1}}\int_{0}^{\infty}u^{n}\mathrm{e}^{-u}\mathrm{d}u$$

式中，$\int_{0}^{\infty}u^{n}\mathrm{e}^{-u}\mathrm{d}u=\Gamma(n+1)$ 为伽马函数，而 $\Gamma(n+1)=n!$

因此，幂函数 t^{n}（n 为正整数）的拉普拉斯变换结果为

$$L[t^{n}]=\frac{\Gamma(n+1)}{s^{n+1}}=\frac{n!}{s^{n+1}} \tag{2-17}$$

例 2-2 若时间函数为$\frac{1}{2}t^{2}$，求其拉普拉斯变换 $L\left[\frac{1}{2}t^{2}\right]$。

解： 根据幂函数的拉普拉斯变换表达式（2-17），可得

$$L\left[\frac{1}{2}t^{2}\right]=\frac{1}{2}\cdot\frac{2!}{s^{3}}=\frac{1}{s^{3}}$$

时间函数$\frac{1}{2}t^2$ 又称单位加速度函数，在后续章节的时域分析中会用到它。

常用时间函数的拉普拉斯变换对照表见表 2-1。一般可直接查表求得常用时间函数的拉普拉斯变换。

表 2-1 常用时间函数的拉普拉斯变换对照表

序号	$f(t)$	$F(s)$
1	$\delta(t)$	1
2	$1(t)$	$\frac{1}{s}$
3	t	$\frac{1}{s^2}$
4	e^{-at}	$\frac{1}{s+a}$
5	te^{-at}	$\frac{1}{(s+a)^2}$
6	$\sin\omega t$	$\frac{\omega}{s^2+\omega^2}$
7	$\cos\omega t$	$\frac{s}{s^2+\omega^2}$
8	$t^n(n=1,2,3,\cdots)$	$\frac{n!}{s^{n+1}}$
9	$t^n e^{-at}(n=1,2,3,\cdots)$	$\frac{n!}{(s+a)^{n+1}}$
10	$\frac{1}{b-a}(e^{-at}-e^{-bt})$	$\frac{1}{(s+a)(s+b)}$
11	$\frac{1}{b-a}(be^{-bt}-ae^{-at})$	$\frac{s}{(s+a)(s+b)}$
12	$\frac{1}{ab}\left[1+\frac{1}{a-b}(be^{-at}-ae^{-bt})\right]$	$\frac{1}{s(s+a)(s+b)}$
13	$e^{-at}\sin\omega t$	$\frac{\omega}{(s+a)^2+\omega^2}$
14	$e^{-at}\cos\omega t$	$\frac{s+a}{(s+a)^2+\omega^2}$
15	$\frac{1}{a^2}(at-1+e^{-at})$	$\frac{1}{s^2(s+a)}$
16	$\frac{\omega_n}{\sqrt{1-\zeta^2}}e^{-\zeta\omega_n t}\sin(\omega_n\sqrt{1-\zeta^2}t)$	$\frac{\omega_n^2}{s^2+2\zeta\omega_n s+\omega_n^2}$

（续）

序号	$f(t)$	$F(s)$
17	$\frac{-1}{\sqrt{1-\zeta^2}}e^{-\zeta\omega_n t}\sin(\omega_n\sqrt{1-\zeta^2}t-\psi)$ $\psi=\arctan\frac{\sqrt{1-\zeta^2}}{\zeta}$	$\frac{s}{s^2+2\zeta\omega_n s+\omega_n^2}$
18	$1-\frac{1}{\sqrt{1-\zeta^2}}e^{-\zeta\omega_n t}\sin(\omega_n\sqrt{1-\zeta^2}t+\psi)$ $\psi=\arctan\frac{\sqrt{1-\zeta^2}}{\zeta}$	$\frac{\omega_n^2}{s(s^2+2\zeta\omega_n s+\omega_n^2)}$

2.4 拉普拉斯变换的性质

基于拉普拉斯变换的定义式（2-8），可以总结出拉普拉斯变换的一些性质和定理。在对时域函数进行拉普拉斯变换时，可以在 2.3 节典型时间函数拉普拉斯变换的基础上，直接利用这些定理来方便快捷地得到其拉普拉斯变换表达式，而不需要按照拉普拉斯变换的定义式去做积分。

下面主要介绍以下拉普拉斯变换的性质。

1. 线性性质

拉普拉斯变换是一个线性变换。若已知函数 $f_1(t)$、$f_2(t)$ 的拉普拉斯变换分别为 $F_1(s)$、$F_2(s)$，且 K_1、K_2 为常数，则时间函数 $f_1(t)$、$f_2(t)$ 线性组合的拉普拉斯变换为

$$L[K_1f_1(t)+K_2f_2(t)]=K_1L[f_1(t)]+K_2L[f_2(t)]$$
$$=K_1F_1(s)+K_2F_2(s) \tag{2-18}$$

即对线性组合时间函数的拉普拉斯变换是其像函数的线性组合。

2. 实数域的位移定理（延时定理）

若 $f(t)$ 的拉普拉斯变换为 $F(s)$，则对任一正实数 a，有

$$L[f(t-a)]=e^{-as}F(s) \tag{2-19}$$

式中，$f(t-a)$ 是函数 $f(t)$ 在时间上延迟了 a 秒的延时函数，如图 2-9 所示。当 $t<a$ 时，$f(t-a)=0$。

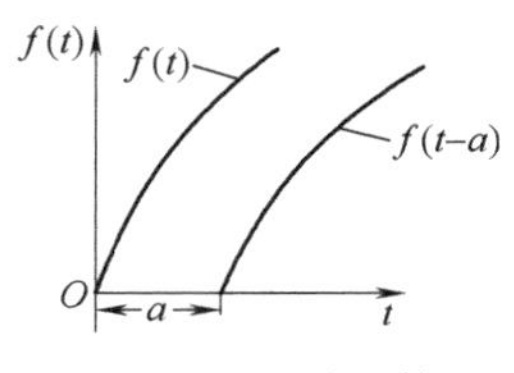

图 2-9　延时函数

证明：由拉普拉斯变换的定义式（2-8），有

$$L[f(t-a)]=\int_0^{\infty}f(t-a)e^{-st}dt$$

对以上积分，令 $t-a=\tau$，则有

$$L[f(t-a)]=\int_0^{\infty}f(\tau)e^{-s(\tau+a)}d\tau$$
$$=e^{-as}\int_0^{\infty}f(\tau)e^{-s\tau}d\tau$$
$$=e^{-as}F(s)$$

例 2-3 求图 2-10 所示方波函数的拉普拉斯变换。

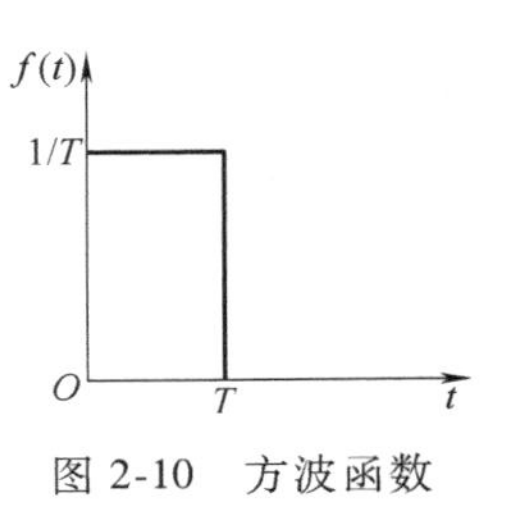

图 2-10 方波函数

解： 方波函数可用阶跃函数 $f_1(t)=\frac{1}{T}\cdot 1(t)$ 及其延时函数 $f_1(t-T)$ 表达为

$$f(t)=f_1(t)-f_1(t-T)$$
$$=\frac{1}{T}\cdot 1(t)-\frac{1}{T}\cdot 1(t-T)$$

利用阶跃函数及其延时函数的拉普拉斯变换，对上式进行拉普拉斯变换得

$$L[f(t)]=\frac{1}{Ts}-\frac{1}{Ts}\mathrm{e}^{-sT}=\frac{1}{Ts}(1-\mathrm{e}^{-sT})$$

例 2-4 求图 2-11 所示三角波函数的拉普拉斯变换。

图 2-11 三角波函数

解： 三角波函数可用斜坡函数 $f_1(t)=\frac{4}{T^2}t$ 及其延时函数 $f_1\left(t-\frac{T}{2}\right)$ 和 f_1 $(t-T)$ 表达为如下形式

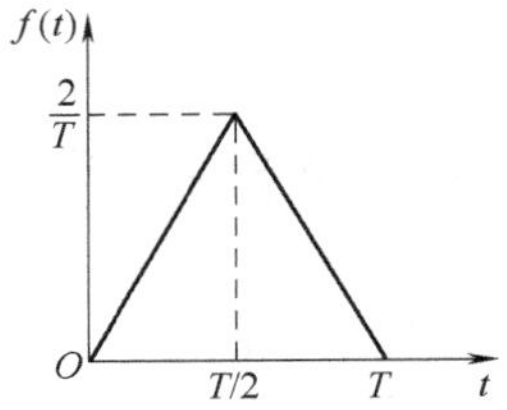

$$f(t)=f_1(t)-f_1\left(t-\frac{T}{2}\right)-f_1\left(t-\frac{T}{2}\right)+f_1(t-T)$$
$$=\frac{4}{T^2}t-\frac{4}{T^2}\cdot\left(t-\frac{T}{2}\right)-\frac{4}{T^2}\cdot\left(t-\frac{T}{2}\right)+\frac{4}{T^2}\cdot(t-T)$$

利用斜坡函数及其延时函数的拉普拉斯变换，对上式进行拉普拉斯变换得

$$F(s)=\frac{4}{T^2s^2}-\frac{4}{T^2s^2}\mathrm{e}^{-s\frac{T}{2}}-\frac{4}{T^2s^2}\mathrm{e}^{-s\frac{T}{2}}+\frac{4}{T^2s^2}\mathrm{e}^{-sT}$$
$$=\frac{4}{T^2s^2}(1-2\mathrm{e}^{-s\frac{T}{2}}+\mathrm{e}^{-sT})$$

3. 复数域的位移定理

若 $f(t)$ 的拉普拉斯变换为 $F(s)$，则对任一常数 a（实数或复数），有

$$L[\mathrm{e}^{-at}f(t)]=F(s+a) \tag{2-20}$$

证明： 由拉普拉斯变换的定义式（2-8），有

$$L[\mathrm{e}^{-at}f(t)]=\int_0^\infty \mathrm{e}^{-at}f(t)\cdot\mathrm{e}^{-st}\mathrm{d}t=\int_0^\infty f(t)\cdot\mathrm{e}^{-(s+a)t}\mathrm{d}t=F(s+a)$$

例 2-5 求 $\mathrm{e}^{-at}\sin\omega t$ 的拉普拉斯变换。

解： 可直接运用复数域的位移定理及正弦函数的拉普拉斯变换，求得

$$L[\mathrm{e}^{-at}\sin\omega t]=\frac{\omega}{(s+a)^2+\omega^2}$$

同理，可求得

$$L[\mathrm{e}^{-at}\cos\omega t]=\frac{s+a}{(s+a)^2+\omega^2}$$

$$L[\mathrm{e}^{-at}t^n]=\frac{n!}{(s+a)^{n+1}}$$

4. 微分定理

若时间函数$f(t)$的拉普拉斯变换为$F(s)$，且其一阶导函数$f'(t)$存在，则$f'(t)$的拉普拉斯变换为

$$L[f'(t)]=sF(s)-f(0^+) \tag{2-21}$$

式中，$f(0^+)$为由正向使$t\to 0$时的$f(t)$值。

证明：根据分部积分法

$$\int u\mathrm{d}v = uv - \int v\mathrm{d}u$$

令$\mathrm{e}^{-st}=u$、$f(t)=v$，则$\mathrm{d}v=f'(t)\mathrm{d}t$。因此有

$$L[f'(t)] = \int_0^\infty f'(t)\mathrm{e}^{-st}\mathrm{d}t = \mathrm{e}^{-st}f(t)\Big|_0^\infty - \int_0^\infty f(t)(-s\cdot \mathrm{e}^{-st})\mathrm{d}t$$

$$= s\int_0^\infty f(t)\mathrm{e}^{-st}\mathrm{d}t - f(0^+) = sF(s) - f(0^+)$$

若$f(t)$的二阶导函数$f''(t)$、三阶导函数$f^{(3)}(t)$等各阶导函数存在，则可推出其各阶导函数的拉普拉斯变换为

$$L[f''(t)]=s^2F(s)-sf(0^+)-f'(0^+) \tag{2-22}$$

$$\vdots$$

$$L[f^{(n)}(t)]=s^nF(s)-s^{n-1}f(0^+)-s^{n-2}f'(0^+)-\cdots-f^{(n-1)}(0^+) \tag{2-23}$$

式中，$f^{(i)}(0^+)$ $(0<i<n)$表示$f(t)$的i阶导函数在t从正向趋近零时的取值。

当初始条件均为零时，即

$$f(0)=f'(0)=f''(0)=\cdots=f^{(n-1)}(0)=0$$

则有

$$\begin{aligned} L[f'(t)]&=sF(s)\\ L[f''(t)]&=s^2F(s)\\ &\vdots\\ L[f^{(n)}(t)]&=s^nF(s) \end{aligned} \tag{2-24}$$

5. 积分定理

设$f(t)$的拉普拉斯变换为$F(s)$，则其积分函数$\int_0^t f(t)\mathrm{d}t$的拉普拉斯变换为

$$L\left[\int_0^t f(t)\mathrm{d}t\right] = \frac{F(s)}{s} + \frac{1}{s}f^{(-1)}(0^+) \tag{2-25}$$

式中，$f^{(-1)}(0^+)$是$\int_0^t f(t)\mathrm{d}t$在$t\to 0^+$时的值。

证明：由分部积分公式，令

$$\mathrm{d}u = \mathrm{e}^{-st}\mathrm{d}t,\ v = \int_0^t f(t)\mathrm{d}t$$

则

$$u = -\frac{1}{s}\mathrm{e}^{-st},\ \mathrm{d}v = f(t)\mathrm{d}t$$

根据拉普拉斯变换的定义式（2-8），有

$$L\left[\int_0^t f(t)\mathrm{d}t\right] = \int_0^\infty \left[\int_0^t f(t)\mathrm{d}t\right]\mathrm{e}^{-st}\mathrm{d}t$$

$$= \frac{-1}{s}e^{-st}\left[\int_0^t f(t)\mathrm{d}t\right]\Bigg|_0^{\infty} - \int_0^{\infty}\left[-\frac{1}{s}e^{-st}\right]f(t)\mathrm{d}t$$

$$= \frac{1}{s}F(s) + \frac{1}{s}\left[\int_0^t f(t)\mathrm{d}t\right]_{t\to 0^+}$$

$$= \frac{1}{s}F(s) + \frac{1}{s}f^{(-1)}(0^+)$$

依此类推，可得

$$L\left[\int_0^t\int_0^t f(t)(\mathrm{d}t)^2\right] = \frac{1}{s^2}F(s) + \frac{1}{s^2}f^{(-1)}(0^+) + \frac{1}{s}f^{(-2)}(0^+) \tag{2-26}$$

$$L\left[\int_0^t\int_0^t\cdots\cdots\int_0^t f(t)(\mathrm{d}t)^n\right] = \frac{1}{s^n}F(s) + \frac{1}{s^n}f^{(-1)}(0^+) + \frac{1}{s^{n-1}}f^{(-2)}(0^+) + \cdots + \frac{1}{s}f^{(-n)}(0^+) \tag{2-27}$$

式中，$f^{(-1)}(0^+)$，$f^{(-2)}(0^+)$，…，$f^{(-n)}(0^+)$ 为 $f(t)$ 的积分及其各重积分在 t 从正向趋近于零时的值。

6. 初值定理

若函数 $f(t)$ 及其一阶导函数是可拉普拉斯变换的，则函数 $f(t)$ 的初值为

$$f(0^+) = \lim_{t\to 0^+} f(t) = \lim_{s\to\infty} sF(s) \tag{2-28}$$

即原函数 $f(t)$ 在自变量 t 趋于零（从正向趋于零）时的极限值，取决于其像函数 $F(s)$ 的自变量 s 趋于无穷大时 $sF(s)$ 的极限值。

证明： 由微分定理

$$\int_0^{\infty} f'(t)e^{-st}\mathrm{d}t = sF(s) - f(0^+)$$

令 $s\to\infty$，对上式两边取极限

$$\lim_{s\to\infty}\left[\int_0^{\infty} f'(t)e^{-st}\mathrm{d}t\right] = \lim_{s\to\infty}\left[sF(s) - f(0^+)\right]$$

当 $s\to\infty$ 时，$e^{-st}\to 0$，故

$$\lim_{s\to\infty}\left[sF(s) - f(0^+)\right] = 0$$

即

$$\lim_{s\to\infty} sF(s) = f(0^+) = \lim_{t\to 0^+} f(t)$$

7. 终值定理

若函数 $f(t)$ 及其一阶导数是可拉普拉斯变换的，并且除在原点处有唯一的极点外，$sF(s)$ 在包含 $\mathrm{j}\omega$ 轴的右半［s］平面内是解析的［这意味着当 $t\to\infty$ 时 $f(t)$ 趋于一个确定的值］，则函数 $f(t)$ 的终值为

$$\lim_{t\to\infty} f(t) = \lim_{s\to 0} sF(s) \tag{2-29}$$

证明： 由微分定理

$$\int_0^{\infty} f'(t)e^{-st}\mathrm{d}t = sF(s) - f(0^+)$$

令 $s\to 0$，对上式两边取极限

$$\lim_{s\to 0}\left[\int_0^{\infty} f'(t)\mathrm{e}^{-st}\mathrm{d}t\right] = \lim_{s\to 0}[sF(s) - f(0^+)] \tag{2-30}$$

式（2-30）左边由拉普拉斯变换的定义式（2-8），可得

$$\begin{aligned}\lim_{s\to 0}\left[\int_0^{\infty} f'(t)\mathrm{e}^{-st}\mathrm{d}t\right] &= \int_0^{\infty} f'(t) \cdot \lim_{s\to 0}\mathrm{e}^{-st}\mathrm{d}t \\ &= \lim_{t\to\infty}\int_0^t f'(t)\,\mathrm{d}t = \lim_{t\to\infty}\int_0^t \mathrm{d}[f(t)] \\ &= \lim_{t\to\infty}[f(t) - f(0^+)]\end{aligned} \tag{2-31}$$

比较式（2-30）和式（2-31），可得

$$\lim_{t\to\infty} f(t) = \lim_{s\to 0} sF(s)$$

注意，当$f(t)$是周期函数或无界函数时，不能使用终值定理求其终值。当$f(t)$为正弦函数$\sin\omega t$时，由于它没有终值，故终值定理不适用。

8. 卷积定理

若$F(s)=L[f(t)]$，$G(s)=L[g(t)]$，则有

$$L\left[\int_0^t f(t-\lambda)g(\lambda)\mathrm{d}\lambda\right] = F(s)G(s) \tag{2-32}$$

式中，积分$\int_0^t f(t-\lambda)g(\lambda)\mathrm{d}\lambda = f(t)*g(t)$，称作$f(t)$和$g(t)$的卷积分。

卷积定理描述的是对于两个时间函数卷积分的拉普拉斯变换，结果是对两个时间函数分别拉普拉斯变换所得像函数的乘积。

若令$t-\lambda=\tau$，那么$f(t)$和$g(t)$的卷积分可以表示为

$$\int_0^t f(t-\lambda)g(\lambda)\mathrm{d}\lambda = -\int_t^0 f(\tau)g(t-\tau)\mathrm{d}\tau = \int_0^t f(\lambda)g(t-\lambda)\mathrm{d}\lambda$$

即卷积分满足交换律

$$f(t)*g(t) = g(t)*f(t) \tag{2-33}$$

卷积分还满足结合律以及对加法的分配律等，即

$$f_1(t)*[f_2(t)*f_3(t)] = [f_1(t)*f_2(t)]*f_3(t) \tag{2-34}$$

$$f_1(t)*[f_2(t)+f_3(t)] = f_1(t)*f_2(t)+f_1(t)*f_3(t) \tag{2-35}$$

此处不再证明。

下面证明式（2-32）表达的卷积定理。

在式（2-32）中，当$\lambda\geqslant t$，$f(t-\lambda)\cdot 1(t-\lambda)=0$，因此

$$\int_0^t f(t-\lambda)g(\lambda)\mathrm{d}\lambda = \int_0^{\infty} f(t-\lambda)1(t-\lambda)g(\lambda)\mathrm{d}\lambda$$

于是

$$L\left[\int_0^t f(t-\lambda)g(\lambda)\mathrm{d}\lambda\right] = \int_0^{\infty}\mathrm{e}^{-st}\left[\int_0^{\infty} f(t-\lambda)\cdot 1(t-\lambda)g(\lambda)\mathrm{d}\lambda\right]\mathrm{d}t \tag{2-36}$$

采用换元法，令$t-\lambda=\tau$代入式（2-36），又由于$f(t)$和$g(t)$是可以进行拉普拉斯变换的，所以改变式（2-36）的积分次序，得

$$L\left[\int_0^t f(t-\lambda)g(\lambda)\mathrm{d}\lambda\right] = \int_0^{\infty} f(\tau)\mathrm{e}^{-s(\lambda+\tau)}\mathrm{d}\tau\int_0^{\infty} g(\lambda)\mathrm{d}\lambda$$

$$= \int_0^\infty f(\tau)\mathrm{e}^{-s\tau}\mathrm{d}\tau \int_0^\infty g(\lambda)\mathrm{e}^{-s\lambda}\mathrm{d}\lambda$$
$$= F(s)G(s)$$

9. 相似定理

设$f(t)$ 的拉普拉斯变换为 $F(s)$，有任意常数 a，则函数$f(at)$ 的拉普拉斯变换为

$$L[f(at)] = \frac{1}{a}F\left(\frac{s}{a}\right) \tag{2-37}$$

证明：根据拉普拉斯变换的定义式（2-8）

$$L[f(at)] = \int_0^\infty f(at)\mathrm{e}^{-st}\mathrm{d}t$$

令 $at=\tau$，则得

$$L[f(at)] = \int_0^\infty f(\tau)\mathrm{e}^{-\left(\frac{s}{a}\right)\tau}\frac{1}{a}\mathrm{d}\tau$$
$$= \frac{1}{a}\int_0^\infty f(\tau)\mathrm{e}^{-\left(\frac{s}{a}\right)\tau}\mathrm{d}\tau$$
$$= \frac{1}{a}F\left(\frac{s}{a}\right)$$

此定理又称**缩放定理**。

类似地，对于$f\left(\frac{t}{a}\right)$的拉普拉斯变换有以下表达式

$$L\left[f\left(\frac{t}{a}\right)\right] = aF(as) \tag{2-38}$$

10. 周期函数的拉普拉斯变换

设函数$f(t)$ 是以 T 为周期的周期函数，即$f(t+nT)=f(t)$，n 为整数。则$f(t)$ 的拉普拉斯变换为

$$L[f(t)] = \frac{1}{1-\mathrm{e}^{-sT}}\int_0^T f(t)\mathrm{e}^{-st}\mathrm{d}t \tag{2-39}$$

证明：对周期函数$f(t)$ 进行拉普拉斯变换，得

$$L[f(t)] = \int_0^\infty f(t)\mathrm{e}^{-st}\mathrm{d}t$$
$$= \int_0^T f(t)\mathrm{e}^{-st}\mathrm{d}t + \int_T^{2T} f(t)\mathrm{e}^{-st}\mathrm{d}t + \cdots + \int_{nT}^{(n+1)T} f(t)\mathrm{e}^{-st}\mathrm{d}t + \cdots$$
$$= \sum_{n=0}^\infty \int_{nT}^{(n+1)T} f(t)\mathrm{e}^{-st}\mathrm{d}t \tag{2-40}$$

令 $t=t_1+nT$，则 $\mathrm{d}t=\mathrm{d}t_1$；当 $t_1=0$ 时，$t=nT$。代换入式（2-40），得

$$L[f(t)] = \sum_{n=0}^\infty \int_0^T f(t_1+nT)\mathrm{e}^{-s(t_1+nT)}\mathrm{d}t_1$$
$$= \sum_{n=0}^\infty \mathrm{e}^{-snT}\int_0^T f(t_1)\mathrm{e}^{-st_1}\mathrm{d}t_1$$
$$= \frac{1}{1-\mathrm{e}^{-sT}}\int_0^T f(t)\mathrm{e}^{-st}\mathrm{d}t$$

以上拉普拉斯变换性质中，常用的是前 8 个性质。还有对于函数 $tf(t)$ 进行拉普拉斯变换的复微分定理、对于函数$\frac{f(t)}{t}$进行拉普拉斯变换的复积分定理等拉普拉斯变换性质，在后续内容中基本没有用到，在此不再详述。

拉普拉斯变换的基本性质见表 2-2。

表 2-2　拉普拉斯变换的基本性质

序号	拉普拉斯变换	基本性质
1	$L[Af(t)]=AF(s)$	线性性质
2	$L[f_1(t)\pm f_2(t)]=F_1(s)\pm F_2(s)$	线性性质
3	$L\left[\frac{\mathrm{d}}{\mathrm{d}t}f(t)\right]=sF(s)-f(0^+)$	微分定理
4	$L\left[\frac{\mathrm{d}^2}{\mathrm{d}t^2}f(t)\right]=s^2F(s)-sf(0^+)-f^{(1)}(0^+)$	微分定理
5	$L\left[\frac{\mathrm{d}^n}{\mathrm{d}t^n}f(t)\right]=s^nF(s)-\sum_{k=1}^{n}s^{n-k}f^{(k-1)}(0^+)$	微分定理
6	$L\left[\int_0^t f(t)\mathrm{d}t\right]=\frac{F(s)}{s}+\frac{\left[\int_0^t f(t)\mathrm{d}t\right]_{t=0^+}}{s}$	积分定理
7	$L\left[\int_0^t\int_0^t f(t)\mathrm{d}t\mathrm{d}t\right]=\frac{F(s)}{s^2}+\frac{\left[\int_0^t f(t)\mathrm{d}t\right]_{t=0^+}}{s^2}+\frac{\left[\int_0^t\int_0^t f(t)\mathrm{d}t\mathrm{d}t\right]_{t=0^+}}{s}$	积分定理
8	$L\left[\int_0^t\cdots\int_0^t f(t)(\mathrm{d}t)^n\right]=\frac{F(s)}{s^n}+\sum_{k=1}^{n}\frac{1}{s^{n-k+1}}\left[\int_0^t\cdots\int_0^t f(t)(\mathrm{d}t)^k\right]_{t=0^+}$	积分定理
9	$L[\mathrm{e}^{-at}f(t)]=F(s+a)$	复数域的位移定理
10	$L[f(t-a)]=\mathrm{e}^{-as}F(s)$	实数域的位移定理(延时定理)
11	$L[tf(t)]=-\frac{\mathrm{d}F(s)}{\mathrm{d}s}$	复微分定理
12	$L\left[\frac{1}{t}f(t)\right]=\int_0^{\infty}F(s)\mathrm{d}s$	复积分定理
13	$L\left[f(\frac{t}{a})\right]=aF(as),L[f(at)]=\frac{1}{a}F\left(\frac{s}{a}\right)$	相似定理(缩放定理)
14	$f(0^+)=\lim_{t\to 0^+}f(t)=\lim_{s\to\infty}sF(s)$	初值定理
15	$\lim_{t\to\infty}f(t)=\lim_{s\to 0}sF(s)$	终值定理
16	$L\left[\int_0^t f(t-\lambda)g(\lambda)\mathrm{d}\lambda\right]=F(s)G(s)$	卷积定理

2.5 拉普拉斯反变换的数学方法

拉普拉斯反变换解决的是已知像函数 $F(s)$，求原函数 $f(t)$ 的问题。拉普拉斯反变换的方法有:

1）查表法，即直接利用表 2-1，查出相应的原函数，这种方法适用于比较简单的像函数。

2）有理函数法，它根据拉普拉斯反变换的公式（2-10）求解，由于公式中的被积函数是一个复变函数，需用复变函数中的留数定理求解，本书就不作介绍了。

3）部分分式法，通过代数运算，先将一个复杂的像函数化为数个简单的部分分式之和，再分别求出各个分式的原函数，这样总的原函数即可求得。

4）使用 MATLAB 函数求解原函数。

下面重点讲述利用部分分式法求原函数，最后简要介绍使用 MATLAB 函数求解原函数。

1. 部分分式法求原函数

一般地，$F(s)$ 是复数 s 的有理代数式，可表示为

$$F(s)=\frac{B(s)}{A(s)}=\frac{b_m s^m+b_{m-1}s^{m-1}+\cdots+b_0}{a_n s^n+a_{n-1}s^{n-1}+\cdots+a_0} \tag{2-41}$$

式中，$a_i(i=1, 2, \cdots, n)$，$b_j(j=1, 2, \cdots, m)$ 为实数，且 $n \geqslant m$。若 $n>m$，可将式（2-41）写成因式相乘的形式

$$F(s)=\frac{K(s-z_1)(s-z_2)\cdots(s-z_m)}{(s-p_1)(s-p_2)\cdots(s-p_n)} \tag{2-42}$$

式中，$K=b_m/a_n$；p_1，p_2，$\cdots$，p_n 和 z_1，z_2，$\cdots$，z_m 分别是 $F(s)$ 的极点和零点，均为实数或共轭复数。若 $n=m$，则式（2-42）可表示为如下形式

$$F(s)=K+\frac{(s-z_1)(s-z_2)\cdots(s-z_\lambda)}{(s-p_1)(s-p_2)\cdots(s-p_n)} \tag{2-43}$$

式中，λ 为对 $F(s)$ 拆分后分式中分子的幂次，一般 $\lambda<n$。

下面主要针对式（2-42）的形式，即 $n>m$ 的情况讨论。根据 $F(s)$ 的极点形式不同，又可以分为两种情况。

（1）$F(s)$ 无重极点的情况　将 $F(s)$ 展开成下面简单的部分分式之和

$$\frac{B(s)}{A(s)}=\frac{K_1}{s-p_1}+\frac{K_2}{s-p_2}+\cdots+\frac{K_n}{s-p_n} \tag{2-44}$$

式中，K_1，K_2，$\cdots$，K_n 为待定系数，即各极点对应的留数。

以（$s-p_1$）乘式（2-44）左边，并以 $s=p_1$ 代入，则有

$$K_1=\frac{B(s)}{A(s)}(s-p_1)\Big|_{s=p_1}$$

同样，以（$s-p_2$）乘式（2-44）左边，并以 $s=p_2$ 代入，则有

$$K_2=\frac{B(s)}{A(s)}(s-p_2)\Big|_{s=p_2}$$

依此类推，可得

$$K_i=\frac{B(s)}{A(s)}(s-p_i)\Big|_{s=p_i}=\frac{B(p_i)}{A'(p_i)}\quad(i=1,2,\cdots,n)\tag{2-45}$$

式中，p_i 为 $A(s)=0$ 的根，$A'(p_i)=\left.\frac{\mathrm{d}A(s)}{\mathrm{d}s}\right|_{s=p_i}$。

求得各系数后，则式（2-44）中 $F(s)$ 可用部分分式的和表示为

$$F(s)=\sum_{i=1}^{n}\frac{B(p_i)}{A'(p_i)}\cdot\frac{1}{s-p_i}\tag{2-46}$$

因 $L^{-1}\left[\frac{1}{s-p_i}\right]=\mathrm{e}^{p_it}$，从而可求得 $F(s)$ 的原函数为

$$f(t)=L^{-1}[F(s)]=\sum_{i=1}^{n}\frac{B(p_i)}{A'(p_i)}\mathrm{e}^{p_it}\tag{2-47}$$

当 $F(s)$ 的某极点等于零，或为共轭复数时，同样可用上述方法。注意，由于 $f(t)$ 是一个实函数，若 p_1 和 p_2 是一对共轭复数极点，那么相应的系数 K_1 和 K_2，也是共轭复数，只要求出 K_1 或 K_2 中的一个值，另一个值也就可得到。

例 2-6 求 $F(s)=\frac{14s^2+55s+51}{2s^3+12s^2+22s+12}$的拉普拉斯反变换。

解： $F(s)$ 分母多项式可分解为

$$A(s)=2s^3+12s^2+22s+12=2(s+1)(s+2)(s+3)$$

故求得其极点为

$$p_1=-1,\ p_2=-2,\ p_3=-3,$$

将 $F(s)$ 分解为 3 个部分分式的和

$$F(s)=\frac{7s^2+27.5s+25.5}{(s+1)(s+2)(s+3)}=\frac{K_1}{s+1}+\frac{K_2}{s+2}+\frac{K_3}{s+3}$$

利用式（2-45）可求得

$$A'(s)=\frac{\mathrm{d}A(s)}{\mathrm{d}s}=6s^2+24s+22$$

$$A'(-1)=4,\ A'(-2)=-2,\ A'(-3)=4$$

$$B(s)=14s^2+55s+51$$

$$B(-1)=10,\ B(-2)=-3,\ B(-3)=12$$

故求得各部分分式系数

$$K_1=\frac{B(p_1)}{A'(p_1)}=\frac{10}{4}=2.5$$

$$K_2=\frac{B(p_2)}{A'(p_2)}=\frac{-3}{-2}=1.5$$

$$K_3=\frac{B(p_3)}{A'(p_3)}=\frac{12}{4}=3$$

对每个部分分式进行拉普拉斯反变换，可得

$$f(t)=L^{-1}[F(s)]=L^{-1}\left[\frac{2.5}{s+1}\right]+L^{-1}\left[\frac{1.5}{s+2}\right]+L^{-1}\left[\frac{3}{s+3}\right]$$

$$=2.5e^{-t}+1.5e^{-2t}+3e^{-3t}$$

例 2-7 求下面像函数的拉普拉斯反变换。

$$F(s)=\frac{B(s)}{A(s)}=\frac{20(s+1)(s+3)}{(s+1+j)(s+1-j)(s+2)(s+4)}$$

解： 先将 $F(s)$ 分解为 4 个部分分式和的形式

$$F(s)=\frac{K_1}{s+1+j}+\frac{K_2}{s+1-j}+\frac{K_3}{s+2}+\frac{K_4}{s+4}$$

再分别求各部分分式的系数

$$K_1=\left[\frac{B(s)}{A(s)}(s+1+j)\right]\Bigg|_{s=-1-j}=\frac{20(-j)(2-j)}{(-2j)(1-j)(3-j)}=4+3j$$

$$K_2=\left[\frac{B(s)}{A(s)}(s+1-j)\right]\Bigg|_{s=-1+j}=\frac{20j(2+j)}{2j(1+j)(3+j)}=4-3j$$

$$K_3=\left[\frac{B(s)}{A(s)}(s+2)\right]\Bigg|_{s=-2}=\frac{20(-1)\cdot 1}{(-1+j)(-1-j)\times 2}=-5$$

$$K_4=\left[\frac{B(s)}{A(s)}(s+4)\right]\Bigg|_{s=-4}=\frac{20(-3)\cdot(-1)}{(-3+j)(-3-j)(-2)}=-3$$

因此得

$$F(s)=\frac{4+3j}{s+1+j}+\frac{4-3j}{s+1-j}-\frac{5}{s+2}-\frac{3}{s+4}$$

对各部分分式进行拉普拉斯反变换，可得原函数

$$\begin{aligned}f(t)&=L^{-1}[F(s)]\\&=(4+3j)e^{-(1+j)t}+(4-3j)e^{(-1+j)t}-5e^{-2t}-3e^{-4t}\\&=e^{-t}[4(e^{(-jt)}+e^{jt})+3j(e^{-jt}-e^{jt})]-5e^{-2t}-3e^{-4t}\\&=e^{-t}(8\cos t+6\sin t)-5e^{-2t}-3e^{-4t}\end{aligned}$$

对于 $F(s)$ 有共轭复极点（包括成对虚极点）情况，在分解部分分式时，也可不分解为两个一次方分式，而保留二次方分式形式，这样在进行反变换时会更简便一些。

对于此例，按照如下方式分解

$$F(s)=\frac{K_1s+K_2}{(s+1)^2+1}+\frac{K_3}{s+2}+\frac{K_4}{s+4}$$

系数 K_3、K_4 的求解方法同前面一样，系数 K_1、K_2 可以在 K_3、K_4 已求得情况下，采用对分式进行通分然后比较其分子多项式对应系数相等的方法得到。即通分得到分子多项式

$$(K_1s+K_2)(s+2)(s+4)-5(s+4)(s^2+2s+2)-3(s+2)(s^2+2s+2)=20(s+1)(s+3)$$

整理得

$$(K_1-8)s^3+(6K_1+K_2-42)s^2+(8K_1+6K_2-68)s+(8K_2-52)=20s^2+80s+60$$

可得 $K_1=8$，$K_2=14$。故有

$$\begin{aligned}F(s)&=\frac{8s+14}{(s+1)^2+1}+\frac{-5}{s+2}+\frac{-3}{s+4}\\&=\frac{8(s+1)}{(s+1)^2+1}+\frac{6}{(s+1)^2+1}+\frac{-5}{s+2}+\frac{-3}{s+4}\end{aligned}$$

对其进行拉普拉斯反变换得

$$f(t) = 8e^{-t}\cos t + 6e^{-t}\sin t - 5e^{-2t} - 3e^{-4t}$$

(2) $F(s)$ 有重极点的情况　假如 $F(s)$ 有 r 个重极点 p_1，其余极点均不相同，即式 (2-42) 可表示为

$$\begin{aligned} F(s) &= \frac{B(s)}{A(s)} = \frac{B(s)}{a_n(s-p_1)^r(s-p_{r+1})\cdots(s-p_n)} \\ &= \frac{K_{11}}{(s-p_1)^r} + \frac{K_{12}}{(s-p_1)^{r-1}} + \cdots + \frac{K_{1r}}{s-p_1} + \frac{K_{r+1}}{s-p_{r+1}} + \frac{K_{r+2}}{s-p_{r+2}} + \cdots + \frac{K_n}{s-p_n} \end{aligned} \tag{2-48}$$

式中，K_{11}，K_{12}，…，K_{1r} 的求法如下

$$\begin{cases} K_{11} = F(s)(s-p_1)^r \mid_{s=p_1} \\ K_{12} = \dfrac{\mathrm{d}}{\mathrm{d}s}[F(s)(s-p_1)^r] \mid_{s=p_1} \\ K_{13} = \dfrac{1}{2!}\dfrac{\mathrm{d}^2}{\mathrm{d}s^2}[F(s)(s-p_1)^r] \mid_{s=p_1} \\ \qquad \vdots \\ K_{1r} = \dfrac{1}{(r-1)!}\dfrac{\mathrm{d}^{r-1}}{\mathrm{d}s^{r-1}}[F(s)(s-p_1)^r] \mid_{s=p_1} \end{cases} \tag{2-49}$$

其余系数 K_{r+1}，K_{r+2}，…，K_n 的求法与第一种情况所述的方法相同，即

$$K_j = [F(s)(s-p_j)] \mid_{s=p_j} = \frac{B(p_j)}{A'(p_j)} \quad (j=r+1, r+2, \cdots, n)$$

求得所有的待定系数后，$F(s)$ 的反变换为

$$\begin{aligned} f(t) &= L^{-1}[F(s)] \\ &= \left[\frac{K_{11}}{(r-1)!}t^{r-1} + \frac{K_{12}}{(r-2)!}t^{r-2} + \cdots + K_{1r}\right]e^{p_1 t} + K_{r+1}e^{p_{r+1}t} + K_{r+2}e^{p_{r+2}t} + \cdots + K_n e^{p_n t} \end{aligned}$$

例 2-8　求 $F(s) = \dfrac{1}{s\ (s+2)^3\ (s+3)}$ 的拉普拉斯反变换。

解： 先将 $F(s)$ 分解为 5 个部分分式和的形式

$$F(s) = \frac{K_{11}}{(s+2)^3} + \frac{K_{12}}{(s+2)^2} + \frac{K_{13}}{s+2} + \frac{K_4}{s} + \frac{K_5}{s+3}$$

对于重极点−2 对应的 3 个部分分式系数，分别按照式 (2-49) 求得

$$K_{11} = F(s)(s+2)^3 \mid_{s=-2} = \left.\frac{1}{s(s+3)}\right|_{s=-2} = -\frac{1}{2}$$

$$K_{12} = \left.\frac{\mathrm{d}}{\mathrm{d}s}[F(s)(s+2)^3]\right|_{s=-2} = \left.\frac{-(2s+3)}{s^2(s+3)^2}\right|_{s=-2} = \frac{1}{4}$$

$$K_{13} = \left.\frac{1}{2!}\frac{\mathrm{d}^2}{\mathrm{d}s^2}[F(s)(s+2)^3]\right|_{s=-2} = \left.\frac{1}{2!}\frac{\mathrm{d}^2}{\mathrm{d}s^2}\left[\frac{1}{s(s+3)}\right]\right|_{s=-2} = -\frac{3}{8}$$

对于两个非重极点对应的两个部分分式系数，分别求得

$$K_4=F(s)s\big|_{s=0}=\left.\frac{1}{(s+2)^3(s+3)}\right|_{s=0}=\frac{1}{24}$$

$$K_5=F(s)(s+3)\big|_{s=-3}=\left.\frac{1}{s(s+2)^3}\right|_{s=-3}=\frac{1}{3}$$

故得

$$F(s)=\frac{-1}{2(s+2)^3}+\frac{1}{4(s+2)^2}-\frac{3}{8(s+2)}+\frac{1}{24s}+\frac{1}{3(s+3)}$$

对其进行拉普拉斯反变换，得

$$f(t)=L^{-1}[F(s)]=-\frac{1}{2}\cdot\frac{t^2}{2}e^{-2t}+\frac{1}{4}te^{-2t}-\frac{3}{8}e^{-2t}+\frac{1}{24}+\frac{1}{3}e^{-3t}$$

$$=\frac{1}{4}\left(t-t^2-\frac{3}{2}\right)e^{-2t}+\frac{1}{3}e^{-3t}+\frac{1}{24}$$

2. 使用 MATLAB 函数求解原函数

利用 MATLAB 函数 residue 可完成原函数展开成部分分式。将原函数的有理分式的分子和分母多项式系数作为输入数据，调用 residue，输出就是极点与部分分式中的常数，再查拉普拉斯变换表就可得到原函数。

对于式（2-42），$F(s)$ 无重极点时可以表示为

$$F(s)=\frac{B(s)}{A(s)}=\frac{b_m s^m+b_{m-1}s^{m-1}+\cdots+b_0}{a_n s^n+a_{n-1}s^{n-1}+\cdots+a_0}=\frac{K_1}{s-p_1}+\frac{K_2}{s-p_2}+\cdots+\frac{K_n}{s-p_n}+K \tag{2-50}$$

当 $F(s)$ 有 r 重极点时可以表示为

$$F(s)=\frac{B(s)}{A(s)}=\frac{b_m s^m+b_{m-1}s^{m-1}+\cdots+b_0}{a_n s^n+a_{n-1}s^{n-1}+\cdots+a_0}$$

$$=\frac{K_{11}}{s-p_1}+\frac{K_{12}}{(s-p_1)^2}+\cdots+\frac{K_{1r}}{(s-p_1)^r}+\frac{K_{r+1}}{s-p_{r+1}}+\frac{K_{r+2}}{s-p_{r+2}}+\cdots+\frac{K_n}{s-p_n}+K \tag{2-51}$$

设 **num**=[b_m，b_{m-1}，…，b_0] 和 **den**=[a_n，a_{n-1}，…，a_0] 分别为分子多项式和分母多项式的系数所组成的行矩阵；**K**=[K_{11}，K_{12}，…，K_{1r}，K_{r+1}，…，K_n] 为因式分解后部分分式中的分子项，K 为 $n=m$ 时才具有的常数项，相当于式（2-42）和式（2-43）中的 $K=b_m/a_n$；$\boldsymbol{p}$= [p_1，p_2，…，p_n] 为各极点组成的行矩阵。调用 [r，p，K]=residue（num，den），输出即为式（2-50）和式（2-51）中部分分式的系数 K_i、极点 p_i 和常数 K，然后配对，查拉普拉斯变换表，即可获得原函数。

利用 residue 指令也可以把 $F(s)$ 的部分分式和的展开式化为分子分母为多项式形式，即 [num，den]=residue(r，p，K)。

注意，MATLAB 程序中所用逗号、分号等标点以及圆括号、方括号等均是在英文输入下的半角字符。

例 2-9 求函数 $F(s)=\dfrac{s^2-9}{s^2-1}$的原函数。

解：式中分子、分母多项式的系数矩阵分别为 **num**=[1，0，−9]；**den**=[1，0，−1]。写出 MATLAB 程序如下。

MATLAB Program of example 2-9

```
%PFE…compute constants,poles,and the direct term of a rational function。
num=[1,0,-9]                   % numerator coefficients of F(s)
den=[1,0,-1]                   % denominator coefficients of F(s)
[r,p,K]=residue(num,den)       %call residue,r=PFE constant,p=pole or characteristic root,
                               % K=direct term(0 unless n=m)
--------输出--------
r=4                            % the two partial fraction constants
  -4
p=-1                           % the two poles of F(s)
  1
K=1                            % the direct term,nonzero because n=m
```

因此，将这些极点与部分分式中的分子配对有

$$F(s)=1+\frac{4}{s+1}-\frac{4}{s-1}$$

再查拉普拉斯变换表，得原函数为

$$f(t)=\delta(t)+4e^{-t}-4e^{t}$$

例 2-10 求函数 $F(s)=\dfrac{s^4+2s^3+3s^2+2s+1}{s^4+4s^3+7s^2+6s+2}$的原函数。

解：式中分子、分母多项式的系数矩阵分别为 **num**=[1，2，3，2，1]；**den**=[1，4，7，6，2]。其 MATLAB 程序如下。

MATLAB Program of example 2-10

```
num=[1,2,3,2,1];               % numerator coefficients of F(s)
den=[1,4,7,6,2];               % denominator coefficients of F(s)
[r,p,K]=residue(num,den)       % call residue,r=PFE constant,p=pole or characteristic root,
                               % K=direct term(0 unless n=m)
----------输出----------
r=0.0000-0.5000i               % the 4 PF constants
  0.0000+0.5000i
  -2.0000
  1.0000
p=-1.0000+1.0000i              % the 4 poles
-1.0000-1.0000i
-1.0000
-1.0000
K=1                            % the constant is nonzero because n=m
```

根据所得部分分式的系数 K_i、极点 p_i 和常数 K，将极点与部分分式中系数配对有

$$F(s)=1+\frac{-j0.5}{s+1-j}+\frac{j0.5}{s+1+j}-\frac{2}{s+1}+\frac{1}{(s+1)^2}$$

$$=1+\frac{1}{(s+1)^2+1}-\frac{2}{s+1}+\frac{1}{(s+1)^2}$$

再查拉普拉斯变换表，得原函数为

$$f(t)=\delta(t)+e^{-t}\sin t-2e^{-t}+te^{-t}$$

例 2-11 求卷积分 $t*\sin t$。

解：可以利用卷积分的定义来求，也可以利用卷积定理来求。本例采用后者，首先采用 syms 来定义多个变量，然后利用指令 laplace 求出时间函数的拉普拉斯变换表达，再利用指令 ilaplace 求出两复变域函数乘积的拉普拉斯反变换。其 MATLAB 程序如下。

MATLAB Program of example 2-11

```
syms t s;
f1=t;
f2=sin(t);
F1=laplace(f1,t,s);
F2=laplace(f2,t,s);
corr=ilaplace(F1*F2)
----------输出----------
corr=t-sint
```

若要对复变函数 $F(s)$ 的分母多项式分解因式，则可先以矩阵形式输入分母多项式系数 den，再采用指令 roots（den）求得各极点。

例如，在例 2-10 中，可用下列程序求得 $F(s)$ 极点。

MATLAB Program for solution of poles in example 2-10

```
den=[1 4 7 6 2];             % denominator coefficients of F(s)
roots(den)
----------输出----------
ans =                        % the 4 poles
   -1.0000+1.0000i
   -1.0000-1.0000i
   -1.0000+0.0000i
   -1.0000+0.0000i
```

若复变函数 $F(s)$ 的分子、分母为多因式相乘，则可通过指令 series 将因式相乘的多项式写出来。

例 2-12 将以下 $F(s)$ 表达式的分子分母展开为多项式。

$$F(s)=\frac{(s+1)(s+2)(s+3)(s+4)}{(s+5)(s+6)(s+7)(s+8)}$$

解：先将每个因式用 num 和 den 以矩阵形式表示，然后利用 series 指令将它们乘起来。其 MATLAB 程序如下。

```
MATLAB Program of example 2-12

num1=[1 1]; num2=[1 2];
num3=[1 3]; num4=[1 4];
den1=[1 5]; den2=[1 6];
den3=[1 7]; den4=[1 8];
[numc,denc]=series(num1,den1,num2,den2);
[numd,dend] =series(num3,den3,num4,den4);
[num,den] =series(numc,denc,numd,dend);
----------输出----------
num =
     1      10      35      50      24
den =
     1            26            251            1066            1680
```

2.6 用拉普拉斯变换解常微分方程

用拉普拉斯变换解线性常微分方程，首先通过拉普拉斯变换将常微分方程化为像函数的代数方程，进而解出像函数，最后由拉普拉斯反变换求得常微分方程的解。其求解过程如图 2-12 所示。

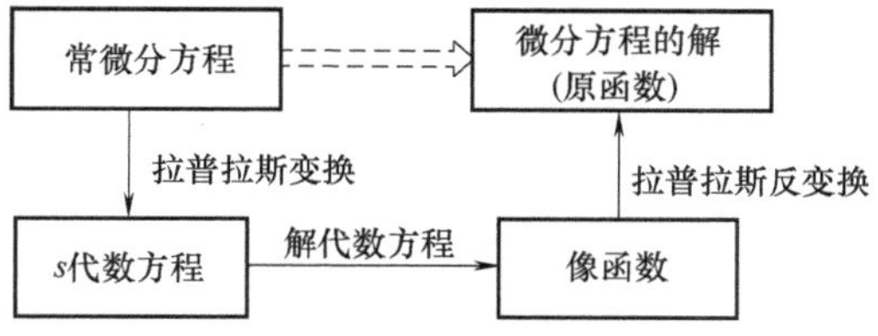

图 2-12　用拉普拉斯变换求解常微分方程的过程

对于一般的 n 阶线性常微分方程

$$a_n\frac{\mathrm{d}^n y}{\mathrm{d}t^n}+a_{n-1}\frac{\mathrm{d}^{n-1} y}{\mathrm{d}t^{n-1}}+\cdots+a_0 y=b_m\frac{\mathrm{d}^m x}{\mathrm{d}t^m}+b_{m-1}\frac{\mathrm{d}^{m-1} x}{\mathrm{d}t^{m-1}}+\cdots+b_0 x \tag{2-52}$$

其初始条件为：当 $t=0^+$ 时，其输出与输入的各阶导函数的初始值分别为 $y(0^+)$，$y'(0^+)$，…，$y^{(n-1)}(0^+)$ 和 $x(0^+)$，$x'(0^+)$，…，$x^{(m-1)}(0^+)$。

对式（2-52）逐项进行拉普拉斯变换，根据微分定理可得

$$\begin{aligned}L[a_n\frac{\mathrm{d}^n y}{\mathrm{d}t^n}]&=a_n[s^nY(s)-s^{n-1}y(0^+)-s^{n-2}y'(0^+)-\cdots-y^{(n-1)}(0^+)]\\&=a_n[s^nY(s)-A_{01}(s)]\end{aligned}$$

$$L\left[a_{n-1}\frac{\mathrm{d}^{(n-1)} y}{\mathrm{d}t^{n-1}}\right]=a_{n-1}[s^{n-1}Y(s)-A_{02}(s)]$$

$$L\left[a_{n-2}\frac{\mathrm{d}^{(n-2)}y}{\mathrm{d}t^{(n-2)}}\right]=a_{n-2}[s^{n-2}Y(s)-A_{03}(s)]$$

$$\vdots$$

$$L[a_0y]=a_0Y(s)$$

式中，$A_{01}(s)$，$A_{02}(s)$，$A_{03}(s)$，…，均为与初始条件有关的项。将其合并后，式(2-52)左边的拉普拉斯变换可整理为

$$(a_ns^n+a_{n-1}s^{n-1}+a_{n-2}s^{n-2}+\cdots+a_0)Y(s)-A_0(s)=A(s)Y(s)-A_0(s) \tag{2-53}$$

式中，$A_0(s)$ 为与输出初始条件有关的项；$A(s)$ 为关于 s 的多项式，有如下表达

$$A(s)=a_ns^n+a_{n-1}s^{n-1}+a_{n-2}s^{n-2}+\cdots+a_0$$

同理，对式（2-52）右边进行拉普拉斯变换后，可整理得

$$(b_ms^m+b_{m-1}s^{m-1}+b_{m-2}s^{m-2}+\cdots+b_0)X(s)-B_0(s)=B(s)X(s)-B_0(s) \tag{2-54}$$

式中，$B_0(s)$ 为与输入初始条件有关的项；$B(s)$ 为关于 s 的多项式，有如下表达

$$B(s)=b_ms^m+b_{m-1}s^{m-1}+b_{m-2}s^{m-2}+\cdots+b_0$$

所以式（2-52）的拉普拉斯变换为

$$A(s)Y(s)-A_0(s)=B(s)X(s)-B_0(s) \tag{2-55}$$

整理得

$$Y(s)=\frac{A_0(s)-B_0(s)}{A(s)}+\frac{B(s)}{A(s)}X(s) \tag{2-56}$$

对式（2-56）进行拉普拉斯反变换，得

$$y(t)=L^{-1}[Y(s)]=L^{-1}\left[\frac{A_0(s)-B_0(s)}{A(s)}\right]+L^{-1}\left[\frac{B(s)}{A(s)}X(s)\right]=y_c(t)+y_i(t) \tag{2-57}$$

式中，$y_c(t)$ 与系统初始条件有关，称为系统的补函数；$y_i(t)$ 与系统输入有关，称为特解函数。

令 $N_0(s)=A_0(s)-B_0(s)$，设 $A(s)=0$ 无重根，则可求得

$$y_c(t)=L^{-1}\left[\frac{N_0(s)}{A(s)}\right]=L^{-1}\left[\sum_{i=1}^{n}\frac{N_0(p_i)}{A'(p_i)}\cdot\frac{1}{s-p_i}\right]=\sum_{i=1}^{n}\frac{N_0(p_i)}{A'(p_i)}\mathrm{e}^{p_it} \tag{2-58}$$

当然，若 $A(s)=0$ 有重根，也可按照 2.5 节中有重根时的方法求得 $y_c(t)$。

在式（2-58）所表达的微分方程的解中，$A(s)$ 作为一个关于 s 的多项式具有特别重要的意义。令 $A(s)=0$，称其为系统的特征方程，$p_i(i=1，2，\cdots，n)$ 为特征方程的根。由式（2-58）可见，若 p_i 为正实数或具有正实部的复数，当 $t\to\infty$ 时，$\mathrm{e}^{p_it}\to\infty$，即 $y_c(t)\to\infty$，称这样的系统是不稳定的；若 p_i 为负实数或具有负实部的复数，当 $t\to\infty$ 时，$\mathrm{e}^{p_it}\to 0$，即 $y_c(t)\to 0$，称该系统是稳定的。这是第 6 章系统稳定性分析内容的基础。

系统的特解函数为

$$y_i(t)=L^{-1}\left[\frac{B(s)}{A(s)}X(s)\right] \tag{2-59}$$

式中，$X(s)=L[x(t)]$，$x(t)$ 为对系统施加的输入。

对于一个稳定的系统，当输入 $x(t)$ 为正弦（或余弦）函数时，$y_i(t)$ 为系统的稳态输出，由此可求得系统的频率响应。这将在第 5 章控制系统的频率特性中详细讲述。

围绕控制系统以微分方程建模以后的时间响应、频率响应以及稳态误差与稳定性分析，是本

课程后续要重点讲述的系统分析内容，可以用图 2-13 来描述其相互之间的联系。

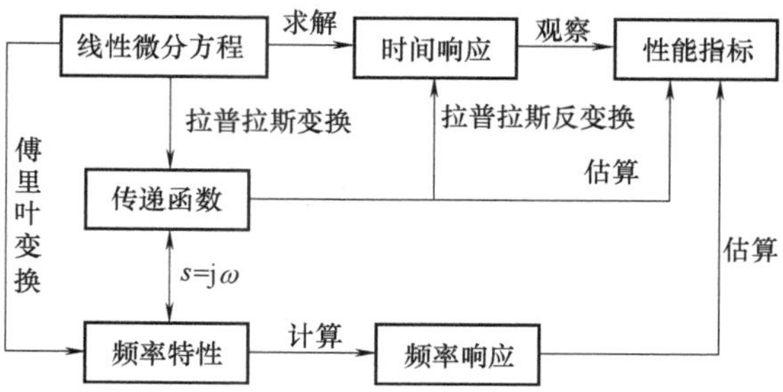

下面用具体例子来说明求解微分方程的过程。

图 2-13　控制系统分析内容及相互之间的联系

例 2-13　图 2-14 所示的机械系统初始为静止状态，求其在单位脉冲力 $f(t)=\delta(t)$ 作用下，质量 m 的运动规律，即其位移 $y(t)$。

解：若不计阻尼，系统的运动微分方程为

$$m\ddot{y}(t)+ky(t)=\delta(t)$$

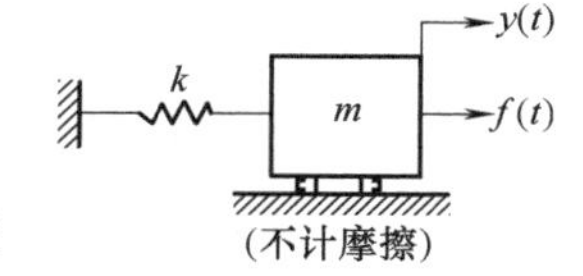

图 2-14　机械系统

初始条件为：$y(0)=\dot{y}(0)=0$，对方程逐项进行拉普拉斯变换，得

$$m[s^2Y(s)-sy(0)-\dot{y}(0)]+kY(s)=1$$

因此

$$Y(s)=\frac{1}{ms^2+k}+\frac{msy(0)+m\dot{y}(0)}{ms^2+k}=\frac{1}{ms^2+k}$$

对上式进行拉普拉斯反变换，即可得到质量 m 的运动规律

$$\begin{aligned} y(t)&=L^{-1}[Y(s)]=L^{-1}\left[\frac{1}{ms^2+k}\right] \\ &=L^{-1}\left[\frac{1}{\sqrt{mk}}\cdot\frac{\sqrt{k/m}}{s^2+(\sqrt{k/m})^2}\right] \\ &=\frac{1}{\sqrt{mk}}\sin\sqrt{k/m}\,t \end{aligned}$$

质量 m 的运动是一个幅值为 $\frac{1}{\sqrt{mk}}$、角频率为 $\sqrt{k/m}$ 的简谐运动。

例 2-14　如图 2-14 所示，当无外力作用，即 $f(t)=0$ 时，求质量 m 在初始条件为 $y(0)=y_0$，$\dot{y}(0)=y'_0$ 时的运动位移 $y(t)$。

解：系统的运动微分方程为

$$m\ddot{y}(t)+ky(t)=0$$

对方程逐项进行拉普拉斯变换，并设 $\omega_n=\sqrt{k/m}$，则有

$$(ms^2+k)Y(s)=msy_0+my'_0$$

$$Y(s)=\frac{y_0s}{s^2+(\sqrt{k/m})^2}+\frac{y'_0}{s^2+(\sqrt{k/m})^2}$$

$$y(t)=y_0\cos\omega_n t+\frac{y'_0}{\omega_n}\sin\omega_n t$$

可以看出，虽然没有外作用力，但在初始条件作用下，质量 m 仍是以角频率 ω_n 做简谐运动。

例 2-15　如图 2-14 所示，当外作用力为 $f(t)=A\cos\omega t$ 时，求质量 m 在初始条件为 $y(0)=y_0$，$\dot{y}(0)=0$ 时的运动位移 $y(t)$。

解：系统的运动微分方程为

$$m\ddot{y}(t)+ky(t)=A\cos\omega t$$

对方程逐项进行拉普拉斯变换，并设 $\omega_n=\sqrt{k/m}$，则有

$$Y(s)=\frac{A/m \cdot s}{(s^2+\omega^2)(s^2+\omega_n^2)}+\frac{y_0 s}{s^2+\omega_n^2}$$

$$=\frac{K_1}{s+j\omega}+\frac{K_2}{s-j\omega}+\frac{K_3}{s+j\omega_n}+\frac{K_4}{s+j\omega_n}+\frac{y_0 s}{s^2+\omega_n^2}$$

式中，$K_1=K_2=\dfrac{A/m}{2(\omega_n^2-\omega^2)}$；$K_3=K_4=\dfrac{A/m}{2(\omega^2-\omega_n^2)}$。

再进行拉普拉斯反变换，可得

$$y(t)=\frac{A/m}{\omega_n^2-\omega^2}\left[\frac{e^{-j\omega t}+e^{j\omega t}}{2}\right]+\frac{A/m}{\omega^2-\omega_n^2}\left[\frac{e^{-j\omega_n t}+e^{j\omega_n t}}{2}\right]+y_0\cos\omega_n t$$

$$=\frac{A/m}{\omega_n^2-\omega^2}\cos\omega t-\frac{A/m}{\omega_n^2-\omega^2}\cos\omega_n t+y_0\cos\omega_n t$$

可以看出，质量 m 以角频率 ω_n 和外作用力频率 ω 做复合运动。

由上述例子可见，用拉普拉斯变换求解微分方程，除了能同时考虑初值外，还有一个特别方便之处，即当初始条件全部为零时，采用拉普拉斯变换显得特别简单；当输入函数具有跳跃点（即在该点不可求导）时，用拉普拉斯变换求解也很方便，这是一般微分方程求解方法无法比拟的。

自学指导

本章作为控制理论的数学基础，自学者应理解拉普拉斯变换的目的，掌握拉普拉斯变换的定义及其重要性质：线性性质、延时定理、复数域的位移定理、微分定理、积分定理、初值定理、终值定理以及卷积定理，熟悉 7 种典型时间函数（原函数）的数学定义及其对应的拉普拉斯变换式（即像函数），能够熟练地应用拉普拉斯变换及反变换方法中的部分分式法求解微分方程。

复习思考题

1. 复数有哪几种表示方法？
2. 复变函数及其极点与零点的概念。
3. 拉普拉斯变换的定义是什么？理解原函数和像函数的概念。
4. 各种典型时间函数的数学定义（原函数）及其拉普拉斯变换表达（像函数）。
5. 拉普拉斯变换的线性性质、延时定理、复数域的位移定理、微分定理、积分定理、初值定理、终值定理以及卷积定理是什么？如何应用？
6. 如何用部分分式法求拉普拉斯反变换？
7. 如何使用 MATLAB 函数求解原函数？
8. 如何用拉普拉斯变换求解微分方程？什么是系统的补函数和特解函数？

习题

2-1　试求下列函数的拉普拉斯变换，假设当 $t<0$ 时，$f(t)=0$。

（1）$f(t)=5(1-\cos 3t)$。

（2）$f(t)=e^{-0.5t}\cos 10t$。

(3) $f(t)=\sin\left(5t+\frac{\pi}{3}\right)$（用和角公式展开）。

(4) $f(t)=t^n e^{at}$。

2-2　求下列函数的拉普拉斯变换。

(1) $f(t)=2t+3t^3+2e^{-3t}$。

(2) $f(t)=t^3 e^{-3t}+e^{-t}\cos 2t+e^{-3t}\sin 4t\ (t\geqslant 0)$。

(3) $f(t)=5\cdot 1(t-2)+(t-1)^2 e^{2t}$。

(4) $f(t)=\begin{cases}\sin t,\ (0\leqslant t\leqslant\pi)\\ 0,\ (t<0,\ t>\pi)\end{cases}$。

2-3　已知 $F(s)=\frac{10}{s(s+1)}$。

(1) 利用终值定理，求 $t\to\infty$ 时的 $f(t)$ 值。

(2) 通过取 $F(s)$ 的拉普拉斯反变换，求 $t\to\infty$ 时的 $f(t)$ 值。

2-4　已知 $F(s)=\frac{1}{(s+2)^2}$。

(1) 利用初值定理求 $f(0^+)$ 和 $f'(0^+)$ 的值。

(2) 通过取 $F(s)$ 的拉普拉斯反变换求 $f(t)$，再求 $f'(t)$，然后求 $f(0^+)$ 和 $f'(0^+)$。

2-5　求图题 2-5 所示的各种波形所表示函数的拉普拉斯变换。

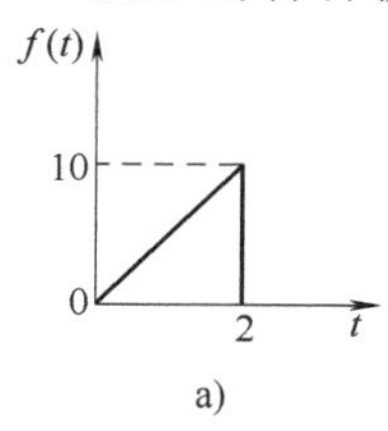

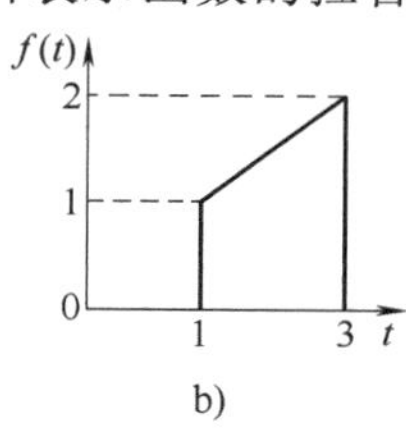

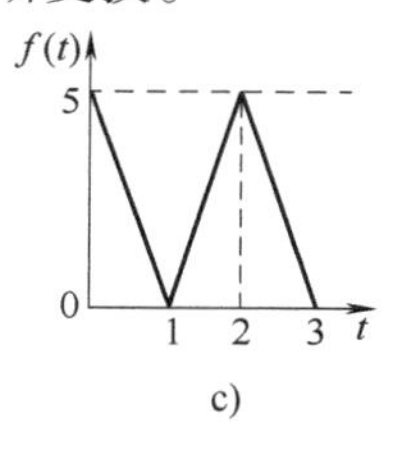

图题 2-5

2-6　试求下列像函数的拉普拉斯反变换。

(1) $F(s)=\frac{1}{s^2+4}$。　　(2) $F(s)=\frac{s}{s^2-2s+5}+\frac{s+1}{s^2+9}$。

(3) $F(s)=\frac{1}{s(s+1)}$。　　(4) $F(s)=\frac{s+1}{(s+2)(s+3)}$。

(5) $F(s)=\frac{4(s+3)}{(s+2)^2(s+1)}$。　　(6) $F(s)=\frac{e^{-s}}{s-1}$。

(7) $F(s)=\frac{s^2+5s+2}{(s+2)(s^2+2s+2)}$。　　(8) $F(s)=\frac{s}{(s^2+1)(s^2+4)}$。

2-7　求下列卷积。

(1) $1*1$。　(2) $t*t$。　(3) $t*e^t$。　(4) $t*\sin t$。

2-8　用拉普拉斯变换的方法求下列微分方程。

(1) $\ddot{x}+2\dot{x}+2x=0$，$x(0)=0$，$\dot{x}(0)=1$。

(2) $2\ddot{x}+7\dot{x}+3x=0$，$x(0)=x_0$，$\dot{x}(0)=0$。

(3) $\ddot{x}+2\dot{x}+5x=3$，$x(0)=0$，$\dot{x}(0)=0$。

(4) $\ddot{x}+2\zeta\omega_n\dot{x}+\omega_n^2 x=0$，$x(0)=A$，$\dot{x}(0)=B$。

第3章　控制系统的数学模型

为分析、研究一个动态系统进而对该系统进行控制，不仅要定性地了解该系统的工作原理及其特性，更重要的是定量地描述系统的动态性能，揭示系统的结构、参数与动态性能之间的关系。这就要求建立系统的数学模型。数学模型可以有许多不同形式，随着具体系统和条件的不同，一种数学模型表达式可能比另一种更合适。无论是机械、电气、液压系统，还是热力系统等，都可以用微分方程这一数学模型加以描述，然后对微分方程求解，就可以得到系统在输入作用下的响应，即系统的动态过程。

本章主要介绍在机械工程控制中如何列写系统的微分方程以及列写时应注意的问题；阐明传递函数的概念与意义；阐明如何从系统或典型环节的微分方程获得其相应的传递函数，并列举一些物理系统传递函数的推导方法。

3.1　概述

1. 数学模型的概念

模型是在某种相似基础上建立起来的，如航空、航海模型，机械构件的有机玻璃模型，它们都是与实物结构相似、比例缩小的实体模型。在控制工程中为研究系统的动态特性，要建立另外一种模型——数学模型。

数学模型是系统动态特性的数学表达式。建立数学模型是分析、研究一个动态系统特性的前提，是非常重要同时也是较困难的工作。一个合理的数学模型应以最简化的形式准确地描述系统的动态特性。

建立系统的数学模型有两种方法：

（1）分析法　依据系统本身所遵循的有关定律列写数学表达式，在列写方程的过程中往往要进行必要的简化，如线性化，即忽略一些次要的非线性因素，或在工作点附近将非线性函数近似线性化。另外常用的简化手段是采用集中参数法，如质量集中在质心、载荷为集中载荷等。

（2）实验法　根据系统对某些典型输入信号的响应或其他实验数据建立数学模型，这种用实验数据建立数学模型的方法也称为系统辨识。

本章重点讲述通过对系统遵循的理论和特性分析进行控制系统数学模型的建立方法。关于系统辨识问题将在本书第4章4.1节与第5章5.4节中略有涉及，不做重点讲述。

2. 线性系统与非线性系统

根据建立的数学模型表达形式，控制系统可以分为线性系统与非线性系统。

（1）线性系统　若系统的数学模型表达式是线性的，则这种系统就是线性系统。线性系统最重要的特性是可以运用叠加原理。所谓叠加原理就是，系统在几个外加作用下所产生的响应，等于各个外加作用单独作用下的响应之和。

设有一物理系统，如图3-1所示。当单独对它施加输入 $x_{i1}(t)$ 时，则其输出为 $y_{o1}(t)$；

当单独施加输入 $x_{i2}(t)$ 时，其输出为 $y_{o2}(t)$；当同时施加输入 $a_1x_{i1}(t)$ 和 $a_2x_{i2}(t)$ 时，若其输出为 $a_1y_{o1}(t)+a_2y_{o2}(t)$，则系统为线性的（$a_1$ 与 a_2 为两个常数）。

其实，系统（或微分方程）的线性性质就是满足叠加原理；或者说，满足叠加原理的系统（或微分方程）就称为线性系统。

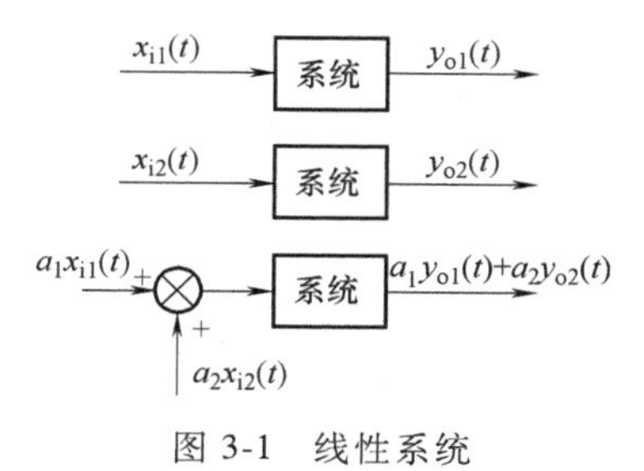

图 3-1　线性系统

线性叠加原理表明，对于一个线性系统，一个输入的存在并不影响由另一个输入引起的输出，即对线性系统而言，各输入产生的输出是互不影响的。因此，在分析多个输入作用在线性系统上所引起的总输出时，可以先分析由单个输入产生的输出，然后把这些输出叠加起来即可。这个概念十分重要。对于线性系统，当有多个输入且它们作用在系统不同部位时，系统的输出可以由每个输入单独作用时所引起的输出进行叠加。

机械工程系统在时域中通常用输入和输出之间的微分方程来描述其动态特性。线性系统根据其微分方程系数的特点又可分为线性定常系统与线性时变系统。

1）线性定常系统。用线性常微分方程描述的系统，又称线性时不变系统（linear time-invariant system），如下式

$$a\ddot{y}(t)+b\dot{y}(t)+cy(t)=dx(t)$$

式中，a、b、c、d 均为常数，由于输入、输出函数以及其导函数均为一次幂，因此该数学模型表达的是一个线性定常系统。

2）线性时变系统。描述系统的线性微分方程的系数为时间的函数，即线性时变系统（linear time-variant system），如下式

$$a(t)\ddot{y}(t)+b(t)\dot{y}(t)+cy(t)=d(t)x(t)$$

例如，在火箭的发射过程中，由于燃料的消耗，火箭的质量会随时间变化，重力也会随时间变化，因此火箭的位置与姿态控制系统可以看作一个线性时变系统。

本书研究对象主要是线性定常系统，因为它便于分析和研究。机械工程控制系统，当给予一定的限制条件，如弹簧-质量-阻尼系统，弹簧限制在弹性范围内变化，系统给予充分润滑，阻尼看作黏性阻尼，即阻尼力与相对运动速度成正比，质量集中在质心等，这时系统可看作线性定常系统。因此，对线性定常系统的研究有重要的实用价值。

（2）非线性系统　用非线性方程描述的系统称非线性系统（nonlinear system），如下式

$$y(t)=x^2(t)$$

$$\ddot{y}(t)+\dot{y}^2(t)+y(t)=x(t)$$

非线性系统最重要的特性是不能运用叠加原理。因为系统中包含有非线性因素，所以给系统的分析和研究带来复杂性。对于大多数机械、电气和液压系统，变量之间不同程度地包含有非线性关系，如间隙特性、饱和特性、死区特性、干摩擦特性和库仑摩擦特性等。应该说，控制系统中的非线性是普遍存在的，但经典控制理论主要是线性系统理论，可以在一定条件下，对系统的非线性进行线性化处理。因此对于非线性问题，通常有如下的处理途径：

1）线性化处理。可以在控制系统的工作平衡点附近，将非线性函数用泰勒级数展开，并取一次近似。

2）忽略非线性因素。对于机械系统，如采用消除机械间隙，或用补偿的方法消除间隙的影响；在机械部件拖板与导轨间进行充分润滑，则可忽略干摩擦的因素等。

3）对非线性因素，若不能简化，也不能忽略，就须用非线性系统的分析方法来处理。

3. 本课程涉及的数学模型形式

本书着重于经典控制论范畴，主要的研究对象是线性连续系统，在时域中用线性常微分方程描述系统的动态特性，在复数域或频域中，用传递函数或频率特性来描述系统的动态特性，还可以用框图与信号流图来描述控制系统的输入、输出与其他中间变量的关系。

本章主要讲述系统的微分方程、传递函数与框图等数学模型建立的方法与过程。

3.2 系统微分方程的建立

在建立机械工程系统与过程的微分方程时，主要应用机械动力学、流体动力学等基础理论，对于一些机、电、液综合系统，除须运用能量守恒定律外，还必须应用电工原理、电子技术等方面的基础理论。此外，还须具备有关专业的专业技术理论，如金属切削原理、液压传动及各种加工工艺原理等。

列写系统的微分方程，目的就是要确定系统输入与输出的函数关系式，因此列写方程的一般步骤如下：

1）确定系统的输入和输出。

2）按照信息的传递顺序，从输入端开始，按物体的运动规律，如力学中的牛顿定律、电路中的基尔霍夫定律和能量守恒定律等，列写出系统中各环节的微分方程。

3）消去所列微分方程组中的各个中间变量，获得描述系统输入和输出关系的微分方程。

4）将所得的微分方程加以整理，把与输入有关的各项放在等号右边，与输出有关的各项放在等号左边，并按降幂排列。

下面分别介绍一些简单的机械系统、液压系统及电网络系统（即电路，也称电气系统）建立微分方程所应用的原理和方法。

1. 机械系统

机械系统中部件的运动，有直线运动、转动或二者兼有，列写机械系统的微分方程通常用机械动力学中的达朗贝尔（J. d′ Alembert，1717—1783，法国著名的数学家、物理学家和天文学家）原理。该原理为：作用于每一个质点上的合力，同质点惯性力形成平衡力系，用公式可表达为

$$-m_i\ddot{x}_i(t)+\sum f_i(t)=0 \tag{3-1}$$

式中，$\sum f_i(t)$ 为作用在第 i 个质点上力的合力；$-m_i\ddot{x}_i(t)$ 为质量为 m_i 的质点的惯性力。

（1）直线运动　直线运动中包含的要素是质量、弹簧和黏性阻尼，如图 3-2a 所示的系统。图 3-2b 表示初始状态时，重力 mg 与初始弹簧拉力 kx_0 平衡，图 3-2c 表示重力 mg 与初始弹簧拉力 kx_0 平衡状态下，在外力 f [㊀]作用下，取质量为分离体的受力分析。

㊀ $f=f(t)$，以后为书写简单，会经常用 x、y、θ 等表示时域变量为时间的函数。

应用达朗贝尔原理，可列写该系统平衡状态下的运动微分方程（注意这时的输出变量坐标是相对于平衡时的坐标）

$$m\ddot{x}+B\dot{x}+kx=f \tag{3-2}$$

式中，m 为质量（kg）；x 为位移（m）；B 为黏性阻尼系数（$\mathrm{N\cdot s\cdot m^{-1}}$）；$k$ 为弹簧刚度系数（$\mathrm{N\cdot m^{-1}}$）；f 为外力（N）。

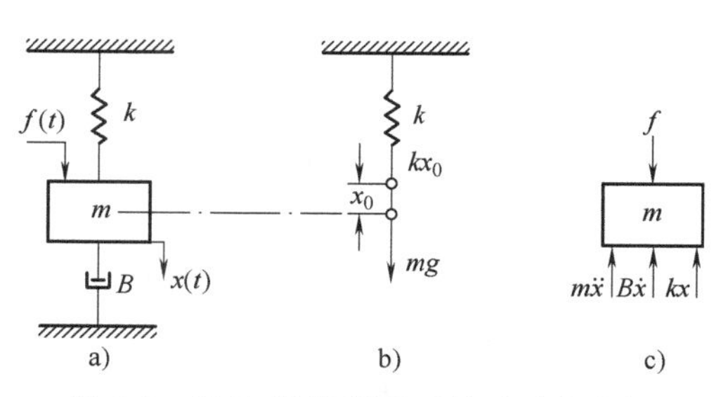

图 3-2　质量-弹簧-阻尼系统及受力分析

（2）转动　回转运动所包含的要素有：转动惯量、扭转弹簧和回转黏性阻尼。图 3-3 所示为在转矩 T 作用下的转动机械系统，外加转矩和转角间的运动微分方程为

$$J\ddot{\theta}+B_J\dot{\theta}+K_J\theta=T \tag{3-3}$$

式中，J 为转动惯量（$\mathrm{N\cdot m^2}$）；θ 为转角（rad）；B_J 为回转黏性阻尼系数（$\mathrm{N\cdot m\cdot s\cdot rad^{-1}}$）；$K_J$ 为扭转弹簧刚度系数（$\mathrm{N\cdot m\cdot rad^{-1}}$）；$T$ 为转矩（$\mathrm{N\cdot m}$）。

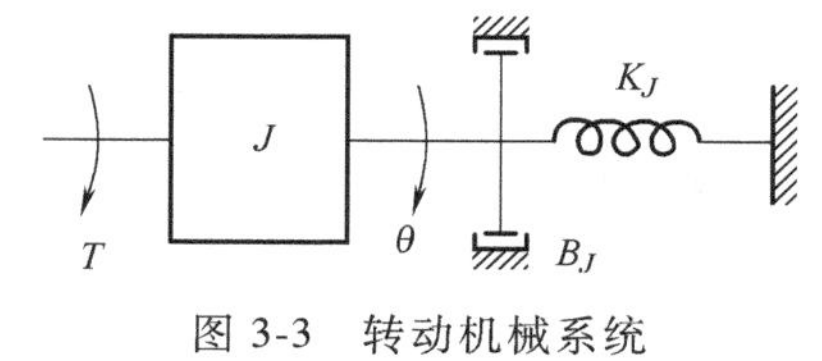

图 3-3　转动机械系统

下面列举几个机械系统的例子，说明其运动微分方程的建立方法。

例 3-1　列写图 3-4a 所示机械系统输入位移 x 和输出位移 y 间的微分方程。

解： 首先将弹簧 1 与阻尼器之间的刚体位移设为中间变量 x_1，且假设 $x>x_1>y$。取弹簧 1 与阻尼器、阻尼器与弹簧 2 之间的刚体作为分离体并进行受力分析，如图 3-4b 与图 3-4c 所示。列写平衡方程如下

$$k_1(x-x_1)=B(\dot{x}_1-\dot{y}) \tag{3-4}$$

$$B(\dot{x}_1-\dot{y})=k_2y \tag{3-5}$$

由式（3-4）和式（3-5）消去中间变量 x_1，可得

$$B\left(1+\frac{k_2}{k_1}\right)\dot{y}+k_2y=B\dot{x}$$

此即图 3-4a 所示机械系统的运动微分方程。

例 3-2　列写图 3-5a 所示机械系统输入力 f 和输出位移 x_2 之间的运动微分方程。

解： 设质量 m_1 的位移为中间变量 x_1，且假设 $x_1>x_2$。取质量 m_1、m_2 作为分离体并分别进行受力分析，如图 3-5b 所示。

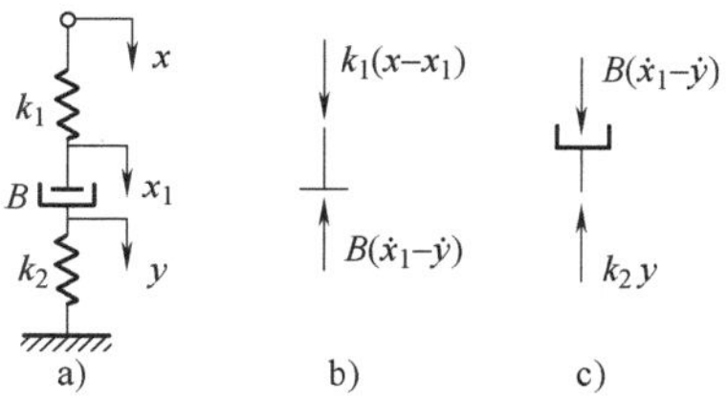

图 3-4　机械系统及受力分析（一）

列写平衡方程如下

$$m_1\ddot{x}_1+B_1(\dot{x}_1-\dot{x}_2)+kx_1=f \tag{3-6}$$

$$m_2\ddot{x}_2+B_2\dot{x}_2=B_1(\dot{x}_1-\dot{x}_2) \tag{3-7}$$

由上两式可看出 x_1 与 x_2 之间相互是有影响的，即在外力 f 作用下，使 m_1 产生位移 x_1，进而使 m_2 产生位移 x_2，这时 m_2 的位移 x_2 又反过来影响 m_1 的位移。由式（3-6）和式（3-7）消去中间变量 x_1，可求得 f 和 x_2 之间的运动微分方程。但因为涉及 x_1 的一阶与二阶导数，直接由微分方程式（3-6）和式（3-7）消去中间变量并不容易，可对式（3-6）和式

(3-7) 分别进行拉普拉斯变换后再消去中间变量 x_1，即可方便地求得输入和输出间的关系，这将在下一节介绍。

下面通过例子来说明齿轮传动系统微分方程的建立方法。

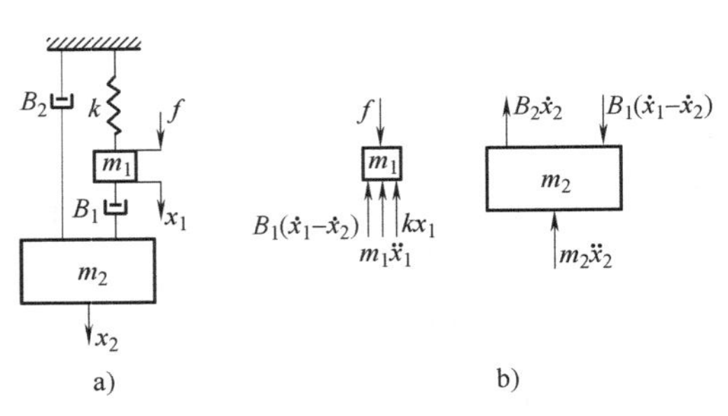

图 3-5　机械系统及受力分析（二）

例 3-3 （齿轮传动系统的动力学分析）如图 3-6 所示的齿轮传动系统，由电动机 M 输入的转矩为 T_m，L 为输出端负载，T_L 为负载转矩。图中所示的 z_1、z_2、z_3、z_4 为各齿轮齿数；J_1、J_2、J_3 及 θ_1、θ_2、θ_3 分别为各轴及相应齿轮的转动惯量和转角。假设各轴均为绝对刚性，即扭转弹簧刚度系数 $k_J=\infty$，试建立输入转矩与输入轴转角之间的动力学数学模型。

解： 根据旋转轴上的转矩平衡式 (3-3)，可得到齿轮传动系统中 3 个转轴的动力学方程如下

$$T_m=J_1\ddot{\theta}_1+B_1\dot{\theta}_1+T_1 \tag{3-8}$$

$$T_2=J_2\ddot{\theta}_2+B_2\dot{\theta}_2+T_3 \tag{3-9}$$

$$T_4=J_3\ddot{\theta}_3+B_3\dot{\theta}_3+T_L \tag{3-10}$$

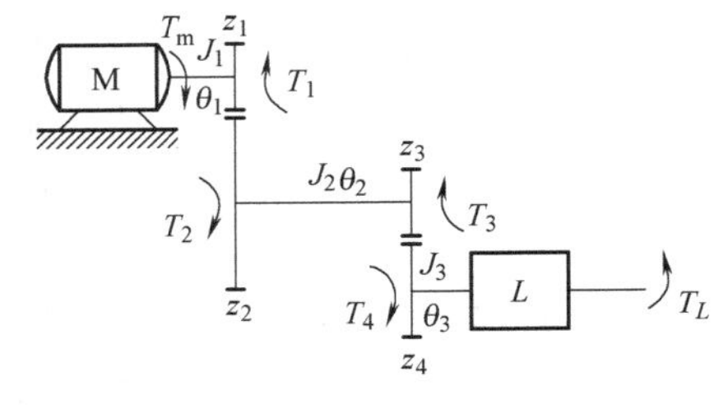

图 3-6　齿轮传动系统

式中，B_1、B_2 及 B_3 为传动系统中各轴及齿轮的阻尼系数；T_1 为齿轮 z_1 对 T_m 的反转矩；T_2 为第二个转轴的输入转矩；T_3 为 z_3 对 T_2 的反转矩；T_4 为第三个转轴的输入转矩；T_L 为输出端负载对 T_4 的反转矩，即负载转矩。

式 (3-8)~式 (3-10) 中包含 7 个未知量，若要把各轴转动惯量、阻尼及负载转换到电动机轴（即第一个轴），列写 T_m 与 θ_1 间的微分方程，还需找到 4 个方程。由齿轮传动原理可得以下 4 个关系式

$$T_2=\frac{z_2}{z_1}T_1,\quad \theta_2=\frac{z_1}{z_2}\theta_1$$

$$T_4=\frac{z_4}{z_3}T_3,\quad \theta_3=\frac{z_3}{z_4}\theta_2$$

将其带入式 (3-8) ~式 (3-10) 可求得

$$\begin{aligned}T_m&=J_1\ddot{\theta}_1+B_1\dot{\theta}_1+\frac{z_1}{z_2}\left[J_2\ddot{\theta}_2+B_2\dot{\theta}_2+\frac{z_3}{z_4}(J_3\ddot{\theta}_3+B_3\dot{\theta}_3+T_L)\right]\\&=\left[J_1+\left(\frac{z_1}{z_2}\right)^2J_2+\left(\frac{z_1}{z_2}\frac{z_3}{z_4}\right)^2J_3\right]\ddot{\theta}_1+\left[B_1+\left(\frac{z_1}{z_2}\right)^2B_2+\left(\frac{z_1}{z_2}\frac{z_3}{z_4}\right)^2B_3\right]\dot{\theta}_1+\left(\frac{z_1}{z_2}\frac{z_3}{z_4}\right)T_L\end{aligned} \tag{3-11}$$

如果令

$J_{eq}=J_1+\left(\frac{z_1}{z_2}\right)^2J_2+\left(\frac{z_1}{z_2}\frac{z_3}{z_4}\right)^2J_3$，　称为“等效转动惯量”；

$B_{eq}=B_1+\left(\frac{z_1}{z_2}\right)^2B_2+\left(\frac{z_1}{z_2}\frac{z_3}{z_4}\right)^2B_3$，称为“等效阻尼系数”；

$T_{eq}=\left(\frac{z_1}{z_2}\frac{z_3}{z_4}\right)T_L$，称为“等效输出转矩”。

则可将式（3-11）写成

$$T_m=J_{eq}\ddot{\theta}_1+B_{eq}\dot{\theta}_1+T_{eq} \tag{3-12}$$

此即图 3-6 所示齿轮传动系统的动力学方程，图 3-6 所示齿轮传动系统则可简化成如图 3-7 所示的等效齿轮传动。

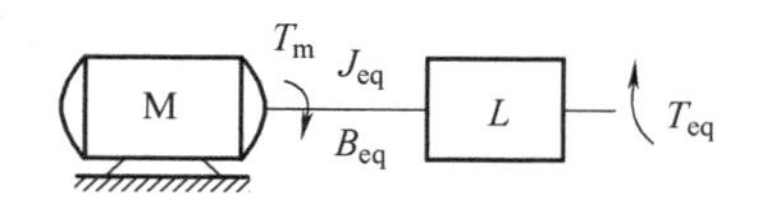

图 3-7　图 3-6 的等效系统

2. 液压系统

一般液压控制系统是一个复杂的具有分布参数的控制系统，分析研究它有一定的复杂性。在工程实际中通常用集中参数系统近似地描述它，即假定各参数不随时间变化而且与空间位置无关，这样就可用常微分方程来描述。此外，液压系统中的元件有明显的非线性特性，需在一定条件下进行线性化处理，这样可以使问题的分析大为简化。

一般液压系统要应用流体连续方程，即流体的质量守恒定律

$$\sum q_i=0$$

或

$$\sum q_{入}-\sum q_{出}=v\frac{d\rho}{dt}-\rho\frac{dv}{dt} \tag{3-13}$$

式中，$q_{入}$、$q_{出}$为流入、流出的质量流量（kg/s）；v 为容积（m^3）；ρ 为质量密度（kg/m^3）。

式（3-13）表达的是：系统的总流入流量$\sum q_{入}$与总流出流量$\sum q_{出}$之差与系统中流体受压缩产生的流量变化 $v\frac{d\rho}{dt}$及系统容积变化率产生的流量变化 $\rho\frac{dv}{dt}$之和相平衡。

此外，液压传动系统也要应用前述的达朗贝尔原理以及液压元件本身特性，如流体流经微小隙缝的流量特性等建立系统的微分方程。

下面通过一个阀控缸液压伺服系统来具体说明。系统如图 3-8 所示，其工作原理是：当阀芯右移 x（单位 m），即阀的开口量为 x 时，高压油进入液压缸左腔，低压油与右腔连通，故活塞推动负载右移 y（单位 m）。图 3-8 中的符号表示：q 为负载流量，单位 m^3/s，在不计油的压缩和泄漏的情况下，即为进入或流出液压缸的流量；$p=p_1-p_2$ 为负载压降，即活塞两端单位面积上的压力差，单位 N/m^2，它取决于负载；A 为活塞面积，单位 m^2；B 为黏性阻尼系数，单位 $N\cdot s\cdot m^{-1}$。

当阀开口为 x 时，高压油进入液压缸左腔，如不计压缩和泄漏，流体连续方程为

$$q=A\dot{y} \tag{3-14}$$

作用在活塞上的力平衡方程为

$$m\ddot{y}+B\dot{y}=Ap \tag{3-15}$$

根据液体流经微小隙缝的流量特性，流量 q、压力 p 与阀开口量 x 一般为非线性关系，即

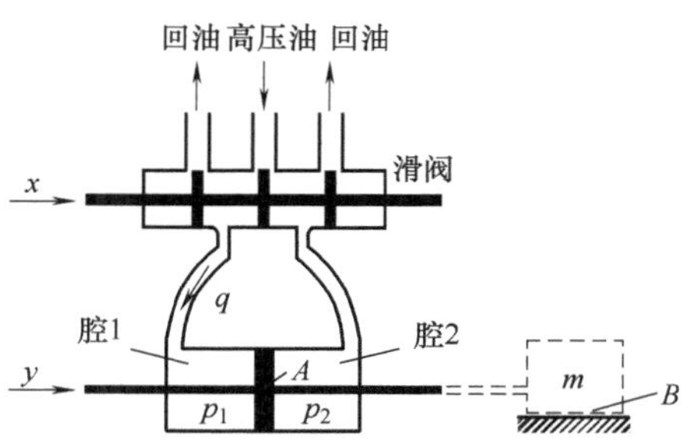

图 3-8　阀控缸液压伺服系统

$$q=q(x,p) \tag{3-16}$$

将式（3-16）在工作点（x_0，p_0）邻域进行小偏差线性化，并略去高阶偏差，保留一次项，得

$$q=q(x_0,p_0)+\left.\frac{\partial q}{\partial x}\right|_{x=x_0}(x-x_0)+\left.\frac{\partial q}{\partial p}\right|_{p=p_0}(p-p_0)$$

设 $x_0=0$、$p_0=0$（即在零位）时，$q(x_0, p_0)=0$，则

$$q=K_{\mathrm{q}}x-K_{\mathrm{c}}p \tag{3-17}$$

式中，$K_{\mathrm{q}}=\left.\frac{\partial q}{\partial x}\right|_{x=x_0}$ 为流量增益，表示由阀芯位移引起的流量变化；$K_{\mathrm{c}}=-\left.\frac{\partial q}{\partial p}\right|_{p=p_0}$ 为流量-压力系数，表示由压力变化引起的流量变化，因随负载压力增大，负载流量变小，故有一负号。

联立式（3-14）、式（3-15）和式（3-17），由式（3-17）得

$$p=\frac{1}{K_{\mathrm{c}}}(K_{\mathrm{q}}x-q)=\frac{1}{K_{\mathrm{c}}}(K_{\mathrm{q}}x-A\dot{y}) \tag{3-18}$$

将式（3-18）代入式（3-15），得图 3-8 所示液压系统在预定工作点 $q(x_0, p_0)$，且 x_0、p_0 均为零时的线性化微分方程为

$$m\ddot{y}+\left(B+\frac{A^2}{K_{\mathrm{c}}}\right)\dot{y}=\frac{AK_{\mathrm{q}}}{K_{\mathrm{c}}}x \tag{3-19}$$

3. 电网络系统

机械系统不仅常常与液压、气动等系统紧密结合，而且与电网络系统也常常是密切不可分割的。因此，在解决机械工程中的控制问题时往往需要应用电网络分析的基本理论。电网络分析基础主要是根据基尔霍夫（G. R. Kirchhoff）电流定律和电压定律写出微分方程，进而建立系统的数学模型。

（1）基尔霍夫电流定律　若电路有分支路，它就有节点，则汇聚到某节点的所有电流的代数和应等于零（即所有流出节点的电流之和等于所有流进节点的电流之和）

$$\sum_{A} i(t)=0 \tag{3-20}$$

即表示汇聚到节点 A 的电流总和为零。

例如，在图 3-9 所示的电路中，u_{i} 为输入电压，u_{o} 为输出电压，单位均为伏特（V）；L 为电感，单位亨利（H）；R 为电阻，单位欧姆（Ω）；C 为电容，单位法拉（F）；i_L、i_R 及 i_C 分别为流经电感、电阻及电容的电流，单位安培（A）。对电路中的节点 1，有

$$i_L+i_R-i_C=0$$

式中，$i_L=\frac{1}{L}\int u_L\mathrm{d}t$；$i_R=\frac{u_R}{R}$；$i_C=C\frac{\mathrm{d}u_C}{\mathrm{d}t}$。

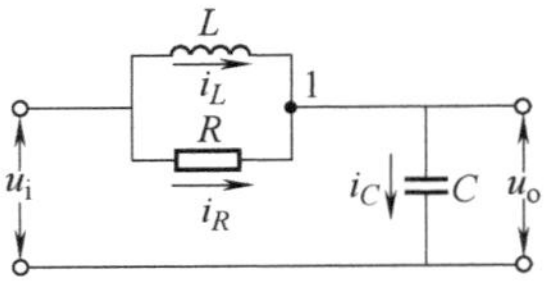

图 3-9　有分支的电网络

因此节点 1 的动态方程为

$$\frac{1}{L}\int(u_{\mathrm{i}}-u_{\mathrm{o}})\mathrm{d}t+\frac{u_{\mathrm{i}}-u_{\mathrm{o}}}{R}-C\frac{\mathrm{d}u_{\mathrm{o}}}{\mathrm{d}t}=0$$

（2）基尔霍夫电压定律　电网络的闭合回路中电势的代数和等于沿回路的电压降的代数和，即

$$\sum E=\sum Ri \tag{3-21}$$

应用此定律对回路进行分析时，必须注意元件中电流的流向及元件两端电压的参考极性。

对图 3-10 所示的电路，有

$$u_i = L\frac{di}{dt} + Ri + \frac{1}{C}\int i dt$$

$$u_o = Ri$$

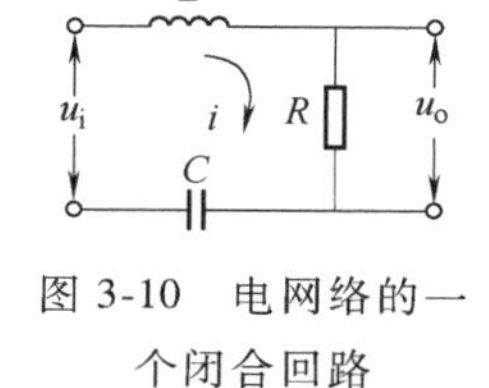

图 3-10　电网络的一个闭合回路

例 3-4　由两级串联 RC 电路组成的滤波网络如图 3-11a 所示，列写输入和输出电压 u_i 和 u_o 间的微分方程。

解：在图 3-11a 中，对回路Ⅰ，可列写方程

$$u_i = R_1 i_1 + \frac{1}{C_1}\int(i_1 - i_2)dt \tag{3-22}$$

对回路Ⅱ，可列写方程

$$\frac{1}{C_1}\int(i_1 - i_2)dt = R_2 i_2 + \frac{1}{C_2}\int i_2 dt \tag{3-23}$$

$$u_o = \frac{1}{C_2}\int i_2 dt \tag{3-24}$$

由式（3-22）~式（3-24）消去中间变量 i_1、i_2，可求得 u_i 和 u_o 关系的微分方程

$$R_1C_1R_2C_2\frac{d^2u_o}{dt^2}+(R_1C_1+R_2C_2+R_1C_2)\frac{du_o}{dt}+u_o=u_i \tag{3-25}$$

由此可见，在图 3-11a 中，两个 RC 电路串联，存在着负载效应，回路Ⅱ中的电流对回路Ⅰ有影响，即存在着内部信息反馈作用，流经 C_1 的电流为 i_1 和 i_2 的代数和。不能简单地将第一级 RC 电路的输出作为第二级 RC 电路的输入，否则，就会得出错误的结果。

若在两个 RC 回路间加入隔离器如图 3-11b 所示，则对回路Ⅰ，式（3-22）可改写为

$$u_i = R_1 i_1 + \frac{1}{C_1}\int i_1 dt \tag{3-26}$$

这时可以直接将回路Ⅰ的输出电压 $\frac{1}{C_1}\int i_1 dt$ 作为回路Ⅱ的输入，有

$$\frac{1}{C_1}\int i_1 dt = R_2 i_2 + \frac{1}{C_2}\int i_2 dt \tag{3-27}$$

$$u_o = \frac{1}{C_2}\int i_2 dt \tag{3-28}$$

a)

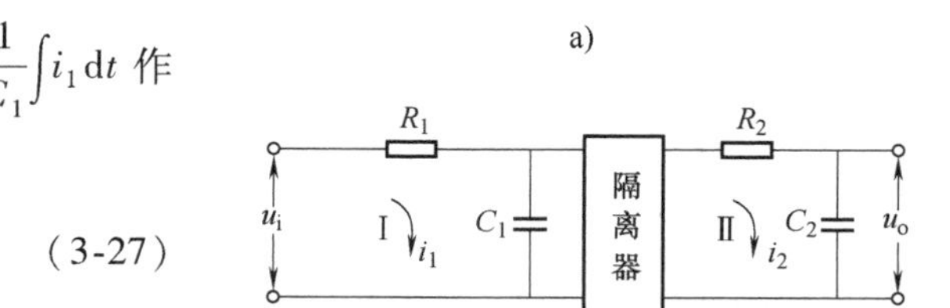

b)

图 3-11　两级串联 RC 电路

联立式（3-26）~式（3-28），可求得

$$R_1C_1R_2C_2\frac{d^2u_o}{dt^2}+(R_1C_1+R_2C_2)\frac{du_o}{dt}+u_o=u_i \tag{3-29}$$

式（3-29）和式（3-25）是不同的，式（3-29）在图 3-11a 情况下是错误的。但若在两回路间加入隔离器，消除负载效应，则式（3-29）可成立。这在对电路进行分析时要特别注意。

以上所举的例子中，只包含电阻、电容及电感等无源元件，故称“无源网络”。若电路

中包含电压源或电流源时，就构成“有源网络”，由于无源网络便于分析，故常将有源网络化为等效的无源网络来进行分析，有关问题可参考电工学方面的参考书。

4. 微分方程的增量化表示

前面对机械、液压和电网络系统所建立的运动微分方程大都是在初始状态为零的条件下，这对于在零初始状态下进行拉普拉斯变换很方便。但是，有些系统的初始状态并不一定为零，这时如果直接进行拉普拉斯变换，那就有许多与初始条件有关的项。现在做这样一种坐标变换，系统按这些不为零的初始条件作为坐标原点来建立运动微分方程，这时的变量就变成了初始状态为零，然后再进行拉普拉斯变换，但要注意这时变量的坐标是相对于初始条件的。

例 3-5 图 3-12 所示为电枢控制式直流电动机原理图，设电枢绕组的电感、电阻分别为 L_a 和 R_a，u_a 为加在电枢两端的控制电压，ω 为电动机旋转角速度，M_L 为折合到电动机轴上的总负载转矩。当励磁电流 i_f 不变而采用电枢控制的情况下，u_a 为给定输入，M_L 为干扰输入，ω 为输出。系统中，e_b 为电动机旋转时电枢两端的反电动势，i_a 为电动机的电枢电流，M 为电动机的电磁转矩。列写系统在初始状态为零的条件下的微分方程。

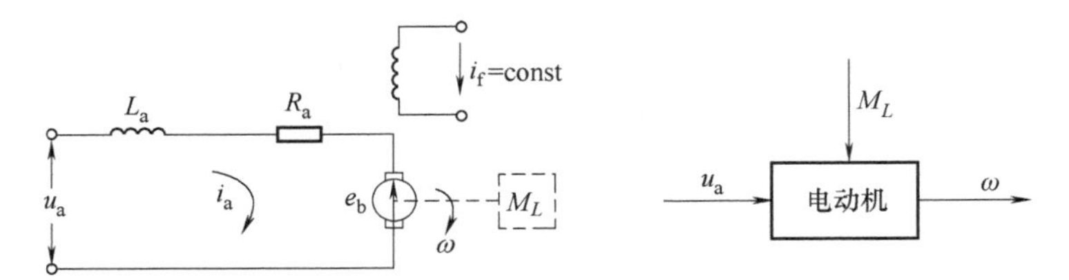

图 3-12　电枢控制式直流电动机

解： 根据基尔霍夫定律列写电动机电枢回路的微分方程

$$L_a\frac{\mathrm{d}i_a}{\mathrm{d}t}+R_ai_a+e_b=u_a \tag{3-30}$$

当励磁绕组电流为常数时，其产生的励磁磁通固定不变，e_b 与转速 ω 成正比，反电动势的微分方程为

$$e_b=k_b\omega$$

式中，k_b 为反电动势常数。这样，式（3-30）可改写为

$$L_a\frac{\mathrm{d}i_a}{\mathrm{d}t}+R_ai_a+k_b\omega=u_a \tag{3-31}$$

根据刚体转动定律，列写电动机转子的转矩平衡方程为

$$J\frac{\mathrm{d}\omega}{\mathrm{d}t}=M-M_L \tag{3-32}$$

式中，J 为转动部分折合到电动机轴上的总转动惯量。

同样，当励磁磁通固定不变时，电动机产生的电磁转矩 M 与电枢电流成正比。即

$$M=k_mi_a \tag{3-33}$$

式中，k_m 为电动机电磁转矩常数。

将式（3-33）代入式（3-32）得

$$J\frac{\mathrm{d}\omega}{\mathrm{d}t}=k_mi_a-M_L \tag{3-34}$$

应用式（3-31）和式（3-34）消去中间变量 i_a，整理后得

$$\frac{L_aJ}{k_bk_m}\frac{d^2\omega}{dt^2}+\frac{R_aJ}{k_bk_m}\frac{d\omega}{dt}+\omega=\frac{1}{k_b}u_a-\frac{L_a}{k_bk_m}\frac{dM_L}{dt}-\frac{R_a}{k_bk_m}M_L \tag{3-35}$$

令$\frac{L_a}{R_a}=T_a$，$\frac{R_aJ}{k_bk_m}=T_m$，分别称为电动机电枢回路的电磁时间常数和电动机的机械时间常数；令$\frac{1}{k_b}=C_b$，$\frac{T_m}{J}=C_m$，称为传递系数，则式（3-35）可写为

$$T_aT_m\frac{d^2\omega}{dt^2}+T_m\frac{d\omega}{dt}+\omega=C_bu_a-C_mT_a\frac{dM_L}{dt}-C_mM_L \tag{3-36}$$

式（3-36）即为电枢控制时直流电动机的数学模型。转速 ω 既由 u_a 控制，又受 M_L 影响，所以 ω 是 u_a 和 M_L 的函数。

当电动机处于平衡状态时，则变量 ω、M_L 的各阶导数为零，这时式（3-36）变为

$$\omega=C_bu_a-C_mM_L \tag{3-37}$$

式（3-37）表示的是平衡状态下的输入量与输出量之间的关系式。

若 $u_a=0$、$M_L=0$ 则有 $\omega=0$，这就是电动机在零初始状态下的平衡方程式。但系统也可能处在另一种恒定转速下非零初始状态下的平衡。电动机工作在这一平衡状态时，设 $u_a=u_{a0}$、$M_L=M_{L0}$、$\omega=\omega_0$，则对应的输入量和输出量可表示为

$$\omega_0=C_bu_{a0}-C_mM_{L0} \tag{3-38}$$

式中，u_{a0}、M_{L0}、ω_0 表示某一平衡状态下 u_a、M_L 和 ω 的具体数值。若在某个时刻，输入量发生了变化，变化值分别为 Δu_a、ΔM_L，系统的原平衡状态将被破坏，输出量也发生变化，其变化值为 $\Delta\omega$，这时输入量与输出量可表示为

$$\begin{cases}u_a=u_{a0}+\Delta u\\ M_L=M_{L0}+\Delta M_L\\ \omega=\omega_0+\Delta\omega\end{cases} \tag{3-39}$$

将式（3-39）代入式（3-36）得

$$\begin{aligned}&T_aT_m\frac{d^2(\omega_0+\Delta\omega)}{dt^2}+T_m\frac{d(\omega_0+\Delta\omega)}{dt}+(\omega_0+\Delta\omega)\\&=C_b(u_{a0}+\Delta u_a)-C_mT_a\frac{d(M_{L0}+\Delta M_L)}{dt}-C_m(M_{L0}+\Delta M_L)\end{aligned}$$

由于 $\omega_0=C_bu_{a0}-C_mM_{L0}$，则上式可变为

$$T_aT_m\frac{d^2\Delta\omega}{dt^2}+T_m\frac{d\Delta\omega}{dt}+\Delta\omega=C_b\Delta u_a-C_mT_a\frac{d\Delta M_L}{dt}-C_m\Delta M_L \tag{3-40}$$

式（3-40）即为电动机微分方程在某一平衡状态附近的增量化表示式。它是将各变量的坐标零点放在原平衡点上，这样求解增量化表示式（3-40）时，就可以把初始条件变为零，这无疑带来许多方便。基于这个原因，在控制理论的微分方程中，一般都是用增量方程来表示，而且为了书写方便，习惯上将增量符号 Δ 省去，即

$$T_aT_m\frac{d^2\omega}{dt^2}+T_m\frac{d\omega}{dt}+\omega=C_bu_a-C_mT_a\frac{dM_L}{dt}-C_mM_L \tag{3-41}$$

请注意，式（3-41）和式（3-36）在形式上完全一样，但是两者变量的坐标零点的选取是不同的，因此变量的绝对值也是不同的。

3.3 传递函数

1. 传递函数的基本概念

传递函数是描述系统运动过程的另一种数学模型，它把微分方程经过拉普拉斯变换后，将时域的数学模型变换到复数域的数学模型，是对线性系统进行分析、研究和综合时采用的重要数学模型形式。它通过输入与输出之间的信息传递关系，来描述系统本身的动态特性。

（1）定义　在时域中，对线性定常系统用线性常微分方程描述输入 $x(t)$ 与输出 $y(t)$ 之间的动态关系，有如下表达式

$$a_n\frac{d^n y}{dt^n}+a_{n-1}\frac{d^{n-1}y}{dt^{n-1}}+\cdots+a_0 y=b_m\frac{d^m x}{dt^m}+b_{m-1}\frac{d^{m-1}x}{dt^{m-1}}+\cdots+b_0 x \tag{3-42}$$

式中，x 为输入量，y 为输出量，$n\geqslant m$；a_n，a_{n-1}，…，a_0 和 b_m，b_{m-1}，…，b_0 为常系数，取决于系统本身的结构参数。

设系统在外界输入 $x(t)$ 作用前，初始值 $x(0)$，$x^{(1)}(0)$，…，$x^{(m-1)}(0)$；$y(0)$，$y^{(1)}(0)$，…，$y^{(n-1)}(0)$ 均为零，对式（3-42）两边分别进行拉普拉斯变换，可得

$$(a_n s^n+a_{n-1}s^{n-1}+\cdots+a_0)Y(s)=(b_m s^m+b_{m-1}s^{m-1}+\cdots+b_0)X(s)$$

令

$$G(S)=\frac{Y(s)}{X(s)}=\frac{b_m s^m+b_{m-1}s^{m-1}+\cdots+b_0}{a_n s^n+a_{n-1}s^{n-1}+\cdots+a_0}=\frac{B(s)}{A(s)} \tag{3-43}$$

式中，$A(s)$ 表示分母多项式；$B(s)$ 表示分子多项式。

式（3-43）表达了输入与输出信息之间的传递关系，用框图表示如图 3-13 所示，称 $G(s)$ 为系统的传递函数。

传递函数的定义：对单输入-单输出线性定常系统，在初始条件为零的条件下，系统输出量的拉普拉斯变换与输入量的拉普拉斯变换之比，称为系统的传递函数。

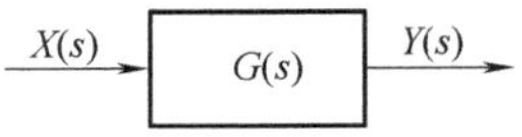

X(s) → G(s) → Y(s)

图 3-13　信息的传递关系

传递函数是在复数域中描述系统动态特性的非常重要的概念，它不仅表达了输入与输出信息的因果关系，也显示了一个系统对外界所施加不同频率作用的响应，因为一切物质组成的系统，如机械、电子系统，或加工工艺、生产过程，都具有某种形式的传递函数，它们都以某种方式将输入信息或毛坯加以处理，转换为输出信息或产品。

由式（3-43）可以看出，通过拉普拉斯变换，将微分方程变为代数多项式之比的形式，利用传递函数在复数域中研究系统的动态特性更为简便。另外，传递函数分母多项式$A(s)=0$ 正是系统的特征方程，它的根决定了系统的稳定性。

（2）主要特点

1）传递函数的概念只适用于线性定常系统，它只反映系统在零初始条件（或者未加输入前系统处于相对静止状态）下的动态性能。当初始条件不为零时，可以采用在平衡状态下增量化的求解方法来处理。

2）系统传递函数反映系统本身的动态特性，只与系统本身的参数有关，与外界输入无

关。这可由式（3-43）看出，传递函数是关于 s 的多项式之比，而其中 s 的阶次及系数都是与外界无关的由系统本身所决定的固有特性。

3）对于物理可实现系统，传递函数分母多项式 $A(s)$ 中 s 的阶次 n 必不小于分子多项式 $B(s)$ 中 s 的阶次 m，即 $n \geqslant m$。因为实际的物理系统总存在惯性，输出不会超前于输入。

4）一个传递函数只能表示一对输入、输出间的关系。同一系统，不同性质的输入-输出间的传递函数是不同的。因而在分析和求取传递函数时，必须明确系统的输入。传递函数的量纲是根据输入量和输出量来决定的。

5）传递函数不说明被描述系统的物理结构。不同性质的物理系统，只要其动态特性相同，就可以用同一类型的传递函数来描述。

2. 传递函数的零点和极点

将式（3-43）所表述的传递函数，经因式分解后，可得出如下形式

$$G(s)=\frac{Y(s)}{X(s)}=\frac{K(s-z_1)(s-z_2)\cdots(s-z_m)}{(s-p_1)(s-p_2)\cdots(s-p_n)}=\frac{B(s)}{A(s)} \tag{3-44}$$

$A(s)=0$，称为系统的特征方程，它的根称为系统的特征根，即传递函数 $G(s)$ 的极点。

当 $s=z_i(i=1,2,\cdots,m)$ 时，$G(s)=0$，故称 z_i 为 $G(s)$ 的零点。

当 $s=p_j(j=1,2,\cdots,n)$ 时，$G(s)=\infty$，故称 p_j 为 $G(s)$ 的极点。

由于 $G(s)$ 的分母和分子多项式的系数均为实数，若 $G(s)$ 具有复数零、极点时，则复数零、极点必然以共轭形式成对出现。

由式（3-44）对 $Y(s)$ 进行拉普拉斯反变换，即可求得在不同输入信号下的响应。它含有以下形式的分量：e^{pt}、$\mathrm{e}^{\sigma t}\sin\omega t$、$\mathrm{e}^{\sigma t}\cos\omega t$，而 p 和 $\sigma+\mathrm{j}\omega$ 是系统传递函数的极点，即微分方程的特征根，假定所有的极点都是负数或具有负实部的复数，则 $p<0$、$\sigma<0$，那么当 $t\to\infty$ 时，上述各分量将趋近于零，系统是稳定的，也就是说系统的稳定与否由极点性质决定。

同样，根据拉普拉斯变换求解微分方程的结果可知，当系统输入信号一定时，系统的零点、极点决定着系统的动态性能，即虽然零点对系统的稳定性没有影响，但对瞬态响应曲线的形状有影响，即对瞬态性能有影响。

由式（3-44），当 $s=0$ 时，得

$$G(0)=K\frac{(-z_1)(-z_2)\cdots(-z_m)}{(-p_1)(-p_2)\cdots(-p_n)}=\frac{b_0}{a_0} \tag{3-45}$$

当系统输入为单位阶跃函数，即 $X(s)=\frac{1}{s}$，那么根据拉普拉斯变换的终值定理，系统的稳态输出值为

$$\lim_{t\to\infty}y(t)=y(\infty)=\lim_{s\to0}sY(s)=\lim_{s\to0}sG(s)X(s)=\lim_{s\to0}G(s)=G(0)$$

所以，$G(0)$ 决定着系统的稳态输出值。由式（3-45）可知，$G(0)$ 就是系统的放大系数，它由系统运动的微分方程常数项决定。

综上所述，系统传递函数的零点、极点和放大系数决定着系统响应的瞬态和稳态性能。

3. 传递函数的典型环节

一个复杂的系统通常由很多结构和工作原理不同的元部件所组成，所以建立的系统运动微分方程一般是高阶的。但不管系统多复杂，方程阶数多高，系统总可以分解为一些基本环节的组合，这些基本环节就称为典型环节。各典型环节并不一定对应一个真实的物理结构，

之所以划分典型环节，是为了通过分析典型环节的特性，能方便地研究整个系统的动态特性。

常见的有下列 8 种典型环节，即比例环节、积分环节、微分环节、惯性环节、一阶微分环节、振荡环节、二阶微分环节和延时环节。下面分别进行介绍。

（1） 比例环节 K　凡是输入、输出关系符合

$$y(t)=Kx(t) \tag{3-46}$$

均称为比例（放大）环节。式中，$x(t)$ 为输入量；$y(t)$ 为输出量；K 为比例常数或称放大系数。

将式（3-46）两边进行拉普拉斯变换，得到比例（放大）环节的传递函数为

$$G(s)=\frac{Y(s)}{X(s)}=K \tag{3-47}$$

比例环节的特点是：输出无滞后地按比例复现输入。

例 3-6　图 3-14 所示为齿轮传动副，其中 $n_{\mathrm{i}}(t)$ 为输入轴转速；$n_{\mathrm{o}}(t)$ 为输出轴转速；z_1 为输入轴齿轮齿数；z_2 为输出轴齿轮齿数。试求该系统的传递函数。

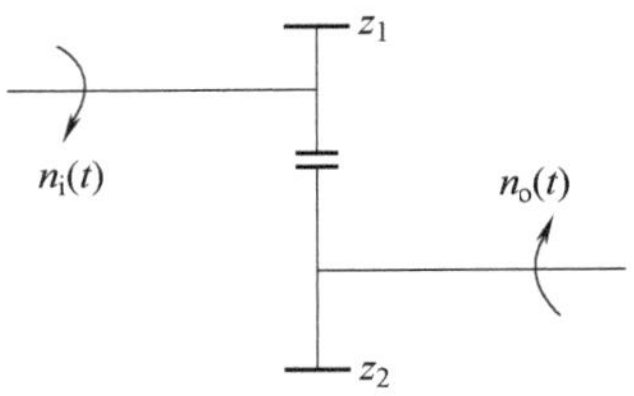

图 3-14　齿轮传动副

解： 若传动副无传动间隙并且刚度无穷大，一旦有输入就会有输出。因为

$$n_{\mathrm{i}}(t)z_1=n_{\mathrm{o}}(t)z_2$$

所以，其传递函数为

$$G(s)=\frac{N_{\mathrm{o}}(s)}{N_{\mathrm{i}}(s)}=\frac{z_1}{z_2}$$

这是一个比例环节。

（2） 积分环节$\frac{1}{s}$　凡环节的输出正比于输入对时间的积分，其数学表达式为下列形式的，称为积分环节

$$y(t)=\frac{1}{T}\int x(t)\,\mathrm{d}t$$

式中，T 为积分时间常数。

上式在零初始条件下经拉普拉斯变换后，得

$$Y(s)=\frac{1}{Ts}X(s)$$

传递函数为

$$G(s)=\frac{Y(s)}{X(s)}=\frac{1}{Ts} \tag{3-48}$$

积分环节的特点是：输出量为输入量对时间的累积，输出幅值呈线性增长。对阶跃输入，输出要在 $t=T$ 时才能等于输入，因此有滞后和缓冲作用。经过一段时间积累后，当输入变为零时，输出量不再增加，但保持该值不变，具有记忆功能。在系统中凡有储存或积累特点的元件，都有积分环节的特性。

对于式（3-48）所表达的积分环节传递函数，以后为了分析方便，可以将$\frac{1}{T}$划归为比例

环节，这时输出与输入之间的关系可表示为

$$G(s)=\frac{Y(s)}{X(s)}=\frac{1}{s} \tag{3-49}$$

此表达式可称为纯积分环节，本书后文称积分环节的时候一般指纯积分环节。

例 3-7 求图 3-15 所示有源积分网络的传递函数，其中：$u_i(t)$ 为输入电压；$u_o(t)$ 为输出电压；R 为电阻；C 为电容。

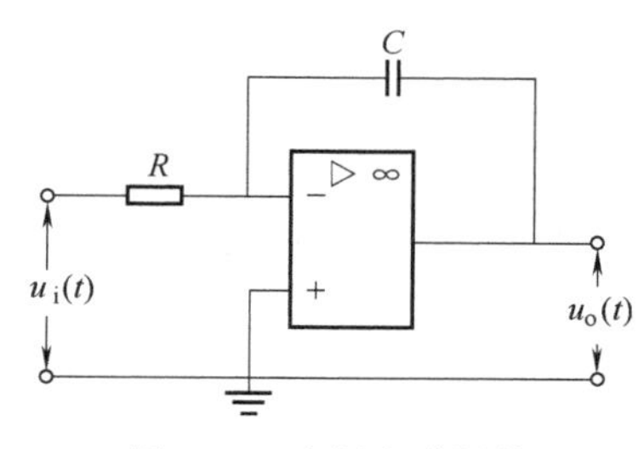

图 3-15 有源积分网络

解：根据基尔霍夫定律可得

$$\frac{u_i(t)}{R}=-C\frac{du_o(t)}{dt}$$

进行拉普拉斯变换后得

$$\frac{1}{R}U_i(s)=-CsU_o(s)$$

传递函数为

$$G(s)=\frac{U_o(s)}{U_i(s)}=\frac{K}{s} \qquad \left(K=-\frac{1}{RC}\right)$$

这是一个比例环节与积分环节组合的传递函数。

（3）微分环节 s 凡输出量与输入量的导数成正比的环节，均称为理想微分环节。其数学表达式为

$$y(t)=T\frac{dx(t)}{dt}$$

式中，T 为微分时间常数。

上式在零初始条件下经拉普拉斯变换后，得

$$Y(s)=TsX(s)$$

传递函数为

$$G(s)=\frac{Y(s)}{X(s)}=Ts \tag{3-50}$$

该环节在实际工程中很难构造。当系统输入为一个单位阶跃信号时，在 $t=0$ 时，输入函数 $x(t)$ 从 0 变化到 1，故增量为 1，所用的时间即为 0，故它的导数$\frac{dx(t)}{dt}\to\infty$；在 $t>0$ 时，输入函数始终不变（等于 1），这样输入函数的导数为 0。这种环节的输出在 $t=0$ 这点，先由 0 变化到无穷大，又从无穷大变化到 0。这在实际工程中是办不到的，因为任何元件都具有惯性，运动速度不可能由 0 直接变化到无穷大。

工程实际中微分环节的表达式通常为

$$T_1\frac{dy(t)}{dt}+y(t)=T_2\frac{dx(t)}{dt}$$

经拉普拉斯变换后得

$$T_1sY(s)+Y(s)=T_2sX(s)$$

传递函数为

$$G(s)=\frac{Y(s)}{X(s)}=\frac{T_2 s}{T_1 s+1}$$

式中，T_1、T_2 为时间常数。

当 $T_1 \ll 1$ 时，则有

$$G(s)=\frac{Y(s)}{X(s)}\approx T_2 s$$

也就是说，只有当惯性作用较弱，而微分作用很强时，可以近似看作一个微分环节。

与积分环节一样，若把微分环节的时间常数 T 归为比例环节，则有以下纯微分环节的表达式

$$G(s)=\frac{Y(s)}{X(s)}=s \tag{3-51}$$

本书后文称微分环节的时候一般指纯微分环节。

例 3-8 图 3-16 所示为液压阻尼器。若不计活塞质量，设活塞位移 x 为输入，缸体位移 y 为输出，p_1、p_2 分别为液压缸上、下腔压强，A 为活塞面积，q 为流量，R 为节流阀处流体的流动阻力，k 为弹簧刚度系数，假设液体不可压缩。求系统的传递函数。

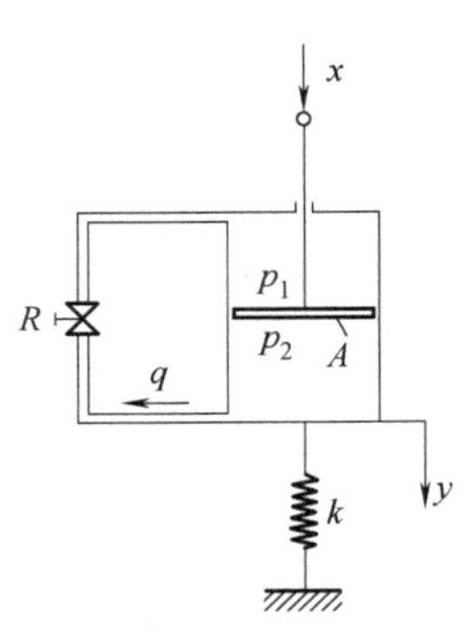

图 3-16 液压阻尼器

解： 阻尼器的工作过程为，当在活塞杆上施加一阶跃位移 x，在开始施加位移瞬间，下腔油液不能立即通过节流阀到上腔，这样缸体位移 $y=x$，然而由于弹簧力的作用，使 y 逐渐减到零，即缸体回到初始位置，迫使下腔的油液通过节流阀流到上腔。在这个工作过程中，以缸体为分离体，列缸体的力平衡方程式为

$$A(p_2-p_1)=ky \tag{3-52}$$

通过液阻 R 的流量 q 与压力差（p_2-p_1）成正比，与液阻 R 成反比

$$q=\frac{p_2-p_1}{R}$$

若不计油的压缩和泄漏，根据流量连续方程得

$$q=A(\dot{x}-\dot{y})$$

即

$$A(\dot{x}-\dot{y})=\frac{p_2-p_1}{R} \tag{3-53}$$

由式（3-52）和式（3-53）可得

$$\dot{y}+\frac{k}{RA^2}y=\dot{x}$$

对其进行拉普拉斯变换，得

$$sY(s)+\frac{k}{RA^2}Y(s)=sX(s)$$

所以传递函数为

$$G(s)=\frac{Y(s)}{X(s)}=\frac{s}{s+\frac{k}{RA^2}}=\frac{Ts}{Ts+1}$$

式中，$T=\frac{RA^2}{k}$。可以看出阻尼器由一个微分环节和一个惯性环节组成。当 $T<<1$，则

$$G(s)=\frac{Y(s)}{X(s)}\approx Ts$$

可以近似看作一个微分环节。

（4）惯性环节$\frac{1}{Ts+1}$　凡系统的输入、输出关系符合方程

$$T\frac{\mathrm{d}y}{\mathrm{d}t}+y=x$$

统称为惯性环节。式中，T 为时间常数。

将上式两边分别进行拉普拉斯变换，得

$$TsY(s)+Y(s)=X(s)$$

传递函数为

$$G(s)=\frac{Y(s)}{X(s)}=\frac{1}{Ts+1} \tag{3-54}$$

这类环节一般是由一个储能元件和一个耗能元件组成。

例 3-9　图 3-17 所示为弹簧-阻尼系统，其中 x 为输入位移；y 为输出位移；k 为弹簧刚度系数；B 为阻尼系数。试建立该系统的传递函数。

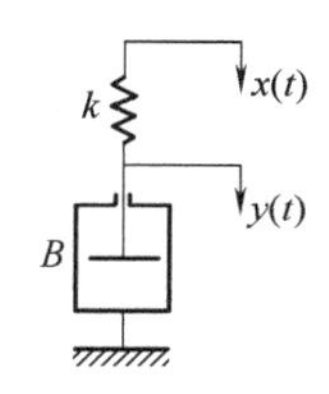

图 3-17　弹簧-阻尼系统

解：将弹簧与阻尼器之间的刚体作为分离体进行受力分析，应用达朗贝尔原理，可得

$$k(x-y)=B\frac{\mathrm{d}y}{\mathrm{d}t}$$

即

$$B\frac{\mathrm{d}y}{\mathrm{d}t}+ky=kx$$

经拉普拉斯变换得

$$BsY(s)+kY(s)=kX(s)$$

因此，传递函数为

$$G(s)=\frac{Y(s)}{X(s)}=\frac{1}{Ts+1}\quad\left(T=\frac{B}{k}\right)$$

这是一个惯性环节。

（5）一阶微分环节 $Ts+1$　凡系统输入、输出关系符合方程

$$y=T\frac{\mathrm{d}x}{\mathrm{d}t}+x$$

统称为一阶微分环节。式中，T 为时间常数。

将上式两边分别进行拉普拉斯变换，得

$$Y(s)=TsX(s)+X(s)$$

传递函数为

$$G(s)=\frac{Y(s)}{X(s)}=Ts+1 \tag{3-55}$$

这类环节和微分环节一样，实际工程中是不存在的，但它经常和其他典型环节一起，存在于一个元件中。

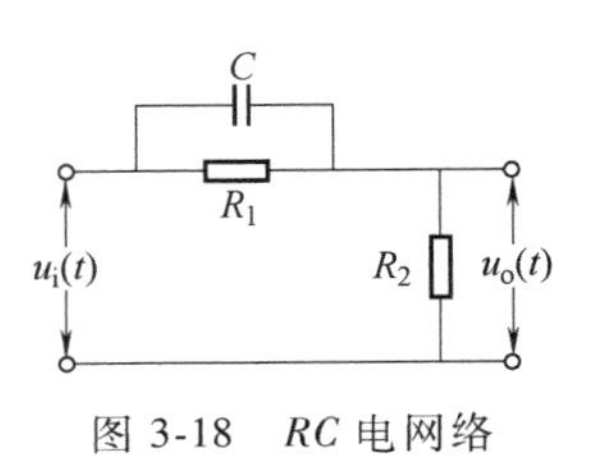

图 3-18　RC 电网络

例 3-10　图 3-18 所示为 RC 电网络，其中 u_i 为输入电压；u_o 为输出电压；R_1、R_2 为电阻；C 为电容。求其传递函数。

解： 根据基尔霍夫电流定律，得

$$\frac{u_i-u_o}{R_1}+C\frac{d(u_i-u_o)}{dt}=\frac{u_o}{R_2}$$

将上式进行拉普拉斯变换，得

$$\frac{U_i(s)-U_o(s)}{R_1}+Cs(U_i(s)-U_o(s))=\frac{U_o(s)}{R_2}$$

系统传递函数为

$$G(s)=\frac{U_o(s)}{U_i(s)}=\frac{K(1+R_1Cs)}{(1+KR_1Cs)}=\frac{K(1+T_1s)}{(1+T_2s)}$$

式中，$K=\frac{R_2}{R_1+R_2}$；$T_1=R_1C$；$T_2=KR_1C$。

由传递函数可知，该电网络是由比例环节、惯性环节和一阶微分环节所组成。该环节经常被用来作为校正环节。

(6) 振荡环节 $\frac{1}{T^2s^2+2\zeta Ts+1}$ 或 $\frac{\omega_n^2}{s^2+2\zeta\omega_n s+\omega_n^2}$　凡能用二阶微分方程描述的环节，统称为振荡环节。它的数学表达式为

$$T^2\frac{d^2y}{dt^2}+2\zeta T\frac{dy}{dt}+y=x$$

将上式两边分别进行拉普拉斯变换，得

$$T^2s^2Y(s)+2\zeta TsY(s)+Y(s)=X(s)$$

传递函数为

$$G(s)=\frac{Y(s)}{X(s)}=\frac{1}{T^2s^2+2\zeta Ts+1} \tag{3-56}$$

写成标准形式

$$G(s)=\frac{Y(s)}{X(s)}=\frac{\omega_n^2}{s^2+2\zeta\omega_n s+\omega_n^2} \tag{3-57}$$

式中，$\omega_n=\frac{1}{T}$为无阻尼固有频率（或称自然频率）；ζ 为阻尼比。

二阶系统一般含有两个储能元件和一个耗能元件。例如，在质量、弹簧、阻尼系统中，由于质量所具有的速度和弹簧的压缩，形成了动能和势能，并相互转换；又由于系统存在阻

尼因而在能量转换中消耗了能量。因为两个储能元件之间有能量交换，所以可能使系统的输出发生振荡。从数学模型来看，当式（3-57）所示传递函数极点为一对复数极点时，系统输出就会发生振荡。而且，阻尼比 ζ 越小振荡越激烈，由于存在着耗能元件，所以振荡是逐渐衰减的。

例 3-11 图 3-19 所示为机械卷筒机构，输入转矩 T 作用于卷筒轴上，通过卷筒上钢索带动质量 m 做直线运动，其位移 x 为输出，惯量为 J，其他参数如图中所示。试推导系统的传递函数。

解：系统传递函数$\dfrac{X(s)}{T(s)}$推导如下。

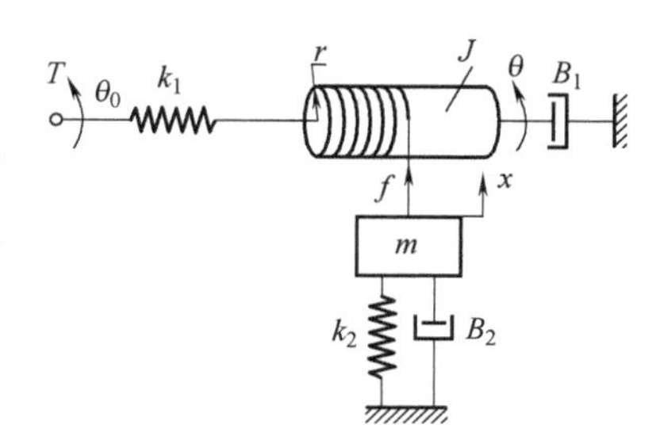

图 3-19 机械卷筒机构

设输入的转矩 T 以转角 θ_0 通过弹簧带动卷筒，其转角为 θ，钢索对质量块 m 的拉力为 f。取弹簧 k_1 与卷筒之间的刚体为分离体，列转矩平衡方程

$$T=k_1(\theta_0-\theta)$$

取卷筒所在转轴为分离体，列转矩平衡方程

$$k_1(\theta_0-\theta)=J\ddot{\theta}+B_1\dot{\theta}+rf$$

即

$$T=J\ddot{\theta}+B_1\dot{\theta}+rf \tag{3-58}$$

取质量 m 为受力分析对象，列力平衡方程

$$f=m\ddot{x}+B_2\dot{x}+k_2x \tag{3-59}$$

且

$$\theta=\frac{x}{r} \tag{3-60}$$

分别对式（3-58）~式（3-60）进行拉普拉斯变换，得

$$T(s)=(Js^2+B_1s)\Theta(s)+rF(s)$$

$$F(s)=(ms^2+B_2s+k_2)X(s)$$

$$\Theta(s)=\frac{X(s)}{r}$$

可解出

$$\frac{X(s)}{T(s)}=\frac{r}{(J+mr^2)s^2+(B_1+B_2r^2)s+k_2r^2}=\frac{K}{T^2s^2+2\zeta Ts+1} \tag{3-61}$$

式中，$T^2=\dfrac{J+mr^2}{k_2r^2}$；$2\zeta T=\dfrac{B_1+B_2r^2}{k_2r^2}$；$K=\dfrac{1}{k_2r}$。

由式（3-61）可看到，图 3-19 所示系统的传递函数由比例环节和振荡环节组合而成。

（7）二阶微分环节 $T^2s^2+2\zeta Ts+1$ 凡能用下述方程描述的环节，统称为二阶微分环节。它的数学表达式为

$$y=T^2\frac{d^2x}{dt^2}+2\zeta T\frac{dx}{dt}+x$$

将上式两边进行拉普拉斯变换，得

$$Y(s)=T^2s^2X(s)+2\zeta TsX(s)+X(s)$$

传递函数为

$$G(s)=\frac{Y(s)}{X(s)}=T^2s^2+2\zeta Ts+1 \tag{3-62}$$

与微分环节、一阶微分环节一样，二阶微分环节在工程实际中也难以构造，一般也是和其他典型环节组合而成为一个网络。

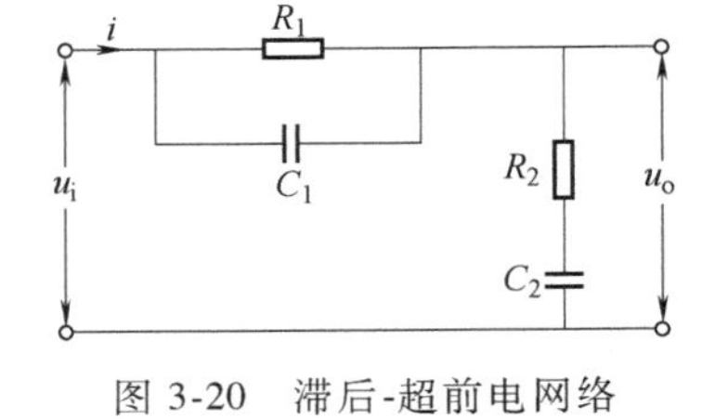

图 3-20　滞后-超前电网络

例 3-12　图 3-20 所示为滞后-超前电网络，其中 u_i 为输入电压；u_o 为输出电压；R_1、R_2 为电阻；C_1、C_2 为电容。写出系统的传递函数。

解：根据基尔霍夫定律，得

$$\frac{(u_i-u_o)}{R_1}+C_1\frac{d(u_i-u_o)}{dt}=i$$

$$iR_2+\frac{1}{C_2}\int i dt=u_o$$

对上两式进行拉普拉斯变换，并消去中间变量 i，得系统传递函数为

$$G(s)=\frac{U_o(s)}{U_i(s)}=\frac{R_2R_1C_2C_1s^2+(R_1C_1+R_2C_2)s+1}{R_1C_1R_2C_2s^2+(R_1C_1+R_2C_2+R_1C_2)s+1}$$

当传递函数分子多项式具有一对复数零点时，系统就包含了一个二阶微分环节。因此二阶微分环节经常是与其他环节组合在一起，而不是单独存在的。此例中传递函数可看作二阶微分环节与振荡环节的组合。

（8）延时环节 $e^{-\tau s}$　当环节受到输入信号作用，经过一段时间 τ 后，输出端才完全复现输入信号，这样的环节称为延时环节。延时环节的输入 $x(t)$ 与输出 $y(t)$ 之间有如下关系

$$y(t)=x(t-\tau)$$

式中，τ 为延迟时间。

延时环节也是线性环节，可以应用叠加原理。根据平移定理，将上式两边分别进行拉普拉斯变换，得

$$Y(s)=e^{-\tau s}X(s)$$

故环节的传递函数为

$$G(s)=\frac{Y(s)}{X(s)}=e^{-\tau s} \tag{3-63}$$

延时环节的传递函数是一个超越函数，直接处理比较困难。因此，一般采用有理函数来近似，以达到运算方便的目的。将 $e^{-\tau s}$ 展开成幂级数并取近似为

$$e^{-\tau s}=\frac{1}{e^{\tau s}}=\frac{1}{1+\tau s+\dfrac{\tau^2s^2}{2!}+\cdots}\approx\frac{1}{1+\tau s} \tag{3-64}$$

即 $e^{-\tau s}$ 也可用式（3-64）来代替。

例 3-13　求如图 3-21 所示的带钢轧制过程中厚度控制系统的传递函数。在带钢厚度控制系统中，由于轧辊处的带钢厚度难以测量，故在距轧辊距离为 L 处设置厚度检测点。设轧制速度为 v，从轧制点到检测点存在传输的延迟，延迟时间 τ 为

$$\tau = L/v$$

解：设输入为轧制点处带钢厚度 $h(t)$，其拉普拉斯变换为 $H(s)$，τ 秒后在检测点测量带钢厚度，其值 $h(t-\tau)$ 为输出，传输延迟的传递函数为

$$G(s)=\frac{L[h(t-\tau)]}{L[h(t)]}=\frac{H(s)\mathrm{e}^{-\tau s}}{H(s)}=\mathrm{e}^{-\tau s} \tag{3-65}$$

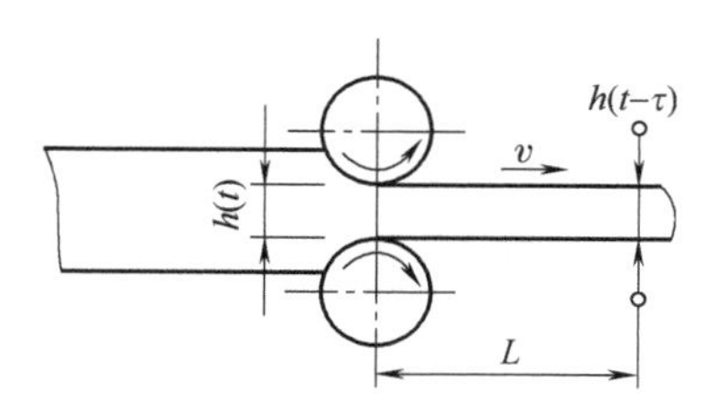

图 3-21　带钢轧制过程中的传输延迟

以上分析的 8 种典型环节是按数学模型进行划分的。各典型环节的传递函数反映了各种不同物理模型内在的共同运动规律。任何复杂的系统均可看成是这些典型环节的有机组合。

性质不相同的物理模型，有可能得到相同的数学模型和传递函数。具有相同形式数学模型或传递函数的不同性质的物理系统通常被称作相似系统。例如，图 3-22 所示的 *LRC* 电网络，其传递函数为

$$G(s)=\frac{U_{\mathrm{o}}(s)}{U_{\mathrm{i}}(s)}=\frac{1}{LCs^2+\dfrac{L}{R}s+1}=\frac{\omega_{\mathrm{n}}^2}{s^2+2\xi\omega_{\mathrm{n}}s+\omega_{\mathrm{n}}^2} \tag{3-66}$$

式中，$\omega_{\mathrm{n}}^2=\dfrac{1}{LC}$；$2\zeta\omega_{\mathrm{n}}=\dfrac{1}{RC}$。

这与图 3-2、图 3-3 所示系统的数学模型形式完全一样，图 3-2 所示做直线运动的机械系统的传递函数可由式（3-2）进行拉普拉斯变换得到

$$G(s)=\frac{X(s)}{F(s)}=\frac{1}{ms^2+Bs+k}=\frac{K\omega_{\mathrm{n}}{}^2}{s^2+2\zeta\omega_{\mathrm{n}}s+\omega_{\mathrm{n}}^2} \tag{3-67}$$

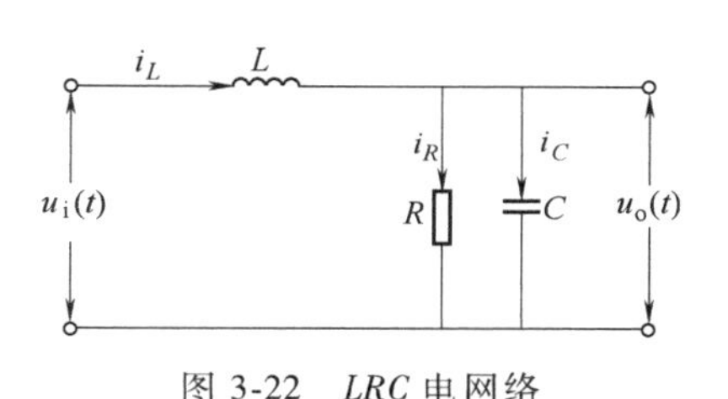

图 3-22　*LRC* 电网络

式中，$\omega_{\mathrm{n}}^2=\dfrac{k}{m}$；$2\zeta\omega_{\mathrm{n}}=\dfrac{B}{m}$；$K=\dfrac{1}{k}$。

图 3-3 所示系统的传递函数可由式（3-3）进行拉普拉斯变换得到

$$G(s)=\frac{\Theta(s)}{T(s)}=\frac{1}{Js^2+B_Js+K_J}=\frac{K\omega_{\mathrm{n}}^2}{s^2+2\zeta\omega_{\mathrm{n}}s+\omega_{\mathrm{n}}^2} \tag{3-68}$$

式中，$\omega_{\mathrm{n}}^2=\dfrac{K_J}{J}$；$2\zeta\omega_{\mathrm{n}}=\dfrac{B_J}{J}$；$K=\dfrac{1}{K_J}$。

因为式（3-66）与式（3-67）、式（3-68）的数学模型形式一样，所以它们所代表的电网络与机械系统互为相似系统。可以说，机械系统与电网路在元器件和变量方面都有很多可以比拟之处。例如，机械系统有 3 个无源被动的线性元件：质量（转动惯量）和弹簧是储能元件，黏性阻尼器是耗能元件。这两个储能元件可以比作电网络中的储能元件电感和电容，耗能元件就像电阻。

因为电子元器件相较于机械零部件的成本要低很多，基于这种相似性，在分析与设计机械控制系统时，人们想出了用电子元器件模拟机械零部件的解决方案，如由“电子阻抗”的概念，又衍生出“机械阻抗”的概念。利用基于基尔霍夫定律的电路系统方程与机械系统的动力学方程之间的相似性，可以用一个等效的电路来模拟机械系统，此电路的性能参数能够很好地模拟机械系统的参数。这些知识可参见相关的文献。

还有一点要说明的是，本书当中所涉及的传递函数，在不加特别说明的情况下，其组成环节的参数均为大于零的取值范围。

3.4 系统框图

1. 框图

框图（block diagram，又称方块图）是系统中各环节的功能和信号流向的图解表示方法。框图的组成元素有方框、信号线、分支点和相加点。

图 3-23a 表示一个框图单元，带箭头的线段就是信号线，其上标示信号，其中指向方框的信号线表示输入，从方框出来的信号线表示输出；方框中标明环节的传递函数，即该方框输入与输出之间的传递关系。分支点又称引出点，在图 3-23b 中，信号 $X_3(s)$ 的引出点就在 $X_1(s)$ 信号线上，因此 $X_3(s)=X_1(s)$。图 3-23c 是相加点，表示在框图中进行加（减）法运算，相加点用符号⊗表示，通向⊗的箭头旁的“+”或“-”，表示信号以相加或相减进来，由⊗出来的箭头表示相加（或相减）的结果。要注意，进行相加或相减的量，应有相同的因次和单位。

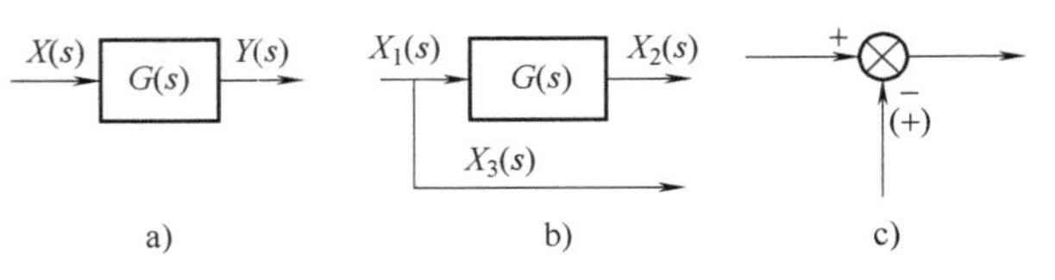

图 3-23　框图的基本构成

用框图表示系统的优点是：只要依据信号的流向，将各环节的方框连接起来，就能容易地组成整个系统的框图。通过框图可以评价每一个环节对系统性能的影响。框图和传递函数一样包含了与系统动态性能有关的信息，但和系统的物理结构无关，因此，不同系统可用同一个框图来表示。另外，由于分析角度不同，对于同一个系统，可以画出许多不同的框图。

2. 动态系统的构成

任何动态系统和过程，都是由内部的各个环节构成，为了求出整个系统的传递函数，可以先画出系统的框图，并注明系统各环节之间的联系。系统中各环节之间的联系归纳起来有下列 3 种。

（1）串联　各环节的传递函数一个个顺序连接，称为串联。如图 3-24a 所示，$G_1(s)$、$G_2(s)$ 为两个环节的传递函数，故综合后总传递函数为

$$G(s)=\frac{Y(s)}{X(s)}=\frac{Y_1(s)}{X(s)}\frac{Y(s)}{Y_1(s)}=G_1(s)G_2(s) \tag{3-69}$$

图 3-24a 可由图 3-24b 等价代换。

这说明由串联环节所构成的系统无负载效应影响时，它的总传递函数等于各环节传递函数的乘积。当系统是由 n 个环节串联而成时，则总传递函数为

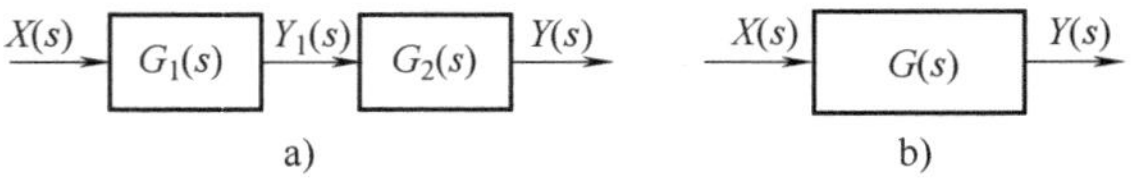

$$G(s)=\prod_{i=1}^{n}G_i(s) \tag{3-70}$$

图 3-24　两个环节串联与其等效框图

式中，$G_i(s)(i=1,2,\cdots,n)$ 表示第 i 个串联环节的传递函数。

例如，图 3-25 所示的车削过程，若用切除量 $X_0(s)$ 作为输入，通过切削过程的传递函数 $G_c(s)$，产生一个切削力 $P_c(s)$，该切削力又通过机床刀具系统的传递函数 $G_m(s)$，使切削刀具产生退让 $Y(s)$。如果暂时不深入分析其内在反馈的情况，则 $X_0(s)\to P_c(s)\to Y(s)$ 的连续作用，就构成了串联系统，如图 3-26 所示。总传递函数为

$$G(s)=\frac{Y(s)}{X_0(s)}=\frac{P_c(s)}{X_0(s)}\frac{Y(s)}{P_c(s)}=G_c(s)G_m(s) \tag{3-71}$$

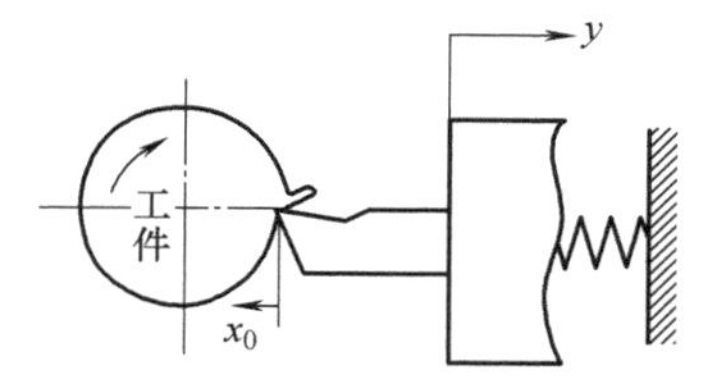

图 3-25 车削过程

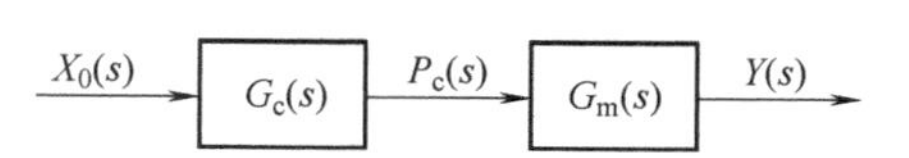

图 3-26 车削过程的信息传递关系

（2）并联 凡是几个环节的输入相同、输出相加或相减的连接形式称为并联。图 3-27 所示为两个环节并联，共同的输入为 $X(s)$，总输出为

$$Y(s)=Y_1(s)\pm Y_2(s)$$

总的传递函数为

$$G(s)=\frac{Y(s)}{X(s)}=\frac{Y_1(s)\pm Y_2(s)}{X(s)}=G_1(s)\pm G_2(s) \tag{3-72}$$

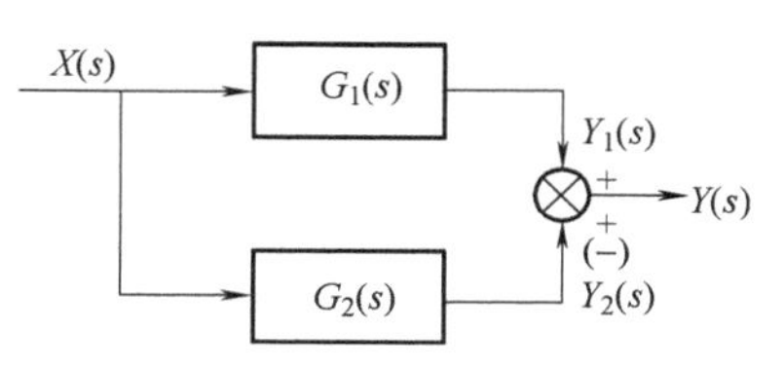

图 3-27 两个环节并联

这说明并联环节所构成的总传递函数，等于各并联环节传递函数之和（或差）。推广到 n 个环节并联，其总的传递函数等于各并联环节传递函数的代数和，即

$$G(s)=\sum_{i=1}^{n}G_i(s) \tag{3-73}$$

式中，$G_i(s)(i=1,2,\cdots,n)$ 为第 i 个并联环节的传递函数。

例如，图 3-28a 所示的切入磨削工艺过程，在磨削力 $P_c(s)$ 的作用下，一方面通过磨床头架的传递函数 $G_c(s)$，使头架产生移动 $Y_1(s)$；另一方面，通过砂轮磨损的传递函数 $G_m(s)$，使砂轮产生 $\Delta M(s)$ 的磨损量，头架移动 $Y_1(s)$ 和砂轮磨损 $\Delta M(s)$ 都导致被磨削工件尺寸的误差 $Y(s)$，构成了如图 3-28b 所示的并联系统。总传递函数为

$$G(s)=\frac{Y(s)}{P_c(s)}=\frac{Y_1(s)+\Delta M(s)}{P_c(s)}=G_c(s)+G_m(s) \tag{3-74}$$

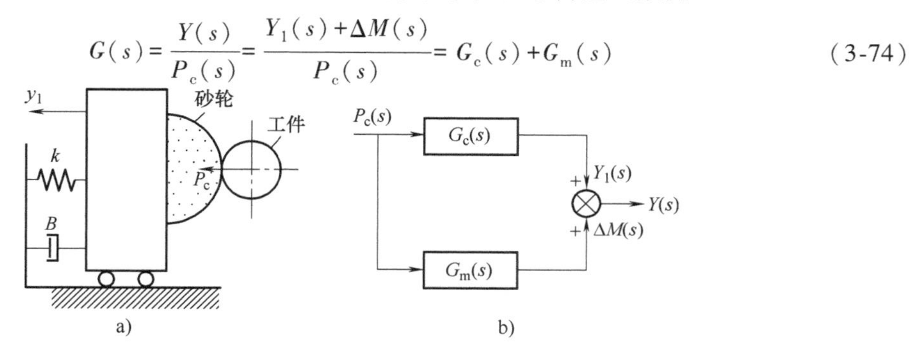

图 3-28 切入磨削及其等效框图

a）切入磨削 b）等效框图

（3）反馈连接　所谓反馈，是将系统或某一环节的输出量，全部或部分地通过传递函数回输到输入端，又重新输入到系统中。反馈信号与输入相加称为“正反馈”，与输入相减称为“负反馈”。反馈作用又可分为内在反馈和外加反馈。

内在反馈是机械动力系统与过程本身内部所包含的反馈。一切作用力与反作用力，负载效应都属于内在反馈，在大部分持续运行的机械系统与过程中存在。如图 3-25 所示的车削过程，当系统输入一名义切除量 $X(s)$，产生了切削力 $P_c(s)$，该切削力通过机床刀具系统的传递函数 $G_m(s)$ 使刀具产生退让 $Y(s)$，而退让 $Y(s)$ 将全部负反馈到输入端，从而改变了名义切除量，这时的实际切除量 $X_0(s)$ 为

$$X_0(s)=X(s)-Y(s) \tag{3-75}$$

这纯属系统本身的内在反馈。

必须指出，从表面看，上述车削过程只不过是简单的没有反馈的开环系统，但是仔细分析系统的内部联系就可以发现上述的内在反馈，从而绘出如图 3-29 所示的闭环系统框图。

外加反馈是人为地从外部加到系统或过程上去的反馈，其目的是改善系统或过程的特性，使之符合某些特定的要求（精度、稳定性、灵敏度等）。

图 3-30 所示为由反馈连接构成的基本闭环系统。系统输入为 $X(s)$，输出为 $Y(s)$，通过反馈传递函数 $H(s)$ 变为反馈信号 $X_1(s)$，即

$$X_1(s)=Y(s)H(s) \tag{3-76}$$

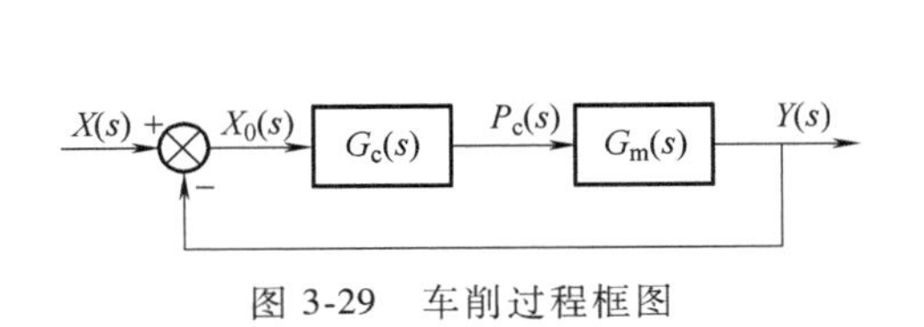

图 3-29　车削过程框图

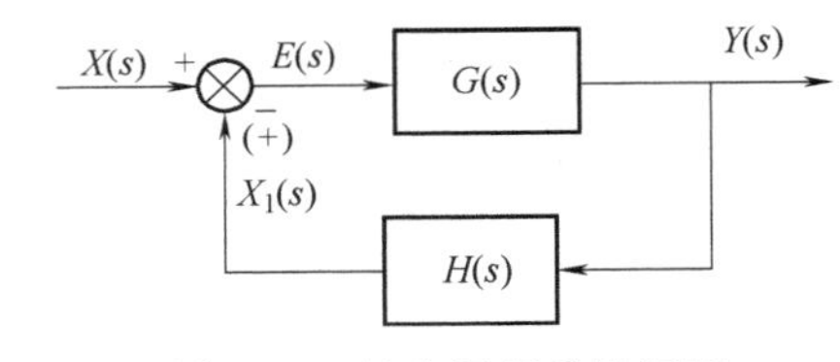

图 3-30　基本闭环系统框图

对于反馈控制系统，即利用误差进行控制的系统，如自动调节、伺服系统等，误差信号 $E(s)$ 为输入 $X(s)$ 与反馈信号 $X_1(s)$ 的代数和，即

$$E(s)=X(s)\mp X_1(s) \tag{3-77}$$

式中，减号“-”代表负反馈，加号“+”代表正反馈。实际工程系统一般为负反馈。

将式（3-76）代入式（3-77）得

$$E(s)=X(s)\mp Y(s)H(s) \tag{3-78}$$

因为

$$Y(s)=E(s)G(s) \tag{3-79}$$

由式（3-78）和式（3-79）消去 $Y(s)$，得

$$\frac{E(s)}{X(s)}=\frac{1}{1\pm G(s)H(s)} \tag{3-80}$$

式中，加号“+”与减号“-”分别代表负反馈与正反馈。称式（3-80）中误差信号与输入信号之比为误差传递函数。

上述误差信号 $E(s)$ 以及误差传递函数 $E(s)/X(s)$ 的名称，只针对利用反馈与输入进行比较并取其差异信号 $E(s)$ 进行控制的闭环系统，如自动调节器或伺服系统等具有“误差”的含义。一般在综合反馈控制系统中，如自动调节器或伺服系统，希望使误差 $E(s)$ 趋向于零或最小。

以后各章节中，除特别注明外，一般都以 $E(s)$ 表示误差信号。

由式（3-78）与式（3-79）消去 $E(s)$，得到输出与输入的拉普拉斯变换之比，即反馈控制系统的闭环传递函数

$$\frac{Y(s)}{X(s)}=\frac{G(s)}{1\pm G(s)H(s)} \tag{3-81}$$

式中，负反馈取“+”，正反馈取“-”。

由式（3-79）可得输出信号与误差信号之比，即前向传递函数

$$G(s)=\frac{Y(s)}{E(s)} \tag{3-82}$$

由式（3-76）可得反馈信号 $X_1(s)$ 与输出信号 $Y(s)$ 之比为 $H(s)$，此即反馈传递函数

$$H(s)=\frac{X_1(s)}{Y(s)} \tag{3-83}$$

由式（3-82）与式（3-83）可得 $G(s)\ H(s)$，即反馈信号 $X_1(s)$ 与误差信号 $E(s)$ 之比，称为开环传递函数

$$G(s)H(s)=\frac{X_1(s)}{E(s)} \tag{3-84}$$

整个闭环传递函数由前向传递函数和开环传递函数按式（3-81）构成。

任何动力系统或过程，都是由许多串联、并联环节的传递函数以及内在或外加反馈综合而成的。图 3-31 所示的多回路系统，欲求其闭环系统传递函数，可将系统分为子回路Ⅰ和子回路Ⅱ逐次分析。

对子回路Ⅰ，根据式（3-81）可求得

$$\frac{Y(s)}{E_2(s)}=\frac{G_2(s)}{1+G_2(s)H_2(s)} \tag{3-85}$$

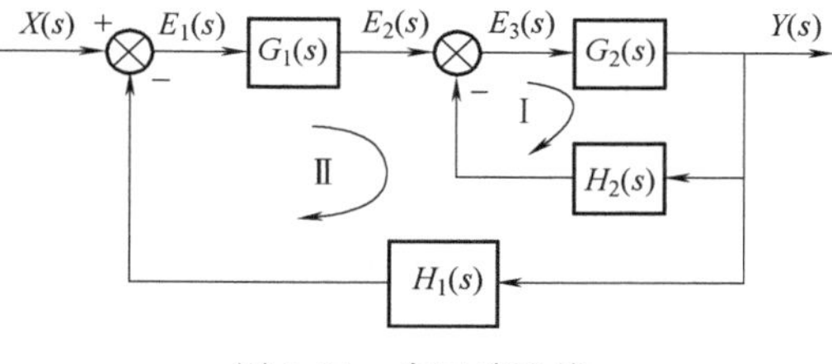

图 3-31　多回路系统

因此图 3-31 可简化为图 3-32。图 3-32 中两个串联环节的总传递函数为

$$\frac{Y(s)}{E_1(s)}=\frac{G_1(s)G_2(s)}{1+G_2(s)H_2(s)} \tag{3-86}$$

进一步简化框图如图 3-33 所示，整个系统的闭环传递函数为

$$\frac{Y(s)}{X(s)}=\frac{\dfrac{G_1(s)G_2(s)}{1+G_2(s)H_2(s)}}{1+H_1(s)\dfrac{G_1(s)G_2(s)}{1+G_2(s)H_2(s)}}=\frac{G_1(s)G_2(s)}{1+G_2(s)H_2(s)+G_1(s)G_2(s)H_1(s)} \tag{3-87}$$

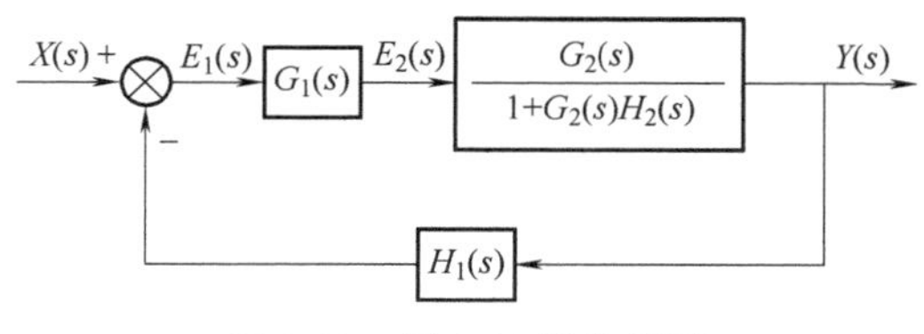

图 3-32　图 3-31 简化框图

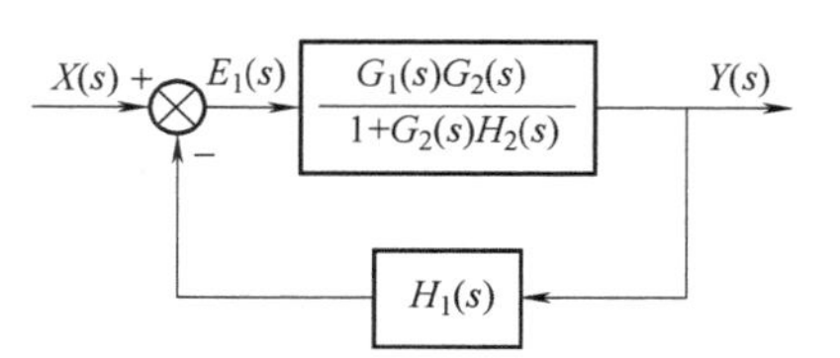

图 3-33　图 3-32 的简化框图

图 3-34 所示为干扰作用下的闭环系统，当输入量 $X(s)$ 和干扰量 $N(s)$ 同时作用于线性系统时，可以对每个量分别进行处理，然后再将输出量叠加，得到总输出量 $Y(s)$。干扰 $N(s)$ 单独作用下系统的输出 $Y_N(s)$ 可由下式求得

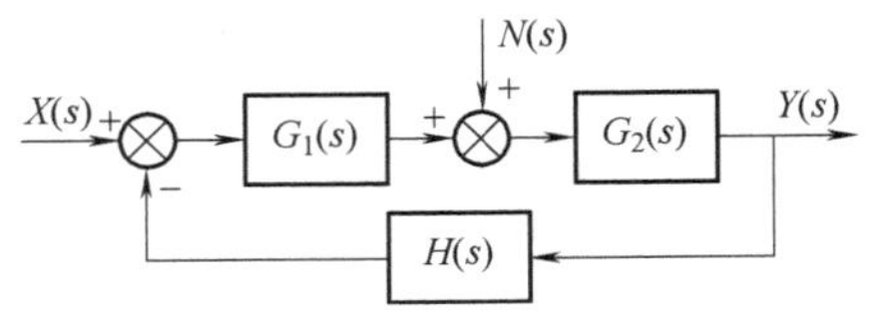

图 3-34　干扰作用下的闭环系统

$$\frac{Y_N(s)}{N(s)}=\frac{G_2(s)}{1+G_1(s)G_2(s)H(s)} \tag{3-88}$$

输入 $X(s)$ 单独作用下系统的输出 $Y_X(s)$ 可由下式求得

$$\frac{Y_X(s)}{X(s)}=\frac{G_1(s)G_2(s)}{1+G_1(s)G_2(s)H(s)} \tag{3-89}$$

将式（3-88）和式（3-89）所得输出相加，就得到输入和干扰同时作用下的输出

$$Y(s)=Y_X(s)+Y_N(s)=\frac{G_2(s)}{1+G_1(s)G_2(s)H(s)}[G_1(s)X(s)+N(s)] \tag{3-90}$$

若设计控制系统时，使 $|G_1(s)G_2(s)H(s)|>>1$，则式（3-90）可近似为

$$Y(s)\approx\frac{1}{G_1(s)H(s)}[G_1(s)X(s)+N(s)] \tag{3-91}$$

则由干扰引起的输出式（3-88）可近似为

$$Y_N(s)\approx\frac{1}{G_1(s)H(s)}N(s)=\sigma N(s) \tag{3-92}$$

式（3-92）中 $\sigma=1/[G_1(s)H(s)]$，如果系统同时具有特性 $|G_1(s)H(s)|>>1$，则 σ 很小，致使干扰 $N(s)$ 引起的输出很小，这说明闭环系统较开环系统有很好的抗干扰性能，若无反馈回路，即 $H(s)=0$，则干扰引起的输出 $G_2(s)N(s)$ 无法减小。

应当指出，所谓系统的“干扰”与“输入”只是相对概念，它们都是系统的输入，都通过各自相应的传递关系而产生相应的系统输出成分。

在控制论中，通常把所不希望进入系统的那一部分输入，或分析研究系统因果关系中在研究对象以外的那部分输入，称为“干扰”（有时称之为“噪声”）；把希望引入系统的输入或属于研究对象的输入称为“有用信号”，或简称“信号”。还常常把控制系统中负载对系统的反馈作用称为“负载干扰”。

例如，当研究金属切削过程中毛坯尺寸精度对工件产品尺寸精度的影响时，所有毛坯尺寸精度以外的其他一切有关机床及毛坯对工件产品尺寸精度有影响的因素，都属于“干扰”或“噪声”。又例如，当对一个液压伺服系统施加一个输入信号，以控制液压缸带动某一负载运动时，供油压力的波动就是“干扰”或“噪声”，而负载对液压缸的反作用力使油压缩而产生位置误差和速度误差等则是“负载干扰”。

通常（并不是在所有情况下都如此），希望尽可能减少系统的“干扰”或“噪声”，提高系统的“抗干扰性”，因而又常常把干扰传递函数的倒数式，如式（3-92）中的 $G_1(s)H(s)$ 称为系统抗干扰“刚性”。

3. 框图的等效变换及简化

为了便于通过框图的化简来计算系统的传递函数，除了上面提到的采用并联、串联和反馈连接将框图简化、合并外，经常需要将框图中的分支点和相加点进行移动变换，即等效

变换。

等效变换的目标是：化交叉环路为“回”字形环路，先内环后外环去掉反馈。变换原则主要有两条：前向通道（即从输入端一路向前不返回，直到输出端所经历的通道）的传递函数保持不变；各反馈回路的传递函数保持不变。

为了达到将交叉环路变为“回”字形环路目标，可以采用以下几种途径来实现：

（1）分支点（又称信号引出点）的移动　分支点可以往前移也可以往后移。注意，在有关移动中对于“前”“后”的定义是按信号流向来看，即信号从“前面”流向“后面”，而不是位置上的前后。

若将信号引出点从某方框之后移到该方框之前，如图 3-35 所示，为了保持移动后分支信号 $X_3(s)$ 不变，移动的分支应串入相同的传递函数 $G(s)$。

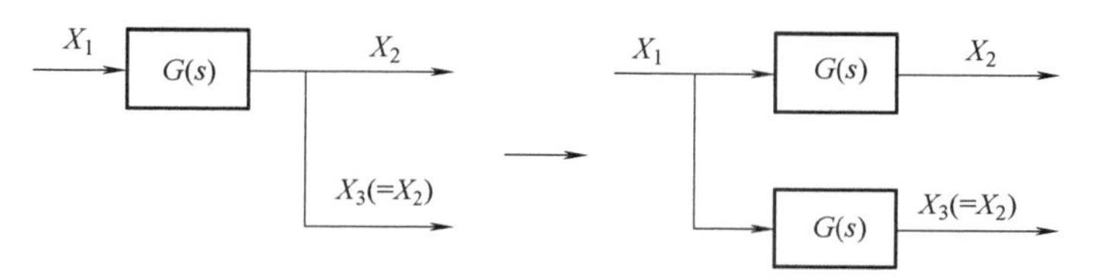

图 3-35　分支点前移

若将信号引出点从某方框之前移到该方框之后，如图 3-36 所示。为了保持移动后分支信号 $X_3(s)$ 不变，移动的分支应串入相同的传递函数的倒数，即 $1/G(s)$。

（2）相加点（又称比较点）的移动　若相加点逆着信号流向，从某方框后移到该方框之前，为保持总的输出信号 $X_3(s)$ 不变，移动后应在移动的相加（减）支路中串入相同传递函数的倒数，即 $1/G(s)$，如图 3-37a 所示。

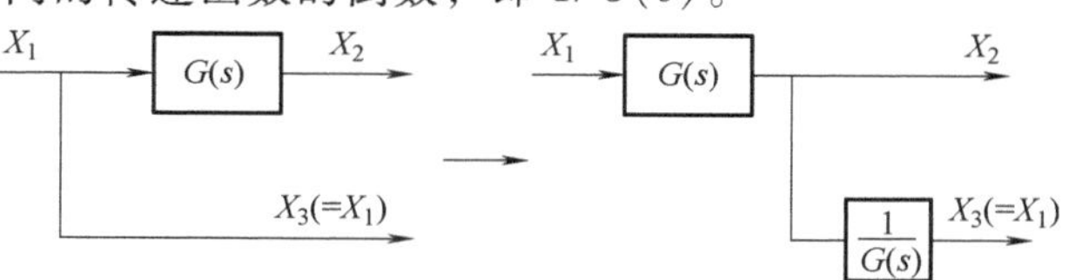

图 3-36　分支点后移

若相加点顺着信号流向，从某方框前移到该方框之后，则移动分支点应串入 $G(s)$ 传递函数，如图 3-37b 所示。

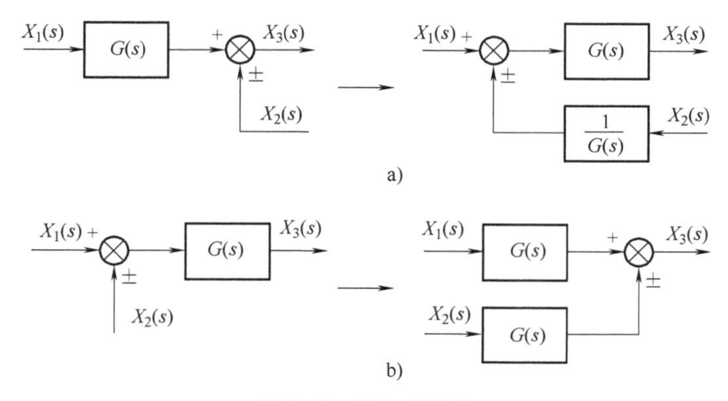

图 3-37　相加点移动

（3）分支点之间、相加点之间的相互移动　当两分支点之间、两相加点之间没有其他传递环节时，相互移动不改变原有的数学关系，如图 3-38 所示。

但是，分支点和相加点之间不能直接互相移动，因为它们不等效，这是要特别注意的。建议尽量避免信号引出点跨过相加点的移动。

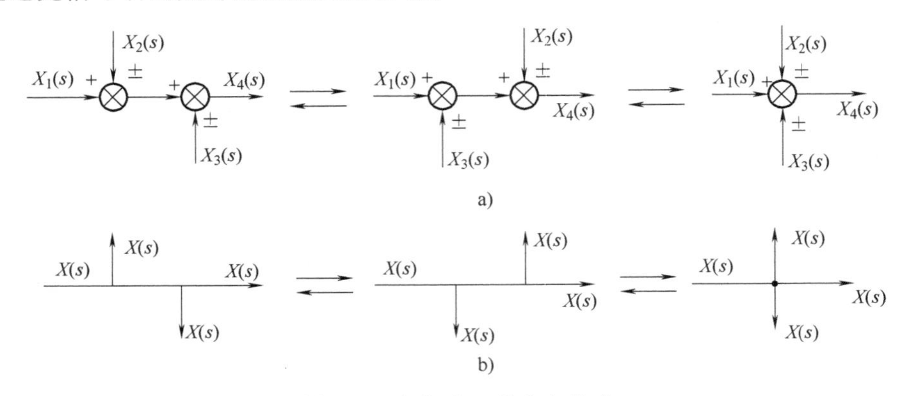

图 3-38　相加点、分支点移动

a）相加点之间的移动　b）分支点之间的移动

表 3-1 列出了各种框图的等效变换（表中的 $G(s)$、$H(s)$ 作了简化，分别简写为 G、H）。

表 3-1　框图变换法则

变换形式	原框图	等效框图
1. 分支点后移	R, G, C, R	R, G, C, $\frac{1}{G}$, R
2. 分支点前移	R, G, C, C	R, G, C, G, C
3. 相加点后移	R_1, +, +, R_2, G, C	R_1, G, R_2, G, +, +, C
4. 相加点前移	R_1, G, +, +, C, R_2	R_1, +, +, G, C, $\frac{1}{G}$, R_2
5. 消去反馈回路	R, +, −, G, C, H	R, $\frac{G}{1+GH}$, C

例 3-14　利用框图简化法则，求图 3-39a 所示系统的传递函数。

解：在图 3-39a 所示系统框图中，有串联和反馈连接，其中 3 个反馈回路之间相互有交叉，主要是 $G_1G_2H_1$ 回路与 $G_2G_3H_2$ 回路有交叉。框图变换目标就是把 2 个交叉环路变成为“回”字形环路，先内环后外环去掉反馈。

简化过程依次如图 3-39b、图 3-39c 和图 3-39d 所示。由图 3-39d 消去反馈后，得系统总的传递函数

$$\frac{C(S)}{R(s)}=\frac{G_1G_2G_3}{1+G_1G_2H_1+G_2G_3H_2+G_1G_2G_3}$$

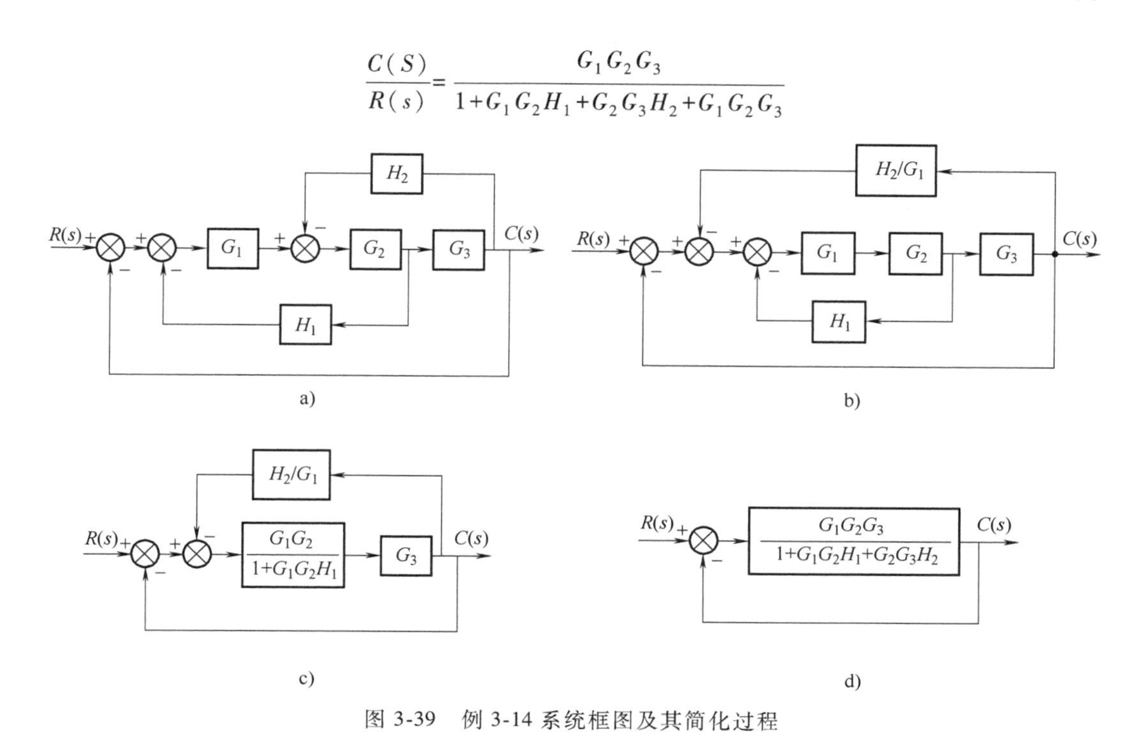

图 3-39　例 3-14 系统框图及其简化过程

通过此例，可以理解和领会如前所述框图简化过程中遵守的两条基本原则，在图 3-39b 和图 3-39c 的变换中，前向通道的传递函数保持不变，各反馈回路的传递函数保持不变。

4. 建立系统框图及求其传递函数的步骤

建立系统框图并通过框图求传递函数的一般步骤如下。

1）确定系统的输入与输出。

2）列写微分方程。

3）初始条件为零，对各微分方程进行拉普拉斯变换。

4）将各拉普拉斯变换式分别以框图表示，然后连成系统，求系统总的传递函数。

例 3-15　画出图 3-40a 所示机械系统框图，并利用框图求传递函数 $Y(s)/X(s)$。

解： 1）确定系统的输入与输出。输入为轮轴的位移 x，输出为质量 m 的位移 y。

2）取分离体进行受力分析如图 3-40b 所示，得到力平衡方程

$$m\ddot{y}=B(\dot{x}-\dot{y})+k(x-y)$$

3）对力平衡方程在零初始条件下进行拉普拉斯变换，得

$$ms^2Y(s)=(Bs+k)[X(s)-Y(s)]$$

4）根据拉普拉斯变换式，直接画出框图如图 3-41 所示。由框图简化，求得系统的传递函数为

$$\frac{Y(s)}{X(s)}=\frac{Bs+k}{ms^2+Bs+k}$$

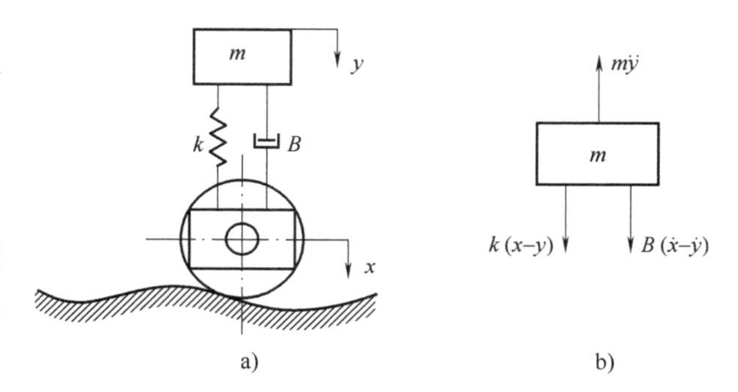

图 3-40　例 3-15 机械系统简图及受力分析

a）系统简图　b）受力分析

例 3-16　画图 3-42 所示电网络的框图，并利用框图求传递函数 $U_o(s)/U_i(s)$。

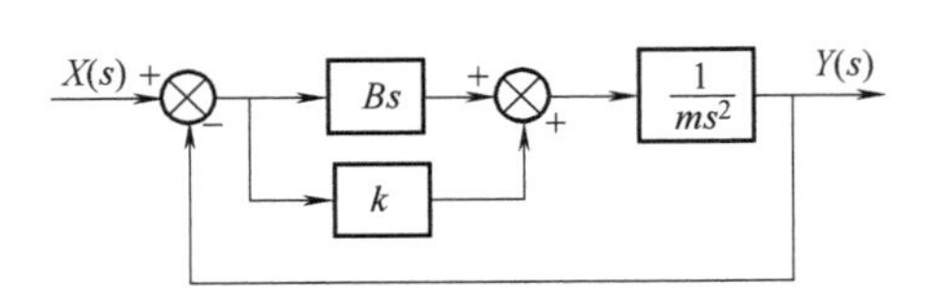

图 3-41　例 3-15 系统框图

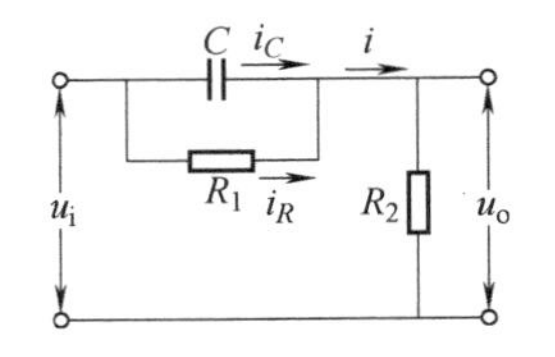

图 3-42　例 3-16 电网络框图

解： 1）系统的输入为 u_i，输出为 u_o。

2）列写微分方程

$$u_i = R_1 i_R + u_o \tag{3-93}$$

$$u_o = R_2 i \tag{3-94}$$

$$R_1 i_R = \frac{1}{C}\int i_C \mathrm{d}t \tag{3-95}$$

$$i = i_R + i_C \tag{3-96}$$

3）对式（3-93）~式（3-96）分别在零初始条件下进行拉普拉斯变换，得

$$U_i(s) = R_1 I_R(s) + U_o(s) \tag{3-97}$$

$$U_o(s) = R_2 I(s) \tag{3-98}$$

$$R_1(s) I_R(s) = \frac{1}{Cs} I_C(s) \tag{3-99}$$

$$I(s) = I_R(s) + I_C(s) \tag{3-100}$$

4）将各拉普拉斯变换式（3-97）~式（3-100）分别用框图表示，再连成系统。图 3-43a~d 分别对应式（3-97）~式（3-100），连成系统如图 3-43e 所示。

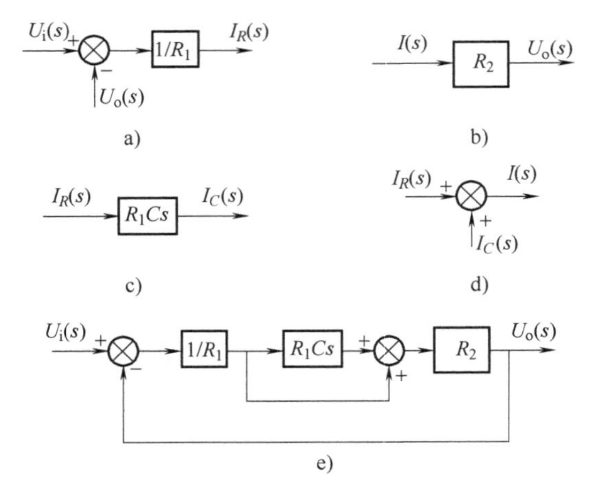

图 3-43　例 3-16 系统框图的建立过程

5. 用 MATLAB 求系统传递函数

用 MATLAB 求系统传递函数，主要用到 series（串联）、parallel（并联）和 feedback（反馈）等指令。

例 3-17 已知两个系统传递函数分别为 $G_1(s)=\dfrac{1}{s}$和 $G_2(s)=\dfrac{2}{s+2}$，使用 MATLAB 分别求两者串联、并联和反馈时系统的传递函数。

解： MATLAB 程序如下。

```
MATLAB Program of example 3-17

num1=[1];den1=[1 0];
num2=[2];den2=[1 2];
[numc,denc]=series(num1,den1,num2,den2)
----------输出----------
numc=
    0    0    2
denc=
    1    2    0
[numb,denb]=parallel(num1,den1,num2,den2)
----------输出----------
numb=
    0    3    2
denb=
    1    2    0
[num,den]=feedback(num1,den1,num2,den2,-1)
----------输出----------
num=
    0    1    2
den=
    1    2    2
```

3.5 机、电系统的传递函数

在学习建立系统数学模型的基本原理和方法的基础上，本节列出一些常见动态网络系统的传递函数，另外介绍了几个实例，进一步说明如何用解析的方法推导机、电系统的传递函数。

1. 机械系统的传递函数

常见机械系统示意图及其传递函数见表 3-2。

表 3-2　常见机械系统示意图及其传递函数

机械系统示意图	传递函数
1. 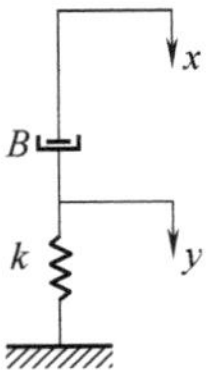 x, B, y, k	$\frac{Y(s)}{X(s)}=\frac{Ts}{1+Ts}$ $T=\frac{B}{k}$（T 为时间常数，以下同）
2. 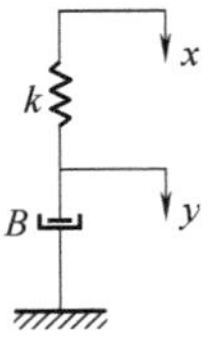 x, k, y, B	$\frac{Y(s)}{X(s)}=\frac{1}{1+Ts}$ $T=\frac{B}{k}$
3. 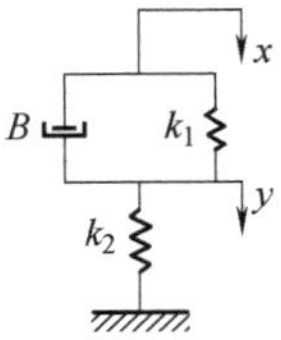 x, B, k_1, y, k_2	$\frac{Y(s)}{X(s)}=\frac{T_2}{T_1}\cdot\frac{1+T_1s}{1+T_2s}$ $T_1=\frac{B}{k_1}\quad T_2=\frac{B}{k_1+k_2}$
4. 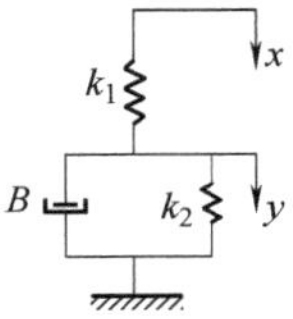 x, k_1, B, k_2, y	$\frac{Y(s)}{X(s)}=\frac{k_1}{k_1+k_2}\cdot\frac{1}{1+Ts}$ $T=\frac{B}{k_1+k_2}$
5. 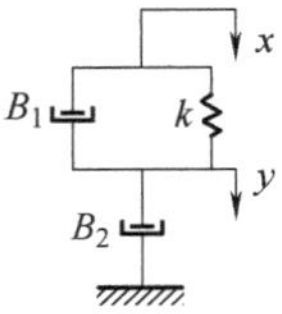 x, B_1, k, y, B_2	$\frac{Y(s)}{X(s)}=\frac{1+T_2s}{1+T_1s}$ $T_1=\frac{B_1+B_2}{k}\quad T_2=\frac{B_1}{k}$
6. 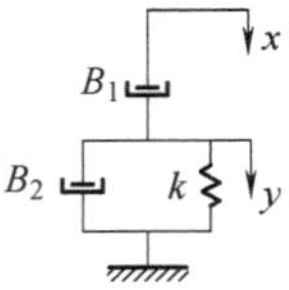 x, B_1, B_2, k, y	$\frac{Y(s)}{X(s)}=\frac{T_1s}{1+T_2s}$ $T_1=\frac{B_1}{k}\quad T_2=\frac{B_1+B_2}{k}$
7. 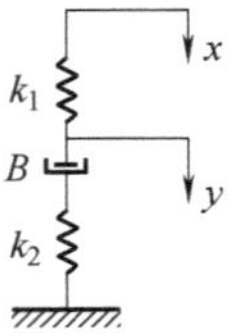 x, k_1, B, y, k_2	$\frac{Y(s)}{X(s)}=\frac{1+T_2s}{1+T_1s}$ $T_1=\frac{B}{k_1}+\frac{B}{k_2}\quad T_2=\frac{B}{k_2}$

（续）

机械系统示意图	传递函数
8. 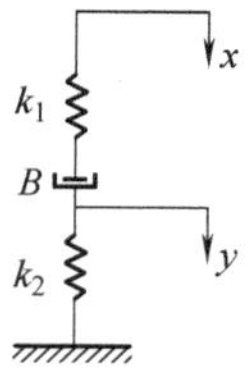	$\frac{Y(s)}{X(s)}=\frac{T_1 s}{1+T_2 s}$ $T_1=\frac{B}{k_2}\quad T_2=\frac{B}{k_1}+\frac{B}{k_2}$
9. 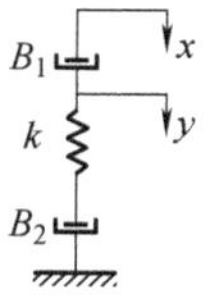	$\frac{Y(s)}{X(s)}=\frac{T_2}{T_1}\cdot\frac{1+T_2 s}{1+T_1 s}$ $T_1=\frac{B_2}{k}\quad T_2=\frac{B_1 B_2}{k(B_1+B_2)}$
10. 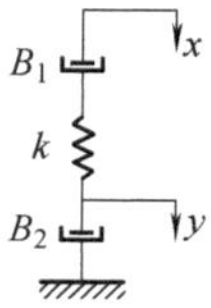	$\frac{Y(s)}{X(s)}=\frac{B_1}{B_1+B_2}\cdot\frac{1}{1+Ts}$ $T=\frac{B_1 B_2}{k(B_1+B_2)}$
11. 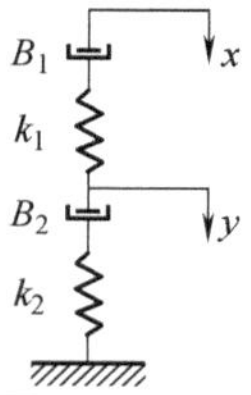	$\frac{Y(s)}{X(s)}=\frac{B_1}{B_1+B_2}\cdot\frac{1+T_1 s}{1+T_2 s}$ $T_1=\frac{B_2}{k_2}\quad T_2=\frac{(k_1+k_2)B_1 B_2}{k_1 k_2(B_1+B_2)}$
12. 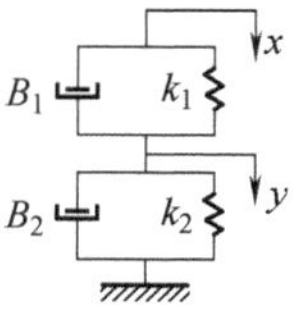	$\frac{Y(s)}{X(s)}=\frac{k_1}{k_1+k_2}\cdot\frac{1+T_1 s}{1+T_2 s}$ $T_1=\frac{B_1}{k_1}\quad T_2=\frac{B_1+B_2}{k_1+k_2}$
13. 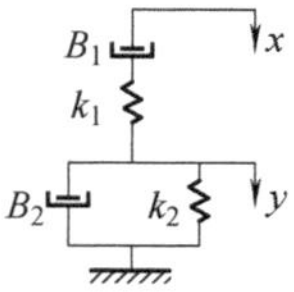	近似：$\frac{Y(s)}{X(s)}=\frac{T_2 s}{(1+T_1 s)(1+T_2 s)}$ （当 $T_1\gg T_2$） 精确：$\frac{Y(s)}{X(s)}=\frac{T_3 s}{1+(T_1+T_4)s+T_1 T_2 s^2}$ $T_1=B_1\left(\frac{1}{k_1}+\frac{1}{k_2}\right)\quad T_2=\frac{B_2}{k_1+k_2}\quad T_3=\frac{B_1}{k_2}\quad T_4=\frac{B_2}{k_2}$
14. 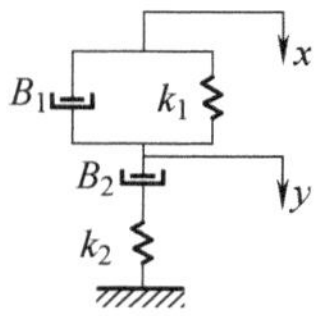	近似：$\frac{Y(s)}{X(s)}=\frac{(1+T_1 s)(1+T_2 s)}{(1+T_3 s)(1+T_4 s)}$ （当 $T_3\gg T_2$） $T_1=\frac{B_1}{k_1}\quad T_2=\frac{B_2}{k_2}\quad T_3=\frac{B_1+B_2}{k_2}\quad T_4=\frac{B_1 B_2}{(B_1+B_2)k_2}$

2. 电网络的传递函数

常见电网络示意图及其传递函数见表 3-3。

表 3-3 常见电网络示意图及其传递函数

电网络示意图	传递函数
1. 积分电路 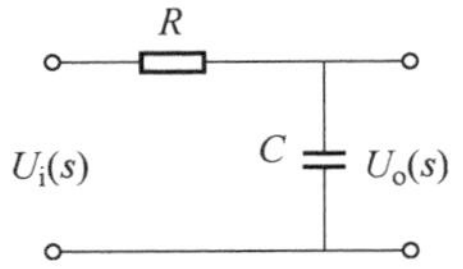 R C $U_i(s)$ $U_o(s)$	$\frac{U_o(s)}{U_i(s)}=\frac{1}{RCs+1}$
2. 微分电路 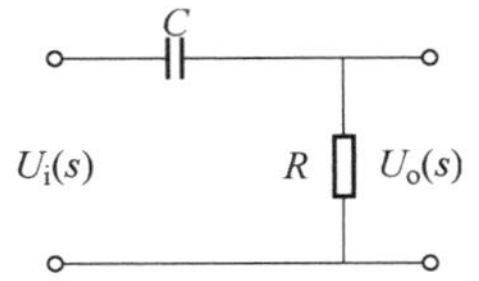 C R $U_i(s)$ $U_o(s)$	$\frac{U_o(s)}{U_i(s)}=\frac{RCs}{RCs+1}$
3. 微分电路 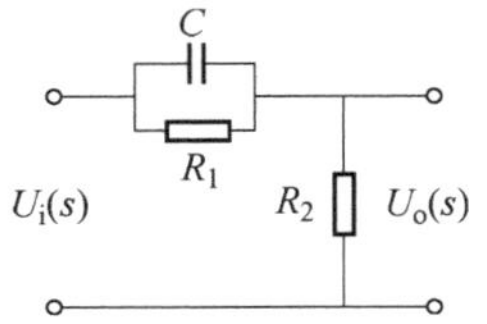 C R_1 R_2 $U_i(s)$ $U_o(s)$	$\frac{U_o(s)}{U_i(s)}=\frac{R_1Cs+1}{R_1Cs+(R_1+R_2)/R_2}$
4. 超前-滞后滤波电路 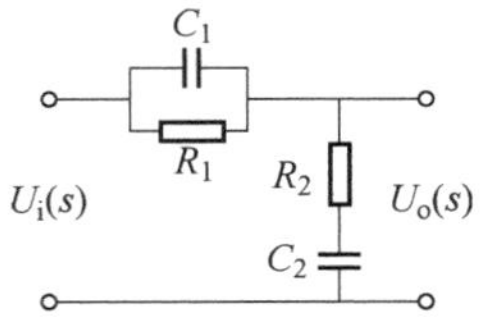 C_1 R_1 R_2 C_2 $U_i(s)$ $U_o(s)$	$\frac{U_o(s)}{U_i(s)}=\frac{(T_as+1)(T_bs+1)}{T_aT_bs^2+(T_a+T_b+T_{ab})s+1}$ $=\frac{(T_as+1)(T_bs+1)}{(T_1s+1)(T_2s+1)}$ $T_a=R_1C_1,T_b=R_2C_2,T_{ab}=R_1C_2$ $T_1T_2=T_aT_b,T_1+T_2=T_a+T_b+T_{ab}$
5. 磁场控制直流电动机 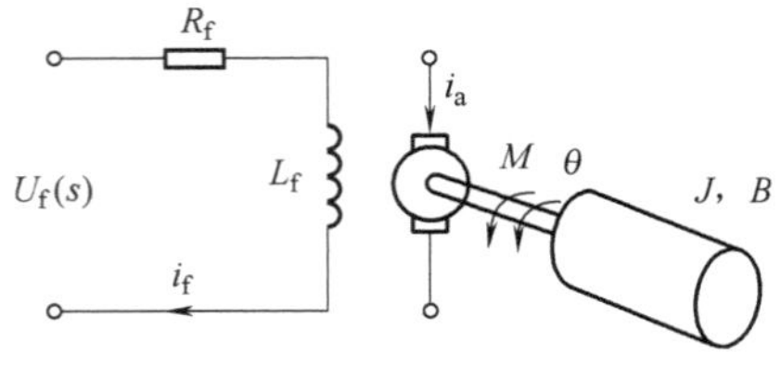 R_f L_f $U_f(s)$ i_f i_a M θ J，B	$\frac{\Theta(s)}{U_f(s)}=\frac{K}{s(Js+B)(L_fs+R_f)}$ （K 为电动机电磁转矩常数） 左图中 L_f、R_f 分别为励磁绕组的电感和电阻，u_f、i_f 分别为励磁绕组的施加电压和电流。其他各参量意义同例 3-5
6. 电枢控制直流电动机 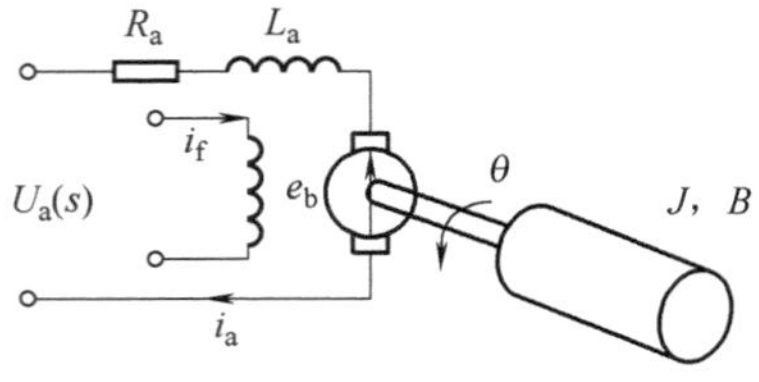 R_a L_a i_f e_b $U_a(s)$ i_a θ J，B	$\frac{\Theta(s)}{U_a(s)}=\frac{K}{s[(L_as+R_a)(Js+B)+K_bK]}$ K 为电动机电磁转矩常数，K_b 为反电动势常数 左图中各参量意义同例 3-5

（续）

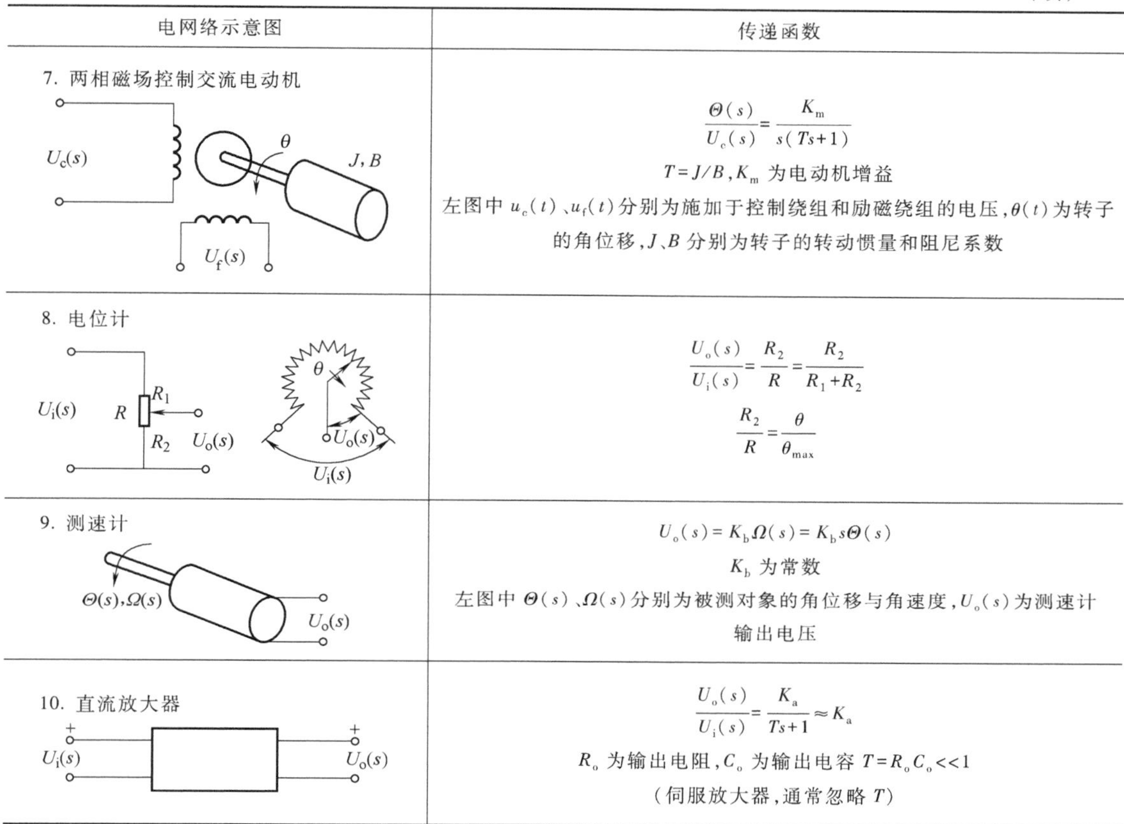

电网络示意图	传递函数
7. 两相磁场控制交流电动机	$\dfrac{\Theta(s)}{U_c(s)}=\dfrac{K_m}{s(Ts+1)}$ $T=J/B$，K_m 为电动机增益 左图中 $u_c(t)$、$u_f(t)$ 分别为施加于控制绕组和励磁绕组的电压，$\theta(t)$ 为转子的角位移，J、B 分别为转子的转动惯量和阻尼系数
8. 电位计	$\dfrac{U_o(s)}{U_i(s)}=\dfrac{R_2}{R}=\dfrac{R_2}{R_1+R_2}$ $\dfrac{R_2}{R}=\dfrac{\theta}{\theta_{max}}$
9. 测速计	$U_o(s)=K_b\Omega(s)=K_bs\Theta(s)$ K_b 为常数 左图中 $\Theta(s)$、$\Omega(s)$ 分别为被测对象的角位移与角速度，$U_o(s)$ 为测速计输出电压
10. 直流放大器	$\dfrac{U_o(s)}{U_i(s)}=\dfrac{K_a}{Ts+1}\approx K_a$ R_o 为输出电阻，C_o 为输出电容 $T=R_oC_o<<1$ （伺服放大器，通常忽略 T）

3. 加速度计的传递函数

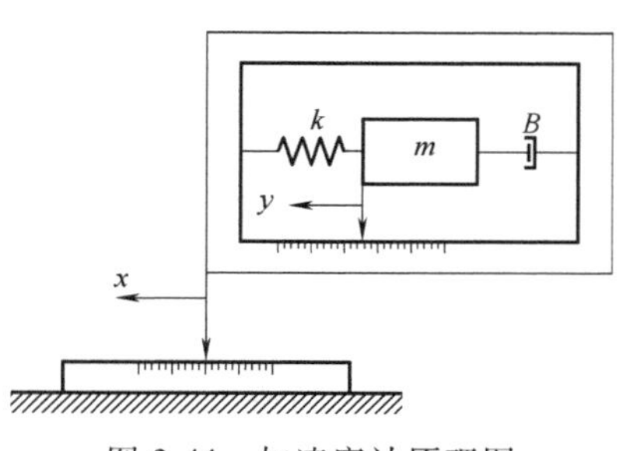

图 3-44　加速度计原理图

图 3-44 所示为加速度计原理图，它用于测量一个运动物体的加速度，如将加速度信号转换为电信号，对该信号进行积分，还可用于测量速度和位移。下面分析其测量加速度的原理。

设加速度计壳体相对于某固定参照物（地球）的位移为 x，并设 $x_i=\ddot{x}$（壳体的加速度）为输入信号；设质量 m 相对于壳体的位移为 y，为输出信号。x、y 的正方向如图中所示。

因为 y 是相对壳体度量的，所以质量 m 相对于地球的位移是（$y+x$），于是该系统的运动微分方程为

$$m(\ddot{y}+\ddot{x})+B\dot{y}+ky=0 \tag{3-101}$$

则

$$m\ddot{y}+B\dot{y}+ky=-m\ddot{x}=-mx_i \tag{3-102}$$

对式（3-102）进行拉普拉斯变换，得

$$(ms^2+Bs+k)Y(s)=-mX_i(s)$$

则输入量为壳体加速度 $X_i(s)$、输出量为质量位移 $Y(s)$ 时的传递函数为

$$\frac{Y(s)}{X_i(s)}=\frac{-m}{ms^2+Bs+k}=\frac{-1}{s^2+\frac{B}{m}s+\frac{k}{m}} \tag{3-103}$$

将式（3-103）的分子、分母同除以 $s^2+\frac{B}{m}s$，得

$$\frac{Y(s)}{X_i(s)}=\frac{-\frac{1}{s^2+\frac{Bs}{m}}}{1+\frac{k}{m}\frac{1}{s^2+\frac{Bs}{m}}} \tag{3-104}$$

若式（3-104）中使得

$$\left|\frac{k}{m}\frac{1}{s^2+\frac{B}{m}s}\right|>>1$$

则

$$\frac{Y(s)}{X_i(s)}\approx\frac{-\frac{1}{s^2+\frac{Bs}{m}}}{\frac{k}{m}\frac{1}{s^2+\frac{Bs}{m}}}=-\frac{m}{k} \tag{3-105}$$

加速度 $X_i(s)=\frac{-k}{m}Y(s)$，即

$$x_i=-\frac{k}{m}y \tag{3-106}$$

式（3-106）表明，加速度计中质量 m 的稳态输出位移 y 正比于输入加速度 x_i，因此可用 y 值来衡量其加速度的大小。

4. 切削过程的传递函数

图 3-45 所示为机床的切削过程。由图可知，实际切削深度 u 产生切削力 $f(t)$，切削力 $f(t)$ 作用于刀架，引起刀架和工件的变形，将它们都折算到刀架上，看成刀架产生变形 $x(t)$，刀架变形 $x(t)$ 又反馈回来引起切削深度 u 的改变，从而使工件、刀具、机床构成一个闭环系统。当以名义切削深度 u_i 作为输入量，以刀架变形 $x(t)$ 作为输出量，则切削过程的传递函数可推导如下。

实际切削深度为

$$u=u_i-x$$

其拉普拉斯变换式为

$$U(s)=U_i(s)-X(s) \tag{3-107}$$

根据切削原理中切削力动力学方程，实际切除量 u 引起的切削力 $f(t)$ 为

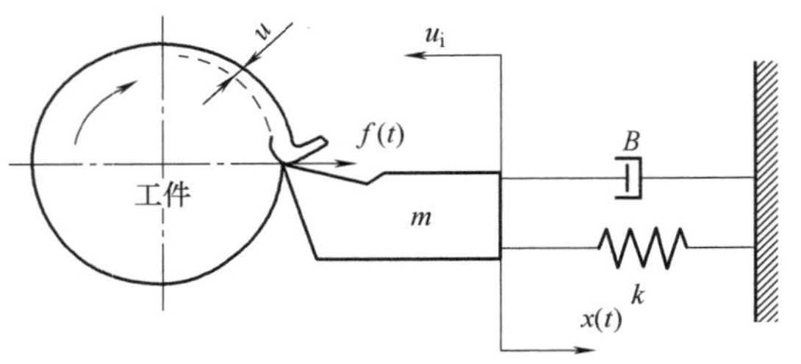

图 3-45　机床的切削过程

$$f(t)=K_{c}u(t)+B_{c}\frac{\mathrm{d}u(t)}{\mathrm{d}t} \tag{3-108}$$

式中，K_c 为切削过程系数，它表示相应的切削力与切除量之比；B_c 为切削阻尼系数，它表示相应的切削力与切除量变化率之比。

对式（3-108）进行拉普拉斯变换，可得切深 $U(s)$ 与切削力 $F(s)$ 之间的切削传递函数为

$$G_{c}(s)=\frac{F(s)}{U(s)}=K_{c}(Ts+1) \tag{3-109}$$

式中，T 为时间常数，$T=\frac{B_c}{K_c}$。

刀架可以简化为一个质量-弹簧-阻尼系统。这样，$F(s)$ 为输入、$X(s)$ 为输出时的传递函数为

$$G_{m}(s)=\frac{X(s)}{F(s)}=\frac{1}{ms^{2}+Bs+K} \tag{3-110}$$

根据式（3-107）、式（3-109）和式（3-110）可绘出框图如图 3-46 所示。

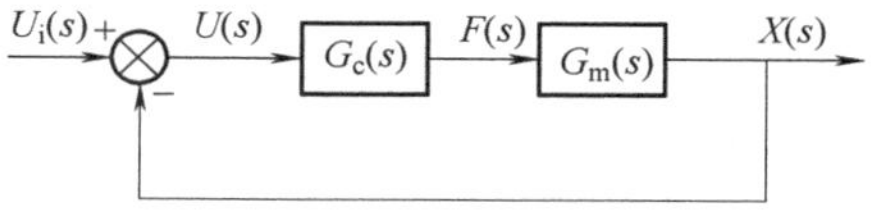

对于切削加工过程来说，其系统的开环传递函数为

$$G_{k}(s)=G_{c}(s)G_{m}(s)=\frac{K_{c}(Ts+1)}{ms^{2}+Bs+K} \tag{3-111}$$

图 3-46　车削过程系统框图

该系统由比例环节、一阶微分环节和二阶振荡环节组成。

系统的闭环传递函数为

$$G_{b}(s)=\frac{X(s)}{U_{i}(s)}=\frac{G_{c}(s)G_{m}(s)}{1+G_{c}(s)G_{m}(s)}=\frac{K_{c}(Ts+1)}{ms^{2}+(K_{c}T+B)s+(K_{c}+K)} \tag{3-112}$$

它是一个二阶系统。

5. 直流伺服电动机驱动的进给系统传递函数

数控机床及机器人中广泛采用直流电动机伺服系统，图 3-47 所示为半闭环数控进给系统简图，该系统由以下几个部分组成。

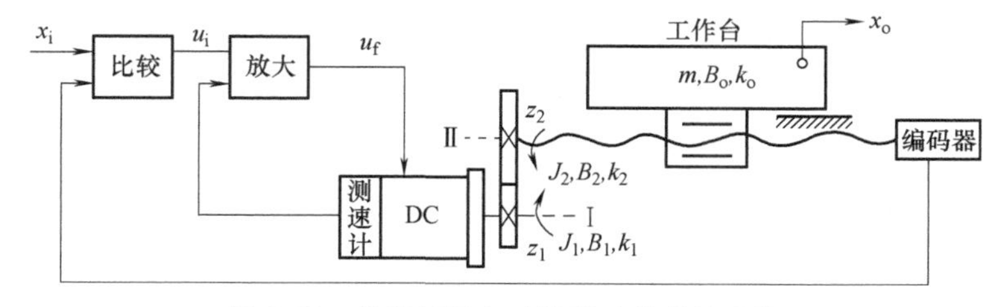

图 3-47　直流伺服电动机驱动的进给系统

1）驱动装置：包括放大器、直流电动机和测速计。

2）机械传动装置：包括一对减速齿轮、一副滚珠丝杠螺母和工作台。

3）检测装置：用编码器检测丝杠的转角，并将信号进行反馈。

4）计数、比较和转换装置：将输入指令与反馈信号进行比较，并将比较后的信号转换为电压信号。

下面分别推导各部分的传递函数。

（1）驱动装置　典型的驱动装置框图如图 3-48 所示。

图中直流电动机为磁场控制式，其驱动原理如图 3-49 所示。u_f 为励磁电压，是输入信号。θ 为直流电动机转角，是输出信号。图中 i_a 为电枢电流，u_f、i_f、R_f、L_f 分别为励磁绕组的电压、电流、电阻和电感，M 和 θ 分别为电动机转矩和转角，J、B 分别为折算到电动机轴上的等效转动惯量和等效阻尼。忽略弹性变形，即不计等效刚度。

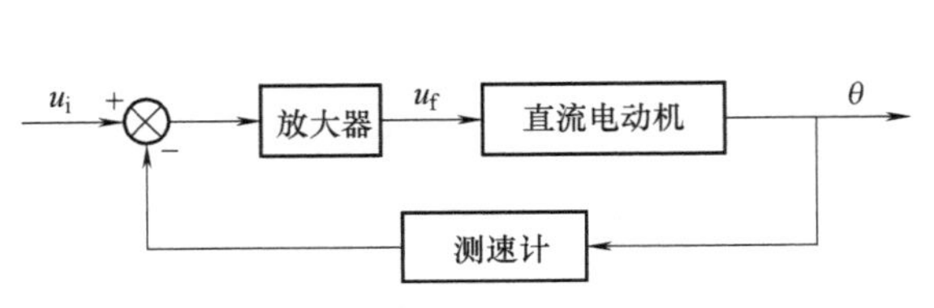

图 3-48　典型驱动装置框图

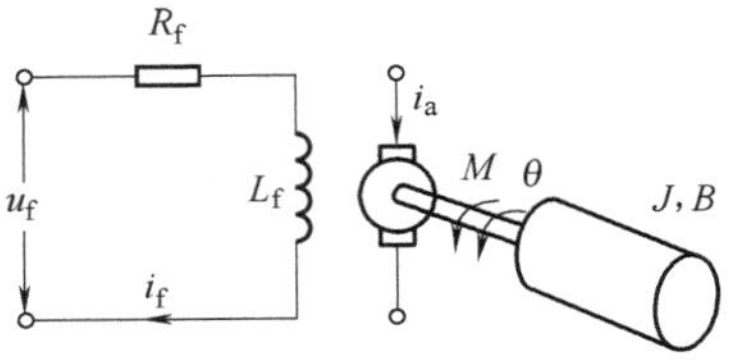

图 3-49　磁场控制式直流电动机驱动原理

当电枢绕组内阻较大时，i_a 可视为常数，这时 M 与 i_f 成正比，因此

$$M=Ki_f \tag{3-113}$$

式中，K 为电动机转矩常数。电动机的运动平衡方程为

$$J\ddot{\theta}+B\dot{\theta}=M \tag{3-114}$$

磁场回路方程为

$$L_f i_f+R_f i_f=u_f \tag{3-115}$$

将式（3-113）代入式（3-114），并对式（3-114）和式（3-115）进行拉普拉斯变换，得

$$(Js^2+Bs)\Theta(s)=KI_f(s)$$

$$(L_f s+R_f)I_f(s)=U_f(s)$$

求得直流电动机的传递函数为

$$G_m(s)=\frac{\Theta(s)}{U_f(s)}=\frac{K}{s(L_f s+R_f)(Js+B)}=\frac{K_m}{s(T_f s+1)(T_m s+1)} \tag{3-116}$$

式中，K_m 为电动机增益，$K_m=K/(R_f B)$；T_f 为励磁回路时间常数，$T_f=L_f/R_f$；T_m 为电枢机械旋转时间常数，$T_m=J/B$。

若不计磁场回路中的电感，则传递函数可简化为

$$G_m(s)=\frac{\Theta(s)}{U_f(s)}=\frac{K_m}{s(T_m s+1)} \tag{3-117}$$

在图 3-48 中，假设放大器增益为 K_a，测速计常数为 K_b，则驱动装置框图如图 3-50 所示，也可以表示为如图 3-51 所示的形式。

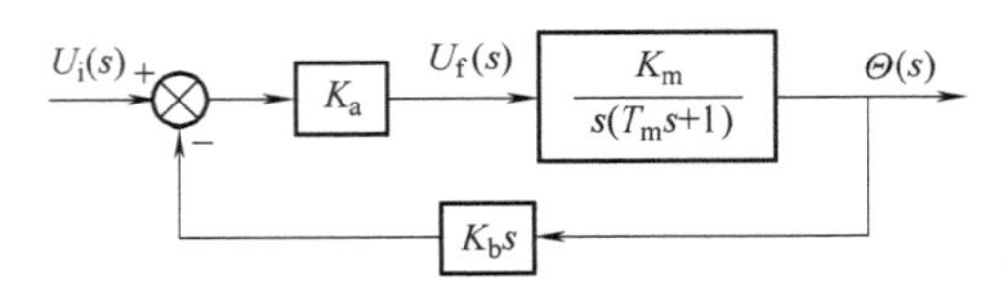

图 3-50　驱动装置框图

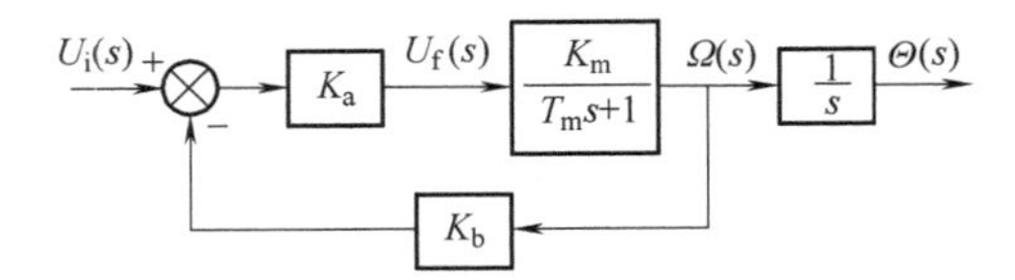

图 3-51　驱动装置框图的另一种画法

（2）机械传动装置　在图 3-47 中，设电动机转角 θ 为输入，工作台轴向位移 x_o 为输出信号。设Ⅰ、Ⅱ轴分别为电动机轴和丝杠轴：J_1、J_2 分别为Ⅰ、Ⅱ轴的转动惯量，k_1、k_2 分别为Ⅰ、Ⅱ轴扭转刚度系数，m 为工作台质量，B_o、k_o 分别为工作台直线运动阻尼系数和轴向刚度系数。

在推导传递函数时，可用 3.2 节中例 3-3 的方法，列出各轴的运动平衡方程，最后推出一个等效系统的微分方程，求出等效的转动惯量、阻尼系数、刚度系数。这里采用另一种方法，分别先求出等效参数，并介绍求等效转动惯量、等效阻尼系数、等效刚度系数的一般算法，然后列微分方程，最后推出传递函数。

设机械传动装置折算到电动机轴（Ⅰ轴）上的等效转动惯量、等效阻尼系数、等效刚度系数分别为 J、B、k。

1）等效转动惯量 J 的计算。根据能量守恒原理，系统中各转动件、移动件的总能量等于折算到某特定轴上的等效能量。本系统中有 2 个转动件和 1 个移动件，它们的总能量为

$$E=\frac{1}{2}J_1\dot{\theta}_1^2+\frac{1}{2}J_2\dot{\theta}_2^2+\frac{1}{2}m\dot{x}_o^2 \tag{3-118}$$

折算到电动机轴（Ⅰ轴）上的等效能量

$$E=\frac{1}{2}J\dot{\theta}_1^2 \tag{3-119}$$

将式（3-119）代入（3-118），得等效转动惯量 J 为

$$J=J_1+J_2\left(\frac{\dot{\theta}_2}{\dot{\theta}_1}\right)^2+m\left(\frac{\dot{x}_o}{\dot{\theta}_1}\right)^2=J_1+J_2\left(\frac{z_1}{z_2}\right)^2+\frac{mL^2}{4\pi^2}\left(\frac{z_1}{z_2}\right)^2 \tag{3-120}$$

式中，L 为丝杠导程，且 $L=\dfrac{\dot{x}_o}{n_2}$；$n_2=\dfrac{\dot{\theta}_2}{2\pi}$为Ⅱ轴的转速。

2）等效阻尼系数的计算。可根据阻尼损耗能量相等的原理进行折算。本例中只计工作台和导轨间的直线阻尼，其他回转阻尼忽略不计。工作台移动阻尼损耗能为

$$E=\frac{1}{2}B_o\dot{x}_o^2 \tag{3-121}$$

折算到Ⅰ轴上的等效回转阻尼损耗能为

$$E=\frac{1}{2}B\dot{\theta}_1^2 \tag{3-122}$$

因此等效回转阻尼系数为

$$B=B_o\left(\frac{\dot{x}_o}{\dot{\theta}_1}\right)^2=B_o\left(\frac{z_1}{z_2}\cdot\frac{L}{2\pi}\right)^2 \tag{3-123}$$

3）等效刚度系数的计算。根据弹性变形产生的位能相等的原理计算等效刚度系数。分别将工作台轴向刚度和Ⅱ轴的回转刚度全都折算到电动机轴上，加上电动机轴原有的刚度，相当于 3 个弹簧串联，串联弹簧总的等效刚度系数 k 为

$$k=\frac{1}{\dfrac{1}{k_1}+\dfrac{1}{k_2^1}+\dfrac{1}{k_o^1}} \tag{3-124}$$

式中，k_1 为 Ⅰ 轴本身刚度系数；k_2^1 和 k_o^1 分别为轴 Ⅱ 和工作台折算到 Ⅰ 轴的刚度系数。

工作台轴向弹性变形能为 $E=\frac{1}{2}k_o \cdot \Delta x_o^2$，折算到 Ⅰ 轴的等效扭转变形能为

$$E=\frac{1}{2}k_o^1 \cdot \Delta\theta_1^2$$

从而得到

$$k_o^1=\left(\frac{\Delta x_o}{\Delta\theta_1}\right)^2 k_o=\left(\frac{z_1}{z_2} \cdot \frac{L}{2\pi}\right)^2 k_o$$

同理，将轴 Ⅱ 的刚度系数 k_2 折算到轴 Ⅰ，其等效值为

$$k_2^1=\left(\frac{\Delta\theta_2}{\Delta\theta_1}\right)^2 k_2=\left(\frac{z_1}{z_2}\right)^2 k_2$$

Ⅰ 轴上的等效刚度系数 k 为

$$k=\frac{1}{\frac{1}{k_1}+\frac{1}{\left(\frac{z_1}{z_2}\right)^2 k_2}+\frac{1}{\left(\frac{z_1}{z_2} \cdot \frac{L}{2\pi}\right)^2 k_o}} \tag{3-125}$$

经过等效变换后，机械传动装置可简化为如图 3-52 所示的系统。电动机驱动转矩为 M，电动机输入转角为 θ，电动机轴在负载作用下的实际转角为 θ_1。

列平衡方程

$$M=k(\theta-\theta_1) \tag{3-126}$$

$$M=J\ddot{\theta}_1+B\dot{\theta}_1 \tag{3-127}$$

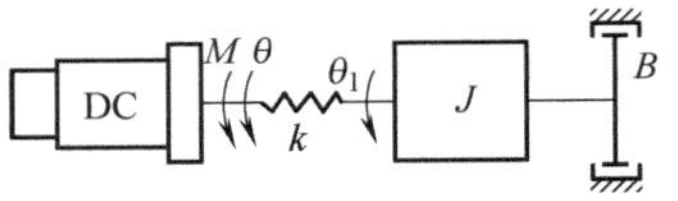

图 3-52　等效机械传动装置简图

因此

$$k(\theta-\theta_1)=J\ddot{\theta}_1+B\dot{\theta}_1 \tag{3-128}$$

又因为

$$\theta_1=\frac{z_2}{z_1} \cdot \frac{2\pi}{L}x_o \tag{3-129}$$

将式（3-129）代入式（3-128），并进行拉普拉斯变换

$$(Js^2+Bs+k)\frac{z_2}{z_1}\frac{2\pi}{L}X_o(s)=k\Theta(s)$$

输入转角到工作台位移间的传递函数为

$$\frac{X_o(s)}{\Theta(s)}=\frac{\left(\frac{z_1}{z_2} \cdot \frac{L}{2\pi}\right)k}{Js^2+Bs+k}=\frac{z_1}{z_2} \cdot \frac{L}{2\pi} \cdot \frac{\omega_n^2}{s^2+2\zeta\omega_n s+\omega_n^2} \tag{3-130}$$

式中，ω_n 为机械系统的无阻尼固有频率，$\omega_n=\sqrt{k/J}$；ζ 为机械系统阻尼比，$\zeta=\frac{B}{2\sqrt{Jk}}$。

由传递函数可以看出，该机械系统是一个振荡环节。

（3）检测装置　将编码器测得的实际位移量，以脉冲数直接反馈到输入端，设传递函数 $k_e=1$。

（4）计数、比较和转换装置　将指令脉冲和反馈脉冲进行比较，脉冲差值通过 D/A 转换，变为电压量 u_i，该环节为比例环节，增益为 K_c。整个进给系统的框图如图 3-53 所示。

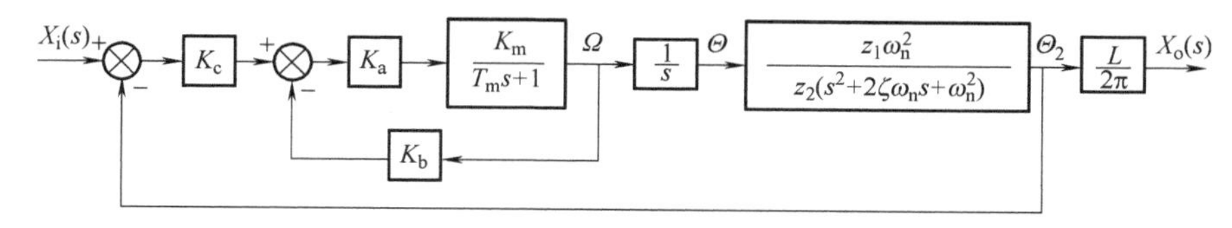

图 3-53　直流伺服电动机驱动的进给系统框图

在前面所述的驱动电动机传递函数的推导中，忽略了弹性负载，即不计电动机轴的弹性变形。这是由于考虑电动机实际工作在转速经常变化、频繁起动和制动条件下，电动机的时间常数是很重要的性能指标，因此和时间常数有关的惯性负载和阻尼负载首先必须考虑；为简化推导过程，且因为系统有一定的刚性，便忽略了弹性负载。但在推导机械传动部件的传递函数中，不仅考虑到等效转动惯量和等效阻尼系数，而且考虑了等效刚度系数。这是因为转动惯量和刚度直接决定了机械部件的固有频率，该固有频率关系到整个伺服系统的刚性和工作稳定性，阻尼特性则与系统的定位精度和工作稳定性有关。

自学指导

学习本章内容，应掌握以下基本概念：数学模型以及经典控制理论中数学模型的主要表达形式，线性系统与非线性系统，传递函数及其特点，传递函数的 8 个典型环节及其表达式，框图的表达及其连接形式；具备建立系统（主要是机械系统和电网络系统）的微分方程并根据微分方程的拉普拉斯变换式画系统框图的基本技能，熟练掌握框图的简化原则和简化方法。

复习思考题

1. 为什么要建立系统的数学模型？数学模型有哪些形式？
2. 线性系统与非线性系统的主要区别是什么？
3. 列写系统微分方程要考虑哪些问题？
4. 采用变量增量化的方法来列写微分方程有什么优点？要注意什么？
5. 传递函数的定义和特点是什么？
6. 传递函数的零点和极点的概念是什么？它们对系统性能有哪些影响？
7. 8 个典型环节传递函数的表达式是什么？
8. 简述框图的建立、简化及综合过程。
9. 各类机械系统、电网络系统的传递函数建立方法是什么？
10. 一般系统传递函数的建立方法是什么？

习题

3-1　列出图题 3-1 所示各种机械系统的运动微分方程。图中未注明的 $x(t)$ 为输入位移，$y(t)$ 为输出位移。

3-2　列出图题 3-2 所示系统的运动微分方程，并求输入轴上的等效转动惯量 J 和等效阻尼系数 B。图中 T_1、θ_1 分别为输入转矩及转角，T_L 为输出转矩，z_1、z_2 分别为输入和输出轴上齿轮的齿数。

3-3　求图题 3-3 所示各电网络输入量（电压 u_i）和输出量（电压 u_o）之间的微分方程。

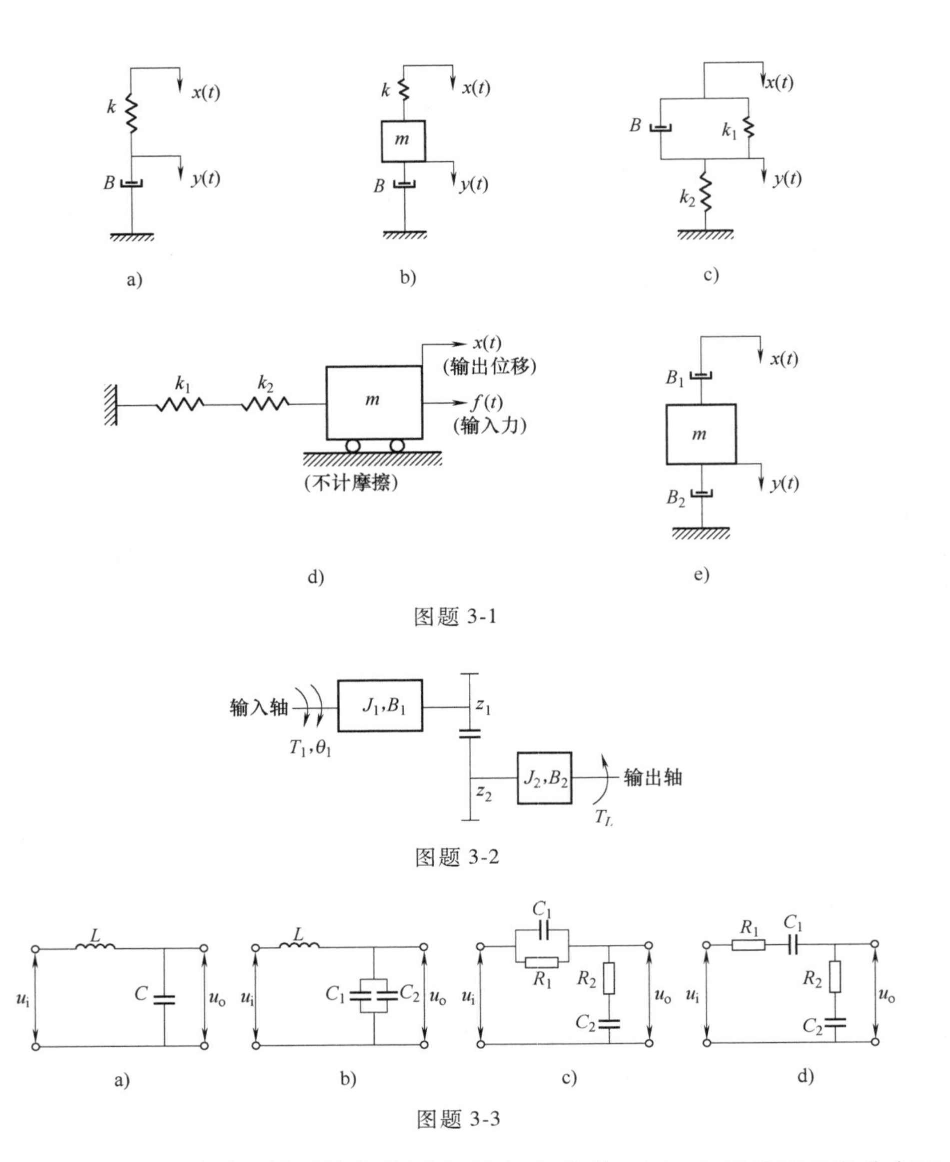

图题 3-1

图题 3-2

图题 3-3

3-4　列出图题 3-4 所示机械系统的作用力 $f(t)$ 与位移 $x(t)$ 之间关系的微分方程。

3-5　如图题 3-5 所示的系统，当外力 $f(t)$ 作用于系统时，m_1 和 m_2 有不同的位移输出 $x_1(t)$ 和 $x_2(t)$，试求 $f(t)$ 与 $x_2(t)$ 的关系，列出微分方程。

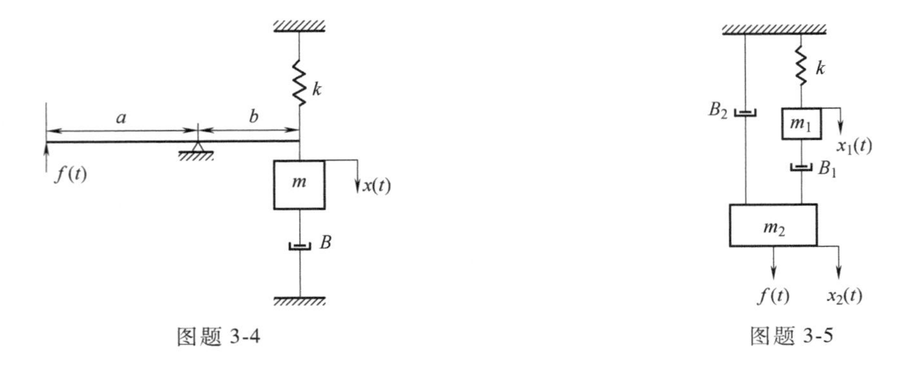

图题 3-4　　图题 3-5

3-6 求图题 3-6 所示各机械系统的传递函数。图题 3-6a 与图题 3-6b 中，$f(t)$ 为输入，$x(t)$ 为输出；图题 3-6c 与图题 3-6d 中，$x_1(t)$ 为输入，$x_2(t)$ 为输出。

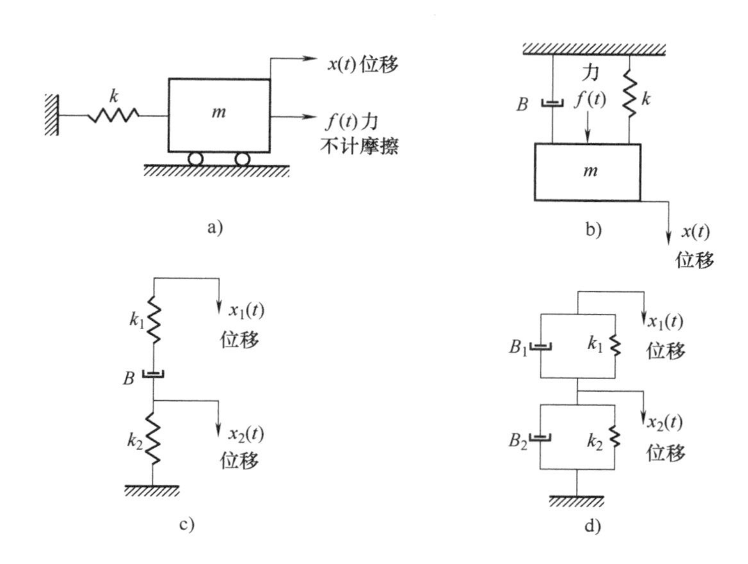

图题 3-6

3-7 图题 3-7 所示 $f(t)$ 为输入力，系统的扭转弹簧刚度系数为 k，轴的转动惯量为 J，阻尼系数为 B，系统的输出为轴的转角 $\theta(t)$，轴的半径为 r，求系统的传递函数。

3-8 证明图题 3-8a 和图题 3-8b 所示的系统是相似系统。其中，$u_i(t)$、$x_1(t)$ 为输入，$u_o(t)$、$x_2(t)$ 为输出。

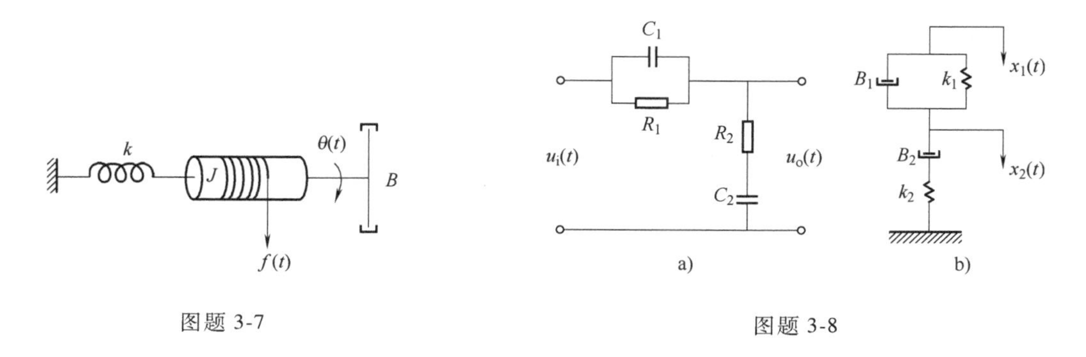

图题 3-7

图题 3-8

3-9 运用框图简化法则，求图题 3-9 所示各系统的传递函数。

3-10 对于图题 3-10 所示的系统，试求

(1) 以 $R(s)$ 为输入，$N(s)=0$ 时，分别以 $C(s)$ 和 $E(s)$ 为输出时的传递函数。

(2) 以 $N(s)$ 为输入，$R(s)=0$ 时，分别以 $C(s)$ 和 $E(s)$ 为输出时的传递函数。

3-11 画出图题 3-11 所示系统的框图，并写出其传递函数。

3-12 画出图题 3-12 所示系统的框图，该系统在开始时处于静止状态，系统的输入为外力 $f(t)$，输出为位移 $x(t)$，并写出系统的传递函数。

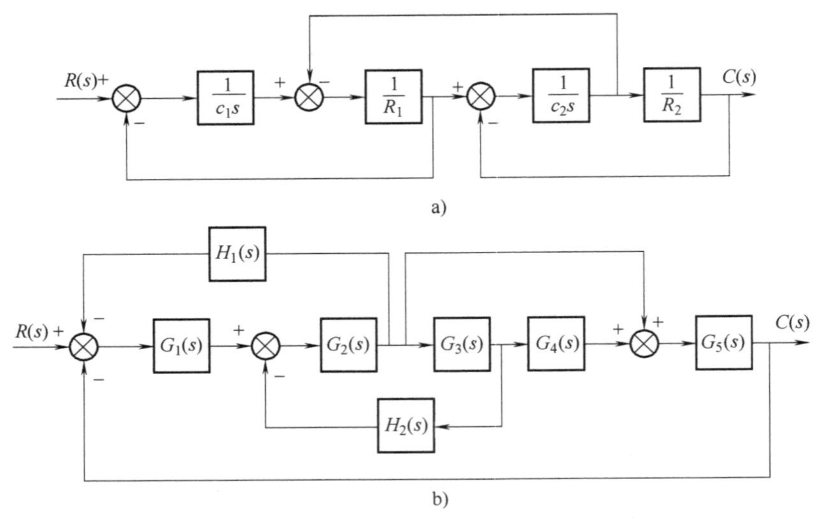

图题 3-9

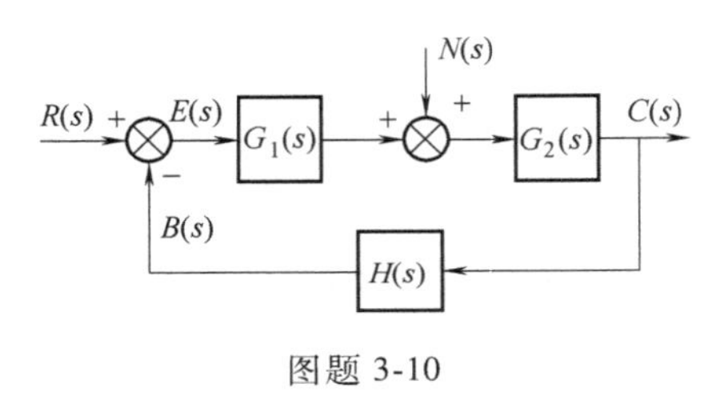

图题 3-10

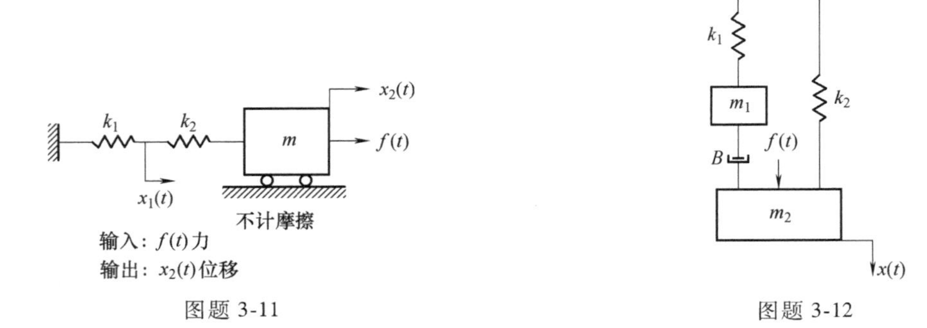

图题 3-11

图题 3-12

第4章 控制系统的时域分析

控制系统的时域分析是一种直接分析法，它根据描述系统的微分方程或传递函数在时间域内直接计算系统的时间响应，从而分析和确定系统的稳态性能和动态性能。

本章在系统满足稳定性的条件下，首先介绍了时间响应的基本概念，并对一阶、二阶系统的时间响应进行了分析，同时讨论了高阶系统的时间响应以及主导极点的概念；接着对系统的瞬态响应的性能指标进行了分析，并针对二阶系统进行了深入的讨论；最后介绍了系统误差与稳态误差的概念，讨论了影响误差的主要因素。

4.1 时间响应

1. 时间响应的概念

控制系统在外加作用激励下，其输出量随时间变化的函数关系称之为系统的时间响应。通过对时间响应的分析可揭示系统本身的运动规律与动态特性。

在进行系统分析和设计时，为了方便分析、研究以及对不同系统进行比较，需要预先规定一些特殊形式的试验信号作为系统的输入，这种输入信号就是所谓的典型输入信号。通过比较系统对这些输入信号的响应，对该系统的性能进行分析和评价。采用典型输入信号的优点是：①数学处理简单，而同时又能全面反映系统的稳态性能和瞬态性能；②典型输入信号物理可实现性好，比较容易获得；③便于进行系统辨识。因此给定典型输入下的性能指标，有利于系统的分析和综合，典型输入的响应还是进行复杂输入时系统性能分析的基础。

在时域分析法中，常采用的典型输入信号有脉冲函数、阶跃函数、斜坡函数和加速度函数等。系统在零初始条件下对于典型输入信号的响应称为典型时间响应。不同的系统或参数不同的同一系统，它们对同一典型输入信号不同的时间响应则反映出各种系统动态性能的差异，从而便于按相同的性能指标对系统的性能予以评价。

线性动态系统可用微分方程来描述，时间响应的数学表达式就是微分方程的解。任一系统的时间响应都是由瞬态响应和稳态响应两部分组成。

1）瞬态响应：当系统受到外加作用激励后，从初始状态到最后状态的响应过程称为瞬态响应。如图4-1所示，当系统在单位阶跃信号激励下，在$0\sim t_1$时间内的响应过程为瞬态响应。当$t>t_1$时，则系统趋于稳定。

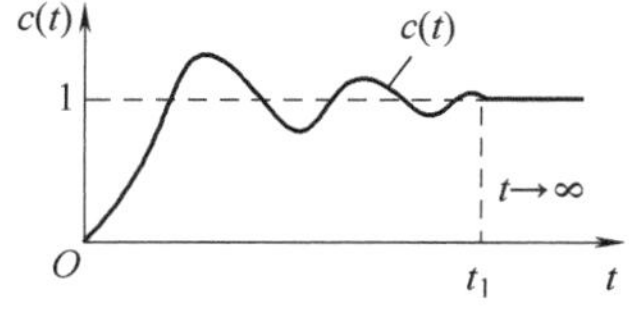

图4-1 单位阶跃作用下的时间响应

2）稳态响应：时间趋于无穷大时，系统的输出状态称为稳态响应。如图4-1中，当$t\to\infty$时的稳态输出$c(t)=1$。

当$t\to\infty$时，$c(t)\to$稳态值，则系统是稳定的；若$c(t)$呈等幅振荡或发散，则系统不稳定。本章所讨论的系统时间响应均是在系统稳定的前提下进行的。瞬态响应反映了系统的动态性能，而稳态响应偏离系统希望值的程度反映了系统的精确程度。

2. 脉冲响应函数（权函数）

传递函数 $G(s)$ 是在 s 域或频域中描述一个系统，但是在很多情况下，常常要求在时域中描述一个系统的输入与输出的动态因果关系，这就是系统的脉冲响应函数 $g(t)$。顾名思义，当一个系统受到一个单位脉冲激励（输入）时，它所产生的反应或响应（输出）定义为脉冲响应函数。如图 4-2 所示，当系统输入 $x(t)=\delta(t)$ 时，则输出 $y(t)=g(t)$，$\delta(t)$ 为单位脉冲函数。

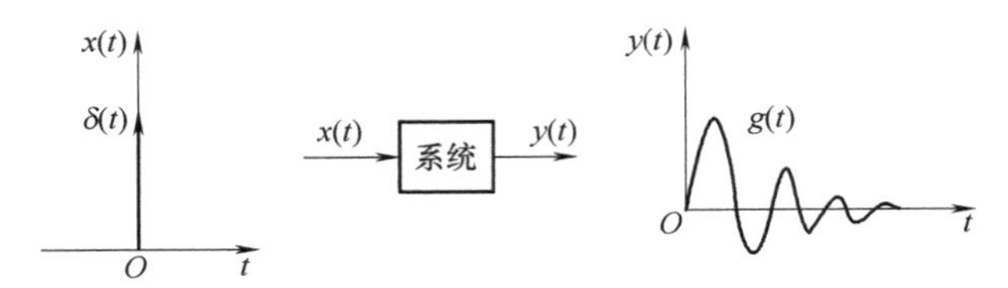

图 4-2　单位脉冲响应函数

因而一个系统可用图 4-3 所示的框图来表示。

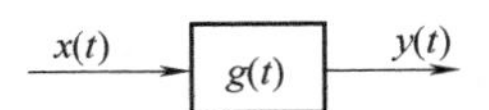

图 4-3　系统框图

由图 4-2，若系统输入 $x(t)=\delta(t)$，对输出 $y(t)=g(t)$ 进行拉普拉斯变换，并注意到 $L[\delta(t)]=1$，则

$$\begin{cases} X(s)=L[x(t)]=L[\delta(t)]=1 \\ Y(s)=L[y(t)]=L[g(t)] \end{cases} \tag{4-1}$$

由传递函数的定义

$$Y(s)=G(s)X(s) \tag{4-2}$$

得

$$G(s)=L[g(t)] \tag{4-3}$$

或

$$g(t)=L^{-1}[G(s)] \tag{4-4}$$

式（4-3）和式（4-4）说明，系统传递函数 $G(s)$ 即为其脉冲响应函数 $g(t)$ 的像函数。

若系统输入为单位阶跃函数，因为单位阶跃函数是单位脉冲函数的积分，即

$$x(t)=1(t)=\int_0^t \delta(t)\,\mathrm{d}t \tag{4-5}$$

则

$$X(s)=\frac{1}{s}$$

根据传递函数定义和拉普拉斯变换积分定理，可得

$$Y(s)=G(s)X(s)=\frac{1}{s}G(s)$$

即得

$$y(t)=L^{-1}\left[\frac{1}{s}G(s)\right]=\int_0^t g(t)\,\mathrm{d}t \tag{4-6}$$

式（4-6）表明，系统对输入信号积分的响应，等于系统对该输入信号响应的积分，同样，系统对输入信号导数的响应，等于系统对该输入信号响应的导数。该结论是线性定常系统的重要特性，但不适用于线性时变系统及非线性系统。

3. 任意输入作用下系统的时间响应

当线性系统输入为一任意时间函数 $x(t)$ 时（图 4-4），在 $0\sim t_1$ 时刻内，将连续信号

$x(t)$ 分割成 n 小段，$\Delta\tau=t_1/n$。当 $n\to\infty$，则 $\Delta\tau\to 0$，$x(t)$ 可以近似看作 n 个脉冲函数叠加而成，每个脉冲函数的面积为 $x(\tau_k)\Delta\tau$。

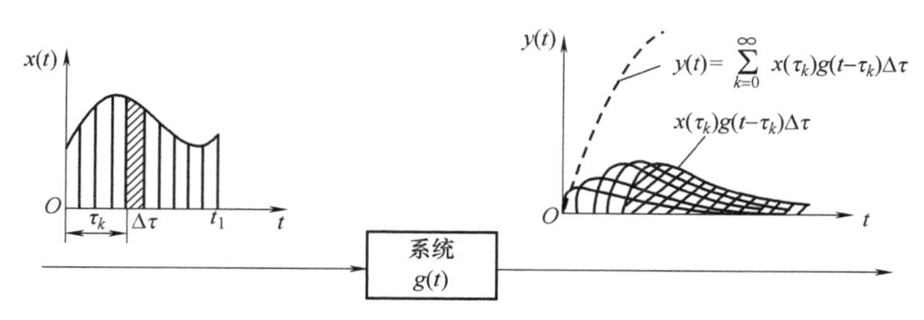

图 4-4　任意输入作用下系统的时间响应

如前所述，对于单位脉冲函数 $\delta(t)$，其与时间轴包围的面积为 1，作用在 $t=0$ 的时刻，其输出为脉冲响应函数 $g(t)$，而对于面积为 $x(\tau_k)\Delta\tau$，作用时刻为 τ_k 的各个脉冲函数的输出响应，按比例和时间平移的方法，可得 τ_k 时刻的响应为 $x(\tau_k)\Delta\tau g(t-\tau_k)$。根据线性叠加的原理，将 $0\sim t$ 的各个时刻的脉冲响应叠加，就得到了任意函数 $x(t)$ 在 t 时刻的时间响应函数$y(t)$

$$y(t)=\lim_{n\to\infty}\sum_{k=0}^{n}x(\tau_k)g(t-\tau_k)\Delta\tau=\int_0^t x(\tau)g(t-\tau)\,\mathrm{d}\tau \tag{4-7}$$

由此，已知系统的脉冲响应函数，就可以通过式（4-7）的卷积分，求得系统对任意时间函数 $x(t)$ 的时间响应函数 $y(t)$。由式（4-7）可知，系统在受输入激励作用后，t 时刻的输出 $y(t)$ 为 t 时刻及 t 时刻以前各输入 $x(\tau)$ 乘以相应时刻的权函数 $g(t-\tau)$ 所产生的输出累积，$-\infty<\tau\leqslant t$。因此，脉冲响应函数 $g(t)$ 又称为权函数，可以把式（4-7）拓展成

$$y(t)=\int_{-\infty}^{t}x(\tau)g(t-\tau)\,\mathrm{d}\tau \tag{4-8}$$

注意，对于任意可实现的系统，当 $\tau>t$ 时，$g(t-\tau)=0$。这是因为工程中 t 时刻以后的输入，不可能对 t 时刻的输出 $y(t)$ 产生作用。

脉冲响应函数 $g(t)$ 不仅是在时域中描述系统动态特性的重要数学工具，同时也提供了一个极为简单而重要的利用实验方法来建立系统数学模型（即系统辨识）的理论及实验基础。对于机械结构来说，采用锤击法来施加脉冲激励作用是很方便的，早在 20 世纪 20 年代就已经用于飞机结构的建模和参数识别。

例 4-1　系统的单位脉冲响应函数为 $g(t)=2\mathrm{e}^{-\frac{1}{2}t}$，系统输入 $x(t)$ 如图 4-5 所示，求系统的输出 $y(t)$。

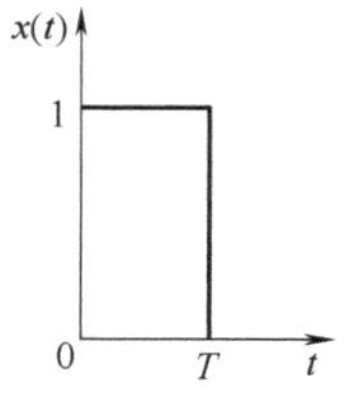

解： 系统输入 $x(t)$ 为

$$x(t)=\begin{cases}1,0\leqslant t\leqslant T\\0,t>T\end{cases}$$

图 4-5　系统的输入函数

由式（4-8）可分别求出以下 3 个时间间隔内的响应表达式。

1）当 $t<0$ 时，$y(t)=\int_{-\infty}^{t}x(\tau)g(t-\tau)\,\mathrm{d}\tau=0$。

2）当 $0\leqslant t\leqslant T$ 时，$y(t)=\int_0^t x(\tau)g(t-\tau)\,\mathrm{d}\tau=\int_0^t 2\mathrm{e}^{-\frac{1}{2}(t-\tau)}\,\mathrm{d}\tau=4(1-\mathrm{e}^{-\frac{1}{2}t})$。

3） 当 $t>T$ 时，
$$y(t)=\int_0^t x(\tau)g(t-\tau)\mathrm{d}\tau$$
$$=\int_0^T x(\tau)g(t-\tau)\mathrm{d}\tau+\int_T^t x(\tau)g(t-\tau)\mathrm{d}\tau$$
$$=\int_0^T 2\mathrm{e}^{-\frac{1}{2}(t-\tau)}\mathrm{d}\tau$$
$$=2\mathrm{e}^{-\frac{1}{2}t}\int_0^T \mathrm{e}^{\frac{1}{2}\tau}\mathrm{d}\tau$$
$$=4(\mathrm{e}^{-\frac{1}{2}(t-T)}-\mathrm{e}^{-\frac{1}{2}t})$$

对于该例也可采用拉普拉斯变换与拉普拉斯反变换方法,求其输出响应。由图 4-5 可知，其输入函数也可以表达为 $x(t)=1(t)-1(t-T)$，对其进行拉普拉斯变换，得

$$X(s)=\frac{1}{s}(1-\mathrm{e}^{-Ts})$$

系统的传递函数为
$$G(s)=L[2\mathrm{e}^{-\frac{1}{2}t}]=\frac{2}{s+0.5}=\frac{4}{2s+1}$$

则
$$Y(s)=\frac{4}{s(2s+1)}(1-\mathrm{e}^{-Ts})$$

对上式进行拉普拉斯反变换，可得

$$y(t)=4(1-\mathrm{e}^{-\frac{1}{2}t})-4[1-\mathrm{e}^{-\frac{1}{2}(t-T)}]1(t-T)$$

即
$$y(t)=\begin{cases}0, & t<0\\ 4(1-\mathrm{e}^{-\frac{1}{2}t}), & 0\leqslant t\leqslant T\\ 4(\mathrm{e}^{-\frac{1}{2}(t-T)}-\mathrm{e}^{-\frac{1}{2}t}), & t>T\end{cases}$$

4.2 一阶系统的时间响应

1. 一阶系统的数学模型

能用一阶微分方程描述的系统称为一阶系统，如图 4-6 所示的 RC 电路。若输入与输出电压分别为 u_i、u_o，则系统的传递函数为

$$\frac{U_o(s)}{U_i(s)}=\frac{1}{RCs+1} \tag{4-9}$$

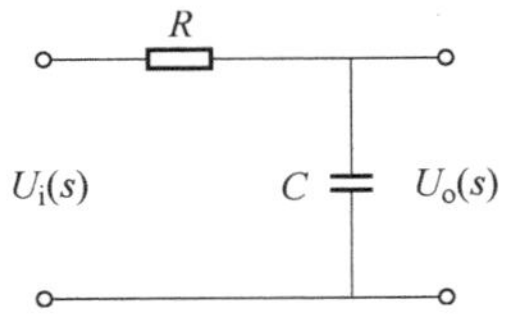

图 4-6 RC 电路

图 4-7 所示的机械转动系统，M 为输入转矩，ω 为输出角速度，则系统的传递函数为

$$\frac{\Omega(s)}{M(s)}=\frac{1}{Js+B} \tag{4-10}$$

图 4-8 所示为不计质量的弹簧-阻尼系统，P 为输入油压，y 为输出位移，A 为活塞面积，k 为弹簧刚度系数，B 为黏性阻尼系数，则系统的传递函数为

$$\frac{Y(s)}{P(s)}=\frac{A}{Bs+k} \tag{4-11}$$

式（4-9）~式（4-11）所代表的系统均为一阶系统，因此一阶系统传递函数的一般形式为

$$\frac{C(s)}{R(s)}=\frac{K}{Ts+1} \tag{4-12}$$

式中，K 为系统增益（gain）；T 为时间常数（time constant）。

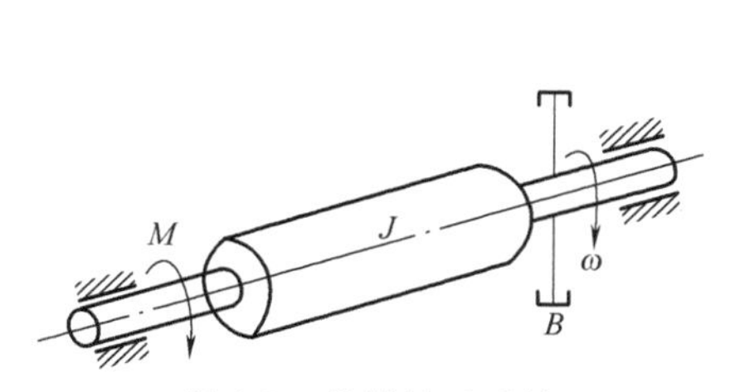

图 4-7　机械转动系统

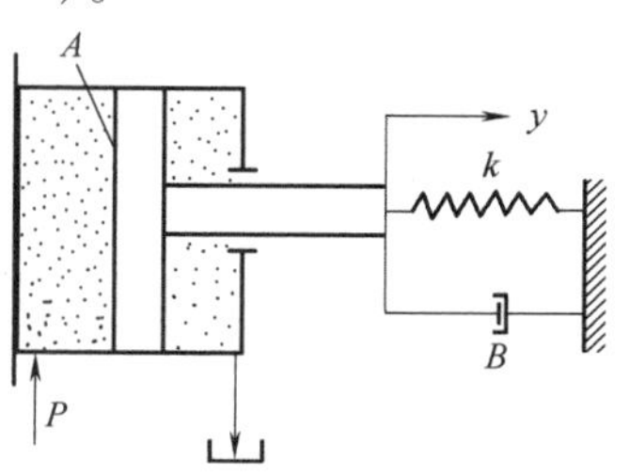

图 4-8　不计质量的弹簧-阻尼系统

当 $K=1$ 时，典型一阶系统的框图及其简化形式如图 4-9 所示。

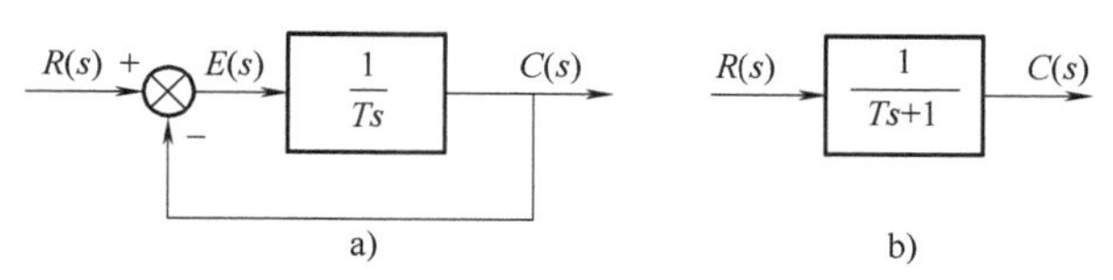

图 4-9　一阶系统框图及其简化形式

a）简化前　b）简化后

2. 一阶系统的单位阶跃响应

当输入为单位阶跃响应，即

$$R(s)=\frac{1}{s}$$

则有

$$C(s)=\frac{1}{Ts+1}\ \frac{1}{s}=\frac{1}{s}-\frac{T}{Ts+1}=\frac{1}{s}-\frac{1}{s+\frac{1}{T}} \tag{4-13}$$

对式（4-13）进行拉普拉斯反变换，得

$$c(t)=1-\mathrm{e}^{-\frac{t}{T}} \tag{4-14}$$

一阶系统的单位阶跃响应曲线如图 4-10 所示。随着 $t\to\infty$，其稳态输出值等于 1。

在 $t=0$ 时刻，响应曲线的斜率为

$$\left.\frac{\mathrm{d}c(t)}{\mathrm{d}t}\right|_{t=0}=\left.\frac{1}{T}\mathrm{e}^{-\frac{t}{T}}\right|_{t=0}=\frac{1}{T} \tag{4-15}$$

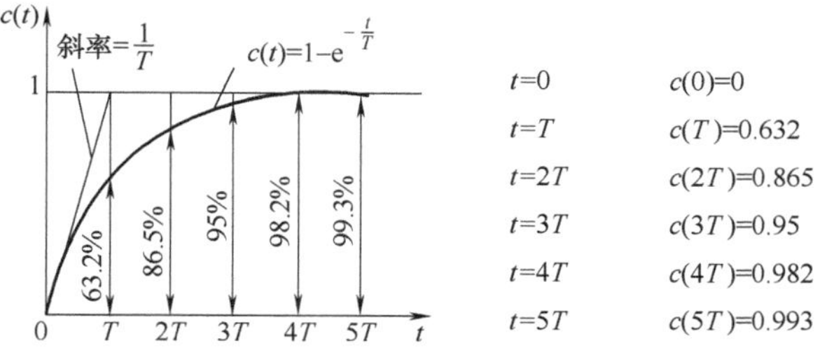

图 4-10　一阶系统的单位阶跃响应曲线

一阶系统的时间常数 T 是重要的特征参数，它表征了系统过渡过程的品质，其值越小，则系统响应越快，即很快达到稳态值。在前面所述的 RC 电路中，时间常数 $T=RC$；在回转机械系统中 $T=\frac{J}{B}$；在弹簧-阻尼系统中 $T=\frac{B}{k}$，与 T 有关的系统各参数均和系统动态品质有关。

3. 一阶系统的单位脉冲响应

当系统的输入为单位脉冲函数 $\delta(t)$ 时，输出为系统的时间响应函数 $g(t)$ 或称权函数。因此，当 $r(t)=\delta(t)$ 时，有 $R(s)=1$，所以

$$C(s)=\frac{1}{Ts+1}=\frac{1}{T}\cdot\frac{1}{s+\frac{1}{T}} \tag{4-16}$$

经拉普拉斯反变换，得

$$g(t)=c(t)=\frac{1}{T}\mathrm{e}^{-\frac{t}{T}}\quad(t\geqslant 0) \tag{4-17}$$

一阶系统的单位脉冲响应曲线如图 4-11 所示。随着 $t\to\infty$，其稳态输出值 $c(\infty)=0$

4. 一阶系统的单位斜坡响应

当输入为单位斜坡函数时，有 $R(s)=\dfrac{1}{s^2}$，所以

$$C(s)=\frac{1}{Ts+1}\cdot\frac{1}{s^2}=\frac{1}{s^2}-\frac{T}{s}+\frac{T^2}{Ts+1}=\frac{1}{s^2}-T\left(\frac{1}{s}\right)+T\left(\frac{1}{s+1/T}\right) \tag{4-18}$$

对式（4-18）进行拉普拉斯反变换，得

$$c(t)=t-T+T\mathrm{e}^{-t/T} \tag{4-19}$$

一阶系统的单位斜坡响应曲线如图 4-12 所示。随着 $t\to\infty$，其稳态输出值与输入之间的差值等于时间常数 T。

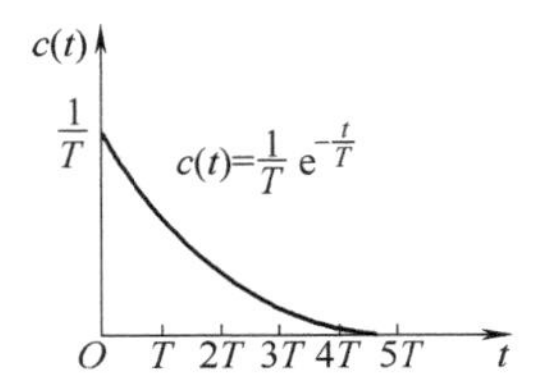

图 4-11　一阶系统的单位脉冲响应曲线

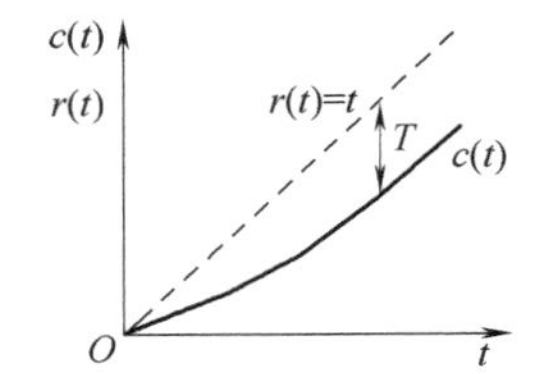

图 4-12　一阶系统的单位斜坡响应曲线

4.3　二阶系统的时间响应

1. 二阶系统的数学模型

二阶系统是用二阶微分方程描述的系统。图 4-13 所示的弹簧-质量-阻尼系统即为二阶系统。其运动微分方程为

$$m\frac{\mathrm{d}^2y}{\mathrm{d}t^2}+B\frac{\mathrm{d}y}{\mathrm{d}t}+ky=x \tag{4-20}$$

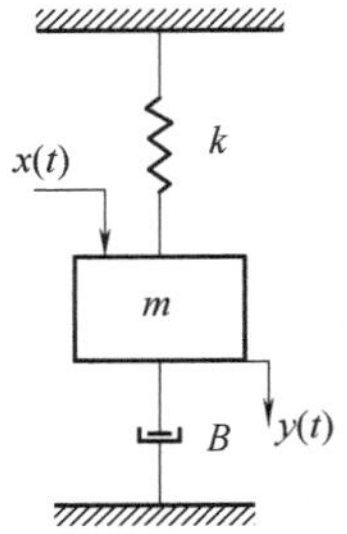

系统的传递函数为

$$G(s)=\frac{Y(s)}{X(s)}=\frac{1}{ms^2+Bs+k} \tag{4-21}$$

为使研究结果具有普遍意义，引入新的参变量

$$\begin{cases}\omega_{\mathrm{n}}^2=\dfrac{k}{m},\omega_{\mathrm{n}}=\sqrt{\dfrac{k}{m}}\\[2ex] 2\zeta\omega_{\mathrm{n}}=\dfrac{B}{m}\end{cases} \tag{4-22}$$

图 4-13　弹簧-质量-阻尼系统

式中，ω_{n} 为无阻尼固有频率；ζ 为阻尼比，表示如下

$$\zeta=\frac{\text{黏性阻尼系数}}{\text{临界阻尼系数}}=\frac{B}{B_{\mathrm{c}}}=\frac{B}{2\sqrt{mk}} \tag{4-23}$$

式中，临界阻尼系数 B_{c} 是根据二阶系统特征方程的特征根在临界状态下求得。

由式（4-21），得系统特征方程为

$$ms^2+Bs+k=0$$

特征根为

$$s_{1,2}=\frac{-B\pm\sqrt{B^2-4mk}}{2m}$$

在临界阻尼状态下，$B_c^2=4mk$，故临界阻尼系数 $B_c=2\sqrt{mk}$。

引入新参量后，式（4-21）可改写为

$$G(s)=\frac{1}{k}\cdot\frac{\omega_n^2}{s^2+2\zeta\omega_n s+\omega_n^2} \tag{4-24}$$

式中，$1/k$ 为系统增益；$\omega_n^2/(s^2+2\zeta\omega_n s+\omega_n^2)$ 为典型二阶系统的传递函数。

下面仅讨论此二阶系统的典型形式，分析参数 ζ、ω_n 对系统动态性能的影响，典型二阶系统框图及其简化形式如图 4-14 所示。

2. 二阶系统的单位阶跃响应

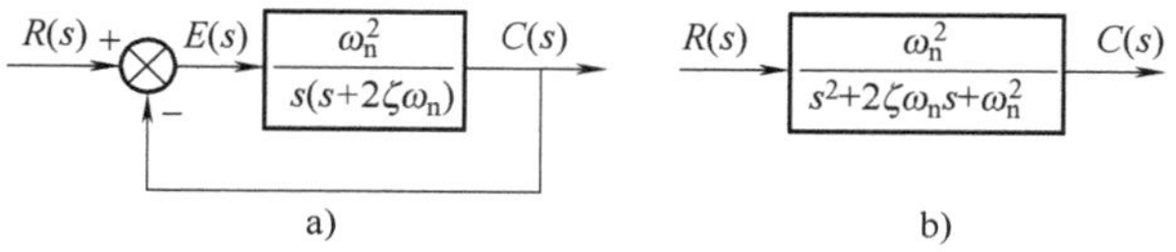

图 4-14 所示二阶系统的特征方程为

$$s^2+2\zeta\omega_n s+\omega_n^2=0 \tag{4-25}$$

其特征根为

$$s_{1,2}=-\zeta\omega_n\pm\omega_n\sqrt{\zeta^2-1} \tag{4-26}$$

图 4-14　典型二阶系统框图及其简化形式

a）简化前　b）简化后

根据阻尼比的不同取值，特征根在［s］平面上的分布如图 4-15 所示。其中，图 4-15a 对应阻尼比的取值范围为 $0<\zeta<1$，称为欠阻尼情况；图 4-15b 对应阻尼比 $\zeta=1$，称为临界阻尼情况；图 4-15c 对应阻尼比 $\zeta=0$，称为零阻尼情况；图 4-15d 对应阻尼比为 $\zeta>1$，称为过阻尼情况；图 4-15e 为固有频率 ω_n 不变、阻尼比 ζ 取不同值时的特征根在［s］平面上的变化规律（即根轨迹），可以证明在欠阻尼范围内的特征根曲线是半圆弧，其半径等于 ω_n。

下面分别对以上不同阻尼比情况下的特征根及其对应的单位阶跃响应进行分析和讨论。

（1）欠阻尼情况（$0<\zeta<1$）　由式（4-26）可知，此时二阶系统的特征方程有一对共轭复根

$$s_{1,2}=-\zeta\omega_n\pm j\omega_n\sqrt{1-\zeta^2}=-\zeta\omega_n\pm j\omega_d \tag{4-27}$$

式中，$\omega_d=\omega_n\sqrt{1-\zeta^2}$ 为有阻尼固有频率。欠阻尼时的闭环极点（即系统特征根）在［s］平面上的分布情况如图 4-15a 所示，当 ω_n 不变，阻尼比 ζ 从 $0\rightarrow1$ 时，描绘出的两个特征根如图 4-15e 中的 90°圆弧所示。这时

$$\frac{C(s)}{R(s)}=\frac{\omega_n^2}{(s+\zeta\omega_n+j\omega_d)(s+\zeta\omega_n-j\omega_d)} \tag{4-28}$$

当 $R(s)=1/s$，即输入为单位阶跃函数时，输出的拉普拉斯变换为

$$C(s)=\frac{\omega_n^2}{s(s+\zeta\omega_n+j\omega_d)(s+\zeta\omega_n-j\omega_d)} \tag{4-29}$$

对式（4-29）进行拉普拉斯反变换，可得系统的单位阶跃响应为

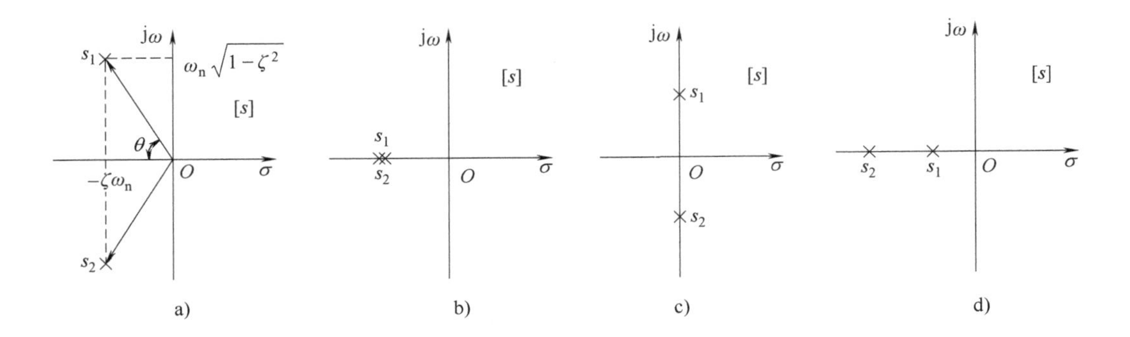

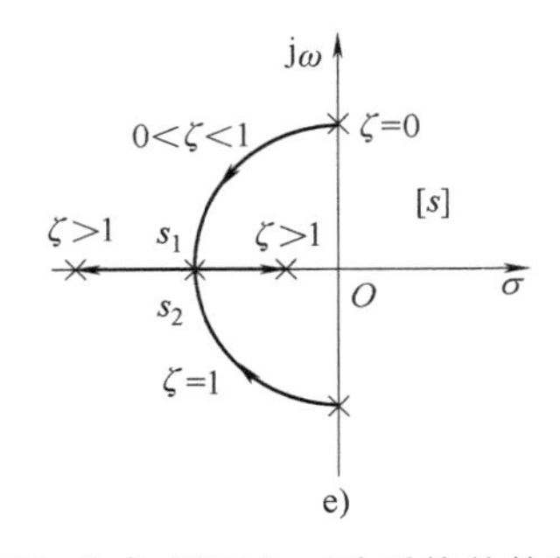

图 4-15 ［s］平面上二阶系统的特征根的分布

a）$0<\zeta<1$ b）$\zeta=1$ c）$\zeta=0$ d）$\zeta>1$ e）ω_n 不变、ζ 取不同值时的特征根分布

$$c(t)=1-\frac{e^{-\zeta\omega_n t}}{\sqrt{1-\zeta^2}}\sin\left(\omega_d t+\arctan\frac{\sqrt{1-\zeta^2}}{\zeta}\right) \quad (t\geqslant 0) \tag{4-30}$$

由式（4-30）可以看出，在欠阻尼情况下，二阶系统对单位阶跃输入的响应为衰减的振荡，其振荡角频率等于有阻尼固有频率 ω_d，振幅按指数衰减，它们均与阻尼比 ζ 有关。ζ 越小则 ω_d 越接近于 ω_n，同时振幅衰减得越慢；ζ 越大则阻尼越大，ω_d 将减小，振荡幅值衰减也越快。

（2）临界阻尼情况（$\zeta=1$） 此时系统的特征方程有一对相等的负实根，$s_{1,2}=-\omega_n$，特征根在［s］平面上的分布如图 4-15b 所示。这时，式（4-29）可改写为

$$C(s)=\frac{\omega_n^2}{s(s+\omega_n)^2}$$

对上式进行拉普拉斯反变换，得

$$c(t)=1-e^{-\omega_n t}(1+\omega_n t) \quad (t\geqslant 0) \tag{4-31}$$

显然，由式（4-30），令 $\zeta\to 1$ 取极限也能得到相同的结果。这时系统的单位阶跃响应达到衰减振荡的极限，系统不再振荡，故称为临界阻尼情况。

（3）零阻尼情况（$\zeta=0$） 由式（4-26）可知，此时 $s_{1,2}=\pm j\omega_n$，特征根在［s］平面上的分布如图 4-15c 所示。系统在零阻尼下的单位阶跃响应为

$$c(t)=1-\cos\omega_n t \quad (t\geqslant 0) \tag{4-32}$$

此时系统以无阻尼固有频率 ω_n 做等幅振荡。

（4）过阻尼情况（$\zeta>1$） 此时，系统的特征方程有两个不相等的负实根：$s_{1,2}=-\zeta\omega_n\pm$

$\omega_n\sqrt{\zeta^2-1}$，特征根在［s］平面上的分布如图 4-15d 所示，其变化趋势如图 4-15e 中实轴部分所示，即在过阻尼情况下，随着阻尼比增大，两闭环特征根由临界阻尼时所处位置分别向坐标原点和负实轴方向变化。

对单位阶跃输入，系统输出的拉普拉斯变换式为

$$C(s)=\frac{\omega_n{}^2}{(s+\zeta\omega_n-\omega_n\sqrt{\zeta^2-1})(s+\zeta\omega_n+\omega_n\sqrt{\zeta^2-1})}\cdot\frac{1}{s}$$

进行拉普拉斯反变换，得

$$c(t)=1+\frac{\omega_n}{2\sqrt{\zeta^2-1}}\left(\frac{e^{-p_1t}}{p_1}-\frac{e^{-p_2t}}{p_2}\right) \tag{4-33}$$

式中，$p_1=-s_2=(\zeta+\sqrt{\zeta^2-1})\omega_n$；$p_2=-s_1=(\zeta-\sqrt{\zeta^2-1})\omega_n$。

式（4-33）中包含了两个指数衰减项：e^{-p_1t} 和 e^{-p_2t}。如果 $\zeta>>1$，则 $|p_1|>>|p_2|$，故式（4-33）括号中的第一项远较第二项衰减得快，因而可忽略第一项。这时，二阶系统蜕化为一阶系统。

根据式（4-30）~式（4-33）作出一簇在不同 ζ 下的响应曲线 $c(t)$，如图 4-16 所示，其横坐标为无量纲变量 ω_nt，输入信号为单位阶跃函数。

3. 二阶系统的单位脉冲响应

当输入 $r(t)$ 为单位脉冲函数时，$R(s)=1$，其输出为

$$C(s)=\frac{\omega_n^2}{s^2+2\zeta\omega_ns+\omega_n^2} \tag{4-34}$$

根据 ζ 的不同取值，输出响应也可分为以下 4 种情况。

（1）欠阻尼情况（$0<\zeta<1$）

$$C(s)=\frac{\omega_n^2}{(s+\zeta\omega_n+j\omega_d)(s+\zeta\omega_n-j\omega_d)} \tag{4-35}$$

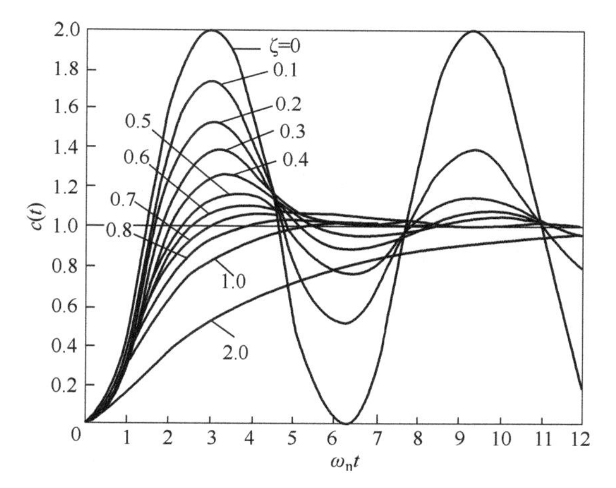

图 4-16 不同 ζ 下二阶系统的单位阶跃响应曲线

对式（4-35）进行拉普拉斯反变换或对式（4-30）求导，可得系统的单位脉冲响应为

$$c(t)=\frac{\omega_n}{\sqrt{1-\zeta^2}}e^{-\zeta\omega_nt}\sin\omega_dt \tag{4-36}$$

（2）临界阻尼情况（$\zeta=1$）

$$C(s)=\frac{\omega_n^2}{(s+\omega_n)^2} \tag{4-37}$$

对式（4-37）进行拉普拉斯反变换或对式（4-31）求导，得

$$c(t)=\omega_n{}^2te^{-\omega_nt} \tag{4-38}$$

（3）零阻尼情况（$\zeta=0$）

$$C(s)=\frac{\omega_{\mathrm{n}}^{2}}{s^{2}+\omega_{\mathrm{n}}^{2}}$$

对上式进行拉普拉斯反变换或对式（4-32）求导，得

$$c(t)=\omega_{\mathrm{n}}\sin\omega_{\mathrm{n}}t \tag{4-39}$$

（4）过阻尼情况（$\zeta>1$）

$$C(s)=\frac{\omega_{\mathrm{n}}^{2}}{(s+\zeta\omega_{\mathrm{n}}-\omega_{\mathrm{n}}\sqrt{\zeta^{2}-1})(s+\zeta\omega_{\mathrm{n}}+\omega_{\mathrm{n}}\sqrt{\zeta^{2}-1})} \tag{4-40}$$

对式（4-40）进行拉普拉斯反变换或对式（4-33）求导，得

$$c(t)=\frac{\omega_{\mathrm{n}}}{2\sqrt{\zeta^{2}-1}}(\mathrm{e}^{-p_{1}t}-\mathrm{e}^{-p_{2}t}) \tag{4-41}$$

式中，$p_1=-s_2=\omega_{\mathrm{n}}(\zeta+\sqrt{\zeta^2-1})$；$p_2=-s_1=\omega_{\mathrm{n}}(\zeta-\sqrt{\zeta^2-1})$。

如果$\zeta\gg1$，则$|p_1|>>|p_2|$，故式（4-41）第一项远较第二项衰减得快，因而可忽略第一项。这时，二阶系统蜕化为一阶系统。

当输入为单位斜坡函数时，读者可以应用上述原理，求出不同ζ值时的输出，这里就不再推导了。

4.4 高阶系统的时间响应

一般情况下，将三阶或三阶以上的系统称为高阶系统。对于高阶系统，难以得到类似二阶系统时域响应的解析表达式。本节主要定性分析闭环极点对高阶系统响应的影响。

1. 高阶系统的阶跃响应

设高阶系统的闭环传递函数可写成如下形式

$$\frac{C(s)}{R(s)}=\frac{B(s)}{A(s)}=\frac{K\prod_{j=1}^{m}(s-z_j)}{\prod_{i=1}^{n}(s-p_i)} \tag{4-42}$$

式中，z_j是系统的闭环零点；p_i是系统的闭环极点；K是增益。

若在系统的所有闭环极点中，包含q个实数极点$p_i(i=1,2,\cdots,q)$和r对共轭复数极点$(-\zeta_k\omega_k\pm\mathrm{j}\sqrt{1-\zeta^2}\omega_k)$（$k=1,2,\cdots,r$），且$2r+q=n$，则在单位阶跃信号作用下，可以求得高阶系统的时间响应为

$$c(t)=1+\sum_{i=1}^{q}A_i\mathrm{e}^{p_it}+\sum_{k=1}^{r}B_k\mathrm{e}^{-\zeta_k\omega_kt}\sin(\sqrt{1-\zeta_k^2}\omega_kt+C_k)\quad(t\geqslant0) \tag{4-43}$$

式中，系数$A_i(i=1,2,\cdots,q)$和B_k、$C_k(k=1,2,\cdots,r)$是与系统参数有关的常数。

式（4-43）表明，高阶系统的单位阶跃响应可看作由若干指数函数分量和衰减正弦函数分量叠加而成。各个分量影响的大小与其系数A_i和B_k的大小及特征根p_i在[s]平面的分布有关。

2. 闭环主导极点

一般地说，所谓闭环主导极点是指在系统的所有闭环极点中，距离虚轴最近且周围没有

闭环零点的极点，而所有其他极点都远离虚轴。闭环主导极点对系统响应起主导作用，其他极点的影响在近似分析中则可忽略不计。

若系统具有一对共轭复数主导极点

$$p_{1,2}=-\zeta\omega_n\pm j\omega_n\sqrt{1-\zeta^2}=-\sigma\pm j\omega_d$$

而其余闭环零、极点都相对远离虚轴（工程上一般以远离虚轴的距离为主导极点到虚轴距离的5倍以上，但也不宜太远，否则系统带宽会过宽），则由式（4-43）可以看出，距离虚轴较远的非主导极点，对应的动态响应分量衰减较快，对系统的过渡过程影响不大；距离虚轴最近的主导极点，对应的动态响应分量衰减最慢，在决定过渡过程形式方面起主导作用。因此，高阶系统的时间响应可以由这一对共轭复数主导极点所确定的二阶系统的时间响应来近似，用二阶系统的动态性能指标来估计高阶系统的动态性能。

但是，高阶系统毕竟不是二阶系统，因而在用二阶系统对高阶系统进行近似估计时，还需要考虑其他非主导极点与零点的影响。

除了采用拉普拉斯变换的方法来求得系统的输出外，也可以采用 MATLAB 函数来求解。下面用例子来说明求解过程。

例 4-2 已知系统的传递函数分别为

$$G(s)=\frac{1}{s^2+s+1},\quad G_1(s)=\frac{1}{(0.1s+1)(s^2+s+1)},\quad G_2(s)=\frac{1}{(5s+1)(s^2+s+1)}$$

试用 MATLAB 程序分别求 3 个系统的单位阶跃响应。

解： 从 3 个系统的传递函数表达式来看，它们都含有一个相同的振荡环节，为了编程方便，先将 $G_1(s)$ 和 $G_2(s)$ 改写为 $G_1(s)=G(s)\frac{1}{0.1s+1}$，$G_2(s)=G(s)\frac{1}{5s+1}$。

利用求传递函数的指令 tf 建立传递函数，用 zpk 指令进行传递函数的串联分解（分解为部分分式和的形式），用求阶跃响应的指令 step 求得各系统的单位阶跃响应。写出不同系统对单位阶跃响应的 MATLAB 程序。

Example 4-2　阶跃响应(主导极点)MATLAB 程序如下：

```
closeall;clear;clc;
%输入参数,建立模型
num=[1];
den=[1,1,1];
Gs=tf(num,den);
num1=[1];
den1=[0.1,1];
Gs1=zpk(Gs*tf(num1,den1))   %系统串联分解
num2=[1];
den2=[5,1];
Gs2=zpk(Gs*tf(num2,den2))   %系统串联分解
%求阶跃响应
t=[0:0.4:30];
```

```
[y,t]=step(Gs,t);
[y1,t]=step(Gs1,t);
[y2,t]=step(Gs2,t);
%绘制响应曲线
figure(1);
plot(t,y,'b',t,y1,'ro',t,y2,'kx');
grid on;
xlabel('时间/s');ylabel('输出')
```

其单位阶跃响应曲线如图 4-17 所示。

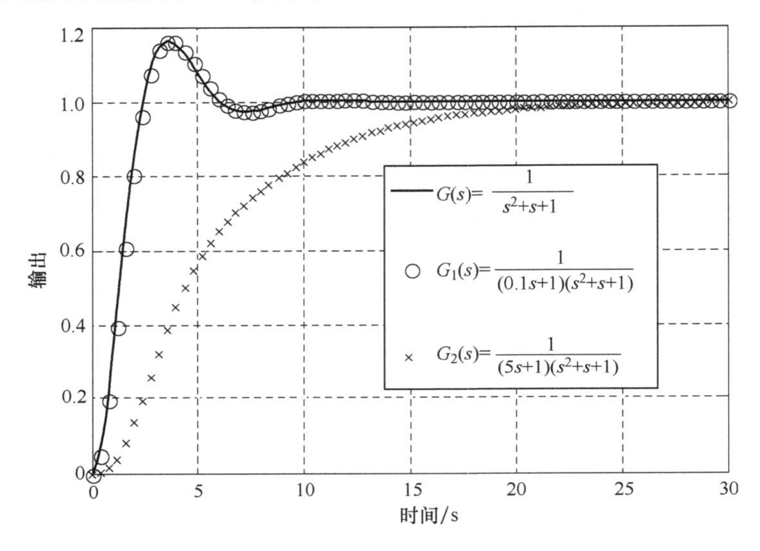

图 4-17 例 4-2 单位阶跃响应曲线

分析这 3 个系统传递函数的特点，其各自的极点分布如图 4-18 所示。如前所述，不同的极点分布使系统对同一输入的响应也不同。由图 4-17 中的响应曲线可以看出，系统 $G(s)$ 与 $G_1(s)$ 的单位阶跃响应基本相同，这是由于在系统 $G_1(s)$ 中，其实极点为 $p_1=-10$，复极点为 $p_{2,3}=-0.5\pm j0.866$，显然复极点更靠近虚轴，而实极点离虚轴较远，因此系统 $G_1(s)$ 的主导极点为复极点，其响应近似二阶系统。对于系统 $G_2(s)$，其实极点 $p_1=-0.2$ 更靠近虚轴，所以为主导极点，其响应近似一阶系统。

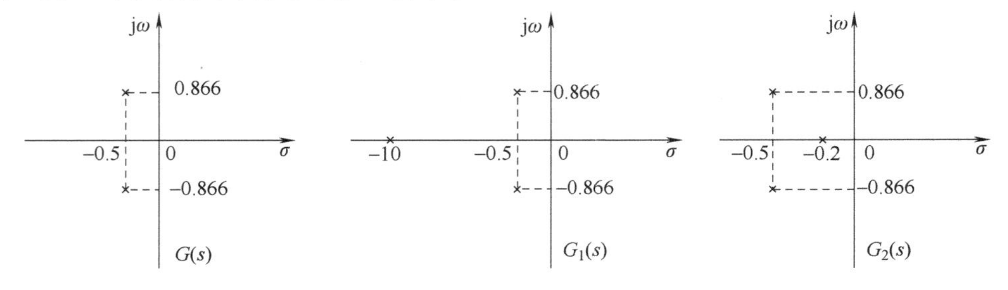

图 4-18 例 4-2 中 $G(s)$、$G_1(s)$、$G_2(s)$ 的极点分布

考虑到控制工程实践中通常要求控制系统既具有较高的响应速度，又具有较好的稳定性，往往将控制系统设计成具有衰减振荡的响应特性。因此，闭环主导极点通常总是以共轭复数极点的形式出现。

4.5 瞬态响应的性能指标

一般对机械工程系统有 3 方面的性能要求，即稳定性、快速性及准确性。稳定性将在第 6 章介绍；系统的准确性则以本章论述的误差来衡量；系统的瞬态响应反映了系统本身的动态性能，表征系统的相对稳定性和快速性。

1. 瞬态响应性能指标的定义

通常，在以下假设前提下来定义系统瞬态响应（也称为过渡过程）的性能指标。

1）系统在单位阶跃信号作用下的瞬态响应。

2）初始条件为零，即在单位阶跃输入作用前，系统处于静止状态，输出量及其各阶导数均等于零。

因为阶跃输入对于系统来说，工作状态较为恶劣，如果系统在阶跃信号作用下有良好的性能指标，则对其他各种形式输入就能满足使用要求。为便于对系统的性能进行分析比较，因而在上述假定条件下定义系统的性能指标。

根据闭环主导极点的概念，若控制系统的闭环主导极点为一对共轭复极点，则系统的单位阶跃响应曲线如图 4-19 所示，其瞬态响应性能指标的定义如下。

1）延迟时间（delay time）t_d：单位阶跃响应 $c(t)$ 第一次达到其稳态输出值的 50%所需的时间，称为延迟时间。

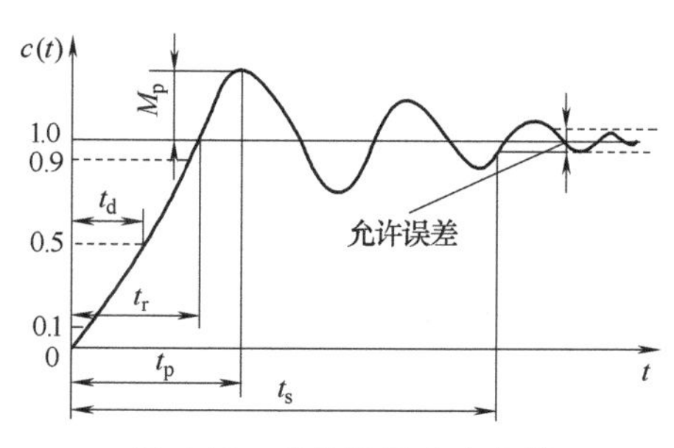

图 4-19 单位阶跃响应曲线

2）上升时间（rising time）t_r：单位阶跃响应 $c(t)$ 从 0 上升到稳态输出值的 100%所需的时间（通常用于欠阻尼系统，对于高阶系统其闭环主导极点为一对共轭复极点），或第一次从稳态输出值的 10%上升到 90%所需的时间（通常用于过阻尼系统，对于高阶系统其闭环主导极点为一实数单极点），称为上升时间。

3）峰值时间（peak time）t_p：单位阶跃响应 $c(t)$ 超过其稳态输出值而达到第一个峰值所需要的时间，称为峰值时间。

4）超调量（percentage of magnitude）M_p：单位阶跃响应第一次越过稳态输出值而达到峰值时，其与稳态输出值的偏差与稳态输出值之比的百分数，称为超调量，即

$$M_p=\frac{c(t_p)-c(\infty)}{c(\infty)}\times 100\%$$

式中，$c(\infty)$ 表示稳态输出值，当 $c(\infty)=1$，则 $M_p=[c(t_p)-1]\times 100\%$。

5）调整时间（settling time）t_s：单位阶跃响应与稳态输出值之差进入允许的误差范围所需的时间称为调整时间。允许的误差用达到稳态输出值的百分数来表示，通常取 5%或 2%。

在上述指标中，M_p 表征了系统的相对稳定性；t_d、t_r、t_p 表征了系统的灵敏性，即响应

的快速性；t_s 作为时间指标并不能单独反映系统的响应速度，它还体现了系统的相对稳定性。

特别要注意的是，若控制系统的闭环主导极点为单极点，则其单位阶跃响应曲线类似于典型一阶系统的单位阶跃响应，其瞬态性能指标将只有 t_d、t_r、t_s，而没有 t_p 与 M_p，t_r 的定义也会调整为第一次从稳态输出值的 10%上升到 90%所用的时间。

2. 二阶系统的瞬态响应指标

从典型二阶系统的单位阶跃响应曲线上确定上述除延迟时间 t_d 外的各性能指标是较容易的，但对高阶系统，要推导出各性能指标的解析式是较困难的。现仅推导典型二阶欠阻尼系统的有关性能指标的计算公式，除超调量 M_p 外，它们均为阻尼比 ζ 和固有频率 ω_n 的函数。

（1）上升时间 t_r　由式（4-30）可知，系统的稳态输出值 $c(\infty)=1$，因此当 $t=t_r$ 时，$c(t_r)=1$，即

$$c(t_r)=1-\frac{e^{-\zeta\omega_n t_r}}{\sqrt{1-\zeta^2}}\sin\left(\omega_d t_r+\arctan\frac{\sqrt{1-\zeta^2}}{\zeta}\right)=1$$

因为 $e^{-\zeta\omega_n t_r}\neq 0$，所以只有

$$\omega_d t_r+\arctan\frac{\sqrt{1-\zeta}}{\zeta}=n\pi$$

令 $\beta=\arctan\dfrac{\sqrt{1-\zeta^2}}{\zeta}$，可得

$$\omega_d t_r=\pi-\beta,\ 2\pi-\beta,\ 3\pi-\beta,\ \cdots$$

按照定义，上升时间 t_r 是 $c(t)$ 第一次到达稳态输出值的时间，故取 $\omega_d t_r=\pi-\beta$，即

$$t_r=\frac{\pi-\beta}{\omega_d} \tag{4-44}$$

（2）峰值时间 t_p　由式（4-30）将 $c(t)$ 对时间微分，并令其等于零，此时的 t 即 t_p，可得

$$\left.\frac{dc(t)}{dt}\right|_{t=t_p}=(\sin\omega_d t_p)\frac{\omega_n}{\sqrt{1-\zeta^2}}e^{-\zeta\omega_n t_p}=0$$

所以 $\sin\omega_d t_p=0$，可解得 $t_p=n\pi/\omega_d(n=0,1,2,\cdots)$。因为是第一次达到输出最大值的时间，故取 $n=1$，即

$$t_p=\pi/\omega_d \tag{4-45}$$

由式（4-30）可知，系统的有阻尼振荡周期 $T=2\pi/\omega_d$，故峰值时间 t_p 等于有阻尼振荡周期 T 的一半。

（3）超调量 M_p　已知 t_p、$c(\infty)=1$，按照超调量定义由式（4-30）可很容易地求得 M_p。即

$$M_p=c(t_p)-1=-e^{-\zeta\omega_n(\pi/\omega_d)}\left(\cos\pi+\frac{\zeta}{\sqrt{1-\zeta^2}}\sin\pi\right)$$

$$=e^{-\zeta\omega_n(\pi/\omega_d)}=e^{-\frac{\zeta\pi}{\sqrt{1-\zeta^2}}} \tag{4-46}$$

超调量的百分比为 $e^{-\frac{\zeta\pi}{\sqrt{1-\zeta^2}}}\times100\%$，可以看出，超调量 M_p 只与系统的阻尼比 ζ 有关。

（4）调整时间 t_s　按照调整时间 t_s 的定义，其表达式难以确切求出，可用近似的方法计算。对于欠阻尼二阶系统，瞬态响应为

$$c(t)=1-\frac{e^{-\zeta\omega_n t}}{\sqrt{1-\zeta^2}}\sin\left(\omega_d t+\arctan\frac{\sqrt{1-\zeta^2}}{\zeta}\right)\quad(t\geqslant0)$$

这是衰减振荡的瞬态响应曲线，曲线 $1\pm e^{-\zeta\omega_n t}/\sqrt{1-\zeta^2}$ 是其包络线，如图 4-20 所示。

包络线的时间常数为 $1/\zeta\omega_n$，瞬态响应的衰减速度取决于时间常数 $1/\zeta\omega_n$ 的值。为求调整时间 t_s，设允许误差范围为 $\delta\%$，响应曲线与稳态输出值之差达到此误差范围的时间，即为调整时间。由调整时间的定义，有

$$|c(t_s)-1|=\frac{\delta}{100}$$

用包络线近似地取代响应曲线，便可得

$$\frac{e^{-\zeta\omega_n t_s}}{\sqrt{1-\zeta^2}}=\frac{\delta}{100}\tag{4-47}$$

两边取自然对数

$$\zeta\omega_n t_s=\ln100-\ln\delta-\ln\sqrt{1-\zeta^2}$$

所以

$$t_s=\frac{\ln100-\ln\delta-\ln\sqrt{1-\zeta^2}}{\zeta\omega_n}$$

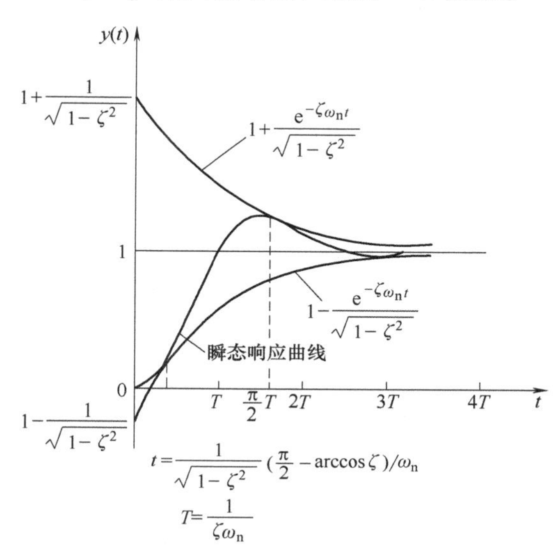

图 4-20　欠阻尼二阶系统瞬态响应曲线及其包络线

可近似地取为

$$t_s=\frac{\ln100-\ln\delta}{\zeta\omega_n}\tag{4-48}$$

当 $\delta=5$，则

$$t_s=\frac{\ln100-\ln5}{\zeta\omega_n}=\frac{3}{\zeta\omega_n}\tag{4-49}$$

当 $\delta=2$，则

$$t_s=\frac{\ln100-\ln2}{\zeta\omega_n}=\frac{4}{\zeta\omega_n}\tag{4-50}$$

由式（4-49）和式（4-50）可见，调整时间 t_s 与系统的无阻尼固有频率 ω_n 及阻尼比 ζ 成反比。

由上述对典型二阶欠阻尼系统瞬态性能指标的定量分析可得，系统参数阻尼比 ζ、固有频率 ω_n 与二阶系统各瞬态性能指标间的关系如下：

1）若保持阻尼比 ζ 不变而增大固有频率 ω_n，则不影响超调量 M_p，但延迟时间 t_d、峰值时间 t_p 及调整时间 t_s 均会减小，有利于提高系统的响应速度，即系统的快速性变好，故增大系统无阻尼固有频率 ω_n 对提高系统响应速度是有利的。

2）若保持固有频率 ω_n 不变而改变阻尼比 ζ，当在欠阻尼范围内（即 $0<\zeta<1$）减小 ζ，

虽然 t_d、t_r 和 t_p 均会减小，但超调量 M_p 和调整时间 t_s 却会增大，系统响应快速性变好但相对稳定性变差；若在欠阻尼范围内保持 ω_n 不变而增大 ζ，则超调量 M_p 和调整时间 t_s 会变小，而 t_d、t_r 和 t_p 均会变大，说明系统相对稳定性变好但响应速度变慢；当 ζ 过于大，即 $\zeta>1$ 时，则系统无超调，但 t_d、t_r 会增大而 t_s 会变小，系统相对稳定性更好但响应速度也更慢。

因此，在设计控制系统时要适当选择 ζ，通常 ζ 取在 0.4~0.8 之间，可使二阶系统有较好的瞬态响应性能，这时 M_p 在 2.5%~25%之间。若 $\zeta<0.4$，系统则严重超调；若 $\zeta>0.8$，则系统较为迟钝，反应不灵敏。

3）当 $\zeta=0.7$ 时，M_p、t_s 均比较小，这时 $M_p=4.6\%$。此时系统的相对稳定性较好，响应速度也较快，因此工程上称 $\zeta=0.7$ 为最佳阻尼比。

在分析和设计二阶系统时，应综合考虑系统的相对稳定性和响应快速性，通常先根据要求的超调量确定系统阻尼比 ζ，再通过调整 ω_n 使其满足响应快速性的要求。

例 4-3 设系统如图 4-21 所示，其中 $\zeta=0.6$，$\omega_n=5\text{rad/s}$，当有一个单位阶跃输入信号作用于系统时，求超调量 M_p、上升时间 t_r、峰值时间 t_p 和调整时间 t_s。

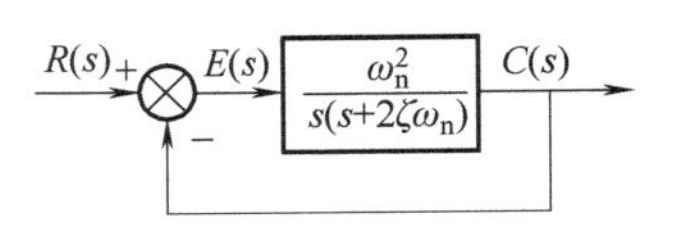

图 4-21 系统框图

解： 因为系统是典型的二阶系统，在欠阻尼情况下，其各项性能指标可以由前面推导出的公式来求。

（1）求超调量 M_p 由式（4-46）得

$$M_p=e^{-\frac{\zeta\pi}{\sqrt{1-\zeta^2}}}=e^{-\frac{0.6\times3.14}{\sqrt{1-0.6^2}}}=0.095=9.5\%$$

（2）求上升时间 t_r 由式（4-44）得

$$t_r=\frac{\pi-\beta}{\omega_d}=\frac{\pi-\beta}{\omega_n\sqrt{1-\zeta^2}}$$

式中
$$\beta=\arctan\frac{\sqrt{1-\zeta^2}}{\zeta}=\arctan\frac{\sqrt{1-0.6^2}}{0.6}\text{rad}=0.93\text{rad}$$

得
$$t_r=\frac{3.14-0.93}{4}\text{s}=0.55\text{s}$$

（3）求峰值时间 t_p 由式（4-45）得

$$t_p=\frac{\pi}{\omega_d}=\frac{3.14}{4}\text{s}=0.785\text{s}$$

（4）求调整时间 t_s 由式（4-48），取误差范围为 5%时，得

$$t_s=\frac{3}{\zeta\omega_n}=1\text{s}$$

由式（4-48），取误差范围为 2%时，得

$$t_s=\frac{4}{\zeta\omega_n}=1.33\text{s}$$

例 4-4 如图 4-22a 所示的机械振动系统，在质量块 m 上施加 $f=3\text{N}$ 的阶跃力后，质量

块 m 的时间响应 $x(t)$ 如图 4-22b 所示。根据这个响应曲线，确定质量 m、黏性阻尼系数 B 和弹簧刚度系数 k 的值。

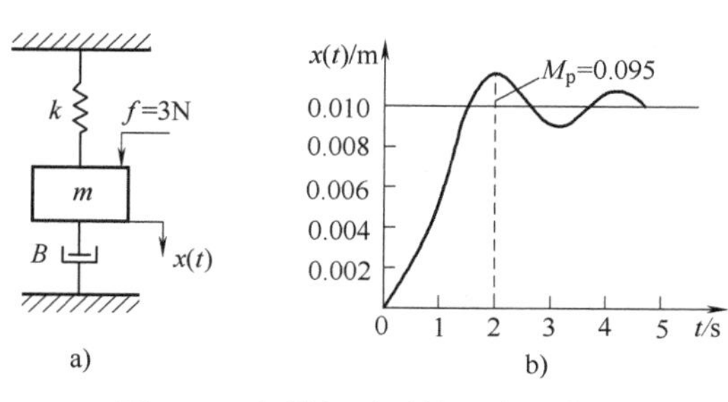

图 4-22 机械振动系统及响应曲线

解：(1) 列写系统的传递函数

$$\frac{X(s)}{F(s)}=\frac{1}{ms^2+Bs+k}$$

(2) 求弹簧刚度系数 k 由拉普拉斯变换的终值定理可知

$$x(\infty)=\lim_{t\to\infty}x(t)=\lim_{s\to0}sX(s)=\lim_{s\to0}s\frac{1}{ms^2+Bs+k}\cdot\frac{3}{s}=\frac{3}{k}$$

由图 4-22b 可知 $$x(\infty)=0.01\mathrm{m}$$

因此 $$k=300\mathrm{N/m}$$

(3) 求质量 m 和黏性阻尼系数 B 由式 (4-46) 得

$$M_{\mathrm{p}}=0.095=\mathrm{e}^{-\frac{\zeta\pi}{\sqrt{1-\zeta^2}}}$$

两边取对数解出 $\zeta=0.6$，由式 (4-45) 得

$$t_{\mathrm{p}}=2=\frac{\pi}{\omega_{\mathrm{d}}}=\frac{\pi}{\omega_{\mathrm{n}}\sqrt{1-\zeta^2}}$$

得 $$\omega_{\mathrm{n}}=1.96\mathrm{rad/s}$$

由式 (4-22)

$$\omega_{\mathrm{n}}^2=\frac{k}{m}$$

得 $$m=\frac{k}{\omega_{\mathrm{n}}^2}=\frac{300}{1.96^2}\mathrm{kg}=78.09\mathrm{kg}$$

又 $$2\zeta\omega_{\mathrm{n}}=\frac{B}{m}$$

得 $$B=2\zeta\omega_{\mathrm{n}}m=183.5\mathrm{N\cdot s/m}$$

例 4-5 有一位置随动系统，其框图如图 4-23a 所示。当系统输入单位阶跃函数时，要求 $M_{\mathrm{p}}\leqslant5\%$。请分析和解决以下问题：

1) 校核该系统的各参数是否满足要求。

2) 若在原系统中增加一微分负反馈如图 4-23b 所示，求满足超调量要求的微分负反馈时间常数 τ。

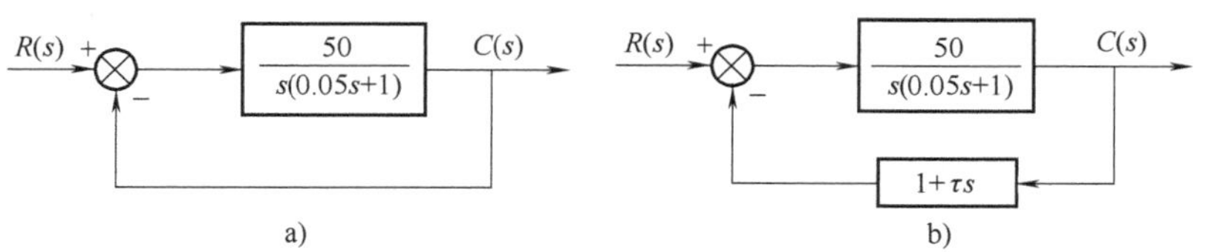

图 4-23 位置随动系统框图

解：1）将系统的闭环传递函数写成如式（4-24）所示的形式，即

$$\frac{C(s)}{R(s)}=\frac{50}{0.05s^2+s+50}=\frac{(31.62)^2}{s^2+2\times0.316\times31.62s+(31.62)^2}$$

可知此二阶系统的参数　　$\zeta=0.316$，$\omega_n=31.62\text{rad/s}$

将ζ值代入式（4-46）得

$$M_p=35\% \quad (>5\%)$$

因此该系统不满足超调量指标要求。

2）由图4-23b写出所示系统的闭环传递函数为

$$\frac{C(s)}{R(s)}=\frac{50}{0.05s^2+(1+50\tau)s+50}=\frac{(31.62)^2}{s^2+20(1+50\tau)s+(31.62)^2}$$

为了满足系统要求（$M_p\leqslant5\%$），由式（4-46）可算得$\zeta=0.69$，而系统$\omega_n=31.62$，由

$$20(1+50\tau)=2\zeta\omega_n$$

可求得

$$\tau=0.0236\text{s}$$

从本题的要求可以看出，当系统加入微分负反馈时，相当于增大了系统的阻尼比ζ，即减小了超调量M_p，改善了系统的相对稳定性，但并没有改变系统的无阻尼固有频率ω_n。

3. 零点对二阶系统瞬态响应的影响

当典型二阶系统含有零点时，系统的瞬态响应不仅与二阶系统的极点分布有关，还与零点与极点的相对位置有关。这时，对其瞬态性能指标的求取要按照定义来求，不能直接套用本节前面针对典型二阶系统推导出的瞬态性能指标公式。

典型二阶系统含零点时的传递函数可表示为

$$\frac{C(s)}{R(s)}=\frac{\omega_n^2(\tau s+1)}{s^2+2\zeta\omega_n s+\omega_n^2}$$

该系统在典型二阶系统基础上增加了一个零点$z=-\dfrac{1}{\tau}$。为了直接利用典型二阶系统的单位阶跃响应表达式，上式可改写为

$$\frac{C(s)}{R(s)}=\frac{\omega_n^2}{s^2+2\zeta\omega_n s+\omega_n^2}+\frac{\tau\omega_n^2 s}{s^2+2\zeta\omega_n s+\omega_n^2}$$

式中，第一项即典型二阶系统的传递函数；第二项是在典型二阶系统传递函数基础上乘了一个τs。

系统的单位阶跃响应可表示为

$$c(t)=c_1(t)+\tau\frac{\mathrm{d}c_1(t)}{\mathrm{d}t} \tag{4-51}$$

式中，$c_1(t)$对应的是典型二阶系统的单位阶跃响应，第二项是利用微分定理由典型二阶系统的单位阶跃响应求微分得到的。显然，这时系统响应不仅与$c_1(t)$有关，而且与$c_1(t)$的变化率有关。下面通过实例进行说明。

例 4-6 一位置伺服系统如图 4-24a 所示。为了提高系统的阻尼比，分别在反馈通道和前向通道采用比例加微分控制器，如图 4-24b 和图 4-24c 所示。试分别求 3 个系统的阻尼比 ζ、无阻尼固有频率 ω_n 以及单位阶跃响应的超调量 M_p、峰值时间 t_p 和调整时间 t_s。

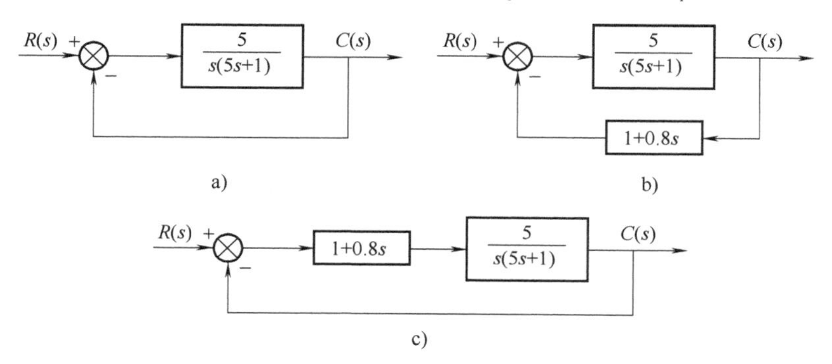

图 4-24 位置伺服系统框图

解： 1）由图 4-24a 可得系统的闭环传递函数为

$$\frac{C(s)}{R(s)}=\frac{5}{5s^2+s+5}=\frac{1}{s^2+0.2s+1}$$

该系统中 $\omega_n^2=1,\ 2\zeta\omega_n=0.2$

可得 $\omega_n=1,\ \zeta=0.1,\ \omega_d=0.995$

由典型二阶系统的瞬态性能指标公式可求得

$$M_p=e^{-\frac{\pi\zeta}{\sqrt{1-\zeta^2}}}=e^{-\frac{3.14\times0.1}{\sqrt{1-0.1^2}}}=73\%$$

$$t_p=\frac{\pi}{\omega_d}=\frac{3.14}{0.995}s=3.16s$$

$$t_s=\frac{3}{\zeta\omega_n}=\frac{3}{0.1\times1}s=30s$$

2）由图 4-24b 可得系统的闭环传递函数为

$$\frac{C(s)}{R(s)}=\frac{1}{s^2+s+1}$$

该系统中 $\omega_n^2=1,\ 2\zeta\omega_n=1$

可得 $\omega_n=1,\ \zeta=0.5,\ \omega_d=0.866$

由典型二阶系统的瞬态性能指标公式可求得

$$M_p=e^{-\frac{\pi\zeta}{\sqrt{1-\zeta^2}}}=16.1\%$$

$$t_p=\frac{\pi}{\omega_d}=3.63s$$

$$t_s=\frac{3}{\zeta\omega_n}=6s$$

3）由图 4-24c 可得系统的闭环传递函数为

$$\frac{C(s)}{R(s)}=\frac{1+0.8s}{s^2+s+1}$$

系统的特征方程与图 4-24b 所示系统相同，可知 $\omega_n=1$，$\zeta=0.5$，$\omega_d=0.866$。

当输入信号为单位阶跃函数，即 $R(s)=\frac{1}{s}$时，有

$$C(s)=\frac{1+0.8s}{s(s^2+s+1)}=\frac{1}{s}-\frac{s+0.2}{s^2+s+1}=\frac{1}{s(s^2+s+1)}+\frac{0.8}{s^2+s+1}$$

由式（4-51）可知

$$c(t)=c_1(t)+\tau\frac{\mathrm{d}c_1(t)}{\mathrm{d}t}$$

而
$$c_1(t)=1-\frac{\mathrm{e}^{-0.5t}}{0.866}\sin(0.866t+\arctan1.732)$$

$$\frac{\mathrm{d}c_1(t)}{\mathrm{d}t}=\frac{\mathrm{e}^{-0.5t}}{0.866}\sin0.866t$$

因此
$$c(t)=1-\frac{\mathrm{e}^{-0.5t}}{0.866}\sin(0.866t+\arctan1.732)+\frac{0.8\mathrm{e}^{-0.5t}}{0.866}\sin0.866t$$

令
$$\left.\frac{\mathrm{d}c(t)}{\mathrm{d}t}\right|_{t=t_p}=0$$

即得

$$\mathrm{e}^{-0.5t_p}(0.693\sin0.866t_p+0.8\cos0.866t_p)=1.11\mathrm{e}^{-0.5t_p}\sin(0.866t_p+51.4°)=0$$

由
$$0.866t_p+\frac{51.4\pi}{180}=\pi$$

得峰值时间
$$t_p=2.62\mathrm{s}$$

将 $t_p=2.62\mathrm{s}$ 代入 $c(t)$ 表达式中，而且 $c(\infty)=1$，可得系统超调量

$$M_p=c(t_p)-1=24.6\%$$

由此例可见，在反馈通路和前向通路增加比例加微分控制（图 4-24b 和图 4-24c 所示），都可以在不改变系统固有频率的情况下提高阻尼比，但后者同时使系统中增加了零点，造成的结果是虽然与图 4-24b 系统极点相同，但对于同一输入的响应速度得到提高，不利之处是超调量变大。

读者可以利用 MATLAB 画出以上 3 个系统的单位阶跃响应曲线，来比较 3 个系统各自的特点，理解比例加微分控制在系统中施加位置的不同而给系统响应和瞬态性能带来的影响。

为了进一步讨论闭环系统零点对系统性能的影响，再来看以下例子。

例 4-7 已知二阶系统传递函数分别为

$$G_0(s)=\frac{1}{s^2+s+1},\ G_1(s)=\frac{1+4s}{s^2+s+1},\ G_2(s)=\frac{1+2s}{s^2+s+1},\ G_3(s)=\frac{1+s}{s^2+s+1}$$

试分别用 MATLAB 求其单位阶跃响应，并表示在同一图上，分析零点对系统响应的影响。

解： 输入如下 MATLAB 程序

MATLAB Program of Example 4-7

```
close all;clear;clc;
%输入参数
Num0=[1];
Num1=[4,1];
Num2=[2,1];
Num3=[1,1];
Den=[1,1,1];
Gs0=tf(Num0,Den);
Gs1=tf(Num1,Den);
Gs2=tf(Num2,Den);
Gs3=tf(Num3,Den);
%求阶跃响应
t=[0:0.1:15];
[y0,t]=step(Gs0,t);
[y1,t]=step(Gs1,t);
[y2,t]=step(Gs2,t);
[y3,t]=step(Gs3,t);
%绘制响应曲线
figure(1);
plot(t,y0,'r',t,y1,'b',t,y2,'k',t,y3,'g');
grid on;
xlabel('时间/s');ylabel('输出');
```

4 个系统的单位阶跃响应曲线如图 4-25 所示。

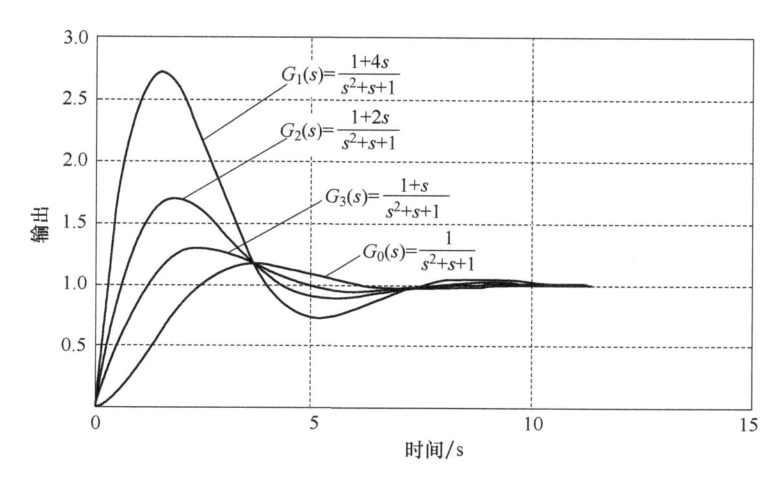

图 4-25 单位阶跃响应曲线对比

由图中响应曲线可以看出，虽然 4 个系统的极点完全相同，但由于零点的影响，其响应的超调量变化很大。

总体上，在极点相同情况下，闭环零点对二阶系统响应的影响主要有以下几方面：

1）零点的加入使系统超调量增大而上升时间、峰值时间减小，即系统响应速度提高但相对稳定性变差。

2）当附加零点越靠近虚轴，其对系统响应的影响越大，即响应速度更快但超调量也更大，甚至能使过阻尼的二阶系统出现超调（参见习题 4-9）。

3）当附加零点与虚轴距离很大时，则其对系统瞬态响应的影响可以忽略（此即闭环主导极点概念）。

4.6　系统误差分析

稳态误差表征了系统的精度及抗干扰的能力，是系统重要的性能指标之一。

系统在输入信号作用下，时间响应的瞬态分量可反映系统的动态性能。对于一个稳定的系统，随着时间的推移，时间响应应趋于一稳态值，即稳态分量。但由于系统结构的不同，输入信号（包括确定的干扰信号）的不同，输出稳态值可能会偏离期望值，因而产生误差，即原理性误差。另一方面，在突加的外来随机干扰作用下，也可能使系统输出偏离原来的平衡位置，即随机误差。此外，由于机械系统中存在摩擦、磨损、零件变形与间隙、不灵敏区（死区）等非线性因素，也会造成系统的稳态误差，这通常被称为结构性误差。

本节所讨论的误差与稳态误差指的是在没有随机干扰、元件是理想的线性元件情况下，由系统本身结构和施加的输入信号类型所导致的误差，即原理性误差。

1. 误差与稳态误差的概念

（1）误差的定义　如图 4-26 所示的闭环控制系统，其控制目的是希望被控对象的输出为期望值（或与输入一致，或与输入具有一定的对应关系）。因而关于误差的定义有两种：在输入端定义与在输出端定义。

1）在输入端定义。当输入信号 $R(s)$ 与反馈信号 $B(s)$ 不相等时，比较装置就会有误差信号 $E(s)$，即

$$E(s)=R(s)-B(s)=R(s)-H(s)C(s) \tag{4-52}$$

系统在误差信号 $E(s)$ 作用下，逐渐使输出量趋于希望值。这种将输入信号 $R(s)$ 与反馈信号之间的差值信号 $E(s)$ 定义为系统误差的方法，在实际系统中便于测量，具有实际意义。有的教材将此误差称为系统的偏差。

2）在输出端定义。对于图 4-26 所示的闭环控制系统，若将输出值 $C(s)$ 测量后与期望输出值 $C_r(s)$ 进行比较，这个差值信号可写为 $E'(s)$，其表达式为

$$E'(s)=C_r(s)-C(s) \tag{4-53}$$

如图 4-27 所示。采用在输出端定义误差，其优点是能直观地反映系统实际输出与期望值的误差与稳态误差。

因为系统输入（或称参考输入）与系统期望输出是有对应关系的，所以期望输出也可以用参考输入来表达。可以证明

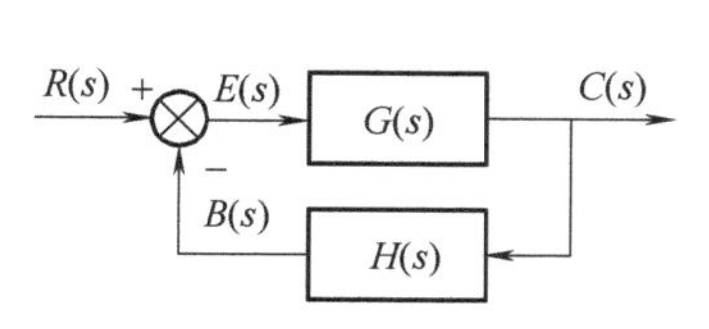

图 4-26　闭环控制系统在输入端定义误差

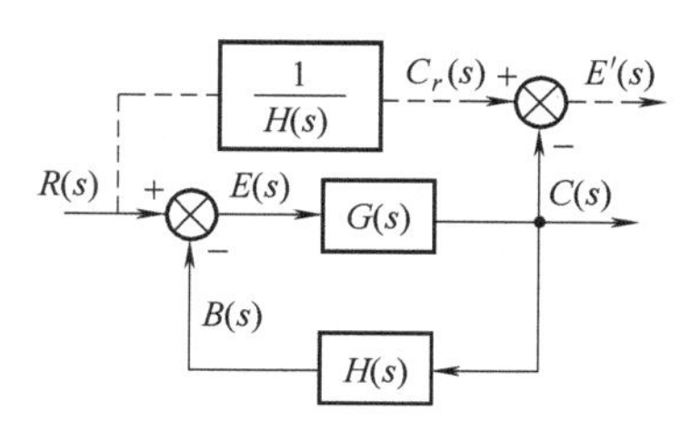

图 4-27　闭环控制系统在输出端定义误差

$$C_r(s)=\frac{R(s)}{H(s)} \tag{4-54}$$

因而两个不同位置处定义的误差 $E(s)$ 与 $E'(s)$ 之间的关系为

$$E'(s)=\frac{E(s)}{H(s)} \tag{4-55}$$

若控制系统为单位反馈系统，即图 4-26 与图 4-27 中 $H(s)=1$，这时在输出端定义的误差 $E'(s)=R(s)-C(s)$ 与输入端定义的误差完全相等，即 $E'(s)=E(s)$，如图 4-28 所示。

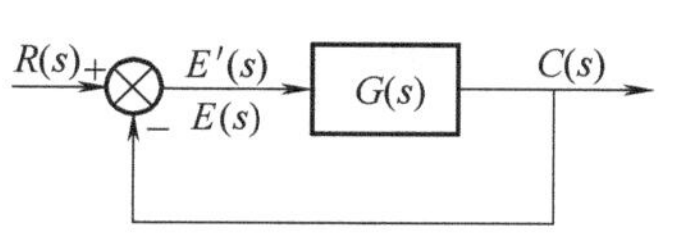

图 4-28　单位反馈系统框图

注意，若 $H(s)\neq 1$，则显然 $E(s)\neq E'(s)$。若用输入信号与输出信号之差来定义系统的误差，也就是输出希望值与实际值之差，这种定义的方法在系统性能指标中虽然也有用到，但若 $R(s)$ 和 $C(s)$ 量纲不同则不能比较，一般只具有数学上的意义。

本章的误差分析均用前一种定义方法，即用输入信号与反馈信号之差来定义系统的误差。它直接或间接地反映了系统输出期望值与实际值之差，从而反映系统精度。

（2）系统的误差与稳态误差表达　由图 4-26 可知

$$E(s)=R(s)-H(s)C(s)$$

$$C(s)=E(s)G(s)$$

所以

$$E(s)=R(s)-H(s)E(s)G(s)$$

则

$$\frac{E(s)}{R(s)}=\frac{1}{1+G(s)H(s)} \tag{4-56}$$

$$E(s)=\frac{R(s)}{1+G(s)H(s)} \tag{4-57}$$

式（4-56）是输入引起的误差信号与输入信号之间的传递函数。式（4-57）是误差信号的拉普拉斯变换式，对其进行拉普拉斯反变换则可得到误差的时间响应函数 $e(t)$，即

$$e(t)=L^{-1}[E(s)] \tag{4-58}$$

系统的误差分为瞬态误差和稳态误差。

1）瞬态误差，其表达如式（4-58），就是对式（4-57）进行拉普拉斯反变换所得到的误差时间响应 $e(t)$，它反映了输入与输出之间的误差值随时间变化的函数关系。

2）稳态误差，即当时间 t 趋于无穷大时，误差时间响应 $e(t)$ 的输出值 e_{ss}，其定义式为

$$e_{ss}=\lim_{t\to\infty}e(t) \tag{4-59}$$

根据终值定理，则稳态误差可表达为

$$e_{ss}=\lim_{t\to\infty}e(t)=\lim_{s\to 0}sE(s)=\lim_{s\to 0}\frac{sR(s)}{1+G(s)H(s)} \tag{4-60}$$

稳态误差与开环传递函数的结构和输入信号的形式有关，当输入信号一定，稳态误差取决于由开环传递函数所描述的系统结构。下面着重对系统的稳态误差进行分析并引入系统的结构类型等概念。

2. 系统的稳态误差分析

（1）影响稳态误差的因素　系统的开环传递函数 $G(s)H(s)$，一般可写为

$$G(s)H(s)=\frac{K(T_a s+1)(T_b s+1)\cdots(T_m s+1)}{s^{\lambda}(T_1 s+1)(T_2 s+1)\cdots(T_p s+1)}\quad(\lambda+p=n\geqslant m) \tag{4-61}$$

式中，K 为开环增益；T_a，…，T_m 和 T_1，…，T_p 分别为开环零点与开环极点的时间常数；s^{λ} 表示原点处有 λ 重极点，即开环传递函数有 λ 个积分环节，$\lambda=0$，1，2，…，n。按系统拥有积分环节的个数将系统进行分类：

1）$\lambda=0$，无积分环节，称为 0 型系统。

2）$\lambda=1$，有 1 个积分环节，称为Ⅰ型系统。

3）$\lambda=2$，有 2 个积分环节，称为Ⅱ型系统。

依此类推。一般 $\lambda>2$ 的系统难以稳定，实际工程中很少见。

注意，系统的类型与系统的阶次是完全不同的两个概念。例如，具有如下开环传递函数的系统

$$G(s)H(s)=\frac{K(0.5s+1)}{s(s+1)(2s+1)}$$

由于 $\lambda=1$，有 1 个积分环节，所以系统为Ⅰ型系统。但由分母部分 s 的最高幂次可知，其阶数等于 3，所以系统又是一个三阶系统。

由式（4-61），当 $s\to 0$ 时，有

$$\lim_{s\to 0}G(s)H(s)=\lim_{s\to 0}\frac{K(T_a s+1)(T_b s+1)\cdots(T_m s+1)}{s^{\lambda}(T_1 s+1)(T_2 s+1)\cdots(T_p s+1)}=\lim_{s\to 0}\frac{K}{s^{\lambda}} \tag{4-62}$$

由式（4-60），则系统的稳态误差可表达为

$$e_{ss}=\lim_{s\to 0}sE(s)=\lim_{s\to 0}\frac{sR(s)}{1+G(s)H(s)}=\lim_{s\to 0}\frac{sR(s)}{1+\dfrac{K}{s^{\lambda}}} \tag{4-63}$$

由式（4-63）可见，与系统稳态误差有关的因素为：系统的类型 λ、开环增益 K 和输入信号 $r(t)$，而与系统的时间常数 T_1，…，T_p 与 T_a，…，T_m 无关。

工程上通常选用 3 种输入信号来评测系统的稳态误差：阶跃（step）信号 $r(t)=1(t)$，斜坡（ramp）信号（又称速度信号）$r(t)=t$，抛物线（parabola）信号（又称加速度信号）$r(t)=\frac{1}{2}t^2$。

下面进一步讨论不同类型的系统、在不同输入信号作用下，其静态误差系数与稳态误差的关系。

（2）静态误差系数与稳态误差　下面将按输入信号的不同来定义 3 种静态误差系数，并求相应的稳态误差。

1）静态位置误差系数 K_p。系统对单位阶跃输入 $R(s)=\frac{1}{s}$的稳态误差称为位置误差，即

$$e_{ss}=\lim_{s\to 0}\frac{s}{1+G(s)H(s)}\cdot\frac{1}{s}=\lim_{s\to 0}\frac{1}{1+G(s)H(s)}$$

静态位置误差系数 K_p 定义为

$$K_p=\lim_{s\to 0}G(s)H(s)=G(0)H(0) \tag{4-64}$$

位置误差为

$$e_{ss}=\frac{1}{1+K_p} \tag{4-65}$$

对于 0 型系统（$\lambda=0$）

$$K_p=\lim_{s\to 0}\frac{K(T_a s+1)(T_b s+1)\cdots(T_m s+1)}{(T_1 s+1)(T_2 s+1)\cdots(T_p s+1)}=K$$

相应的位置误差 $$e_{ss}=\frac{1}{1+K}$$

对于Ⅰ型或高于Ⅰ型的系统（$\lambda\geqslant 1$）

$$K_p=\lim_{s\to 0}\frac{K(T_a s+1)(T_b s+1)\cdots(T_m s+1)}{s^{\lambda}(T_1 s+1)(T_2 s+1)\cdots(T_p s+1)}=\infty$$

相应的位置误差 $$e_{ss}=\frac{1}{1+K_p}=0$$

图 4-28 所示的单位反馈系统，对单位阶跃输入的响应如图 4-29 所示。其中，图 4-29a 为 0 型系统，是稳态有差的；图 4-29b 为 $\lambda\geqslant 1$ 的Ⅰ型系统及高于Ⅰ型的系统，是稳态无差的。

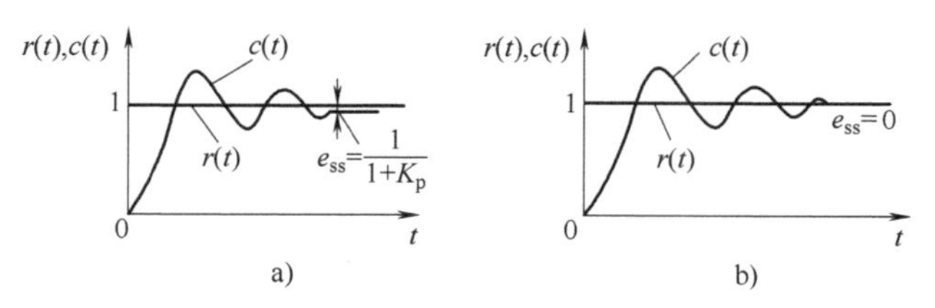

图 4-29　单位阶跃响应曲线

a）0 型系统　b）Ⅰ型以上系统

2）静态速度误差系数 K_v。系统对单位斜坡输入 $R(s)=\frac{1}{s^2}$的稳态误差称为速度误差，即

$$e_{ss}=\lim_{s\to 0}\frac{s}{1+G(s)H(s)}\cdot\frac{1}{s^2}=\lim_{s\to 0}\frac{1}{sG(s)H(s)}$$

静态速度误差系数 K_v 定义为

$$K_v=\lim_{s\to 0}sG(s)H(s) \tag{4-66}$$

相应的速度误差为

$$e_{ss}=\frac{1}{K_v} \tag{4-67}$$

对于 0 型系统（$\lambda=0$）

$$K_{\mathrm{v}}=\lim_{s\to 0}\frac{sK(T_as+1)(T_bs+1)\cdots(T_ms+1)}{(T_1s+1)(T_2s+1)\cdots(T_ps+1)}=0$$

其速度误差为

$$e_{\mathrm{ss}}=\frac{1}{K_{\mathrm{v}}}=\infty$$

对于Ⅰ型系统（$\lambda=1$）

$$K_{\mathrm{v}}=\lim_{s\to 0}\frac{sK(T_as+1)(T_bs+1)\cdots(T_ms+1)}{s(T_1s+1)(T_2s+1)\cdots(T_ps+1)}=K$$

其速度误差为

$$e_{\mathrm{ss}}=\frac{1}{K}$$

对于Ⅱ型及高于Ⅱ型的系统（$\lambda\geqslant 2$）

$$K_{\mathrm{v}}=\lim_{s\to 0}\frac{sK(T_as+1)(T_bs+1)\cdots(T_ms+1)}{s^{\lambda}(T_1s+1)(T_2s+1)\cdots(T_ps+1)}=\infty$$

其速度误差为

$$e_{\mathrm{ss}}=\frac{1}{K_{\mathrm{v}}}=0$$

图 4-28 所示的单位反馈系统，对单位斜坡输入的响应如图 4-30 所示，其中，图 4-30a、图 4-30b 与图 4-30c 分别为 0 型、Ⅰ型、Ⅱ型及高于Ⅱ型系统的单位斜坡响应曲线及稳态误差。

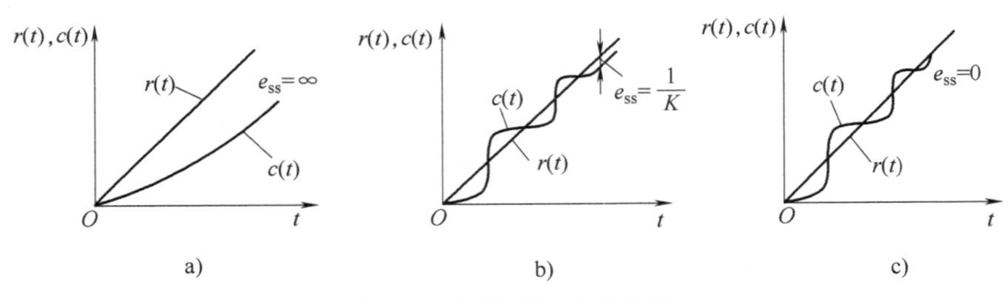

图 4-30　单位斜坡响应曲线

3）静态加速度误差系数 K_{a}。系统对单位加速度输入 $R(s)=\frac{1}{s^3}$的稳态误差称为加速度误差，即

$$e_{\mathrm{ss}}=\lim_{s\to 0}\frac{s}{1+G(s)H(s)}\cdot\frac{1}{s^3}=\lim_{s\to 0}\frac{1}{s^2G(s)H(s)}$$

静态加速度误差系数 K_{a} 定义为

$$K_{\mathrm{a}}=\lim_{s\to 0}s^2G(s)H(s)\tag{4-68}$$

则加速度误差为

$$e_{\mathrm{ss}}=\frac{1}{K_{\mathrm{a}}}\tag{4-69}$$

对于 0 型和 Ⅰ 型系统（$\lambda=0,\ 1$）

$$K_a=\lim_{s\to 0}\frac{s^2K(T_as+1)(T_bs+1)\cdots(T_ms+1)}{s^\lambda(T_1s+1)(T_2s+1)\cdots(T_ps+1)}=0$$

相应的加速度误差

$$e_{ss}=\frac{1}{K_a}=\infty$$

对于 Ⅱ 型系统（$\lambda=2$）

$$K_a=\lim_{s\to 0}\frac{s^2K(T_as+1)(T_bs+1)\cdots(T_ms+1)}{s^2(T_1s+1)(T_2s+1)\cdots(T_ps+1)}=K$$

相应的加速度误差

$$e_{ss}=\frac{1}{K}$$

对于 Ⅱ 型以上系统（$\lambda\geqslant 3$）

$$K_a=\lim_{s\to 0}\frac{s^2K(T_as+1)(T_bs+1)\cdots(T_ms+1)}{s^\lambda(T_1s+1)(T_2s+1)\cdots(T_ps+1)}=\infty$$

其加速度误差为

$$e_{ss}=\frac{1}{K_a}=0$$

图 4-31 所示为 Ⅱ 型系统单位加速度响应曲线及加速度误差。

注意，上述位置误差、速度误差、加速度误差，是指在单位阶跃、单位斜坡和单位加速度输入信号时系统在位置上的误差。

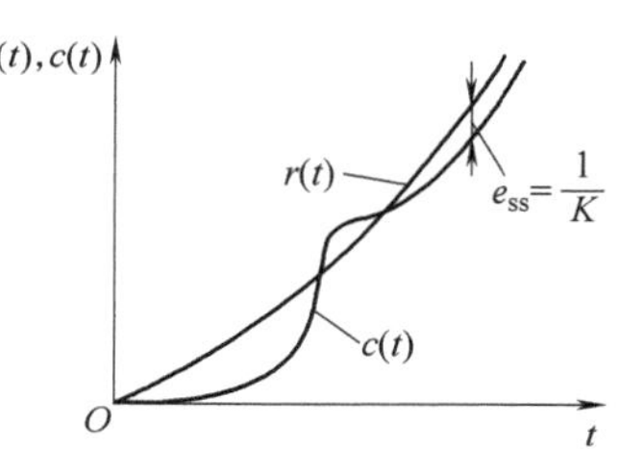

图 4-31　Ⅱ 型系统单位加速度响应曲线及加速度误差

各类型系统对 3 种输入信号的稳态误差见表 4-1。

表 4-1　各类型系统对 3 种输入信号的稳态误差

系统类型	输入函数		
	阶跃 $r(t)=1$	斜坡 $r(t)=t$	加速度 $r(t)=\frac{t^2}{2}$
0 型	$\frac{1}{1+K}$	∞	∞
Ⅰ 型	0	$\frac{1}{K}$	∞
Ⅱ 型	0	0	$\frac{1}{K}$

从表 4-1 中可看出，在主对角线上，稳态误差是跟开环增益 K 有关的值；在对角线以上，稳态误差为无穷大；在对角线以下，稳态误差为零。

静态误差系数 K_p、K_v 和 K_a 描述了系统减小稳态误差的能力。因此，它们也是稳态特性的一种表示方法。显然，系统开环增益 K 对误差大小起着重要作用，它的增大有利于开环为 0 型、Ⅰ 型和 Ⅱ 型的闭环系统在分别受到输入为阶跃函数、恒速（即斜坡函数）、恒加速（即加速度函数）时的稳态误差的减小。

3. 扰动作用下的稳态误差

前面论述了系统在输入信号作用下的稳态误差，它表征了系统的准确度。系统除承受输入信号作用外，还经常会受到各种干扰的作用，如负载的突变、温度的变化、电源的波动等，系统在扰动作用下的稳态误差，反映了系统抗干扰的能力，显然，希望扰动引起的稳态误差越小越好，理想情况误差为零。

由于研究的对象是线性系统，根据线性系统的叠加原理，若系统同时受到输入信号和扰动信号的作用，系统的总误差则等于输入信号和扰动信号分别作用时稳态误差的代数和。图 4-32 所示的系统，分别受到输入信号 $R(s)$ 和扰动信号 $N(s)$ 的作用，它们所引起的稳态误差，均要在输入端度量并叠加，总误差为 $E(s)$。欲求系统总的稳态误差 e_{ss}，可分别求出 $R(s)$ 和 $N(s)$ 所引起的稳态误差 e_{ssR} 和 e_{ssN}。

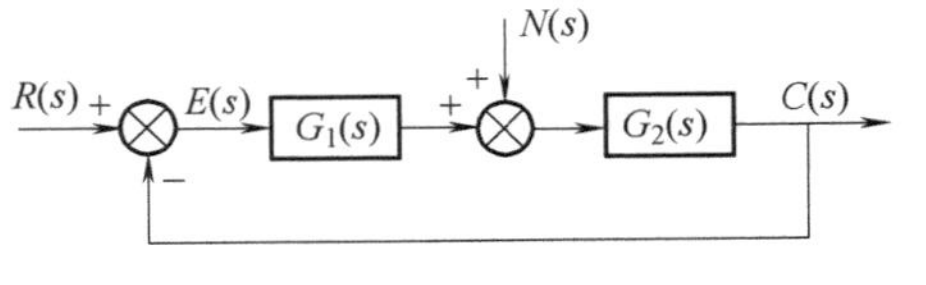

图 4-32 带干扰的控制系统框图

首先令 $N(s)=0$，求由 $R(s)$引起的误差 $E_R(s)$ 和稳态误差 e_{ssR}，分别为

$$E_R(s)=\frac{R(s)}{1+G_1(s)G_2(s)}$$

$$e_{ssR}=\lim_{s\to 0}sE_R(s)=\lim_{s\to 0}s\frac{R(s)}{1+G_1(s)G_2(s)}$$

再令 $R(s)=0$，求由 $N(s)$ 引起的误差 $E_N(s)$ 和稳态误差 e_{ssN}。为方便求解，将图 4-32 做如下变动，先求出扰动引起的输出 $C_N(s)$ 及其输出对于扰动 $N(s)$ 的传递函数 $G_N(s)$，如图 4-33 所示。

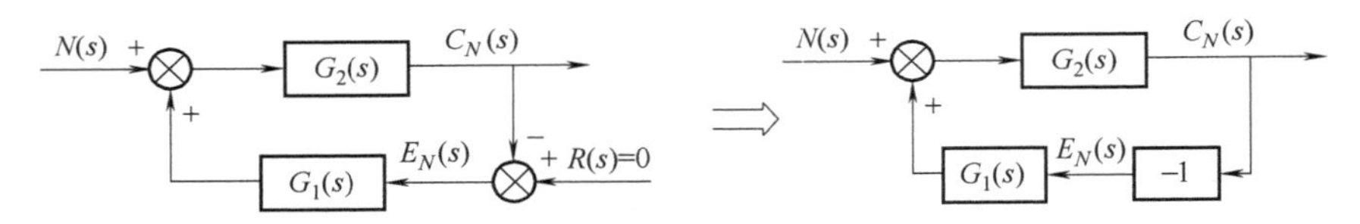

图 4-33 扰动作用下的系统框图

$$G_N(s)=\frac{C_N(s)}{N(s)}=\frac{G_2(s)}{1+G_1(s)G_2(s)}$$

所以

$$C_N(s)=G_N(s)N(s)=\frac{G_2(s)}{1+G_1(s)G_2(s)}N(s)$$

$$E_N(s)=R(s)-C_N(s)=0-C_N(s)=-C_N(s)=-\frac{G_2(s)}{1+G_1(s)G_2(s)}N(s)$$

所以 $$e_{ssN}=\lim_{s\to 0}sE_N(s)=\lim_{s\to 0}\left[-s\frac{G_2(s)}{1+G_1(s)G_2(s)}N(s)\right]$$

总误差 $$E(s)=E_R(s)+E_N(s)=\frac{R(s)-G_2(s)N(s)}{1+G_1(s)G_2(s)}$$

总的稳态误差 $$e_{ss}=e_{ssR}+e_{ssN}$$

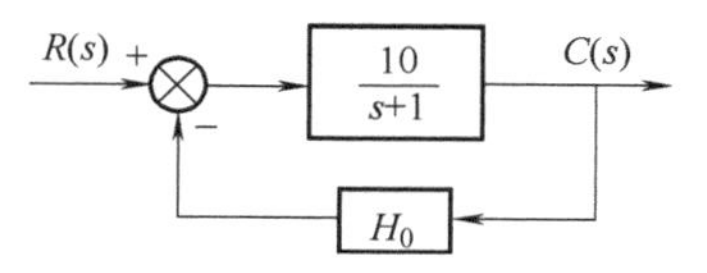

图 4-34　反馈控制系统框图

例 4-8　如图 4-34 所示的反馈控制系统，试分别确定 $H_0=0.1$ 和 $H_0=1$ 时，系统在单位阶跃信号作用下的稳态误差。

解：由图 4-34 可知，系统的开环传递函数为

$$G(s)H(s)=\frac{10H_0}{s+1}$$

因为 $\lambda=0$，系统为 0 型系统，系统的开环增益为 $K=10H_0$。所以，系统对阶跃输入的稳态误差为

$$e_{ss}=\frac{1}{1+10H_0}$$

当 $H_0=0.1$ 时

$$e_{ss}=\frac{1}{1+10\times0.1}=0.5$$

当 $H_0=1$ 时

$$e_{ss}=\frac{1}{1+10\times1}=\frac{1}{11}$$

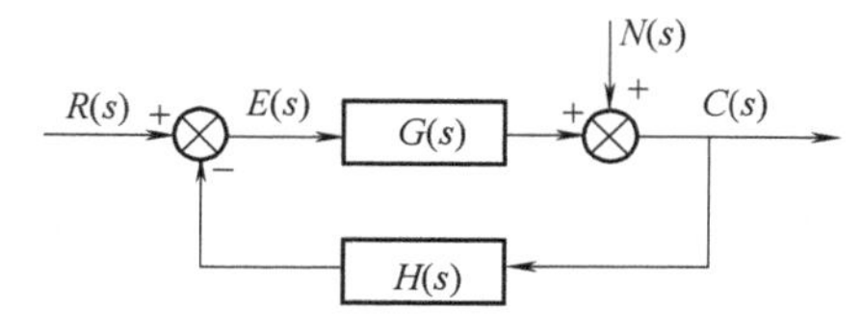

图 4-35　干扰作用下的系统框图

例 4-9　系统的负载变化往往是系统的主要干扰，已知系统如图 4-35 所示，试分析 $N(s)$ 对系统稳态误差的影响。

解：由系统框图得到系统输出为

$$C(s)=N(s)+E(s)G(s)=N(s)+[R(s)-H(s)C(s)]G(s)$$

整理后得

$$C(s)=\frac{N(s)}{1+G(s)H(s)}+\frac{G(s)}{1+G(s)H(s)}R(s)$$

式中，第一项为干扰对输出的影响；第二项为输入对输出的影响。由于现在研究干扰 $N(s)$ 对系统的影响，故设 $R(s)=0$，则

$$C_N(s)=\frac{N(s)}{1+G(s)H(s)}$$

干扰引起的系统误差为

$$E_N(s)=R(s)-H(s)C_N(s)=-C_N(s)H(s)=-\frac{H(s)}{1+G(s)H(s)}N(s)$$

则干扰引起的稳态误差为

$$e_{ssN}=\lim_{s\to0}sE_N(s)=\lim_{s\to0}s\frac{-H(s)}{1+G(s)H(s)}N(s)$$

若干扰为单位阶跃函数，即 $N(s)=1/s$，上式可表示为

$$e_{ssN}=\lim_{s\to0}s\left(-\frac{H(s)}{1+G(s)H(s)}\cdot\frac{1}{s}\right)=-\frac{H(0)}{1+G(0)H(0)}$$

如果系统 $G(0)H(0)\gg1$，则

$$e_{ssN} \approx -\frac{1}{G(0)}$$

式中，$G(0)=\lim\limits_{s\to 0}G(s)$。

显然，干扰作用点前的系统前向传递函数 $G(0)$ 的值越大，由干扰引起的稳态误差越小。所以，为了降低由干扰引起的稳态误差，可以增大干扰作用点前的前向通路传递函数 $G(0)$ 的值，或者在干扰作用点以前引入积分环节，但是后者做法对系统的稳定性是不利的。

根据上述分析，关于稳态误差的概念及影响因素总结如下：

1）影响系统稳态误差的因素主要为系统的类型（型次）λ、开环增益 K、输入信号 $R(s)$、干扰信号 $N(s)$ 及系统的结构。

2）系统型次越高，开环增益越大，可以减小或消除系统的稳态误差，但同时也会使系统的动态性能和稳定性降低。在控制系统设计时，必须综合考虑，通常系统型次 $\lambda \leqslant 2$，否则系统的稳定性较难保证。

3）静态误差系数 K_p、K_v、K_a 是表述系统稳态特性的重要参数。该参数只能用于计算当系统参考输入信号为阶跃、斜坡或抛物线信号时的稳态误差。这里应特别注意，所谓速度误差、加速度误差并不是输入速度和输出速度之间或输入加速度和输出加速度之间的误差，而是指当系统输入为速度信号（斜坡函数）或加速度信号（抛物线函数）时，输出与输入在位置上的误差。

4）若系统与图 4-32 所示结构不同或当计算干扰产生的稳态误差时，应先计算出 $E(s)$，然后利用终值定理求出稳态误差。

自学指导

学习本章内容，应掌握以下基本概念：系统的时间响应、系统的时域性能指标及其物理意义、闭环主导极点、误差、误差系数、误差传递函数、稳态误差；理解系统性能与其参数的关系：如一阶系统的参数 T、二阶系统的参数 ζ 和 ω_n 对系统性能的影响，零点对系统性能的影响，闭环主导极点对系统性能的意义，以及影响系统误差与稳态误差的因素；注意把握系统脉冲响应与阶跃响应的关系，零、极点位置与系统参数、系统性能的对应关系，以及时域性能指标表达式的使用条件。

复习参考题

1. 时间响应由哪两部分组成，它们的含义是什么？

2. 脉冲响应函数的定义是什么？如何利用脉冲响应函数来求系统对任意时间函数输入时的输出时间响应？

3. 一阶系统的脉冲响应、阶跃响应及其性能。

4. 如何描述二阶系统的阶跃响应及其时域性能指标？

5. 试分析二阶系统 ω_n 和 ζ 对系统性能的影响。

6. 误差和稳态误差的定义是什么？影响系统误差的因素有哪些？

7. 如何计算干扰作用下的稳态误差？

习题

4-1　已知系统的脉冲响应函数，试求系统的传递函数。

(1) $g(t)=2(1-e^{-\frac{1}{2}t})$。

(2) $g(t)=20e^{-2t}\sin t$。

(3) $g(t)=2e^{-5t}+5e^{-2t}$。

4-2 已知系统的单位阶跃响应函数，试确定系统的传递函数并求其脉冲响应函数。

(1) $c(t)=4(1-e^{-0.5t})$。

(2) $c(t)=1-e^{-2t}+e^{-t}$。

(3) $c(t)=3[1-1.25e^{-1.2t}\sin(1.6t+53°)]$。

4-3 已知两个一阶系统的传递函数分别为 $G_1(s)=\dfrac{2}{2s+1}$ 和 $G_2(s)=\dfrac{3}{3s+1}$，当输入分别为 $R(s)=\dfrac{2}{s}$ 和 $R(s)=\dfrac{3}{s}$ 时，试求 $t=0$ 时，响应曲线的上升斜率。哪一个系统响应灵敏性好？

4-4 设单位反馈系统的开环传递函数为

$$G(s)=\frac{4}{s(s+5)}$$

求这个系统的单位阶跃响应。

4-5 已知系统闭环传递函数为

$$\frac{G(s)}{R(s)}=\frac{\omega_n^2}{s^2+2\zeta\omega_n s+\omega_n^2}$$

试求：

(1) $\zeta=0.1$、$\omega_n=1$ 和 $\zeta=0.1$、$\omega_n=5$ 时系统的超调量、上升时间和调整时间。

(2) $\zeta=0.5$、$\omega_n=5$ 时系统的超调量、上升时间和调整时间。

(3) 讨论参数 ζ、ω_n 对系统性能的影响。

4-6 设有一闭环系统的传递函数为

$$\frac{C(s)}{R(s)}=\frac{\omega_n^2}{s^2+2\zeta\omega_n+\omega_n^2}$$

为了使系统对阶跃输入的响应，有约 5%的超调量和 2s 的调整时间，试求 ζ 和 ω_n 的值。

4-7 图题 4-7 所示为穿孔纸带输入的数控机床的位置控制系统框图，试求：

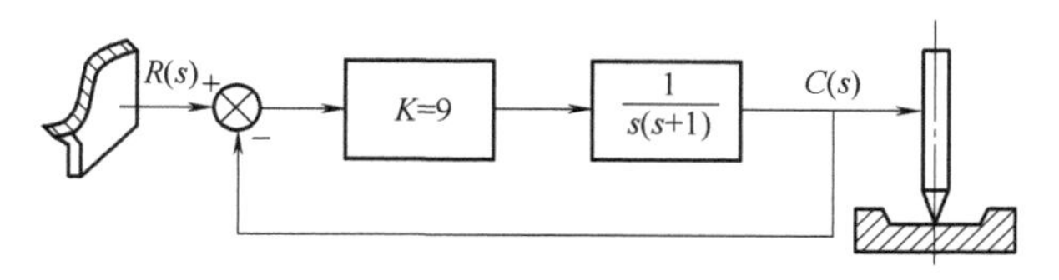

图题 4-7

(1) 系统的无阻尼固有频率 ω_n 和阻尼比 ζ。

(2) 单位阶跃输入下的超调量 M_p 和上升时间 t_r。

(3) 单位阶跃输入下的稳态误差。

(4) 单位斜坡输入下的稳态误差。

4-8 求图题 4-8 所示带有速度控制的控制系统无阻尼固有频率 ω_n、阻尼比 ζ 及超调量 M_p（取 $K=1500$，$\tau_d=0.01s$）。

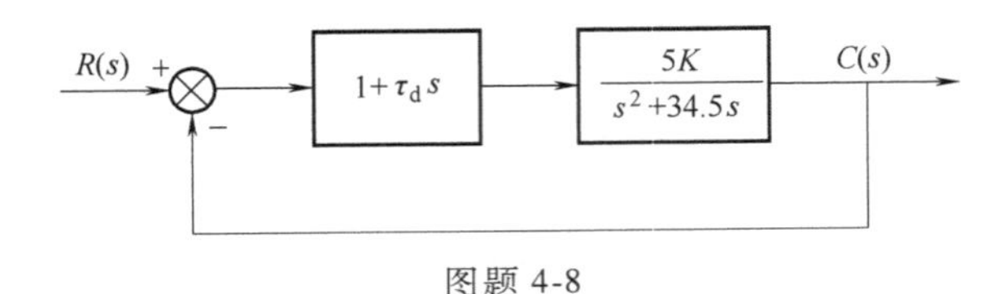

图题 4-8

4-9　已知系统的传递函数为

$$\frac{C(s)}{R(s)}=\frac{T_a s+1}{(T_1 s+1)(T_2 s+1)}$$

试求：

（1）$T_1=8$、$T_2=2$、$T_a=1$、$T_a=4$ 和 $T_a=16$ 时的单位阶跃响应。

（2）$T_1=8$、$T_2=2$、$T_a=16$ 时，阶跃响应的最大值。

（3）定性分析参数 T_1、T_2 和 T_a 对系统响应时间的影响。

4-10　图题 4-10 所示系统，$G(s)=\dfrac{10}{s(s+4)}$。当输入 $r(t)=10t$ 和 $r(t)=4+6t+3t^2$ 时，求系统的稳态误差。

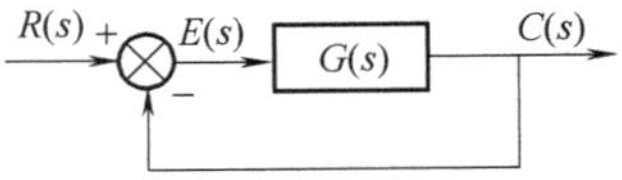

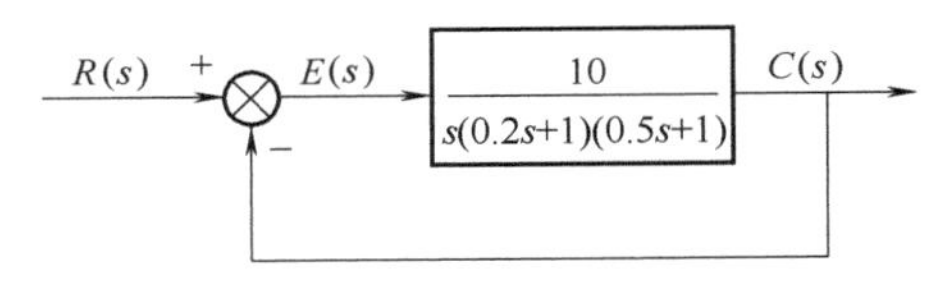

图题 4-10

4-11　设题 4-10 中的前向传递函数为

$$G(s)=\frac{10}{s(s+1)(10s+1)}$$

输入分别为 $r(t)=10t$、$r(t)=4+6t+3t^2$ 和 $r(t)=4+6t+3t^2+1.8t^3$ 时，求系统的稳态误差。

4-12　求图题 4-12 所示系统的静态误差系数 K_p、K_v、K_a，当输入 $r(t)=40t$ 时，稳态速度误差等于多少？

图题 4-12

4-13　已知单位反馈系统的传递函数分别为 $G_1(s)=\dfrac{10}{s(s+1)}$，$G_2(s)=\dfrac{10}{2s+1}$，求：

（1）输入为 $r(t)=1(t)$时的稳态误差。

（2）输入为 $r(t)=1(t)$时的误差响应。

（3）说明系统参数对系统误差的影响。

4-14　已知系统如图题 4-14 所示，其中

$$G_1(s)=\frac{5}{T_1 s+1},\ G_2(s)=\frac{10(\tau s+1)}{T_2 s+1},\ G_3(s)=\frac{100}{s(T_3 s+1)}$$

求当系统干扰 $n_1(t)$、$n_2(t)$、$n_3(t)$ 及输入 $r(t)$ 均为单位阶跃信号时，输入和干扰分别引起的稳态误差。

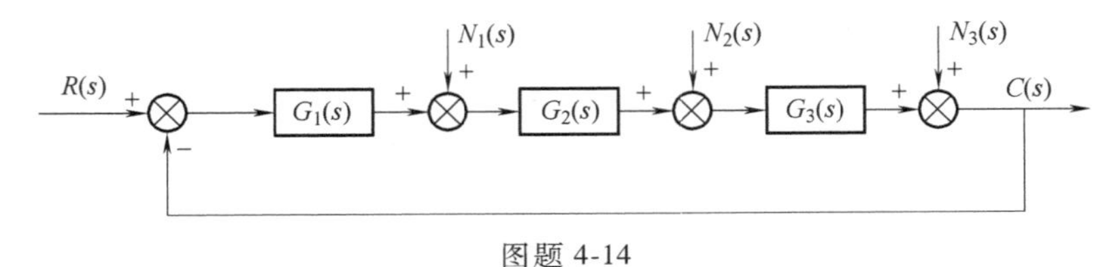

图题 4-14

第5章 控制系统的频率特性

第4章讨论了系统的时域特性，即以微分方程及其解的性质来确定系统的动态性能及稳态精度，但表征系统的特性并不仅限于时域特性。以拉普拉斯变换（或傅里叶变换）为工具将时域转换为频域，研究系统对正弦输入的稳态响应即频率响应。基于频率响应与频率特性研究线性系统的经典方法称为频域分析法，它是20世纪30年代发展起来的一种工程实用方法，是研究控制系统的一种经典方法，对于控制系统的分析和设计是十分重要的。

在机械工程科学中，有许多问题需要研究系统与过程在不同频率的输入信号作用下的响应特性。例如，机械振动学主要研究机械结构在受到不同频率的作用力时产生的强迫振动和由系统本身内在反馈所引起的自激振动，以及与其有关的共振频率、机械阻抗、动刚度、抗振稳定性等概念。这实质上就是机械系统的频率特性。应用控制理论中的频率响应方法进行分析，可以很清晰地建立这些概念。此外，在机械加工过程中，如金属切削加工或锻压成形加工过程中，产品的加工精度、表面质量及加工过程中的自激振动，都与加工过程及其工艺装备所构成的机械系统的频率特性密切相关。

对于一些复杂的机械系统或过程，往往难以从理论上列写其微分方程或难以确定其参数，可通过频率响应实验的方法，即所谓系统辨识的方法，确定系统的传递函数。因此，频率响应方法对于机械系统或过程的动态设计、综合与校正以及稳定性分析都是一个十分重要的基本方法和强有力的工具。

其实，有些日常生活常识也可以从系统频率响应的角度来解释，如用扁担挑水时为使桶内的水不会洒出来，需要以小碎步行走，这样可以避免走路的频率刚好等于扁担的固有频率而发生共振现象；士兵以队列行进过桥时，需要便步走以避免与桥梁产生共振等。其他工程实践中也有许多例子需要考虑频率响应，如汽车的减振设计以及大跨度桥梁如跨海大桥的设计等，都要考虑其频率响应以达到减振和避免共振。所以，对于系统的频率特性分析在工程上有广泛应用。

本章介绍系统的频率响应与频率特性的概念及其图解表示方法，重点介绍频率特性的对数坐标图、极坐标图，最小相位系统及其辨识，还介绍闭环频率特性与频域性能指标。

5.1 系统的频率响应与频率特性

1. 频率响应与频率特性的概念

频率响应是指线性系统对正弦输入的稳态响应。这个概念中隐含以下条件：系统为线性系统且稳定，输入为正弦信号或余弦信号（余弦信号与正弦信号只是相差90°的相位），这时的稳态输出响应即为频率响应。

当给线性系统输入某一频率的正弦波，经过充分长的时间后，系统的输出响应仍是同频率的正弦波，而且输出与输入的正弦信号幅值之比，以及输出与输入信号的相位之差，对于一定的系统来讲是完全确定的。这是线性系统对正弦输入信号的特有属性。当不断改变正弦输入信号的频率（由 0 变化到∞）时，该幅值比和相位差随信号频率的变化关系即称为系统的频率特性。

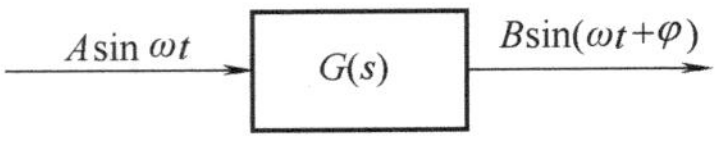

图 5-1 所示的线性系统，当输入一正弦信号

$$r(t)=A\sin\omega t$$

$A\sin\omega t$ → $G(s)$ → $B\sin(\omega t+\varphi)$

图 5-1　系统输入正弦信号

可以证明，该系统的稳态输出为同频率的正弦信号

$$c(t)=B\sin(\omega t+\varphi)$$

而且，输出与输入的正弦信号幅值之比为

$$\frac{B}{A}=|G(\mathrm{j}\omega)| \tag{5-1}$$

输出与输入的正弦信号的相位差 φ 为

$$\varphi=\angle G(\mathrm{j}\omega) \tag{5-2}$$

式中，$G(\mathrm{j}\omega)$ 是在系统传递函数 $G(s)$ 中令 $s=\mathrm{j}\omega$ 得到的，$G(\mathrm{j}\omega)$ 就称为系统的频率特性，$|G(\mathrm{j}\omega)|$表示频率特性的幅值，$\angle G(\mathrm{j}\omega)$ 表示频率特性的相位。当 ω 从 0 变化到∞时，$|G(\mathrm{j}\omega)|$和$\angle G(\mathrm{j}\omega)$ 的变化情况，分别称为系统的幅频特性和相频特性，总称为系统的频率特性。

对以上结论证明如下。

对于图 5-1 所示的系统，当系统输入 $r(t)=A\sin\omega t$ 时，则系统输入、输出的拉普拉斯变换分别为

$$R(s)=L[r(t)]=L[A\sin\omega t]=\frac{A\omega}{s^2+\omega^2}$$

$$C(s)=R(s)G(s)=\frac{A\omega}{s^2+\omega^2}G(s) \tag{5-3}$$

设系统的传递函数 $G(s)$ 为

$$G(s)=\frac{B(s)}{A(s)}=\frac{B(s)}{(s-p_1)(s-p_2)\cdots(s-p_n)} \tag{5-4}$$

为简化计算，假设式（5-4）分母多项式 $A(s)$ 中，包含有互不相同的单极点 p_i（$i=1, 2, \cdots, n$），且其实部均为负值，则将式（5-4）代入式（5-3），并化为部分分式，有

$$C(s)=\frac{a}{s+\mathrm{j}\omega}+\frac{\bar{a}}{s-\mathrm{j}\omega}+\frac{b_1}{s-p_1}+\frac{b_2}{s-p_2}+\cdots+\frac{b_n}{s-p_n} \tag{5-5}$$

式中，a、$\bar{a}$ 为待定的共轭复数；b_i（$i=1, 2, \cdots, n$）为待定常数。对式（5-5）进行拉普拉斯反变换可得

$$c(t)=a\mathrm{e}^{-\mathrm{j}\omega t}+\bar{a}\mathrm{e}^{\mathrm{j}\omega t}+b_1\mathrm{e}^{p_1t}+b_2\mathrm{e}^{p_2t}+\cdots+b_n\mathrm{e}^{p_nt}$$

当 $t\to\infty$ 时，对于稳定的系统（p_i 的实部均为负值），式中 e^{p_1t}，e^{p_2t}，…，e^{p_nt} 均趋于零，得

$$\underset{t\to\infty}{c(t)}=a\mathrm{e}^{-\mathrm{j}\omega t}+\bar{a}\mathrm{e}^{\mathrm{j}\omega t} \tag{5-6}$$

对于式（5-6）中的系数 a 及 $\bar{a}$，可由式（5-3）和式（5-4）根据第 2 章的部分分式法求得，即

$$a=G(s)\frac{A\omega}{s^2+\omega^2}(s+\mathrm{j}\omega)\bigg|_{s=-\mathrm{j}\omega}=-\frac{AG(-\mathrm{j}\omega)}{2\mathrm{j}}$$

$$\overline{a}=G(s)\frac{A\omega}{s^2+\omega^2}(s-\mathrm{j}\omega)\bigg|_{s=\mathrm{j}\omega}=\frac{AG(\mathrm{j}\omega)}{2\mathrm{j}}$$

式中，$G(\mathrm{j}\omega)$ 与 $G(-\mathrm{j}\omega)$ 作为复数，均可以表达为幅值与相位的形式，即

$$G(\mathrm{j}\omega)=|G(\mathrm{j}\omega)|\mathrm{e}^{\mathrm{j}\varphi},\ G(-\mathrm{j}\omega)=|G(-\mathrm{j}\omega)|\mathrm{e}^{-\mathrm{j}\varphi}=|G(\mathrm{j}\omega)|\mathrm{e}^{-\mathrm{j}\varphi}$$

$$\varphi=\angle G(\mathrm{j}\omega)=\arctan\frac{\mathrm{Im}[G(\mathrm{j}\omega)]}{\mathrm{Re}[G(\mathrm{j}\omega)]}$$

其中，$\mathrm{Im}[G(\mathrm{j}\omega)]$ 和 $\mathrm{Re}[G(\mathrm{j}\omega)]$ 分别表示 $G(\mathrm{j}\omega)$ 的虚部和实部。将 a 及 $\overline{a}$ 分别代入式（5-6）中可得

$$\underset{t\to\infty}{c(t)}=A|G(\mathrm{j}\omega)|\frac{\mathrm{e}^{\mathrm{j}(\omega t+\varphi)}-\mathrm{e}^{-\mathrm{j}(\omega t+\varphi)}}{2\mathrm{j}}=A|G(\mathrm{j}\omega)|\sin(\omega t+\varphi)=B\sin(\omega t+\varphi) \tag{5-7}$$

式中，$B=A|G(\mathrm{j}\omega)|$即为输出正弦信号的幅值，从而证明了前述的结论。图 5-2 表示了正弦输入信号与其稳态输出的关系。

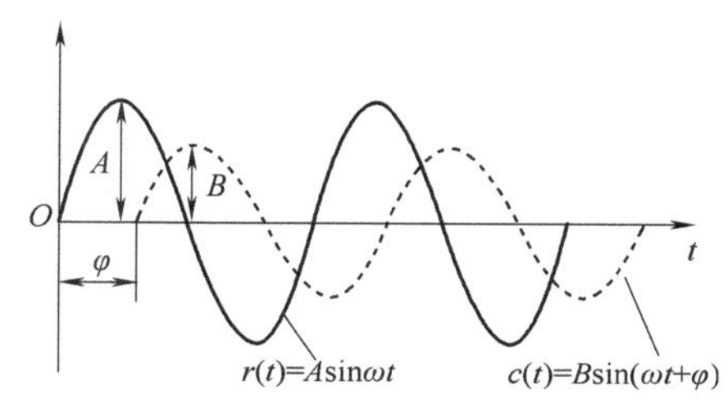

图 5-2　正弦输入信号及稳态输出

系统的频率特性 $G(\mathrm{j}\omega)$ 和系统的传递函数 $G(s)$ 有密切的联系。令 $G(s)$ 中的 $s=\mathrm{j}\omega$，当 ω 从 0 到 ∞ 范围变化时，就可求出系统的频率特性。

2. 频率特性的含义及特点

1）与时域分析不同，频率特性分析是通过分析不同谐波输入时系统的稳态响应来表示系统的动态特性。通过以下分析，可看出频率特性的深入含义。

如前所述

$$G(\mathrm{j}\omega)=G(s)|_{s=\mathrm{j}\omega}$$

传递函数 $G(s)$ 是输出 $c(t)$ 与输入 $r(t)$ 的拉普拉斯变换之比，故

$$G(\mathrm{j}\omega)=\frac{C(s)}{R(s)}\bigg|_{s=\mathrm{j}\omega}=\frac{C(\mathrm{j}\omega)}{R(\mathrm{j}\omega)} \tag{5-8}$$

式中，

$$C(\mathrm{j}\omega)=L[c(t)]|_{s=\mathrm{j}\omega}=\int_0^\infty c(t)\mathrm{e}^{-st}\mathrm{d}t|_{s=\mathrm{j}\omega}=\int_0^\infty c(t)\mathrm{e}^{-\mathrm{j}\omega t}\mathrm{d}t \tag{5-9}$$

同理

$$R(\mathrm{j}\omega)=\int_0^\infty r(t)\mathrm{e}^{-\mathrm{j}\omega t}\mathrm{d}t \tag{5-10}$$

式（5-9）和式（5-10）分别为输出和输入在 $0\leqslant t<\infty$ 时的傅里叶变换，因此可以说系统的频率特性为输出与输入的傅里叶变换之比。这可由第 4 章介绍的系统脉冲响应函数 $g(t)$ 的卷积公式来证明

$$c(t)=\int_{-\infty}^{\infty}r(\tau)g(t-\tau)\mathrm{d}\tau \tag{5-11}$$

在式（5-11）中，因 $\tau>t$ 时，$g(t-\tau)=0$，对该式两边进行傅里叶变换，可得

$$\begin{aligned}\int_{-\infty}^{\infty}c(t)\mathrm{e}^{-\mathrm{j}\omega t}\mathrm{d}t&=\int_{-\infty}^{\infty}\left[\int_{-\infty}^{\infty}r(\tau)g(t-\tau)\mathrm{d}\tau\right]\mathrm{e}^{-\mathrm{j}\omega t}\mathrm{d}t\\&=\int_{-\infty}^{\infty}r(\tau)\mathrm{e}^{-\mathrm{j}\omega\tau}\mathrm{d}\tau\int_{-\infty}^{\infty}g(t-\tau)\mathrm{e}^{-\mathrm{j}\omega(t-\tau)}\mathrm{d}t\end{aligned} \tag{5-12}$$

由于 $G(s)$ 为脉冲响应 $g(t)$ 的拉普拉斯变换，即

$$G(s)=L[g(t)]=\int_{-\infty}^{\infty} g(t)\mathrm{e}^{-st}\mathrm{d}t$$

故

$$G(\mathrm{j}\omega)=G(s)\big|_{s=\mathrm{j}\omega}=\int_{-\infty}^{\infty} g(t)\mathrm{e}^{-\mathrm{j}\omega t}\mathrm{d}t \tag{5-13}$$

将式（5-9）、式（5-10）及式（5-13）代入式（5-12），可得

$$C(\mathrm{j}\omega)=R(\mathrm{j}\omega)G(\mathrm{j}\omega)$$

上式即为表达式（5-8）。

以上对系统频率特性的证明，不仅限于单一的正弦输入 $r(t)=A\sin\omega t$，而是对任何时间函数 $r(t)$ 输入，只要 $r(t)$ 满足傅里叶变换的条件，频率特性分析方法也是同样适用的。从这个意义上讲，频率特性类似于电子滤波网络的阻抗特性，它将输入 $r(t)$ 的谐波成分过滤而变成输出 $c(t)$ 的谐波成分。对于机械系统而言，其频率特性反映了系统机械阻抗的特性。

2）系统的频率特性是系统脉冲响应函数 $g(t)$ 的傅里叶变换，如式（5-13）所示。可以说，$g(t)$ 是在时域中描述系统的动态性能，$G(\mathrm{j}\omega)$ 则是在频域中描述系统的动态性能，它仅与系统本身的参数有关。

3）在经典控制理论范畴，频域分析法较时域分析法简单。它不仅可以方便地研究参数变化对系统性能的影响，而且可方便地研究系统的稳定性，并可直接在频域中对系统进行校正和综合，以改善系统性能。对于外部干扰和噪声信号，可通过频率特性分析，在系统设计时，选择合适的频宽，从而有效地抑制其影响。

4）对于高阶系统，应用频域分析方法则比较简单。对于高阶系统，应用时域分析方法涉及高阶微分方程的求解，比较困难，而应用频域分析方法不需求解微分方程的解，可直接用频率特性的图解方法进行系统性能分析，较为简单。这一点在系统设计及校正时尤为突出。

3. 机械系统动刚度的概念

机械控制工程中研究的主要控制对象是机械系统，在时域分析中分析了机械系统参数对系统瞬态性能的影响；在频域分析中，也可以利用频率特性分析得到机械系统动刚度的概念以及系统随输入信号频率变化的动态特性，更进一步，在工程上可以利用动刚度的概念进行机械系统的减振（甚至消振或吸振）设计，这是非常有意义的。

一个典型的由质量-弹簧-阻尼构成的机械系统如第 3 章图 3-2 所示。该系统的质量在输入力 $f(t)$ 作用下产生的输出位移为 $x(t)$，其传递函数为

$$G(s)=\frac{X(s)}{F(s)}=\frac{1}{ms^2+Bs+k}=\frac{1}{k}\cdot\frac{1}{\dfrac{s^2}{\omega_\mathrm{n}^2}+\dfrac{2\zeta}{\omega_\mathrm{n}}s+1}$$

式中，系统阻尼比 $\zeta=\dfrac{B}{2\sqrt{mk}}$；系统无阻尼固有频率 $\omega_\mathrm{n}=\sqrt{\dfrac{k}{m}}$。

系统的频率特性为

$$G(\mathrm{j}\omega)=\frac{X(\mathrm{j}\omega)}{F(\mathrm{j}\omega)}=\frac{1}{k}\cdot\frac{1}{\left(1-\frac{\omega^2}{\omega_n^2}\right)+\mathrm{j}\frac{2\zeta\omega}{\omega_n}}$$

该式以 $G(\mathrm{j}\omega)$ 反映了以动态作用力 $f(t)$ 作为输入、以动态变形 $x(t)$ 作为输出时的传递关系，即系统的频率特性，如图 5-3 所示。

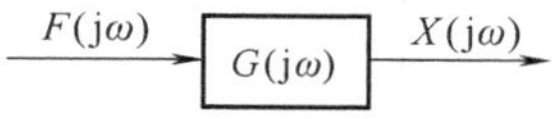

$F(\mathrm{j}\omega)$ → $G(\mathrm{j}\omega)$ → $X(\mathrm{j}\omega)$

图 5-3 系统在力作用下产生变形

若将上式改写为

$$F(\mathrm{j}\omega)=\frac{1}{G(\mathrm{j}\omega)}X(\mathrm{j}\omega)=k\left[\left(1-\frac{\omega^2}{\omega_n^2}\right)+\mathrm{j}\frac{2\zeta\omega}{\omega_n}\right]X(\mathrm{j}\omega)$$

并令

$$K(\mathrm{j}\omega)=k\left[\left(1-\frac{\omega^2}{\omega_n^2}\right)+\mathrm{j}\frac{2\zeta\omega}{\omega_n}\right] \tag{5-14}$$

式（5-14）也表达了动态作用力 $f(t)$ 与系统动态变形 $x(t)$ 之间的关系，若套用胡克定律 $f=kx$ 表达式，可以发现 $K(\mathrm{j}\omega)$ 也是一个刚度的概念，把它定义为机械系统的动刚度。系统的频率特性 $G(\mathrm{j}\omega)$ 实质上表示的是机械结构的动柔度 $\lambda(\mathrm{j}\omega)$，也就是它的动刚度 $K(\mathrm{j}\omega)$ 的倒数

$$G(\mathrm{j}\omega)=\lambda(\mathrm{j}\omega)=\frac{1}{K(\mathrm{j}\omega)}$$

再来讨论动刚度与静刚度的关系。对于式（5-14），当 $\omega=0$ 时

$$K(\mathrm{j}\omega)\big|_{\omega=0}=\frac{1}{G(\mathrm{j}\omega)}\bigg|_{\omega=0}=k\left[\left(1-\frac{\omega^2}{\omega_n^2}\right)+\mathrm{j}\frac{2\zeta\omega}{\omega_n}\right]\bigg|_{\omega=0}=k$$

即该机械结构的静刚度为 k。

当 $\omega\neq0$ 时，动刚度 $K(\mathrm{j}\omega)$ 的幅值为

$$|K(\mathrm{j}\omega)|=k\sqrt{\left(1-\frac{\omega^2}{\omega_n^2}\right)^2+\left(\frac{2\zeta\omega}{\omega_n}\right)^2} \tag{5-15}$$

其动刚度曲线如图 5-4 所示。对 $|K(\mathrm{j}\omega)|$ 求偏导，并令 $\frac{\partial|K(\mathrm{j}\omega)|}{\partial\omega}=0$，可得动刚度幅值的极值。

当 $\omega=\omega_r=\sqrt{1-2\zeta^2}\,\omega_n$ 时，$|K(\mathrm{j}\omega)|$ 具有最小值

$$|K(\mathrm{j}\omega)|_{\min}=k\cdot2\zeta\sqrt{1-\zeta^2} \tag{5-16}$$

其中，ω_r 称为系统的谐振频率。由式（5-16）可知，当 $\zeta\ll1$ 时，$\omega_r\to\omega_n$，系统的最小动刚度幅值为

$$|K(\mathrm{j}\omega)|_{\min}\approx k\cdot2\zeta$$

由此可以看出，增加机械结构的阻尼比 ζ，能大幅提高系统的动刚度。若机械结构的阻尼比

提高到

$$\zeta \geqslant \frac{1}{\sqrt{2}} = 0.707$$

则系统不存在谐振频率，也不会发生谐振，如图 5-4 所示的曲线②。

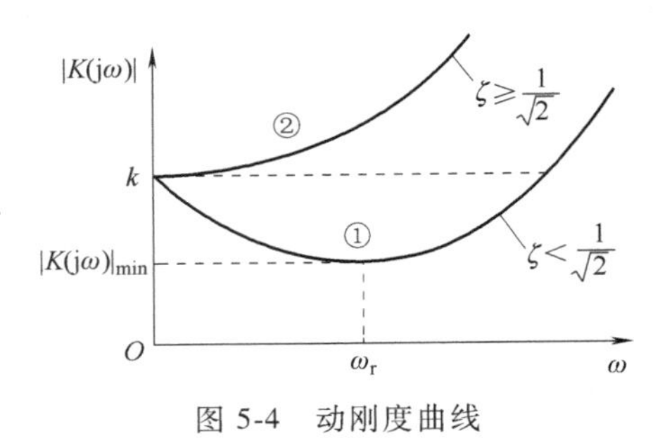

图 5-4 动刚度曲线

大多数机械结构或工艺装备，如金属切削机床、锻压设备等都可以用类似第 3 章图 3-2 所示的质量-弹簧-阻尼系统来近似描述，上述有关频率特性、机械阻尼、动刚度等概念及其分析具有普遍意义，并在工程实践中得到了应用。

下面来看几个利用这些概念进行系统分析和系统设计的例子。

例 5-1 图 5-5 所示的系统，其传递函数为 $G(s)=\frac{K}{Ts+1}$，求系统的频率特性及系统对正弦输入 $r(t)=A\sin\omega t$ 的稳态响应。

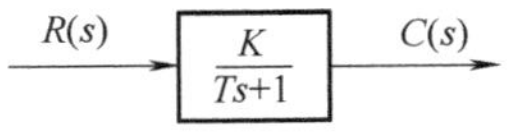

$R(s) \rightarrow \boxed{\frac{K}{Ts+1}} \rightarrow C(s)$

图 5-5 系统框图

解： 系统传递函数已知，令 $s=\mathrm{j}\omega$，则系统的频率特性为

$$G(\mathrm{j}\omega)=\frac{K}{\mathrm{j}\omega T+1}$$

频率特性的幅值比为 $$|G(\mathrm{j}\omega)|=\left|\frac{K}{\mathrm{j}\omega T+1}\right|=\frac{K}{\sqrt{1+T^2\omega^2}}$$

频率特性的相位为 $$\varphi=\angle G(\mathrm{j}\omega)=-\arctan\omega T$$

根据频率响应的定义，系统的稳态输出响应为

$$c(t)=\frac{AK}{\sqrt{1+\omega^2T^2}}\sin(\omega t-\arctan\omega T)$$

在例 5-1 中，如果输入不是正弦函数，而是一个阶跃信号 $r(t)=B$，那么

$$R(\mathrm{j}\omega)=L[r(t)]\big|_{s=\mathrm{j}\omega}=\frac{B}{\mathrm{j}\omega}$$

输出的傅里叶变换为

$$C(\mathrm{j}\omega)=G(\mathrm{j}\omega)R(\mathrm{j}\omega)=\frac{KB}{\mathrm{j}\omega(\mathrm{j}\omega T+1)}$$

其幅值为 $$|C(\mathrm{j}\omega)|=\frac{KB}{\omega\sqrt{1+T^2\omega^2}}$$

其相位为 $$\varphi=-\arctan\omega T-90^\circ$$

其时域输出响应为 $$c(t)=L^{-1}[C(s)]=L^{-1}\left[\frac{KB}{s(Ts+1)}\right]=KB(1-\mathrm{e}^{-t/T})$$

其时域稳态输出为 $$\lim_{t\to\infty}c(t)=KB$$

可以看出，其时域的瞬态与稳态输出都不是正弦函数。

例 5-2 弹簧吸振器简化模型如图 5-6 所示。其中，质量 m_1 与弹簧 k_1 串联，是实际机械系统（如长杆车刀）的简化模型，m_1 在受到干扰力作用时会产生位移（或振动）x_1，为了抑制 m_1 的振动，可以选择在其末端串联质量 m_2 与弹簧 k_2。那么，应该如何选择吸振器参数 m_2 和 k_2，使质量 m_1 产生的振幅最小？

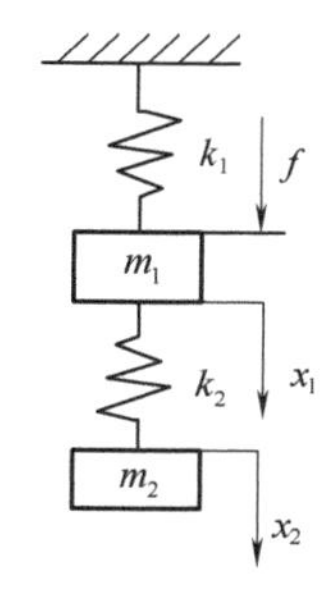

图 5-6 弹簧吸振器简化模型

解：假设 m_2 产生的位移为 x_2，则根据两质量的受力分析，可建立系统的微分方程为

$$m_1\ddot{x}_1+k_1x_1+k_2(x_1-x_2)=f$$

$$m_2\ddot{x}_2=k_2(x_1-x_2)$$

则位移 x_1 与干扰力 f 之间的传递函数为

$$G(s)=\frac{X_1(s)}{F(s)}=\frac{m_2s^2+k_2}{m_1m_2s^4+[k_2(m_1+m_2)+k_1m_2]s^2+k_1k_2}$$

其动刚度

$$K(\mathrm{j}\omega)=\frac{1}{G(\mathrm{j}\omega)}=\frac{m_1m_2\omega^4-[k_2(m_1+m_2)+k_1m_2]\omega^2+k_1k_2}{k_2-m_2\omega^2}$$

而

$$X_1(\mathrm{j}\omega)=F(\mathrm{j}\omega)/K(\mathrm{j}\omega)$$

由频率响应可知，当系统输入为正弦信号时，系统输出为同频率的正弦信号。很显然，若要使输出位移幅值 $|X_1(\mathrm{j}\omega)|\to0$，则应使 $|K(\mathrm{j}\omega)|\to\infty$，即使

$$k_2-m_2\omega^2=0$$

因此，当吸振器参数选择满足 $\dfrac{k_2}{m_2}=\omega^2$ 时，可使质量 m_1 的振幅为 0。从能量守恒的角度来看，此时的 m_2 位移一定不为 0，这相当于施加到 m_1 上的干扰力引起的 m_1 振动被 m_2 和 k_2 吸收了，这就是振动控制中的吸振器设计。基于这个原理，可以在机械加工中进行工作台、切削刀具的振动控制，以提高机械加工精度。

当然，在例 5-2 中看到的振动完全被吸收只是理想化情况。该设计的局限性在于：一旦按某输入干扰力的频率选择了 m_2 与 k_2，该吸振器实体结构就固定了，若输入干扰力 $f=A\sin\omega t$ 的频率发生变化，则 m_2、k_2 应该重新选择，这在工程实践上并不现实。实际上，机械设备往往并不只受到单一频率干扰力的作用，而且系统中的阻尼也并不一定可直接忽略，这时其吸振或减振结构的设计也就变得复杂了。

但这种吸振或减振的设计思想还是在工程实践中得到了推广应用，如在车内螺纹时，因车刀刀柄过长，一次性加工会出现抖动情况，如果在刀柄内采用吸振器的设计就可以有效减少车削过程中的抖动，这就是减振刀柄的设计；为了抑制医疗设备磁共振仪上梯度线圈的振动，也可以采用动态吸振器的设计思路进行被动式减振。

例 5-3 一典型质量-弹簧-阻尼构成的机械系统如第 3 章图 3-2 所示，系统输入力 $f(t)$ 为周期信号，是如图 5-7 所示的矩形波。试求系统的输出位移 $x(t)$。

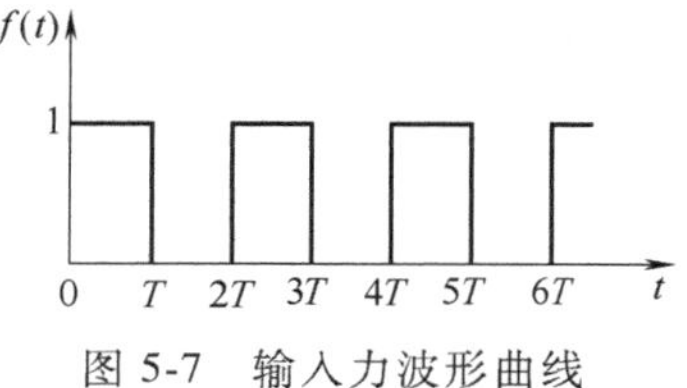

图 5-7 输入力波形曲线

解：系统的传递函数为

$$\frac{X(s)}{F(s)}=\frac{1}{ms^2+Bs+k}$$

其幅频特性为

$$|G(j\omega)|=\frac{1}{\sqrt{(k-m\omega^2)^2+B^2\omega^2}}$$

其相频特性为

$$\angle G(j\omega)=-\arctan\frac{B\omega}{k-m\omega^2}=\varphi(\omega)$$

系统输入是周期为 $2T$ 的方波信号，该信号可以分解成不同频率的正弦信号，其傅里叶级数展开式为

$$f(t)=\frac{4}{\pi}\sum_{n=1}^{\infty}\frac{1}{n}\sin n\omega t$$

因为系统输入为不同频率的正弦信号的线性组合，根据频率特性的概念和线性系统的叠加原理，写出系统的输出表达式为

$$x(t)=\frac{4}{\pi}\sum_{n=1}^{\infty}\frac{1}{n\sqrt{(k-mn^2\omega^2)^2+B^2n^2\omega^2}}\sin\left(n\omega t-\arctan\frac{Bn\omega}{k-mn^2\omega^2}\right)$$

4. 频率特性的表示方法

当给定系统的传递函数后，系统的频率特性在原理上即可求出。然而，为了直观表示系统在比较宽的频率范围中的频率响应，图形表示比函数表示要方便得多。在频率域进行系统分析和设计时，利用图形表示将更方便。另一方面，当必须用实验方法确定系统的传递函数时，图形表示方法更是必要的。

在频率特性的图形表示方法中，常用方法有如下 3 种：

1）对数坐标图或称伯德（Bode）图。

2）极坐标图或称奈奎斯特（Nyquist）图。

3）对数幅-相图或称尼科尔斯（Nichols）图。

将在本章后续内容中重点介绍前两种方法：对数坐标图和极坐标图。对数幅-相图本书不做介绍，考试时也不做要求。

5.2 频率特性的对数坐标图

1. 对数坐标图

以对数坐标表示的频率特性图又称伯德（Bode）图，它由伯德（H. W. Bode，1905—1982，美国 Bell 实验室著名科学家）于 1940 年提出，由对数幅频特性曲线 $L(\omega)$ 和对数相频特性曲线 $\varphi(\omega)$ 组成。它们的横坐标是按频率 ω 的以 10 为底的对数分度的。表 5-1 列出了 ω 从 1~10rad/s 的均匀分度及相应的对数值。图 5-8 表示 ω 的均匀分度与对数分度的区别，其中图 5-8a 所示为均匀分度，图 5-8b 所示为对数分度。

表 5-1 ω 的均匀分度与对数分度

ω	1	2	3	4	5	6	7	8	9	10
$\lg\omega$	0	0.301	0.477	0.602	0.699	0.778	0.845	0.903	0.954	1

在对数坐标中，频率每变化 1 倍，称作 1 倍频程，记作 oct，坐标间距为 0.301 个长度单位。频率每变化 10 倍，称作 10 倍频程，记作 dec，坐标间距为 1 个长度单位。

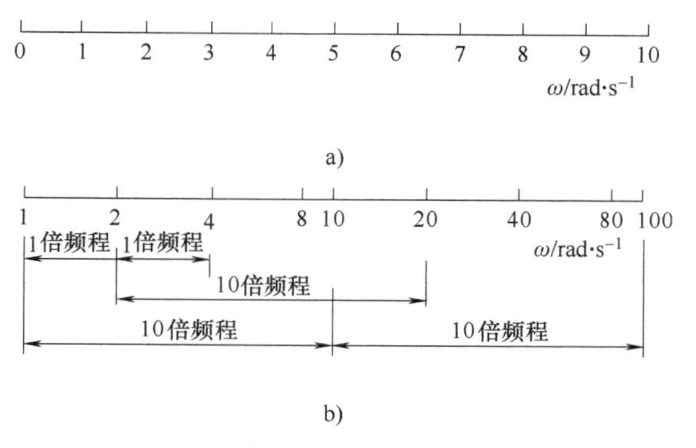

图 5-8 横坐标 ω 的两种分度方法

横坐标按频率 ω 的对数进行分度的优点在于：便于在较宽的频率范围内研究系统的频率特性，如频率范围为 0.1～100rad/s，在均匀分度的横坐标上，1～10rad/s 频率范围仅约占坐标长度的 1/10，而在对数坐标分度中，1～10rad/s 大约占坐标长度的 1/3。由于实际系统往往工作在低频段，即低频段是我们更关注的，因而采用对数分度对于充分表达系统的低频频率特性是非常有利的。

需要提醒注意的是，后面对于伯德图横坐标 ω 的分度实际是按照对度分度的，但对横坐标轴的标注仍然是 $\omega/\mathrm{rad}\cdot\mathrm{s}^{-1}$。

对数幅频特性曲线中的纵坐标采用均匀分度，坐标值取 $G(\mathrm{j}\omega)$ 幅值的对数，坐标值为 $L(\omega)=20\lg|G(\mathrm{j}\omega)|$，其单位称作分贝（dB）。分贝在声音测量方面代表声音的响度，在通信系统中代表放大器的增益（幅值）。对频率特性的幅值以分贝为单位来衡量，既方便了读写和计算，又能如实地反映人对声音的感觉。

对数相频特性曲线的纵坐标也是采用均匀分度，坐标值取 $G(\mathrm{j}\omega)$ 的相位角，记作 $\varphi(\omega)=\angle G(\mathrm{j}\omega)$，单位为度（°）。

用对数坐标图表示频率特性主要有以下优点。

1）可以将幅值相乘转化为幅值相加，便于绘制多个环节串联组成的系统的对数频率特性图。

2）可采用渐近线近似的作图方法绘制对数幅频特性曲线，简单方便，尤其是在控制系统设计、校正及系统辨识等方面，优点更为突出。

3）如前所述，对数分度有效地扩展了频率范围，尤其是低频段的扩展，对于机械系统的频率特性的分析是有利的。

下面介绍各种典型环节在 ω 从 $0\sim\infty$ 变化时伯德图的作图方法与作图特点，这是一般系统伯德图作图的基础。

2. 各种典型环节的伯德图

（1）比例环节 K　比例环节 K 一般为正实数，不随频率而变，其对数幅频与相频特性分别为

$$L(\omega)=20\lg K(\mathrm{dB})$$
$$\varphi(\omega)=0°$$

即其对数幅频特性曲线为平行于横坐标的水平直线，对数相频特性曲线为平行于横坐标的水平直线，其相位角为0°。比例环节的伯德图如图5-9所示。

因此，当改变传递函数中的K时，会导致其对数幅频曲线升高或降低一个相应的常值，但不影响相位角。

可以思考一下，若比列环节是一个复实数，其伯德图怎么画？

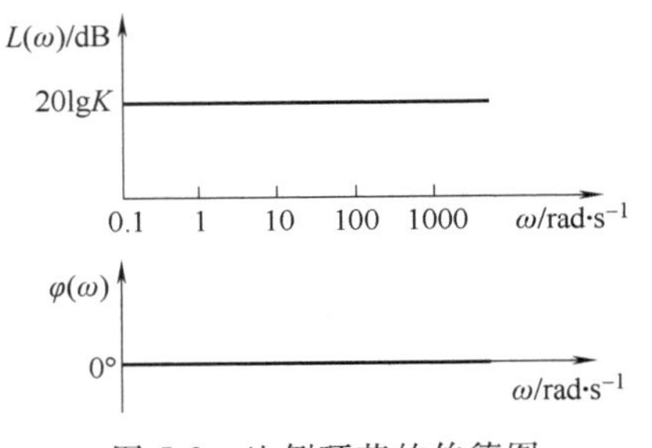

图5-9　比例环节的伯德图

（2）积分环节$1/j\omega$　其对数幅频特性为

$$L(\omega)=20\lg\left|\frac{1}{j\omega}\right|=20\lg\frac{1}{\omega}=-20\lg\omega \tag{5-17}$$

其对数相频特性为

$$\varphi(\omega)=\angle 1/j\omega=\arctan\frac{-1/\omega}{0}=-90° \tag{5-18}$$

由式（5-17）可知，积分环节的对数幅频特性是一条直线。当$\omega=1$时，$L(\omega)=0$，即该直线过点（1，0），其斜率若以每倍频幅值的变化计，可得

$$-20\lg 2\omega-(-20\lg\omega)=-6\text{dB}$$

即每倍频程（oct）幅值下降6dB，表示为-6dB/oct；若以每10倍频程（dec）幅值的变化计算，则下降20dB，表示为-20dB/dec。后面主要采取10倍频程幅值的变化表示伯德图中直线的斜率。

由式（5-18）可知，积分环节的相位角与ω无关，$\varphi(\omega)$为恒等于-90°的一条直线。

若系统包含两个积分环节，即$G(j\omega)=\dfrac{1}{(j\omega)^2}$,则其对数幅频特性为

$$L(\omega)=20\lg\left|\frac{1}{(j\omega)^2}\right|=20\lg\frac{1}{\omega^2}=-40\lg\omega$$

其对数相频特性为

$$\varphi(\omega)=\angle(1/j\omega)^2=2\times(-90°)=-180°$$

其对数幅频特性曲线为过点（1，0）、斜率为-40dB/dec的一条直线，相位角恒等于-180°。$1/j\omega$和$1/(j\omega)^2$的伯德图如图5-10所示，这是采用MATLAB作的图，也可以手工画出并简要标注坐标轴、转折频率、直线斜率。后文中类似情况皆可如此处理。

（3）微分环节$j\omega$　其对数幅频特性为

$$L(\omega)=20\lg|j\omega|=20\lg\omega \tag{5-19}$$

其对数相频特性为

$$\varphi(\omega)=\angle j\omega=\arctan\frac{\omega}{0}=90° \tag{5-20}$$

式（5-19）和式（5-20）与积分环节的式（5-17）和式（5-18）相比较，仅相差一个负号。故$j\omega$的对数幅频特性曲线为过点（1，0）、斜率为20dB/dec的一条直线，相位角恒等于90°。

若频率特性为两个微分环节，即$G(j\omega)=(j\omega)^2$，则其对数幅频特性与对数相频特性分别为

$$L(\omega)=20\lg|(\mathrm{j}\omega)^2|=40\lg\omega$$

$$\varphi(\omega)=\angle(\mathrm{j}\omega)^2=2\times 90°=180°$$

$(\mathrm{j}\omega)^2$ 的对数幅频特性曲线为过点（1，0）、斜率为 40dB/dec 的一条直线。相位角恒等于 180°。$\mathrm{j}\omega$ 和（$\mathrm{j}\omega)^2$ 的伯德图如图 5-11 所示。

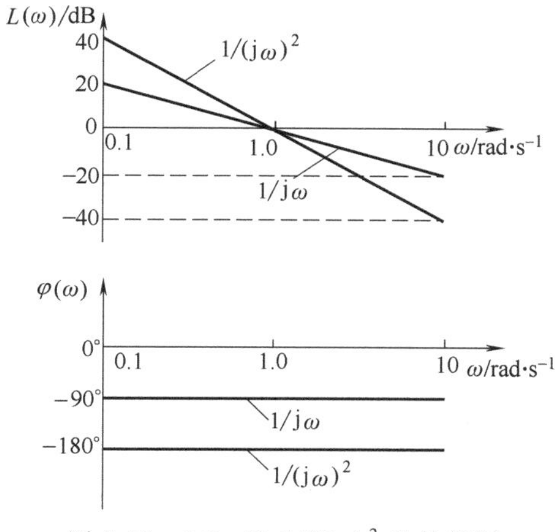

图 5-10　$1/\mathrm{j}\omega$ 和 $1/(\mathrm{j}\omega)^2$ 的伯德图

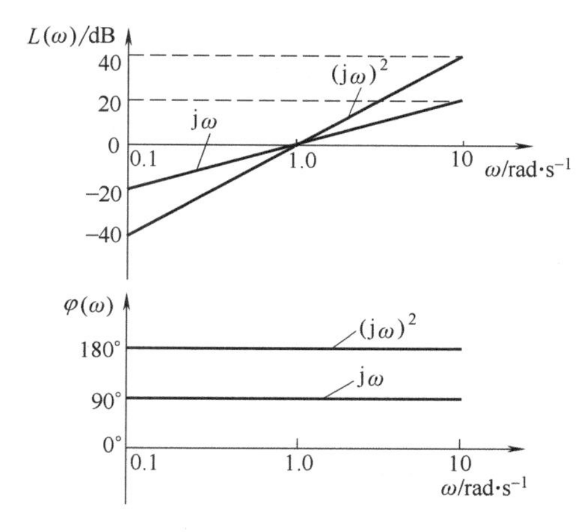

图 5-11　$\mathrm{j}\omega$ 和（$\mathrm{j}\omega)^2$ 的伯德图

根据积分环节 $1/\mathrm{j}\omega$ 与微分环节 $\mathrm{j}\omega$ 的对数幅频与相频特性分析及所作的伯德图可以看到，两者的对数幅频特性关于 0dB 线对称，相频特性关于 0°线对称。同样，$1/(\mathrm{j}\omega)^2$ 与 $(\mathrm{j}\omega)^2$ 的对数幅频特性与相频特性也分别关于 0dB 线和 0°线对称。

（4）惯性环节 $1/(1+\mathrm{j}\omega T)$　其对数幅频特性为

$$L(\omega)=20\lg\left|\frac{1}{1+\mathrm{j}\omega T}\right|=-20\lg\sqrt{1+\omega^2T^2}\tag{5-21}$$

其对数相频特性为

$$\varphi(\omega)=\angle 1/(1+\mathrm{j}\omega T)=\angle\frac{1-\mathrm{j}\omega T}{1+\omega^2T^2}=-\arctan\omega T\tag{5-22}$$

当 ω 从 $0\to\infty$ 时，可计算出相应的 $L(\omega)$ 和 $\varphi(\omega)$，并画出相应的幅频和相频曲线图。在工程上常采用近似作图法来画对数幅频曲线，即用渐近线（asymptote）近似表示，其原理如下。

令 $\omega_T=\dfrac{1}{T}$，当 $\omega\ll\omega_T$ 时，则 $L(\omega)=-20\lg\sqrt{1+\omega^2T^2}\approx-20\lg1=0\mathrm{dB}$，即 $\omega\ll\omega_T$ 时，对数幅频特性曲线为一条零分贝直线。

当 $\omega\gg\omega_T$ 时，则 $L(\omega)=-20\lg\sqrt{1+\omega^2T^2}\approx-20\lg\omega T$，即 $\omega\gg\omega_T$ 时，对数幅频特性曲线的渐近线为一条过点（$1/T$，0）、斜率为-20dB/dec 的直线。

上述两条渐近线交点的频率 $\omega=\omega_T=\dfrac{1}{T}$，称为转角频率或转折频率。由上述两条渐近线可近似画出惯性环节的对数幅频曲线，如图 5-12 所示，图中也画出了精确的对数幅频曲线。

由式（5-22）可计算出精确的相位角 $\varphi(\omega)$（见表 5-2），其对数相频曲线如图 5-12 所示（图中均以 ωT 作为横坐标）。

表 5-2　惯性环节的相频关系

ωT	0.01	0.05	0.1	0.2	0.3	0.4	0.5	0.7	1.0
$\varphi(\omega)$	-0.6°	-2.9°	-5.7°	-11.3°	-16.7°	-21.8°	-26.5°	-35°	-45°
ωT	2.0	3.0	4.0	5.0	7.0	10	20	50	100
$\varphi(\omega)$	-63.4°	-71.5°	-76°	-78.7°	-81.9°	-84.3°	-87.1°	-88.9°	-89.4°

用渐近线作图简单方便，且足以接近其精确曲线，在系统进行初步设计阶段时经常采用。如果需要精确的幅频曲线，可参照图 5-13 所示的误差曲线对渐近线进行修正。由式（5-21）表示的对数幅频特性可知，最大误差发生在转折频率 $\omega=\omega_T=\dfrac{1}{T}$处，其误差值为

$$-20\lg\sqrt{1+1}-(-20\lg1)=-3.03\text{dB}$$

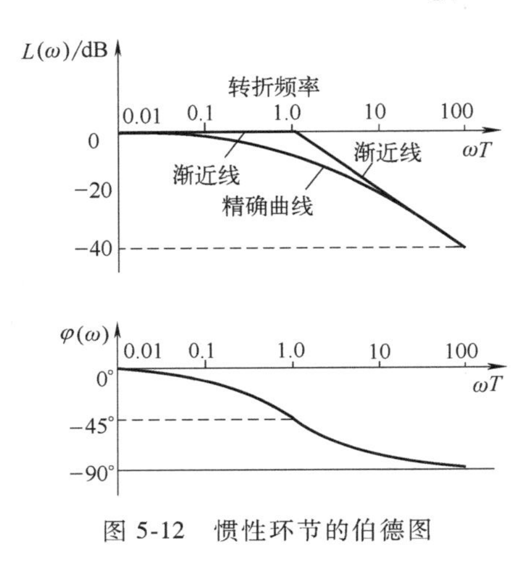

图 5-12　惯性环节的伯德图

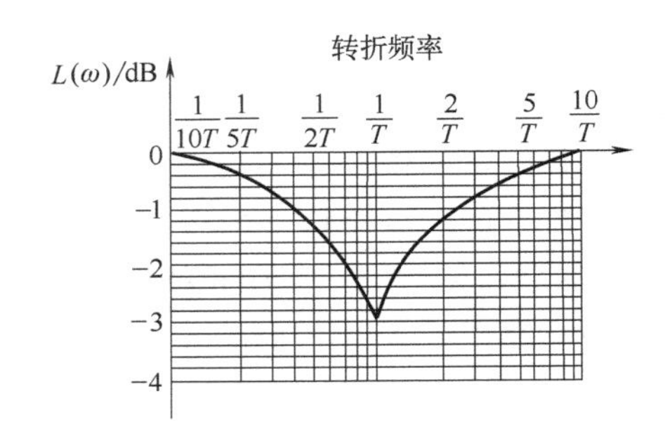

图 5-13　惯性环节对数幅频特性的误差曲线

由上述对数幅频和相频曲线图可以看出，惯性环节具有低通滤波器的特性，对于高于 $\omega=\dfrac{1}{T}$的频率，其对数幅值迅速衰减。当改变时间常数 T 时，转折频率 ω_T 发生变化，但对数幅频和相频曲线的形状仍保持不变。

（5）一阶微分环节 $1+j\omega T$　其对数幅频特性为

$$L(\omega)=20\lg|1+j\omega T|=20\lg\sqrt{1+\omega^2T^2} \tag{5-23}$$

其对数相频特性为

$$\varphi(\omega)=\angle(1+j\omega T)=\arctan\omega T \tag{5-24}$$

式（5-23）和式（5-24）与一阶惯性环节的式（5-21）和式（5-22）比较，仅相差一个负号。所以，其对数幅频曲线的渐近线：当 $\omega\ll\omega_T=\dfrac{1}{T}$时，$L(\omega)\approx20\lg1=0\text{dB}$，为一条零分贝线；当 $\omega\gg\omega_T=\dfrac{1}{T}$时，$L(\omega)\approx20\lg\omega T$，为一条过点（$1/T$，0）、斜率为 20dB/

dec 的直线。转折频率 $\omega=\omega_T=\dfrac{1}{T}$。对数相频曲线可由式（5-24）精确计算，当 ω 从 $0\sim\infty$ 变化时，相位角变化范围是从 $0°\rightarrow 90°$，其伯德图如图 5-14 所示。

由图 5-13 与图 5-14 可以看出，一阶微分环节和惯性环节的对数幅频曲线对称于零分贝线，对数相频曲线对称于 0°线。

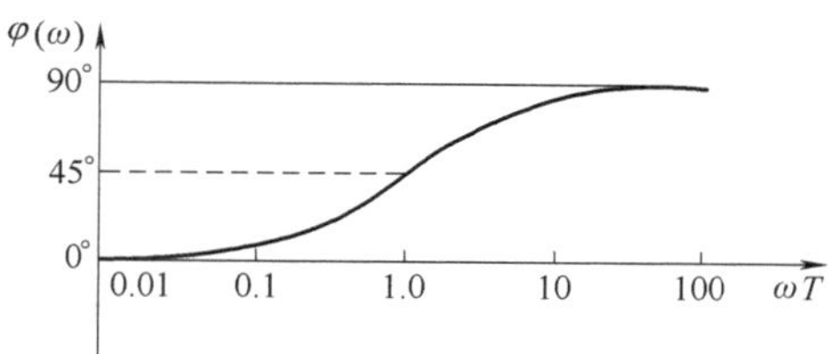

图 5-14　一阶微分环节的伯德图

（6）振荡环节 $\dfrac{1}{1+2\zeta\dfrac{j\omega}{\omega_n}+\left(\dfrac{j\omega}{\omega_n}\right)^2}$ 其对数幅频特性为

$$L(\omega)=20\lg\left|\frac{1}{1+2\zeta\dfrac{j\omega}{\omega_n}+\left(\dfrac{j\omega}{\omega_n}\right)^2}\right|=-20\lg\sqrt{\left(1-\frac{\omega^2}{\omega_n^2}\right)^2+\left(2\zeta\frac{\omega}{\omega_n}\right)^2}\tag{5-25}$$

其对数相频特性为

$$\varphi(\omega)=\angle\frac{1}{1+2\zeta\dfrac{j\omega}{\omega_n}+\left(\dfrac{j\omega}{\omega_n}\right)^2}=-\arctan\frac{2\zeta\dfrac{\omega}{\omega_n}}{1-\left(\dfrac{\omega}{\omega_n}\right)^2}\tag{5-26}$$

由式（5-25）可求出对数幅频曲线的渐近线。

当 $\omega\ll\omega_n$ 时，则

$$L(\omega)\approx-20\lg1=0\text{dB}$$

即渐近线是一条零分贝线。

当 $\omega\gg\omega_n$ 时，则

$$L(\omega)\approx-20\lg\frac{\omega^2}{\omega_n^2}=-40\lg\frac{\omega}{\omega_n}$$

即渐近线是一条过点（ω_n，0）、斜率为-40dB/dec 的直线。

上述两条渐近线交点的频率 $\omega=\omega_n$ 又称为转折频率。这两条渐近线都与阻尼比 ζ 无关，但实际幅值 $L(\omega)$ 的变化与 ζ 有关，在 $\omega=\omega_n$ 附近时，若 ζ 值较小，则会产生谐振峰。振荡环节的对数幅频特性曲线以 ω/ω_n 为横坐标，其渐近线和不同 ζ 值时的精确曲线如图 5-15 所示。对于振荡环节，首先确定转折频率 ω_n 就可画出渐近线，ζ 确定后就可根据图 5-15 所示的曲线簇对渐近线进行修正，并画出对数幅频曲线。

由式（5-26）可画出对数相频曲线，仍以 ω/ω_n 为横坐标，对应于不同的 ζ 值，形成一簇对数相频曲线，如图 5-15 所示。对于任何 ζ 值，当 $\omega\rightarrow0$ 时，$\varphi(\omega)\rightarrow0°$，当 $\omega\rightarrow\infty$ 时，$\varphi(\omega)=-180°$；当 $\omega=\omega_n$ 时，$\varphi(\omega)=-90°$。$\varphi(\omega)=0°$与 $\varphi(\omega)=-180°$也可以看作振荡环节对数相频特性曲线的两条渐近线。

由图 5-15 可以看出，在振荡环节阻尼比 ζ 较小时，对数幅频特性的渐近线作图与实际对数幅频曲线间的误差还是比较大的。对应于不同的 ζ 值画出两者之间的误差曲线如图 5-16 所示。

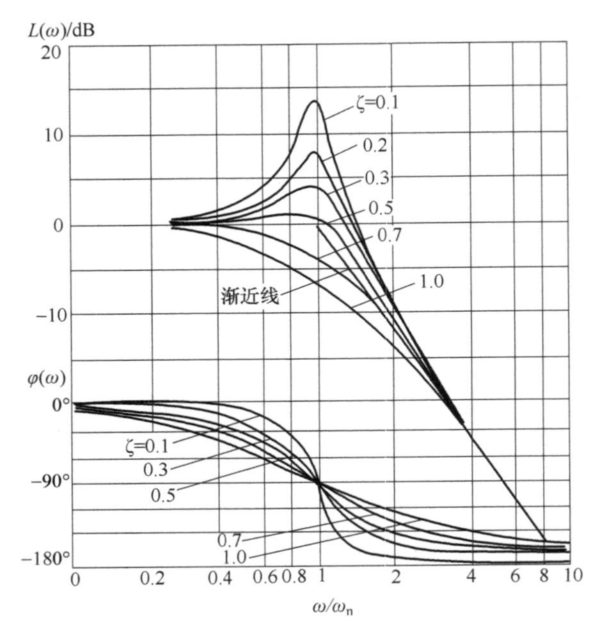

图 5-15　振荡环节的伯德图

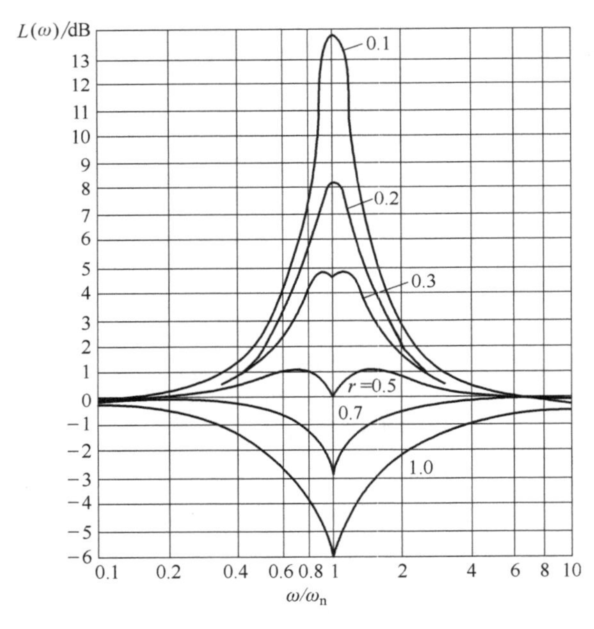

图 5-16　振荡环节的实际对数幅频特性曲线与渐近线作图间的误差曲线

（7）二阶微分环节 $1+2\zeta\frac{j\omega}{\omega_n}+\left(\frac{j\omega}{\omega_n}\right)^2$　其对数幅频特性为

$$L(\omega)=20\lg\left|1+2\zeta\frac{j\omega}{\omega_n}+\left(\frac{j\omega}{\omega_n}\right)^2\right|=20\lg\sqrt{\left(1-\frac{\omega^2}{\omega_n^2}\right)^2+\left(2\zeta\frac{\omega}{\omega_n}\right)^2}\tag{5-27}$$

其对数相频特性为

$$\varphi(\omega)=\angle\left[1+2\zeta\frac{\mathrm{j}\omega}{\omega_{\mathrm{n}}}+\left(\frac{\mathrm{j}\omega}{\omega_{\mathrm{n}}}\right)^{2}\right]=\arctan\frac{2\zeta\omega/\omega_{\mathrm{n}}}{1-\left(\frac{\omega}{\omega_{\mathrm{n}}}\right)^{2}} \tag{5-28}$$

式（5-27）和式（5-28）与振荡环节的式（5-25）和式（5-26）仅相差一个负号。显然，二阶微分环节与振荡环节的对数幅频曲线对称于0dB线，对数相频曲线对称于0°线。二阶微分环节与振荡环节的伯德图如图5-17所示（其中对数幅频特性按照渐近线画出）。

（8）延时环节 $\mathrm{e}^{-\mathrm{j}\omega T}$　其对数幅频特性为

$$L(\omega)=20\lg\left|\mathrm{e}^{-\mathrm{j}\omega\tau}\right|=0\mathrm{dB} \tag{5-29}$$

其对数相频特性为

$$\varphi(\omega)=\angle\mathrm{e}^{-\mathrm{j}\omega\tau}=-\omega\tau \tag{5-30}$$

其对数幅频曲线为一条零分贝直线。由式（5-30）可知，其相位角随频率 ω 呈线性变化，但由于 ω 是取对数分度，所以相频特性表现为曲线。延时环节的伯德图如图5-18所示。

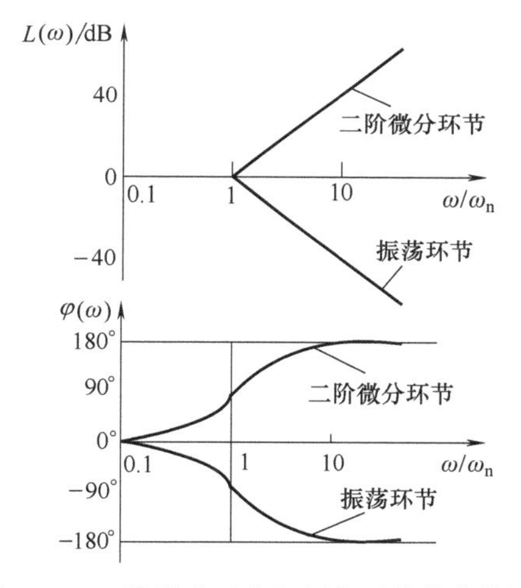

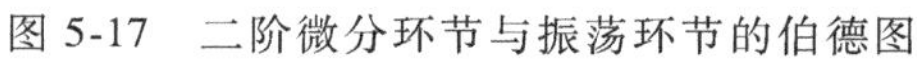
图5-17　二阶微分环节与振荡环节的伯德图

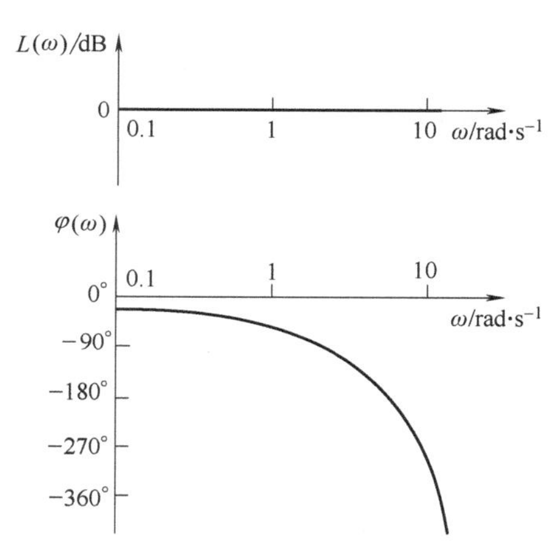

图5-18　延时环节的伯德图

通过对以上8个典型环节的伯德图作图分析，可以看到伯德图需要将对数幅频和相频特性分开来画，其中3对频率特性互为倒数的典型环节的幅频和相频特性分别关于0dB线和0°线对称，且对数幅频特性可以按照渐近线来画，这在误差可接受的范围内使作图得到简化。以上典型环节的伯德图作图为一般系统的伯德图绘制提供了基础。

3. 绘制系统伯德图的一般步骤

如绪论中所述，囿于20世纪40、50年代的计算水平，经典控制理论解决控制系统的分析与设计问题主要基于手工计算方法，它可以在不借助复杂计算工具的条件下，快速给出相应结论或结果。虽然如今计算机以及用于控制系统设计与分析的软件已经非常普及和成熟，还是希望读者能利用经典控制理论的方法解决控制系统的相关问题，这也体现了工程能力。因此，仍然对手工绘制系统伯德图进行要求，希望读者能理解这一点。

基于前述典型环节的伯德图作图方法，绘制系统伯德图的一般步骤如下。

1）由传递函数 $G(s)$ 求出频率特性 $G(\mathrm{j}\omega)$，并将 $G(\mathrm{j}\omega)$ 化为若干典型环节频率特性相

乘的形式。

2）求出各典型环节的转折频率 ω_T、ω_n 与阻尼比 ζ 等参数，并将各典型环节按照转折频率从小到大排序，注意比例和积分（或微分）环节始终排第一。按照排序重新写出 $G(j\omega)$ 的对数幅频特性与相频特性表达式。

3）将横坐标按照对数进行分度（一般以 10 倍频表示）并把各转折频率在横坐标上标注，然后按照排序对各典型环节的对数幅频特性以渐近线方式在每个转折频率处依次进行相应叠加，画出整个系统的对数幅频特性。

4）将得到的系统对数幅频特性的渐近线，根据典型环节的阻尼比参数进行修正。

5）按照相频特性表达式将整个系统的相频特性曲线画出，特别注意 $\omega \to 0$ 与 $\omega \to \infty$ 的位置以及各转折频率处的相位。

当系统有延时环节时，对数幅频特性不变，对数相频特性则应加上 $-\omega\tau/\pi \times 180°$。

下面以例 5-4 来详细说明系统由多个典型环节组成时伯德图的作图方法，特别是其对数幅频特性渐进线的作图方法。

例 5-4 已知系统传递函数为

$$G(s)=\frac{10(s+3)}{s(s+2)(s^2+s+2)}$$

画出系统的伯德图

解： 1）求系统频率特性 $G(j\omega)$，并将其化为典型环节相乘的形式。

$$G(j\omega)=\frac{7.5\left(\frac{j\omega}{3}+1\right)}{j\omega\left(\frac{j\omega}{2}+1\right)\left[\frac{(j\omega)^2}{2}+\frac{j\omega}{2}+1\right]}$$

2）求各典型环节的参数并对其进行排序。

① 比例环节 $K=7.5$，其对数幅频与相频特性分别为：$L(\omega)=20\lg 7.5=17.5\text{dB}$，$\varphi(\omega)=0°$。

② 积分环节 $\frac{1}{j\omega}$，其 $L(\omega)=-20\lg\omega$，为过（1，0）、斜率-20dB/dec 的直线；$\varphi(\omega)=-90°$。

比例环节和积分环节合在一起，其对数幅频特性就是把积分环节的 $L(\omega)$ 在纵轴上抬升 17.5dB，即为过（1，17.5）、斜率为-20dB/dec 的直线。

③ 振荡环节 $\frac{1}{\frac{(j\omega)^2}{2}+\frac{j\omega}{2}+1}$，其无阻尼固有频率 $\omega_n=\sqrt{2}=1.4$，因为 $\frac{2\zeta}{\omega_n}=\frac{1}{2}$，所以阻尼比 $\zeta=0.35$。在该转折频率 ω_n 前后，振荡环节的对数幅频特性渐近线分别为 0dB 水平直线和斜率为-40dB/dec 的直线。

④ 惯性环节 $\frac{1}{\frac{j\omega}{2}+1}$，其转折频率 $\omega_{T_1}=\frac{1}{T_1}=2$，在此转折频率前后，惯性环节的对数幅频特性渐近线分别为 0dB 水平直线和斜率为-20dB/dec 的直线。

⑤ 一阶微分环节 $\frac{j\omega}{3}+1$，其转折频率 $\omega_{T_2}=\frac{1}{T_2}=3$，在此转折频率前后，一阶微分环节的

对数幅频特性渐近线分别为 0dB 水平直线和斜率为 20dB/dec 的直线。

整个系统的对数幅频特性为

$$L(\omega)=20\lg|G(\mathrm{j}\omega)|=20\lg\left|\frac{7.5\sqrt{1+\left(\frac{\omega}{3}\right)^2}}{\omega\sqrt{\left(1-\frac{\omega^2}{2}\right)^2+\left(\frac{\omega}{2}\right)^2}\sqrt{1+\left(\frac{\omega}{2}\right)^2}}\right|$$

系统的对数相频特性为

$$\varphi(\omega)=-90°-\arctan\frac{\omega/2}{1-\omega^2/2}-\arctan\frac{\omega}{2}+\arctan\frac{\omega}{3}$$

3）根据各环节转折频率确定对数坐标系的坐标轴分度，然后作其对数幅频的渐近线图。

首先，按照转折频率范围确定横坐标。因为本例中 3 个转折频率都在 1～10rad/s 之间且非常接近，因此横坐标主要取 1～10rad/s（取以 10 为底的对数后对应 0～1）作为主要展示区，并将两者之间距离放大一些以便充分展示两者之间的 3 个转折频率。然后在该区间段标注各转折频率，因为 $\lg2=0.3$，$\lg3=0.477\approx0.5$，所以转折频率 2、3 应该在 1～10 作为单位长度的 0.3 与 0.5 处，而转折频率$\sqrt{2}$取对数后为 $1/2\lg2$，正好处于横轴上频率 1 和 2 的中间位置。注意，横坐标因为取对数原因，标示不出 0rad/s 的位置。

两个纵坐标的确定也应按照实际情况来定。因为本例对数幅频渐近线斜率最大为 −80dB/dec，所以 $L(\omega)$ 的纵坐标不宜放得太大，以 0dB 线为中心画出 ±20dB、±40dB、±60dB 的坐标值即可。对于 $\varphi(\omega)$ 图的纵坐标，因为本例角度范围是 −270°～−90°，所以相频曲线的纵坐标只标注 0°、−90°、−180°与−270°坐标值即可。

然后，依照各典型环节排序做其对数幅频的渐近线，第 1 个转折频率前，只有比例和积分两个典型环节，按照前面所述各典型环节伯德图画法可知，其幅频特性是过（1，$20\lg K$）点、斜率为−20dB/dec 的直线，如图 5-19 幅频曲线中的第一段线，这段线止于第 1 个转折频率$\sqrt{2}$处。在此转折频率处，加入了振荡环节，其对数幅频若以渐近线表示，转折频率前是 0dB 的水平线，转折频率后是−40dB/dec 斜率的直线，因此振荡环节不影响其转折频率前面的幅频特性，只影响其转折频率后面的幅频特性，具体改变是在其转折频率后，渐近线斜率由−20dB/dec 变为−60dB/dec，这就是图 5-19 幅频曲线中第 2 段直线，该直线处于第 1 个与第 2 个转折频率之间。

依此处理，即可画出整个系统的对数幅频特性的渐近线，如图 5-19 中幅频曲线的 4 段直线所示。这 4 段直线的近似处理过程在如下表达式给出

$$L(\omega)=20\lg|G(\mathrm{j}\omega)|=20\lg\left|\frac{7.5\sqrt{1+\left(\frac{\omega}{3}\right)^2}}{\omega\sqrt{\left(1-\frac{\omega^2}{2}\right)^2+\left(\frac{\omega}{2}\right)^2}\sqrt{1+\left(\frac{\omega}{2}\right)^2}}\right|$$

$$=20\lg7.5-20\lg\omega-20\lg\sqrt{\left(1-\frac{\omega^2}{2}\right)^2+\left(\frac{\omega}{2}\right)^2}-20\lg\sqrt{1+\left(\frac{\omega}{2}\right)^2}+20\lg\sqrt{1+\left(\frac{\omega}{3}\right)^2}$$

$$
=\begin{cases}
20\lg 7.5-20\lg\omega,\ (\omega\leqslant\sqrt{2})\\
20\lg 7.5-20\lg\omega-20\lg\dfrac{\omega^2}{2},\ (\sqrt{2}<\omega\leqslant 2)\\
20\lg 7.5-20\lg\omega-20\lg\dfrac{\omega^2}{2}-20\lg\dfrac{\omega}{2},\ (2<\omega\leqslant 3)\\
20\lg 7.5-20\lg\omega-20\lg\dfrac{\omega^2}{2}-20\lg\dfrac{\omega}{2}+20\lg\dfrac{\omega}{3},\ (\omega>3)
\end{cases}
$$

$$
=\begin{cases}
20\lg 7.5-20\lg\omega,\ (\omega\leqslant\sqrt{2})\\
20\lg 15-60\lg\omega,\ (\sqrt{2}<\omega\leqslant 2)\\
20\lg 30-80\lg\omega,\ (2<\omega\leqslant 3)\\
20\lg 10-60\lg\omega,\ (\omega>3)
\end{cases}
$$

4）因为本例含有一个欠阻尼的振荡环节，且阻尼比为 0.35，比较小，因而可对幅频特性的渐近线作图进行修正。图 5-19 中没有画出，可参考图 5-20 的 MATLAB 作图。

5）对于相频特性，可以用取点的方式简要画出。重点关注 ω 等于 0、∞ 和各转折频率时的相位角度值，通过相频特性很容易计算出来，然后在图中描出这些点并连成线就可得到相对准确的相频特性曲线。$\omega=0$ 和 $\omega=\infty$ 的角度实际是相频特性的两条渐近线，如图 5-19 中相频曲线所示。

此例中，对于幅频曲线与相频曲线中一些特殊点（主要是转折频率处、与 0dB 线以及 180°线交点处）坐标的估算值，大家可自行计算（有些在图 5-19 中已标出）。

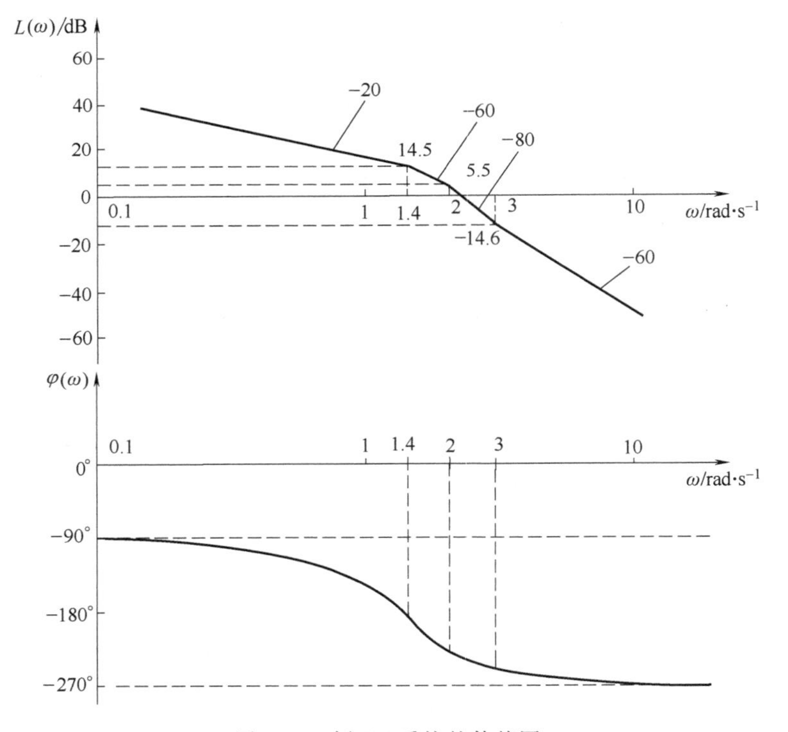

图 5-19　例 5-4 系统的伯德图

当然也可利用 MATLAB 函数直接画 $G(s)$ 伯德图，以此来检验采用手工近似计算画图的准确性。

用 MATLAB 实现伯德图绘制，其程序如下，所画的伯德图如图 5-20 所示。可以看到，通过简要计算手工画出的伯德图其准确性还是可以接受的，特别是在工程上用于快速评估系统性能时很简便实用。

MATLAB Program of example 5-4

```
%程序：画伯德图
clear;
close all;
clc;
Num1= [10, 3];
Den1= [1, 3, 4, 4, 0];
Gs1=tf (Num1, Den1);
Figure (1);
Bode (Gs1);%画伯德图
grid on;
```

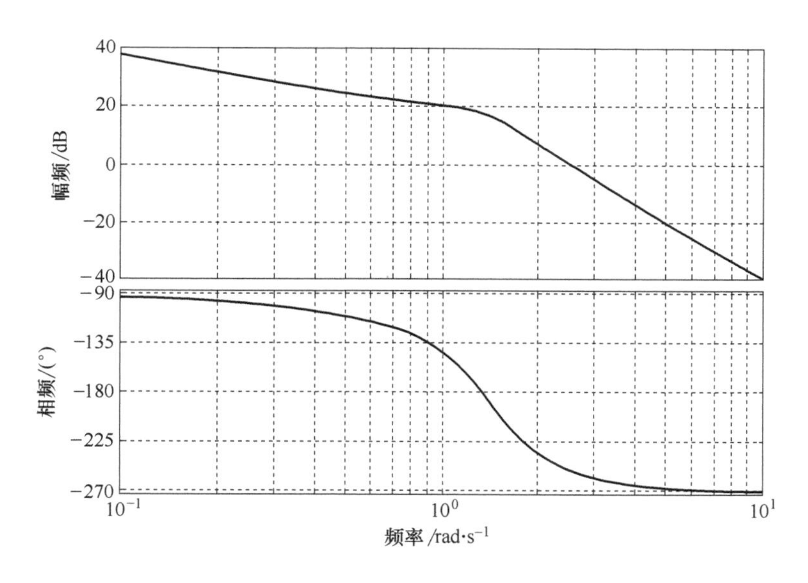

图 5-20 用 MATLAB 所画例 5-4 系统的伯德图

4. 系统类型和对数幅频特性图之间的关系

在第 4.6 节的系统误差分析中，讨论了系统类型与系统静态误差系数的关系。在频域中，系统的类型确定了系统对数幅频特性低频段的斜率，即静态误差系数描述了系统的低频性能。根据系统的对数幅频特性图，可以确定系统的静态误差系数及系统对给定输入信号引起的误差量值。

对于由式（4-61）所描述的系统，其开环频率特性为

$$G(\mathrm{j}\omega)H(\mathrm{j}\omega)=\frac{K(\mathrm{j}\omega T_a+1)(\mathrm{j}\omega T_b+1)\cdots(\mathrm{j}\omega T_m+1)}{(\mathrm{j}\omega)^{\lambda}(\mathrm{j}\omega T_1+1)(\mathrm{j}\omega T_2+1)\cdots(\mathrm{j}\omega T_p+1)}(\lambda+p=n\geqslant m) \tag{5-31}$$

（1）静态位置误差系数 K_p　由式（5-31）可知，对于 0 型系统，其对数幅频特性在低频段即 $\omega \to 0$ 时，其幅值为

$$L(\omega)_{\omega\to 0}=\lim_{\omega\to 0}20\lg|G(\mathrm{j}\omega)H(\mathrm{j}\omega)|=20\lg K_p$$

即低频渐近线是 $20\lg K_p$dB 的水平线，如图 5-21 所示。

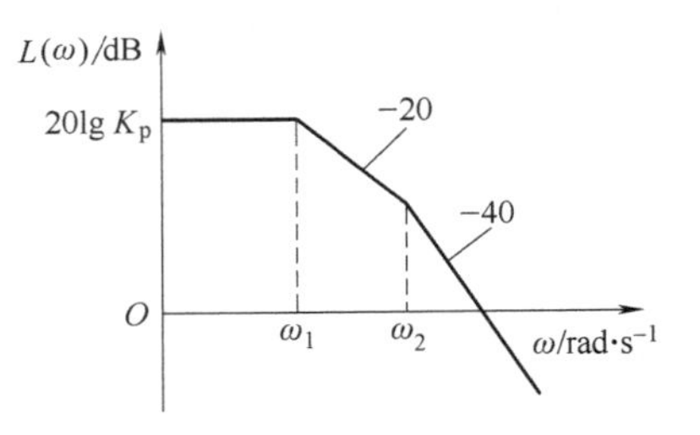

图 5-21　0 型系统对数幅频图

对于 0 型系统，静态位置误差系数 $K_p=\lim\limits_{s\to 0}G(s)H(s)=K$。

（2）静态速度误差系数 K_v　由式（5-31）可知，对于Ⅰ型系统，其对数幅频特性在低频段是一条斜率为 −20dB/dec 的线段，如图 5-22 所示。

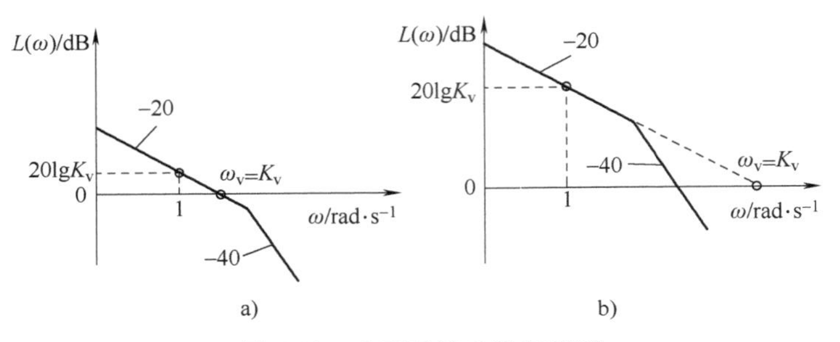

图 5-22　Ⅰ型系统对数幅频图

因此，当 $\omega=1$ 时，其幅值为

$$L(\omega)=20\lg\left|\frac{K_v}{\mathrm{j}\omega}\right|_{\omega=1}=20\lg K_v$$

即速度误差系数 K_v 与对数幅频特性低频起始线段（或其延长线）在 $\omega=1$ 时对应的幅值相等。对于Ⅰ型系统，$K_v=\lim\limits_{s\to 0}sG(s)H(s)=K$。

若该线段（如图 5-22a 所示）或它的延长线（如图 5-22b 所示）与 0dB 线的交点频率为 ω_v，则

$$L(\omega_v)=20\lg\left|\frac{K_v}{\mathrm{j}\omega}\right|_{\omega=\omega_v}=0$$

即 $\omega_v=K_v$，也就是说速度误差系数 K_v 在数值上等于交点频率 ω_v。

（3）静态加速度误差系数 K_a　由式（5-31）可知，对于Ⅱ型系统，其对数幅频特性图在低频段是一条斜率为 −40dB/dec 的线段，如图 5-23 所示。

当 $\omega=1$ 时，其幅值为

$$L(\omega)=20\lg\left|\frac{K_a}{(\mathrm{j}\omega)^2}\right|_{\omega=1}=20\lg K_a$$

即加速度误差系数 K_a 与对数幅频特性图起始线段（或其延长线）在 $\omega=1$ 时对应的幅值相等。对于Ⅱ型系统，$K_a=\lim\limits_{s\to 0}s^2G(s)H(s)=K$。

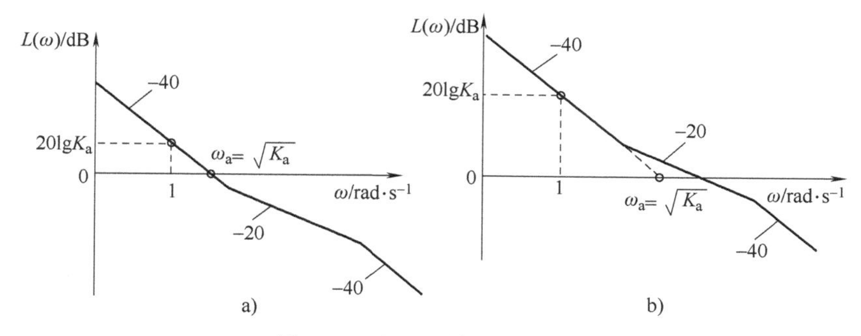

图 5-23　Ⅱ型系统对数幅频图

若该线段（如图 5-23a 所示）或它的延长线（如图 5-23b 所示）与 0dB 线的交点频率为 ω_a，则

$$L(\omega_a)=20\lg\left|\frac{K_a}{(j\omega)^2}\right|_{\omega=\omega_a}=0$$

即 $K_a=\omega_a^2$，也就是说加速度误差系数 K_a 在数值上等于交点频率 ω_a 的二次方。

5.3　频率特性的极坐标图

1. 极坐标图

$G(j\omega)$ 的极坐标图（又称奈奎斯特图）是当 ω 从 $0\sim\infty$ 变化时，表示在极坐标上的 $G(j\omega)$ 的幅值与相位的关系图，由奈奎斯特（H. Nyquist，1889—1976，美国物理学家）在 20 世纪 30 年代提出。

极坐标图是在复平面内用不同频率矢量的端点轨迹来表示系统的频率特性，为对应频率 ω 从 $0\sim\infty$ 的变化，极坐标图上要以箭头标注轨迹变化的方向。$G(j\omega)$ 在实轴和虚轴上的投影，就是 $G(j\omega)$ 的实部和虚部。

绘制极坐标图时，必须计算出每个频率下的幅值 $|G(j\omega)|$ 和相位角 $\angle G(j\omega)$。在极坐标中，正相位角是从正实轴开始以逆时针方向旋转定义，而负相位角则以顺时针方向旋转来定义。若系统由数个环节串联组成，假设各环节间无负载效应，在绘制该系统频率特性的极坐标图时，对于每一频率，各环节幅值相乘、相位角相加，方可求得系统在该频率下的幅值和相位角。就这点而言，绘制极坐标图比绘制伯德图麻烦一些。

采用极坐标图的主要优点是能在一张图上表示出整个频率域中系统的频率特性，在对系统进行稳定性分析及系统校正时，应用极坐标图较为方便。

2. 典型环节的极坐标图

（1）比例环节 K　令 $G(j\omega)=K$，则其幅频特性和相频特性分别为

$$|G(j\omega)|=K$$

$$\angle G(j\omega)=0°$$

比例环节的极坐标图为实轴上的一个定点，如图 5-24 所示。

（2）积分环节 $1/j\omega$　令 $G(j\omega)=\dfrac{1}{j\omega}=-j\dfrac{1}{\omega}$，则其幅频特性和相频特性分别为

$$|G(\mathrm{j}\omega)|=\frac{1}{\omega}$$

$$\angle G(\mathrm{j}\omega)=\angle -\mathrm{j}\frac{1}{\omega}=\arctan\frac{-1/\omega}{0}=-90°$$

积分环节的极坐标图是负虚轴，且由负无穷远处指向原点，如图 5-25 所示。

（3）微分环节 $\mathrm{j}\omega$　令 $G(\mathrm{j}\omega)=\mathrm{j}\omega$，则其幅频特性和相频特性分别为

$$|G(\mathrm{j}\omega)|=\omega$$

$$\angle G(\mathrm{j}\omega)=\angle \mathrm{j}\omega=\arctan\frac{\omega}{0}=90°$$

微分环节的极坐标图是正虚轴，且由原点指向正无穷远处，如图 5-26 所示。

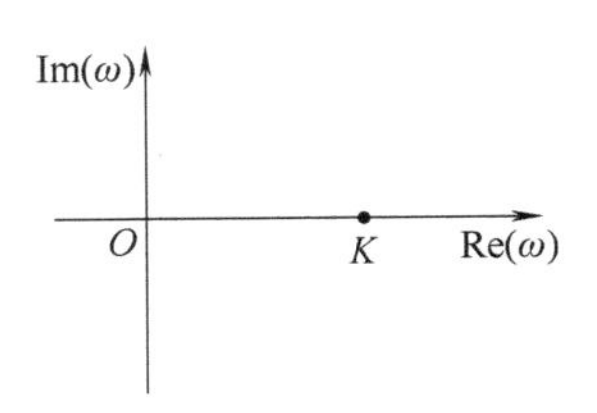

图 5-24　比例环节的极坐标图

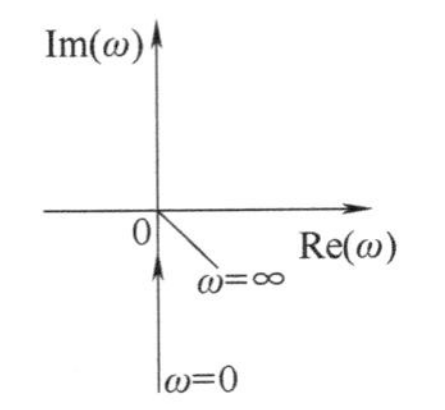

图 5-25　积分环节的极坐标图

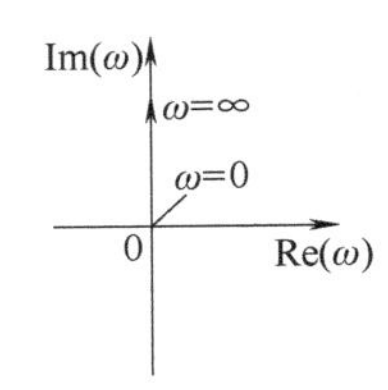

图 5-26　微分环节的极坐标图

（4）惯性环节$\dfrac{1}{1+\mathrm{j}\omega T}$　令 $G(\mathrm{j}\omega)=\dfrac{1}{1+\mathrm{j}\omega T}$，将其写成实部与虚部和的形式，得

$$G(\mathrm{j}\omega)=\frac{1}{1+\mathrm{j}\omega T}=\frac{1}{1+\omega^2T^2}-\mathrm{j}\frac{\omega T}{1+\omega^2T^2}=X+\mathrm{j}Y$$

式中，$X=\dfrac{1}{1+\omega^2T^2}$为 $G(\mathrm{j}\omega)$ 的实部；$Y=\dfrac{-\omega T}{1+\omega^2T^2}$为 $G(\mathrm{j}\omega)$ 的虚部。

因为

$$X^2+Y^2=X$$

所以整理得

$$\left(X-\frac{1}{2}\right)^2+Y^2=\left(\frac{1}{2}\right)^2$$

上式表明，当 ω 在 $0\sim\infty$ 之间时，惯性环节的极坐标图是一个圆心在$\left(\dfrac{1}{2},\ 0\right)$、半径为$\dfrac{1}{2}$的下半圆，如图 5-27a 所示。若将整个圆画出来，则其对应的 ω 取值范围为（$-\infty$，∞），

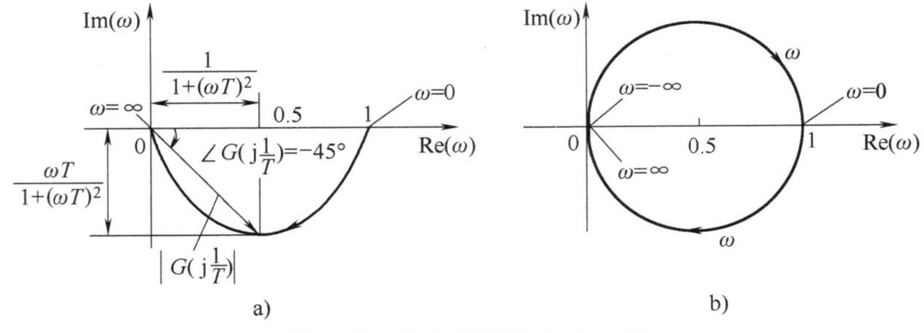

图 5-27　惯性环节的极坐标图

如图 5-27b 所示，其中，下半圆对应的频率为 $0\leqslant\omega<\infty$，上半圆对应的频率为 $-\infty<\omega\leqslant 0$。当 ω 取特殊值 0、$\frac{1}{T}$与 ∞ 时，其幅值及相位角见表 5-3。

表 5-3　惯性环节 ω 为特殊值时的幅值与相位角

ω	幅值	相位角
0	1	0°
$\frac{1}{T}$	$\frac{1}{\sqrt{2}}$	-45°
∞	0	-90°

（5）一阶微分环节 $1+\mathrm{j}\omega T$　令 $G(\mathrm{j}\omega)=1+\mathrm{j}\omega T$，则其幅频特性和相频特性分别为

$$|G(\mathrm{j}\omega)|=\sqrt{1+\omega^2T^2}$$

$$\angle G(\mathrm{j}\omega)=\angle(1+\mathrm{j}\omega T)=\arctan\omega T$$

当 $\omega=0$ 时，幅值为 1，相位角为 0°；当 $\omega=\infty$ 时，幅值为 ∞，相位角为 90°。

一阶微分环节的极坐标图为过点（1，0）、平行于虚轴且在实轴上方的直线，如图 5-28 所示。

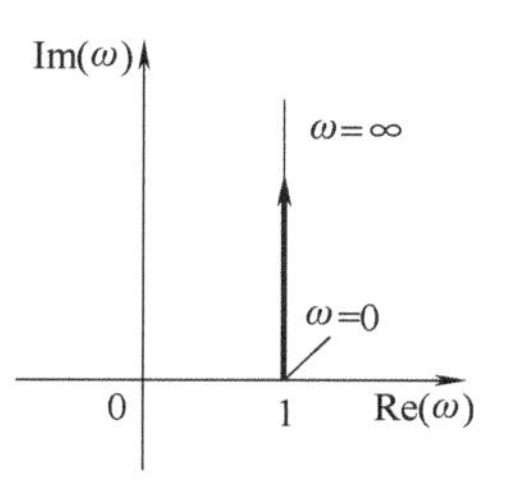

图 5-28　一阶微分环节的极坐标图

（6）振荡环节$\dfrac{1}{1+2\zeta\dfrac{\mathrm{j}\omega}{\omega_n}+\left(\dfrac{\mathrm{j}\omega}{\omega_n}\right)^2}$　令 $G(\mathrm{j}\omega)=\dfrac{1}{1+2\zeta\dfrac{\mathrm{j}\omega}{\omega_n}+\left(\dfrac{\mathrm{j}\omega}{\omega_n}\right)^2}$，则其幅频特性和相频特性分别为

$$|G(\mathrm{j}\omega)|=\frac{1}{\sqrt{\left(1-\dfrac{\omega^2}{\omega_n^2}\right)^2+\left(2\zeta\dfrac{\omega}{\omega_n}\right)^2}}$$

$$\angle G(\mathrm{j}\omega)=-\arctan\frac{2\zeta\omega/\omega_n}{1-\omega^2/\omega_n^2}$$

对于 ω 的特殊值 0、ω_n 与 ∞，其幅值和相位角的计算值见表 5-4。

表 5-4　振荡环节 ω 为特殊值时的幅值与相位角

ω	幅值	相位角
0	1	0°
ω_n	$\frac{1}{2\zeta}$	-90°
∞	0	-180°

振荡环节的极坐标图与阻尼比 ζ 有关。对应于不同的 ζ 值，形成一簇极坐标曲线，如图 5-29 所示。不论 ζ 值大小，当 $\omega=0$ 时，极坐标曲线均从点（1，0）开始，当 $\omega=\infty$ 时，极坐标曲线到点（0，0）结束，相位角相应由 0°变换到-180°。当 $\omega=\omega_n$ 时，极坐标曲线均交

于负虚轴，其相位角为-90°，幅值为 $1/2\zeta$。对于系统为欠阻尼（$0<\zeta<1$）情况，振荡环节会出现谐振峰值，记作 M_r，此处频率称为谐振频率 ω_r，如图 5-30 所示。对于过阻尼（$\zeta>1$）情况，$G(j\omega)$ 极坐标图接近一个半圆，这是因为 ζ 很大时，其特征方程的根全为实根，而起主导作用的是靠近虚轴的极点，此时系统接近于惯性环节。

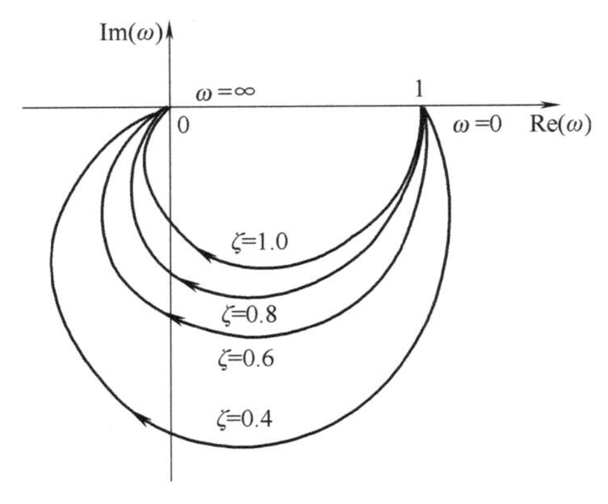

图 5-29　振荡环节的极坐标图

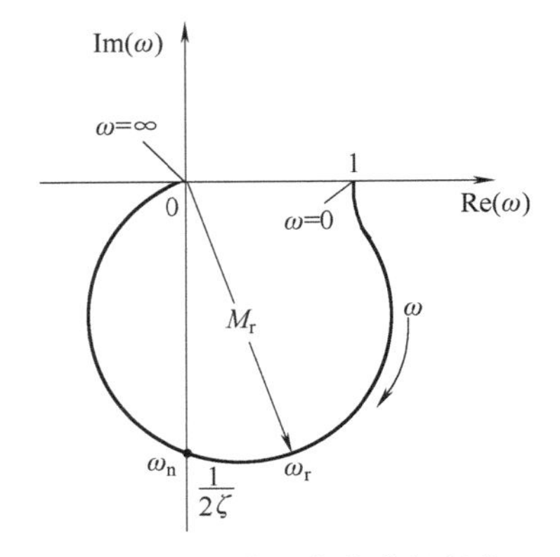

图 5-30　振荡环节的谐振频率

（7）二阶微分环节　$1+2\zeta\dfrac{j\omega}{\omega_n}+\left(\dfrac{j\omega}{\omega_n}\right)^2$　令 $G(j\omega)=1+2\zeta\dfrac{j\omega}{\omega_n}+\left(\dfrac{j\omega}{\omega_n}\right)^2$，则其幅频特性和相频特性分别为

$$|G(j\omega)|=\sqrt{\left(1-\frac{\omega^2}{\omega_n^2}\right)^2+\left(2\zeta\frac{\omega}{\omega_n}\right)^2}$$

$$\angle G(j\omega)=\arctan\frac{2\zeta\omega/\omega_n}{1-\omega^2/\omega_n^2}$$

对于 ω 的特殊值 0、ω_n 与 ∞，其幅值和相位角见表 5-5。因极坐标图与阻尼比 ζ 有关，对应不同的 ζ 值，形成一簇极坐标曲线，如图 5-31 所示。不论 ζ 值如何，极坐标曲线在 $\omega=0$ 时，都从点（1，0）开始，而在 $\omega=\infty$ 时都指向无穷远处。

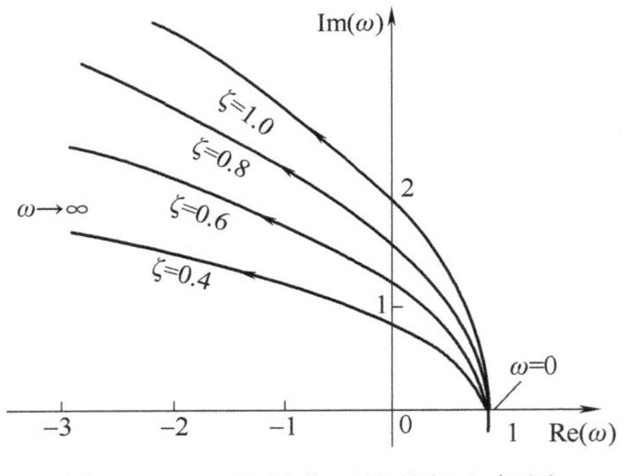

图 5-31　二阶微分环节的极坐标图

表 5-5　二阶微分环节 ω 为特殊值时的幅值与相位角

ω	幅值	相位角
0	1	0°
ω_n	2ζ	90°
∞	∞	180°

（8）延时环节 $e^{-j\omega\tau}$　令 $G(j\omega)=e^{-j\omega\tau}=\cos\omega\tau-j\sin\omega\tau$，则其幅频特性和相频特性分别为

$$|G(j\omega)|=\sqrt{\cos^2\omega\tau+\sin^2\omega\tau}=1$$

$$\angle G(j\omega)=-\omega\tau$$

因此，延时环节的极坐标图为一个单位圆，如图 5-32 所示。其特点是当信号通过延时环节时，其幅值不变，而相位角发生改变，输出信号的相位滞后于输入信号相位，其滞后角度随输入信号的频率 ω 的增大成正比增大。

当延时环节与其他环节串联时，系统的频率特性将会产生明显的变化，如系统的传递函数为比例环节、惯性环节与延时环节串联。惯性环节的极坐标图为第四象限的半圆，但加入延时环节 $e^{-j\omega\tau}$ 后，对应每一频率 ω 幅值不变，但相位滞后 $\omega\tau\text{rad}$，如图 5-33 所示。系统的极坐标图，由原来第四象限内的半圆扩展到整个复平面。在第 6 章系统的稳定性分析中将看到，延时环节的加入会降低系统的稳定性。

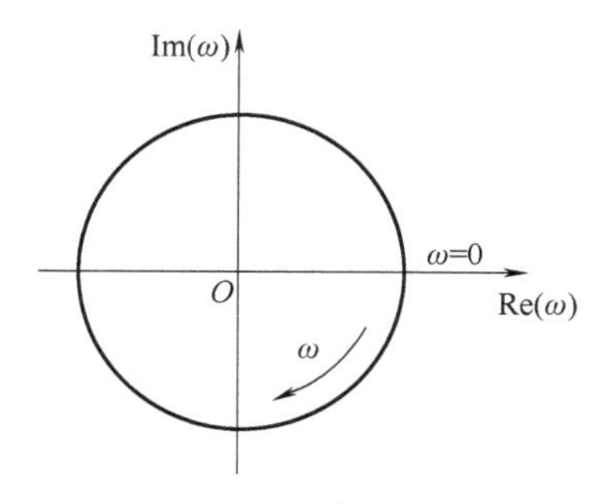

图 5-32　延时环节的极坐标图

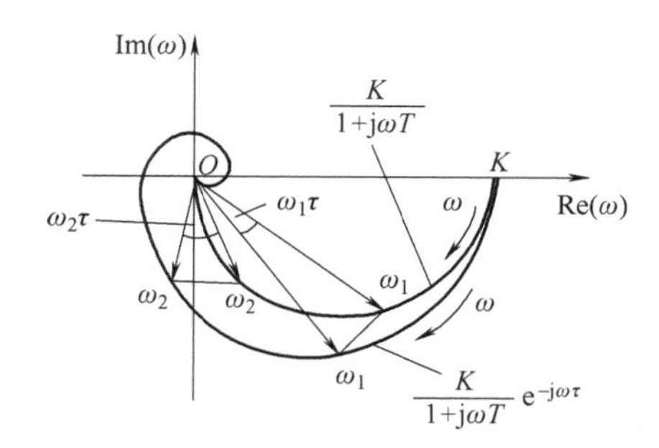

图 5-33　$\dfrac{K}{1+j\omega T}e^{-j\omega\tau}$ 的极坐标图

通过以上对 8 个典型环节频率特性分析与极坐标图的绘制可以看到，幅频与相频特性可以在一张极坐标图中表达出来，但其作图较伯德图要复杂一些，且传递函数（或频率特性）互成倒数的 3 对典型环节的极坐标图没有对称关系。因而，当系统的频率特性是由多个环节串联组成时，其极坐标图的绘制规律性没有伯德图强。

3. 系统奈奎斯特图的一般画法

如前所述，一般系统奈奎斯特图的绘制不像伯德图那样有明显的规律，但还是可以找到一些规律较为快速准确的画出，其中特别要关注一些特殊点的位置确定，包括 $\omega=0$ 时的起始点、转折频率处、$\omega\to\infty$ 时的终止点以及其与实轴、虚轴的交点等。

下面通过一些实例，分别说明不同型次系统奈奎斯特图的画法，并归纳出一般的作图规律。

例 5-5　画出下列两个 0 型系统的奈奎斯特图，式中 K、T_1、T_2、T_3 均大于零。

$$G_1(j\omega)=\frac{K}{(1+j\omega T_1)(1+j\omega T_2)}$$

$$G_2(j\omega)=\frac{K}{(1+j\omega T_1)(1+j\omega T_2)(1+j\omega T_3)}$$

解：先看起始点，当 $\omega=0$ 时，

$$|G_1(j\omega)|=K,\ \angle G_1(j\omega)=0°$$

$$|G_2(j\omega)|=K,\ \angle G_2(j\omega)=0°$$

上式说明 0 型系统 $G_1(j\omega)$、$G_2(j\omega)$ 的奈奎斯特图的起始点（即 $\omega=0$ 时），均位于正实轴的

一个有限点（K，0）。

再看终止点，当 $\omega\to\infty$ 时，

$$|G_1(\mathrm{j}\omega)|=0,\ \angle G_1(\mathrm{j}\omega)=-180°$$
$$|G_2(\mathrm{j}\omega)|=0,\ \angle G_2(\mathrm{j}\omega)=-270°$$

即随着 ω 的增大，当 $\omega\to\infty$ 时，$G_1(\mathrm{j}\omega)$ 以$-180°$相位角趋于坐标原点；$G_2(\mathrm{j}\omega)$ 以$-270°$的相位角趋于坐标原点，这是因为 $G_2(\mathrm{j}\omega)$ 较 $G_1(\mathrm{j}\omega)$ 多了一个惯性环节。

它们的奈奎斯特图分别如图 5-34a 和图 5-34b 所示。

$G_1(\mathrm{j}\omega)$ 的奈奎斯特图与负虚轴相交，若要求出交点，可由相频特性 $\angle G_1(\mathrm{j}\omega)=-90°$解出 ω，再由幅频特性求出该频率处的幅值即可确定。同样，$G_2(\mathrm{j}\omega)$ 的奈奎斯特图与负虚轴相交的交点也可照此得到；其与负实轴的交点对于系统稳定性分析更有意义，可由相频特性 $\angle G_2(\mathrm{j}\omega)=-180°$解出 ω，再由其幅频特性求出该频率处的幅值即可得到。此处不再详细列出求解过程。

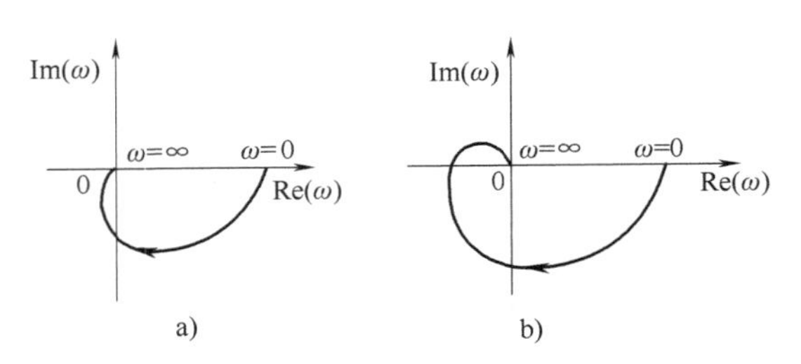

图 5-34　两个 0 型系统的奈奎斯特图
a）G_1（jω）　b）G_2（jω）

例 5-6　画出下列两个 Ⅰ 型系统的奈奎斯特图，式中 K、T、T_1、T_2 均大于零。

1）$G_1(\mathrm{j}\omega)=\dfrac{K}{\mathrm{j}\omega(1+\mathrm{j}\omega T)}$，2）$G_2(\mathrm{j}\omega)=\dfrac{K}{\mathrm{j}\omega(1+\mathrm{j}\omega T_1)(1+\mathrm{j}\omega T_2)}$

解： 1）系统 1 的频率特性可表示为

$$G_1(\mathrm{j}\omega)=\frac{K}{\mathrm{j}\omega(1+\mathrm{j}\omega T)}=\frac{-KT}{1+\omega^2T^2}-\mathrm{j}\frac{K}{\omega(1+\omega^2T^2)}\tag{5-32}$$

其幅频特性为

$$|G_1(\mathrm{j}\omega)|=\frac{K}{\omega\sqrt{1+\omega^2T^2}}$$

其相频特性为

$$\angle G_1(\mathrm{j}\omega)=-90°-\arctan\omega T$$

当 $\omega=0$ 时，

$$|G_1(\mathrm{j}\omega)|=\infty,\ \angle G_1(\mathrm{j}\omega)=-90°$$

这意味着 $G_1(\mathrm{j}\omega)$ 的奈奎斯特图的起始点位于相位角为$-90°$的无穷远处。

当 $\omega\to\infty$ 时，

$$|G_1(\mathrm{j}\omega)|=0,\ \angle G_1(\mathrm{j}\omega)=-180°$$

即 $G_1(\mathrm{j}\omega)$ 在 $\omega\to\infty$ 时幅值趋于零，相位角趋于$-180°$。

为了进一步确定起始点的位置，根据式（5-32），令 $\omega\to 0$，对 $G_1(\mathrm{j}\omega)$ 的实部和虚部分别取极限，得

$$\lim_{\omega\to 0}\mathrm{Re}[G_1(\mathrm{j}\omega)]=\lim_{\omega\to 0}\frac{-KT}{1+\omega^2T^2}=-KT$$

$$\lim_{\omega\to 0}\mathrm{Im}[G_1(\mathrm{j}\omega)]=\lim_{\omega\to 0}\frac{-K}{\omega(1+\omega^2T^2)}=-\infty$$

上式表明，$G_1(j\omega)$ 的奈奎斯特图在 $\omega\to 0$ 时，即其起始点在第三象限的无穷远处，且趋于一条渐近线，该渐近线为过点（$-KT$，0）且平行于虚轴的直线；其终止点在第三象限以相位角$-180°$趋于坐标原点，如图 5-35a 所示。

2）系统 2 的频率特性 $G_2(j\omega)$ 较 $G_1(j\omega)$ 增加了一个惯性环节，将其频率特性写成实部与虚部和的形式

$$G_2(j\omega)=\frac{-K(T_1+T_2)}{(1+\omega^2 T_1{}^2)(1+\omega^2 T_2^2)}-j\frac{K(1-T_1T_2\omega^2)}{\omega(1+\omega^2 T_1{}^2)(1+\omega^2 T_2^2)} \tag{5-33}$$

其幅频特性为

$$|G_2(j\omega)|=\frac{K}{\omega\sqrt{1+\omega^2 T_1{}^2}\sqrt{1+\omega^2 T_2^2}}$$

其相频特性为

$$\angle G_2(j\omega)=-90°-\arctan\omega T_1-\arctan\omega T_2$$

当 $\omega=0$ 时，

$$|G_2(j\omega)|=\infty\text{ , }\angle G_2(j\omega)=-90°$$

这意味着其奈奎斯特图的起始点在与负虚轴平行的无穷远处。

当 $\omega\to\infty$ 时，

$$|G_2(j\omega)|=0\text{，}\angle G_2(j\omega)=-270°$$

这表示其奈奎斯特图的终止点在原点，且其相位角为$-270°$，即其奈奎斯特曲线是以与正虚轴相切的方向回到原点。

为了进一步确定起始点的位置，根据式（5-33），令 $\omega\to 0$，对 $G_2(j\omega)$ 的实部和虚部分别取极限，得

$$\lim_{\omega\to 0}\mathrm{Re}[G_2(j\omega)]=\lim_{\omega\to 0}\frac{-K(T_1+T_2)}{(1+\omega^2 T_1{}^2)(1+\omega^2 T_2^2)}=-K(T_1+T_2)$$

$$\lim_{\omega\to 0}\mathrm{Im}[G_2(j\omega)]=\lim_{\omega\to 0}\frac{-K(1-T_1T_2\omega^2)}{\omega(1+\omega^2 T_1{}^2)(1+\omega^2 T_2^2)}=-\infty$$

上式表明，$G_2(j\omega)$ 的起始点在第三象限的无穷远处，其渐近线为过点 $[-K(T_1+T_2)\text{，}0]$ 平行于负虚轴的直线。

作出 $G_2(j\omega)$ 的奈奎斯特图，如图 5-35b 所示。$G_2(j\omega)$ 的奈奎斯特图与负实轴有相交，此交点位置对于系统稳定性至关重要，读者可自行去求该交点的表达式。

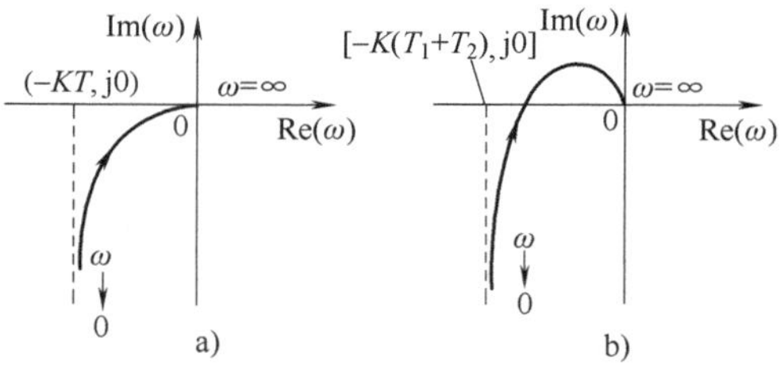

图 5-35　两个 Ⅰ 型系统的奈奎斯特图

例 5-7　画出 Ⅱ 型系统 $G(j\omega)$ 的奈奎斯特图，式中 K、T_1、T_2 均大于零。

$$G(j\omega)=\frac{K}{(j\omega)^2(1+j\omega T_1)(1+j\omega T_2)}$$

解：系统频率特性可表示为

$$G(j\omega)=\frac{K(T_1T_2\omega^2-1)}{\omega^2(1+\omega^2 T_1{}^2)(1+\omega^2 T_2^2)}+j\frac{K(T_1+T_2)}{\omega(1+\omega^2 T_1{}^2)(1+\omega^2 T_2^2)} \tag{5-34}$$

其幅频特性为

$$|G(j\omega)|=\frac{K}{\omega^2\sqrt{1+\omega^2T_1^2}\sqrt{1+\omega^2T_2^2}}$$

其相频特性为

$$\angle G(j\omega)=-180°-\arctan\omega T_1-\arctan\omega T_2$$

当 $\omega=0$ 时，

$$|G(j\omega)|=\infty,\ \angle G(j\omega)=-180°$$

$$\mathrm{Re}[G(j\omega)]=-\infty,\ \mathrm{Im}[G(j\omega)]=\infty$$

表明其奈奎斯特图的起始点在第二象限的无穷远处。

当 $\omega\to\infty$ 时，

$$|G(j\omega)|=0,\ \angle G(j\omega)=-360°$$

表明其奈奎斯特图的终点在原点，且奈奎斯特曲线是以与正实轴相切的方向回到原点。

求奈奎斯特曲线与正虚轴的相交点。当 $\mathrm{Re}[G(j\omega)]=0$ 时，由式（5-34）可求得

$$\omega=\frac{1}{\sqrt{T_1T_2}},\ \mathrm{Im}[G(j\omega)]\Big|_{\omega=\frac{1}{\sqrt{T_1T_2}}}=\frac{K(T_1T_2)^{\frac{3}{2}}}{T_1+T_2}$$

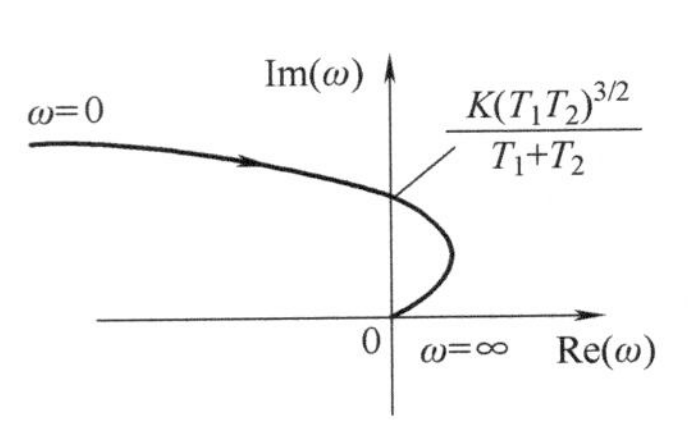

图 5-36　例 5-7 所示Ⅱ型系统的奈奎斯特图

综上，画出 $G(j\omega)$ 的奈奎斯特图如图 5-36 所示。

例 5-8　画出如下系统 $G(j\omega)$ 的奈奎斯特图，式中 K、T 均大于零。

$$G(j\omega)=\frac{K\omega_n^2}{[(j\omega)^2+\omega_n^2](j\omega T+1)}$$

解： $G(j\omega)=\dfrac{K\omega_n^2}{(\omega_n^2-\omega^2)(j\omega T+1)}=\dfrac{K\omega_n^2}{(\omega_n^2-\omega^2)(\omega^2T^2+1)}-j\dfrac{K\omega_n^2\omega T}{(\omega_n^2-\omega^2)(\omega^2T^2+1)}$

其幅频特性

$$|G(j\omega)|=\frac{K\omega_n^2}{|\omega_n^2-\omega^2|\sqrt{\omega^2T^2+1}}$$

其相频特性

$$\angle G(j\omega)=\begin{cases}-\arctan\omega T,\ (\omega<\omega_n)\\-180°-\arctan\omega T,\ (\omega\geqslant\omega_n)\end{cases}$$

当 $\omega=0$ 时，

$$|G(j\omega)|=K,\ \angle G(j\omega)=0$$

即系统的奈奎斯特图起始于实轴上的点（K，0）。

当 $\omega<\omega_n$ 时，

$$|G(j\omega)|=\frac{K\omega_n^2}{|\omega_n^2-\omega^2|\sqrt{\omega^2T^2+1}}$$

$$\angle G(j\omega)=-\arctan\omega T$$

其中，当 $\omega\to\omega_n^-$ 时，

$$|G(j\omega)|\to\infty,\ \angle G(j\omega)=-\arctan\omega_nT$$

当 $\omega\to\omega_n^+$ 时，

$$|G(\mathrm{j}\omega)|\to\infty,\ \angle G(\mathrm{j}\omega)=-180°-\arctan\omega_n T$$

即在 $\omega=\omega_n^-\sim\omega_n^+$ 时，其奈奎斯特图为从相位角 $-\arctan\omega_n T$ 到相位角 $-180°-\arctan\omega_n T$ 的半径为无穷大的半圆。

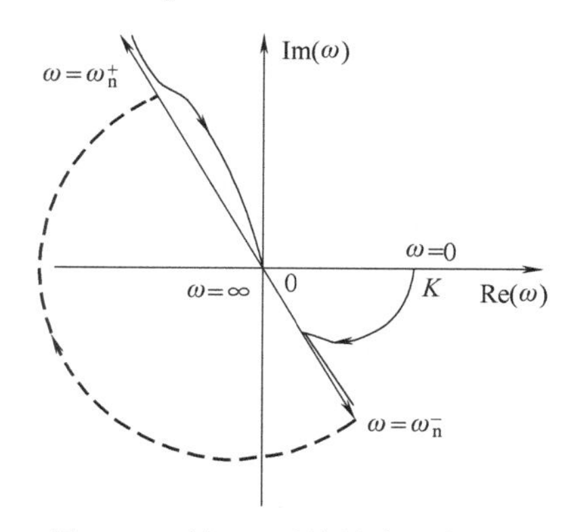

图 5-37　例 5-8 系统的奈奎斯特图

当 $\omega\to\infty$ 时，

$$|G(\mathrm{j}\omega)|=0,\ \angle G(\mathrm{j}\omega)=-270°$$

即其奈奎斯特图终止点在原点，且是以 $-270°$ 的相位角回到原点。

综上，画出的奈奎斯特图如图 5-37 所示。从图中可见，相位角 $-\arctan\omega_n T$ 与相位角 $-180°-\arctan\omega_n T$ 实际是在一条直线上。

现在来总结一般系统频率特性极坐标图的作图规律。对于一般形式的系统频率特性

$$G(\mathrm{j}\omega)=\frac{K(\mathrm{j}\omega T_a+1)(\mathrm{j}\omega T_b+1)\cdots(\mathrm{j}\omega T_m+1)}{(\mathrm{j}\omega)^{\lambda}(\mathrm{j}\omega T_1+1)(\mathrm{j}\omega T_2+1)\cdots(\mathrm{j}\omega T_p+1)}$$

其分母阶次为 $n=p+\lambda$，分子阶次为 m，$n\geqslant m$，$\lambda=0,\ 1,\ 2,\ \cdots$，开环增益 K 及时间常数 T 均大于零。对于不同型次系统，其奈奎斯特图具有以下特点。

1）当 $\omega=0$ 时，奈奎斯特图的起始点取决于系统的型次。

① 0 型系统（$\lambda=0$），起始于正实轴上某一有限点。

② Ⅰ型系统（$\lambda=1$），起始于相位角为 $-90°$ 的无穷远处，其渐近线为一平行于虚轴的直线。

③ Ⅱ型系统（$\lambda=2$），起始于相位角为 $-180°$ 的无穷远处。

2）当 $\omega=\infty$ 时，若 $n>m$，奈奎斯特图以顺时针方向收敛于原点，即幅值为零，相位角与分母和分子的阶次之差有关，即 $\angle G(\mathrm{j}\omega)|_{\omega=\infty}=-(n-m)\times 90°$，如图 5-38 所示。

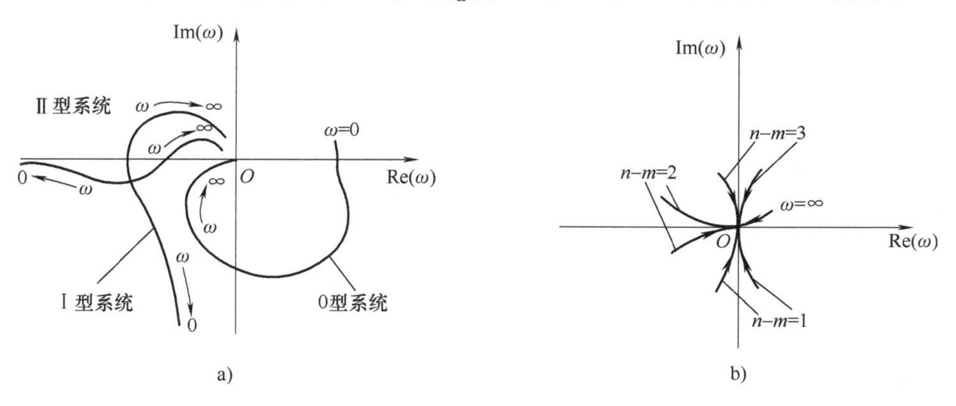

图 5-38　各型次系统的奈奎斯特图

a）$\omega=0$　b）$\omega=\infty$

3）当 $G(s)$ 含有零点时，其频率特性 $G(\mathrm{j}\omega)$ 的相位将不随 ω 增大单调减小，奈奎斯特图会产生“变形”或“弯曲”，具体画法与 $G(\mathrm{j}\omega)$ 各环节的时间常数有关。

4. 用 MATLAB 画系统的奈奎斯特图

在 MATLAB 中利用函数 nyquist 绘制系统的奈奎斯特图。

例 5-9 用 MATLAB 画出以下传递函数的奈奎斯特图。

$$G_1(s)=\frac{10s+1}{s+1},\ G_2(s)=\frac{50}{s^2+4s+25},\ G_3(s)=\frac{s+5}{s^2+4s+25},\ G_4(s)=\frac{1}{s(s^2+s+1)}$$

解： MATLAB 程序如下。

```
MATLAB Program of example 5-9
clear; close all; clc;
Num1= [10, 1]; Den1= [1, 1]; Gs1=tf (Num1, Den1);
Num2= [50]; Den2= [1, 4, 25]; Gs2=tf (Num2, Den2);
Num3= [1, 5]; Den3= [1, 4, 25]; Gs3=tf (Num3, Den3);
Num4= [1]; Den4= [1, 1, 1, 0]; Gs4=tf (Num4, Den4);
figure (1);
axis equal;
nyquist (Gs1); %奈奎斯特图
figure (2);
axis equal;
nyquist (Gs2);%奈奎斯特图
figure (3);
axis equal;
nyquist (Gs3);%奈奎斯特图
figure (4);
nyquist (Gs4);%奈奎斯特图
```

各系统的奈奎斯特图如 5-39 所示。

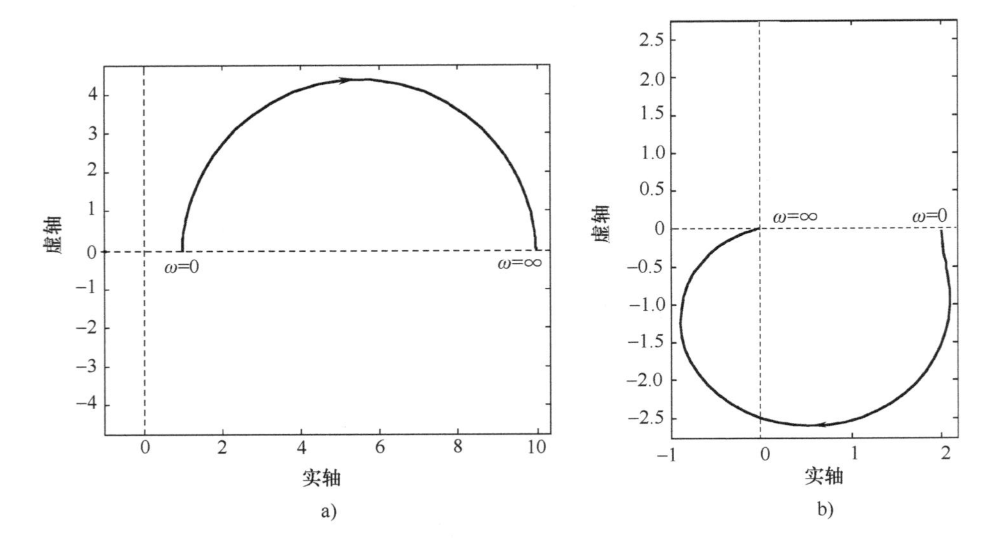

图 5-39 $G_1(s)$、$G_2(s)$、$G_3(s)$、$G_4(s)$ 的奈奎斯特图

a）$G_1(s)=\frac{10s+1}{s+1}$的奈奎斯特图 b）$G_2(s)=\frac{50}{s^2+4s+25}$的奈奎斯特图

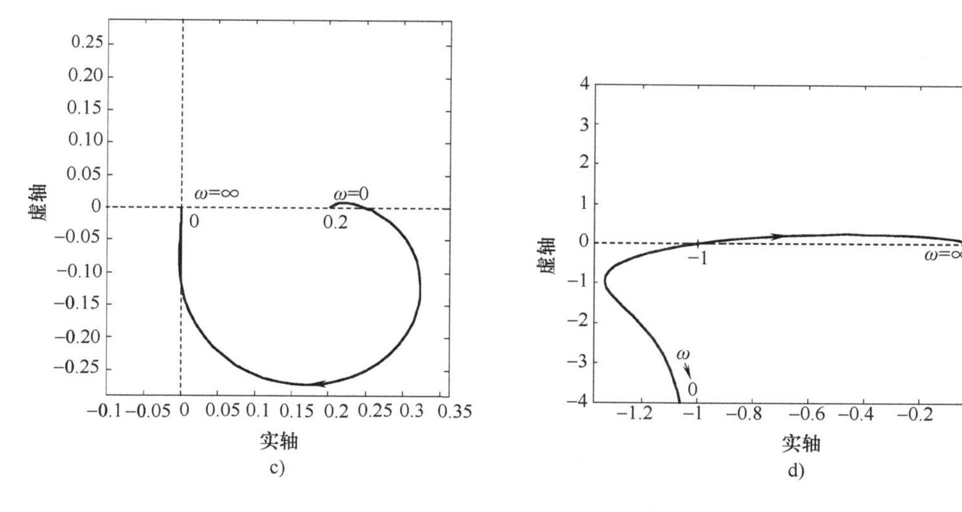

图 5-39 $G_1(s)$、$G_2(s)$、$G_3(s)$、$G_4(s)$ 的奈奎斯特图（续）

c）$G_3(s)=\dfrac{s+5}{s^2+4s+25}$的奈奎斯特图 d）$G_4(s)=\dfrac{1}{s(s^2+s+1)}$的奈奎斯特图

5.4 最小相位系统及其辨识

1. 最小相位系统

若系统开环传递函数［见式（4-61）］的所有零点和极点均在［s］平面的左半平面时，则该系统称为最小相位系统。对于最小相位系统而言，当频率从零变化到无穷大时，相位角的变化范围最小，当 $\omega=\infty$ 时，其相位角为$-(n-m)\times90°$。

2. 非最小相位系统

若系统的开环传递函数有零点或极点在［s］平面的右半平面时，则该系统称为非最小相位系统。对于非最小相位系统而言，当频率从零变化到无穷大时，相位角的变化范围总是大于最小相位系统的相位角范围，当 $\omega=\infty$ 时，其相位角不等于$-(n-m)\times90°$。

例 5-10 有 3 个不同的开环传递函数

$$G_1(s)=\frac{T_1s+1}{T_2s+1},\ G_2(s)=\frac{-T_1s+1}{T_2s+1},\ G_3(s)=\frac{T_1s-1}{T_2s+1}$$

式中，$T_1>T_2>0$。

试判断它们是否为最小相位系统，分别画出它们的伯德图，并比较其相频特性。

解： 分别写出 3 个系统的零点与极点如下。

$G_1(s)$：零点 $Z=-\dfrac{1}{T_1}$，极点 $P=-\dfrac{1}{T_2}$；

$G_2(s)$：零点 $Z=\dfrac{1}{T_1}$，极点 $P=-\dfrac{1}{T_2}$；

$G_3(s)$：零点 $Z=\dfrac{1}{T_1}$，极点 $P=-\dfrac{1}{T_2}$。

其零点和极点分布图如图 5-40 所示。

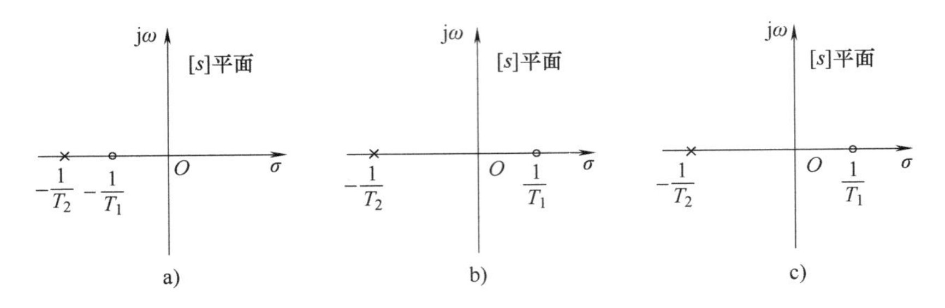

图 5-40　$G_1(s)$、$G_2(s)$、$G_3(s)$ 零点和极点分布图

a) $G_1(s)$　b) $G_2(s)$　c) $G_3(s)$

它们中只有 $G_1(s)$ 对应的系统为最小相位系统，$G_2(s)$ 和 $G_3(s)$ 为非最小相位系统。它们的伯德图中幅频特性均相同，相频特性不同，分别为

$$\angle G_1(j\omega)=\arctan\omega T_1-\arctan\omega T_2$$

$$\angle G_2(j\omega)=-\arctan\omega T_1-\arctan\omega T_2$$

$$\angle G_3(j\omega)=-180°-\arctan\omega T_1-\arctan\omega T_2$$

系统的伯德图如图 5-41 所示，显然最小相位系统 $G_1(s)$ 相位角的变化范围最小。

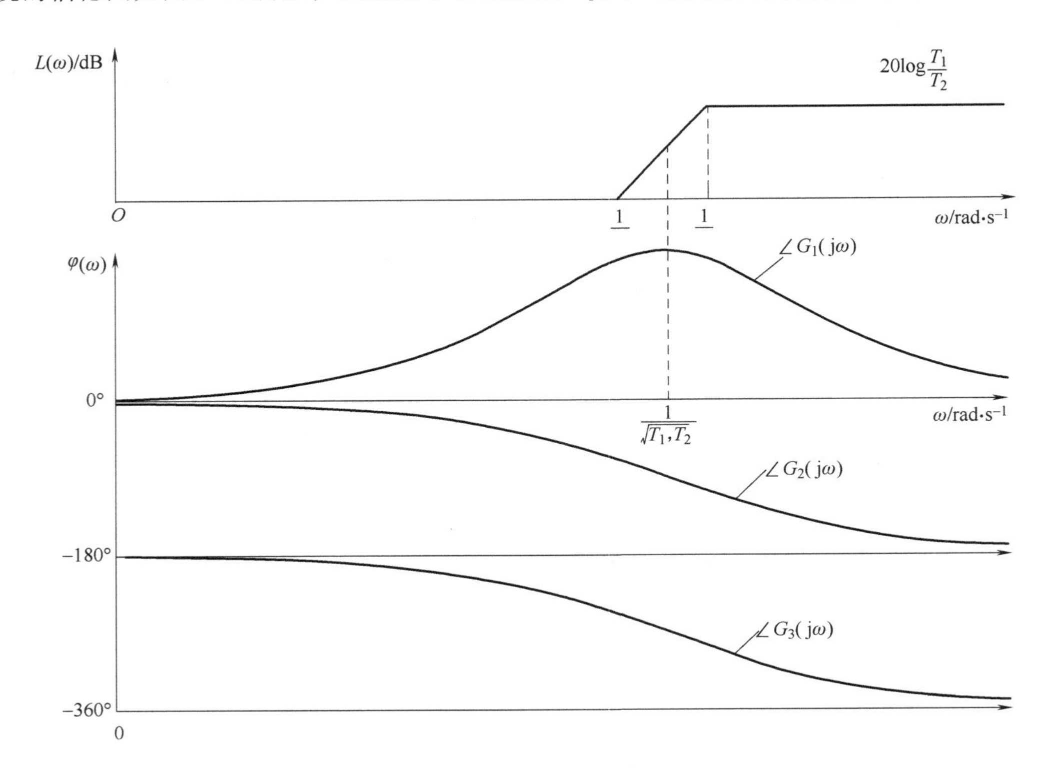

图 5-41　$G_1(s)$、$G_2(s)$、$G_3(s)$ 的伯德图

例 5-11 已知系统的开环传递函数为

$$G(s)=\frac{K(T_4s+1)}{(T_1s-1)(T_2s+1)(T_3s+1)} \quad (K、T_1、T_2、T_3、T_4 \text{ 均大于零})$$

求其频率特性，画其奈奎斯特图。

解：因为开环传递函数中存在$\frac{1}{T_1s-1}$，其极点在复平面右半平面，故这是一个非最小相位系统。其频率特性为

$$G(j\omega)=\frac{K(T_4j\omega+1)}{(T_1j\omega-1)(T_2j\omega+1)(T_3j\omega+1)}$$

其幅频特性为

$$|G(j\omega)|=\frac{K\sqrt{T_4{}^2\omega^2+1}}{\sqrt{(T_1{}^2\omega^2+1)(T_2{}^2\omega^2+1)(T_3{}^2\omega^2+1)}}$$

其相频特性为

$$\angle G(j\omega)=180°+\arctan T_1\omega+\arctan T_4\omega-\arctan T_2\omega-\arctan T_3\omega$$

由其幅频和相频特性确定奈奎斯特图的起点和终点。当 $\omega=0$ 时，$|G(j\omega)|=K$，$\angle G(j\omega)=180°$，即其奈奎斯特图起始于负实轴上的点（$-K$，0）；当 $\omega\to\infty$ 时，$|G(j\omega)|=0$，$\angle G(j\omega)=180°$，即其奈奎斯特图终止于原点，且相位角等于 180°。

若取 $K=3$、$T_1=1$、$T_2=2$、$T_3=3$、$T_4=4$，用 MATLAB 画出该系统的奈奎斯特图如图 5-42 所示。

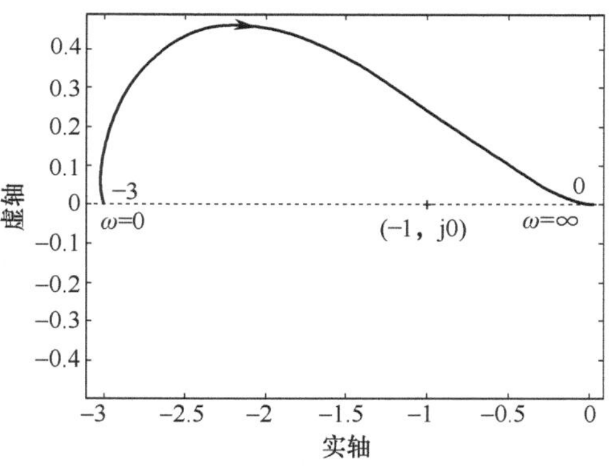

图 5-42 系统的奈奎斯特图

3. 由伯德图估计最小相位系统的传递函数

分析、研究一个机械动力系统或过程，并对系统或过程进行控制，首先必须知道其各个环节或整个系统（或过程）的传递函数。通常情况下，可以利用力学、电学等有关定律，推导出系统或过程的传递函数，但是在很多情况下，由于实际对象的复杂性，完全从理论上推导出系统的数学模型（或传递函数）及其参数，往往是很困难的。因此，需要一方面进行理论分析，另一方面采用实验的方法来获得系统或过程的传递函数并求得其参数，这就是系统辨识问题。

系统辨识就是研究如何用实验分析的方法来建立系统数学模型的一门学科，自成一个理论体系，本节不做详述。下面着重介绍如何根据实验频率特性的伯德图估计最小相位系统的传递函数。

首先可以通过给系统施加正弦输入信号来测得系统的实验频率特性，根据实验频率特性，可以画出系统的对数幅频曲线，将该曲线用斜率为 0、±20dB/dec、±40dB/dec 等直线近似，即得到渐近对数幅频特性曲线。如果可以确定系统为最小相位系统，则可直接根据渐近对数幅频特性估计系统的传递函数。

系统型次和增益 K 可由系统幅频特性曲线的低频部分近似估计。由系统幅频特性与系统型次的关系可知：

1）0 型系统，对数幅频曲线低频部分是一条水平线，增益 K 满足 $20\lg K=20\lg|G(\mathrm{j}\omega)|(\omega\ll1)$。

2）Ⅰ型系统，对数幅频曲线低频部分是斜率为-20dB/dec 的直线，增益 K 等于该渐近线（或其延长线）与零分贝线交点处的频率，即 $K=\omega$。

3）Ⅱ型系统，对数幅频曲线低频部分是斜率为-40dB/dec 的直线，增益 K 的二次方根等于该渐近线（或其延长线）与零分贝线交点处的频率，即 $\sqrt{K}=\omega$。

上述特性如图 5-21～图 5-23 所示。

系统基本环节及转折频率可由渐近对数幅频特性曲线斜率的变化来确定。若渐近线斜率变化为±20dB/dec，则传递函数中应包含 $1/(1+\mathrm{j}\omega T)$（对应渐近线斜率变化为-20dB/dec）或（$1+\mathrm{j}\omega T$）环节（对应渐近线斜率变化为 20dB/dec），渐近线交点频率即为转折频率 $\omega_{\mathrm{T}}=\frac{1}{T}$。若渐近线斜率变化为±40dB/dec，则传递函数应包含 $1\Big/\left[1+2\zeta\left(\frac{\mathrm{j}\omega}{\omega_{\mathrm{n}}}\right)+\left(\frac{\mathrm{j}\omega}{\omega_{\mathrm{n}}}\right)^2\right]$（对应渐近线斜率变化为-40dB/dec）或 $\left[1+2\zeta\left(\mathrm{j}\frac{\omega}{\omega_{\mathrm{n}}}\right)+\left(\frac{\mathrm{j}\omega}{\omega_{\mathrm{n}}}\right)^2\right]$ 环节（对应渐近线斜率变化为 40dB/dec），渐近线交点频率即转折频率就是无阻尼固有频率 ω_{n}，阻尼比 ζ 可通过转折频率附近的谐振峰值 M_{r} 来估计。

如果不能确定系统是否为最小相位系统，则可用实验得到的对数相频曲线来检验由对数幅频曲线确定的传递函数。对最小相位系统而言，实验所得的相频曲线必须与由幅频曲线确定的系统传递函数的理论相频曲线大致相符，而在低频范围及高频范围应严格相符。如果不符，可断定系统必定是一个非最小相位系统。若实验所得相位角与由理论计算的相位角相差一个恒定的相位变化率，则系统必存在延时环节。此时系统传递函数应为 $G(s)\mathrm{e}^{-\tau s}$，则

$$\angle G(\mathrm{j}\omega)\mathrm{e}^{-\mathrm{j}\omega\tau}-\angle G(\mathrm{j}\omega)=-\tau\omega$$

τ 可由下式确定

$$\lim_{\omega\to\infty}\frac{\mathrm{d}}{\mathrm{d}\omega}\angle G(\mathrm{j}\omega)\mathrm{e}^{-\mathrm{j}\omega\tau}=-\tau$$

若实验所得到的高频末端的相位角比理论计算的相位角滞后 180°，那么传递函数中就有一个零点位于右半［s］平面的第四象限。

例 5-12 由实验得到最小相位系统的对数幅频曲线如图 5-43 所示，试估计它们的传递函数。

解： 由图 5-43a 可以确定系统为 0 型系统，由比例环节两个惯性环节串联组成。其传递函数形式为

$$G(s)=\frac{K}{(T_1s+1)(T_2s+1)}$$

由于 $20\lg K=40\mathrm{dB}$，所以确定增益 $K=100$。

由图 5-43a 所示的转折频率 1 和 10 可确定时间常数：$T_1=1$，$T_2=\frac{1}{10}$。故有

$$G(s)=\frac{100}{(s+1)\left(\frac{s}{10}+1\right)}$$

图 5-43b 可确定系统为Ⅰ型系统，由比例环节、一个积分环节和一个惯性环节串联组

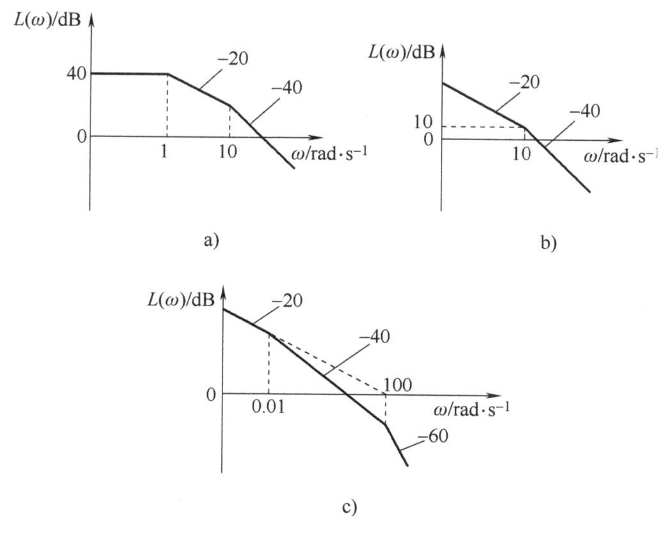

图 5-43　系统的对数幅频特性曲线

成。其传递函数形式为

$$G(s)=\frac{K}{s(Ts+1)}$$

当 $\omega=10$ 时，对应的幅值为 10dB，即

$$20\lg K-20\lg\omega\big|_{\omega=10}=10$$

所以

$$20\lg K=30\text{dB}$$

$$K=31.6$$

由图 5-43b 所示的转折频率 10 可确定时间常数：$T=\frac{1}{10}$。故系统传递函数为

$$G(s)=\frac{31.6}{s\left(\frac{s}{10}+1\right)}$$

图 5-43c 可以确定系统为 Ⅰ 型系统，由比例环节、一个积分环节和两个惯性环节组成，增益 $K=100$，两个转折频率分别为 0.01 和 100。

故系统的传递函数为

$$G(s)=\frac{100}{s\left(\frac{s}{0.01}+1\right)\left(\frac{s}{100}+1\right)}$$

5.5　开环频率特性与系统时域性能的关系

以上几节中讨论了系统频率特性的伯德图和奈奎斯特图的作法，值得注意的是这里所指的频率特性是开环频率特性，开环频率特性与闭环系统的性能之间有着紧密的联系。下面讨论开环频率特性特别是开环频率特性的伯德图与系统时域性能之间的关系。

为了研究开环伯德图与系统时域性能之间的关系，通常以穿越零分贝线的频率 ω_c 为标准将其划分为低频段、中频段和高频段 3 个频段，如图 5-44 所示。

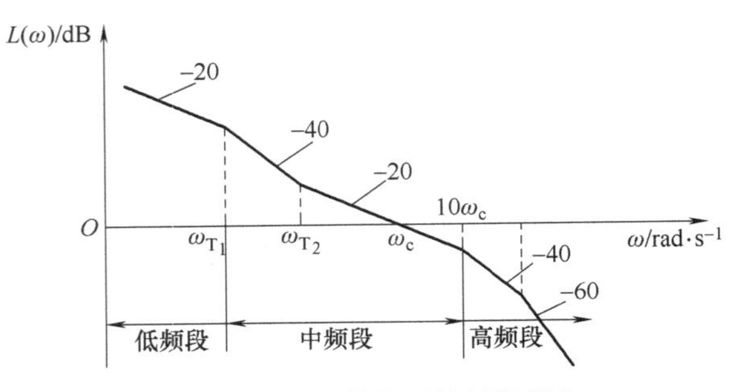

图 5-44　开环伯德图的频段划分

1. 低频段

一般以开环伯德图的第一个转折频率 ω_{T_1} 之前的频段即开环伯德图的第一段渐近线作为低频段，此时 $\omega \ll \omega_c$。

由于该频段的开环伯德图主要体现了以下系统参数：开环增益 K 和系统类型 λ，其中开环增益 K 决定渐近线的高度，系统类型 λ（即开环积分环节的个数）决定渐近线的斜率。在第 4 章系统的时域分析中我们已经知道，这两个参数直接决定着闭环系统的稳态误差，所以系统开环频率特性的低频段决定着闭环系统的稳态精度。一般来说，对同样的输入信号，系统的开环增益越大，开环积分环节个数越多，闭环系统响应的稳态误差越小。

2. 中频段

一般以 ω_c 附近的频段作为中频段，数学上通常表达为 $\omega_{T_1} \leqslant \omega \leqslant 10\omega_c$。

在该频段，直接体现了 ω_c 这个特殊的频率（即开环伯德图上分贝值等于 0dB 的频率），这个频率又称幅值穿越频率。在第 6 章给出系统的相对稳定性指标幅值裕度和相位裕度时，其中相位裕度即由该频率决定，而幅值裕度也在该频率附近确定，所以开环伯德图的中频段直接体现了闭环系统的相对稳定性，间接反映了系统的动态特性，这可以在学过第 6 章内容后再仔细体会。

3. 高频段

一般以远高于 ω_c 的频段作为高频段，数学上通常表达为 $\omega > 10\omega_c$。

由于该频段远离幅值穿越频率 ω_c，所以其对系统的相位裕度影响很小，对系统的动态响应影响不大。该频段的渐近线斜率一般呈现出对幅值的剧烈衰减特性，反映了系统对输入的高频噪声信号的抑制能力，其渐近线斜率负得越多，其对噪声信号的抑制能力越强。因而开环频率特性的高频段体现了闭环系统的抗干扰能力。

5.6　闭环频率特性与频域性能指标

1. 闭环频率特性

反馈控制原理作为自动控制的基本原理被广泛地采用。反馈可不断监测系统的真实输出并与参考输入量进行比较，利用输出量与参考输入量的偏差来进行控制，使系统达到理想的要求。采用反馈控制的主要原因是加入反馈可使系统响应不易受外部干扰和内部参数变化的影响，从而保证系统性能的稳定和可靠。反馈控制系统又称为闭环控制系统，如图 5-45 所示。闭环传递函数 $F(s)$ 为

图 5-45　典型的闭环控制系统

$$F(s)=\frac{G(s)}{1+G(s)H(s)} \tag{5-35}$$

则 $F(\mathrm{j}\omega)=\dfrac{G(\mathrm{j}\omega)}{1+G(\mathrm{j}\omega)H(\mathrm{j}\omega)}$，称为闭环频率特性。

2. 频域性能指标

频域性能指标是根据闭环控制系统的性能要求制定的。与时域特性中的超调量、调整时间等性能指标一样，在频域中也有相应的性能指标，如谐振峰值 M_r 和谐振频率 ω_r，截止频率 ω_b 与频宽，相位裕度和幅值裕度等。相位裕度和幅值裕度将在第 6 章系统的稳定性中介绍。

（1）谐振峰值 M_r 和谐振频率 ω_r　将闭环频率特性的幅值用 $M(\omega)$ 表示。当 $\omega=0$ 的幅值 $M(0)=1$ 时，$M(\omega)$ 的最大值 M_r 称为谐振峰值。在谐振峰值处的频率 ω_r 称为谐振频率，如图 5-46 所示。若 $M(0)\neq1$，则谐振峰值为 $M_r=\dfrac{M_{max}(\omega_r)}{M(0)}$，又称为相对谐振峰值，若取分贝值，则

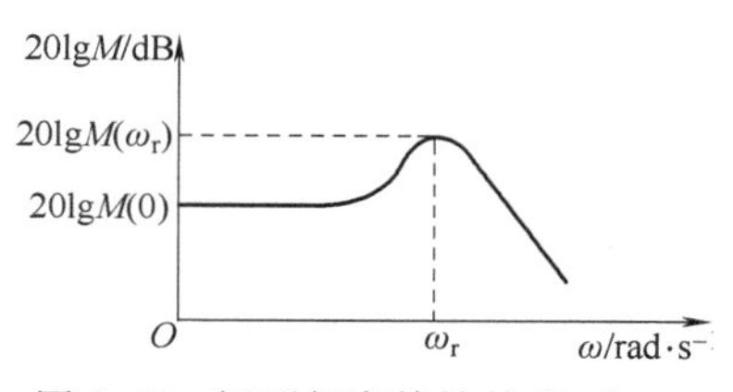

图 5-46　闭环频率特性的 M_r 和 ω_r

$$20\lg M_r=20\lg M_{max}(\omega_r)-20\lg M(0) \tag{5-36}$$

通常，一个系统 M_r 的大小表征了系统相对稳定性的好坏。一般来说，M_r 值大，则该系统瞬态响应的超调量 M_p 也大，表明系统的阻尼小，相对稳定性差。

对于图 5-47 所示的二阶系统，其闭环传递函数是一个典型的二阶振荡环节，其频率特性为

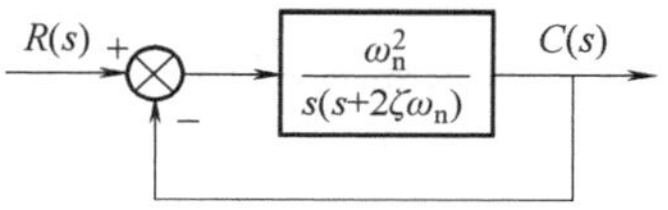

$$\frac{C(\mathrm{j}\omega)}{R(\mathrm{j}\omega)}=\frac{\omega_n^2}{(\mathrm{j}\omega)^2+2\zeta\omega_n(\mathrm{j}\omega)+\omega_n^2}$$

图 5-47　典型二阶系统框图

其幅频特性为

$$M(\omega)=\left|\frac{C(\mathrm{j}\omega)}{R(\mathrm{j}\omega)}\right|=\frac{1}{\sqrt{\left(1-\dfrac{\omega^2}{\omega_n^2}\right)^2+\left(2\zeta\dfrac{\omega}{\omega_n}\right)^2}}$$

根据 $M(\omega)$ 表达式及系统参数 ζ 和 ω_n，可求解 M_r 和 ω_r。令 $\dfrac{\omega}{\omega_n}=\Omega$，则

$$M(\Omega)=\frac{1}{\sqrt{(1-\Omega^2)^2+4\zeta^2\Omega^2}} \tag{5-37}$$

当 $M(\Omega)$ 取最大值 M_r 时，应满足

$$\frac{\mathrm{d}M(\Omega)}{\mathrm{d}\Omega}=0$$

求解可得

$$\Omega_r=\frac{\omega_r}{\omega_n}=\sqrt{1-2\zeta^2} \tag{5-38}$$

代入式（5-37）可得

$$M_r=\frac{1}{2\zeta\sqrt{1-\zeta^2}} \tag{5-39}$$

由式（5-38），可得

$$\omega_r = \omega_n\sqrt{1-2\zeta^2} \qquad (5\text{-}40)$$

由式（5-38）和式（5-39）可知，在 $0<\zeta<\frac{1}{\sqrt{2}}=0.707$ 范围内，系统会产生谐振峰值 M_r，而且 ζ 越小，M_r 越大；谐振频率 ω_r 与系统的有阻尼固有频率 ω_d、无阻尼固有频率 ω_n 有如下关系

$$\omega_r<\omega_d=\omega_n\sqrt{1-\zeta^2}<\omega_n$$

当 $\zeta\to 0$ 时，$\omega_r\to\omega_n$，$M_r\to\infty$，系统产生共振。当 $\zeta\geqslant 0.707$ 时，由式（5-40）计算的 ω_r 为零或虚数，说明系统不存在谐振频率 ω_r，即不产生谐振。二阶系统 M_r 与阻尼 ζ 的关系如图 5-48 所示。由图 5-48 可以看出，当 $0<\zeta<0.4$ 时，随着 ζ 的减小 M_r 迅速增大，此时瞬态响应超调量 M_p 也增大；当 $0.4<\zeta<0.707$ 时，M_r 和 M_p 也存在着相似关系，均不在随着 ζ 剧烈变化。对于机械系统，通常要求 $1<M_r<1.4$，此时对应阻尼比 $0.4<\zeta<0.6$。

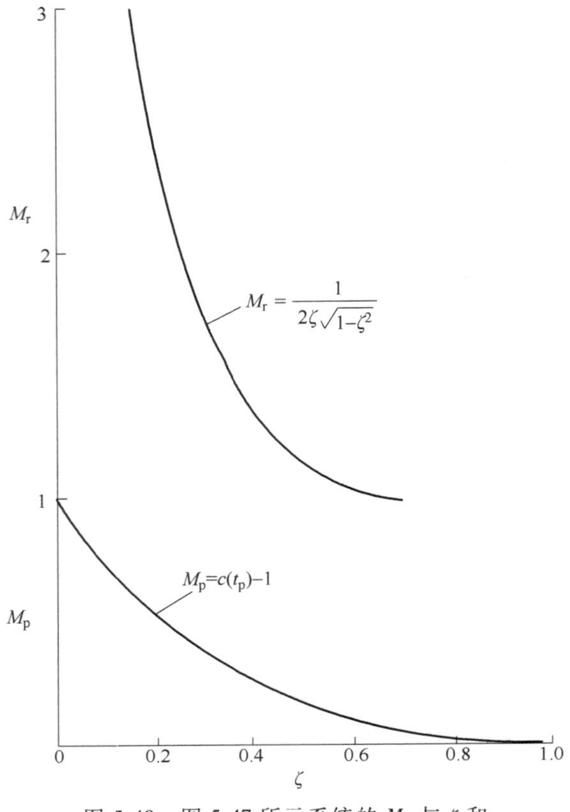

图 5-48　图 5-47 所示系统的 M_r 与 ζ 和 M_p 与 ζ 间的关系曲线

对于高阶系统，若其频率特性主要由一对共轭复数闭环极点支配，则上述二阶系统频域性能与时域性能的关系对该高阶系统也是适用的。

（2）截止频率 ω_b 与频宽　截止频率 ω_b 是指系统闭环频率特性的对数幅值下降到其零频率幅值以下 3dB 时的频率，即

$$20\lg M(\omega_b)=20\lg M(0)-3=20\lg\frac{M(0)}{\sqrt{2}}$$

所以，ω_b 也可以说是系统闭环频率特性幅值为其零频率幅值的 $\frac{1}{\sqrt{2}}$ 时的频率，如图 5-49 所示。

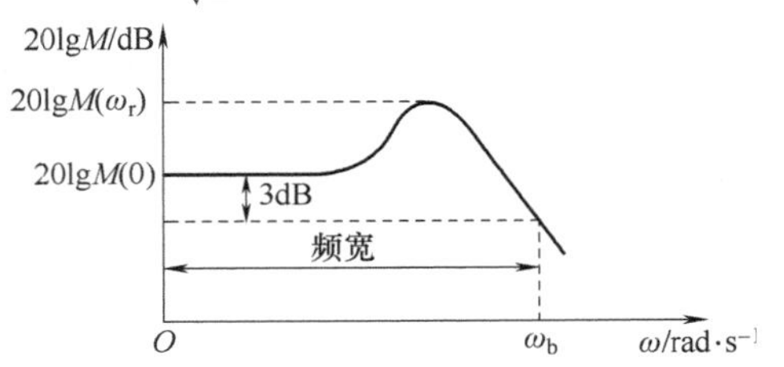

图 5-49　闭环频率特性的 ω_b 及频宽

系统的频宽是指 $0\sim\omega_b$ 的频率范围。频宽（或称带宽）表征系统响应的快速性，也反映了系统对噪声的滤波性能。在确定系统频宽时，大的频宽可改善系统的响应速度，使其跟踪或复现输入信号的精度提高，但同时对高频噪声的过滤特性降低，系统抗干扰性能减弱。因此，必须综合考虑来选择合适的频宽。

对于一阶系统 $G(s)$，其频宽可求解如下

$$G(j\omega)=\frac{1}{1+j\omega T}$$

$$\left|\frac{1}{1+j\omega T}\right|_{\omega=\omega_b}=\frac{1}{\sqrt{2}}\left|\frac{1}{1+j\omega T}\right|_{\omega=0}$$

即得

$$\frac{1}{\sqrt{1+\omega_b^2T^2}}=\frac{1}{\sqrt{2}}$$

故其频宽

$$\omega_b=\frac{1}{T}=\omega_T$$

一阶系统的截止频率 ω_b 等于系统的转折频率 ω_T，即等于系统时间常数的倒数。这也说明频宽越大，系统时间常数 T 越小，响应速度越快。

对于二阶系统 $G(s)$，ω_b 可求解如下

$$G(j\omega)=\frac{\omega_n^2}{(j\omega)^2+2\zeta\omega_n(j\omega)+\omega_n^2}$$

$$M(\omega)=\frac{1}{\sqrt{\left(1-\frac{\omega^2}{\omega_n^2}\right)^2+\left(2\zeta\frac{\omega}{\omega_n}\right)^2}}$$

$$\left|\frac{1}{\sqrt{\left(1-\frac{\omega^2}{\omega_n^2}\right)^2+\left(2\zeta\frac{\omega}{\omega_n}\right)^2}}\right|_{\omega=\omega_b}=\frac{1}{\sqrt{2}}\left|\frac{1}{\sqrt{\left(1-\frac{\omega^2}{\omega_n^2}\right)^2+\left(2\zeta\frac{\omega}{\omega_n}\right)^2}}\right|_{\omega=0}=\frac{1}{\sqrt{2}}$$

即

$$\left(1-\frac{\omega_b^2}{\omega_n^2}\right)^2+\left(2\zeta\frac{\omega_b}{\omega_n}\right)^2=2$$

可解得二阶系统的截止频率 ω_b 为

$$\omega_b=\omega_n\sqrt{1-2\zeta^2+\sqrt{2-4\zeta^2+4\zeta^4}} \tag{5-41}$$

例 5-13 已知单位反馈系统的开环传递函数为

$$G(s)=\frac{50}{(0.05s+1)(2.5s+1)}$$

求出该系统参数 ζ、ω_n 与频域指标 M_r、ω_r 和 ω_b。

解： 系统的闭环传递函数 $F(s)$ 为

$$F(s)=\frac{G(s)}{1+G(s)}=\frac{50}{0.125s^2+2.55s+51}=\frac{\frac{50}{51}}{\frac{0.125}{51}s^2+\frac{2.55}{51}s+1}$$

与典型二阶系统对比，可得系统无阻尼固有频率

$$\omega_n=\sqrt{\frac{51}{0.125}}\text{rad/s}=20.2\text{rad/s}$$

由

$$\frac{2\zeta}{\omega_n}=\frac{2.55}{51}$$

可得 $$\zeta=0.505$$

故由式（5-39）~式（5-41），得

$$M_r=\frac{1}{2\zeta\sqrt{1-\zeta^2}}=1.15$$

$$\omega_r=\omega_n\sqrt{1-2\zeta^2}=14.14\text{rad/s}$$

$$\omega_b=\omega_n\sqrt{1-2\zeta^2+\sqrt{2-4\zeta^2+4\zeta^4}}=25.6\text{rad/s}$$

注意，应用式（5-39）计算的 M_r，是在闭环增益为1时推导出的。该例中，闭环增益为50/51，应用式（5-39）计算的 M_r，实际上是相对谐振峰值，即 $M_r=M_{max}(\omega_r)/M(0)$，因此最大幅值（谐振峰值）为 $M_{max}(\omega_r)=M_rM(0)=1.15\times\frac{50}{51}=1.13$。

例 5-14 由实验得到的某最小相位系统对数幅频曲线如图5-50所示，试估计其传递函数。

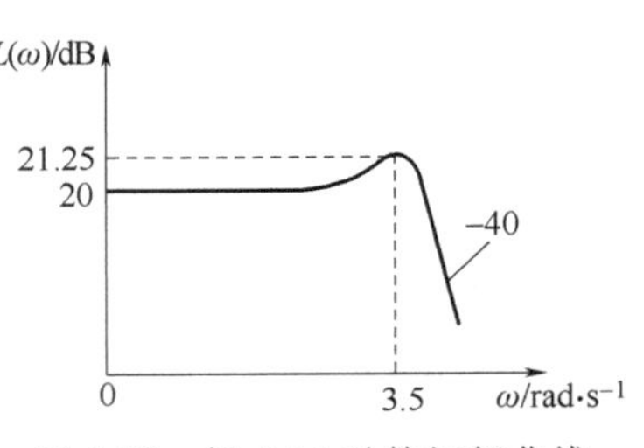

图 5-50 例 5-14 对数幅频曲线

解： 可以确定系统为0型系统，由比例环节和振荡环节组成。其传递函数形式为

$$G(s)=\frac{K}{\frac{s^2}{\omega_n^2}+\frac{2\zeta s}{\omega_n}+1}$$

因为 $20\lg K=20\text{dB}$，所以增益 $K=10$。

根据对数幅频曲线可知

$$21.25-20=20\lg M_r$$

所以系统谐振峰值为

$$M_r=1.155$$

由式（5-39）可得

$$M_r=\frac{1}{2\zeta\sqrt{1-\zeta^2}}=1.155$$

解得 $$\zeta=0.5$$

由式（5-40）可得

$$\omega_r=\omega_n\sqrt{1-2\zeta^2}=3.5$$

求得 $$\omega_n=4.95$$

故系统的传递函数为

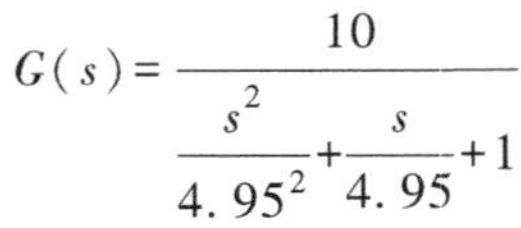

$$G(s)=\frac{10}{\frac{s^2}{4.95^2}+\frac{s}{4.95}+1}$$

自学指导

本章主要介绍控制系统频域分析中涉及的基本概念和基本作图方法。学习本章内容，应掌握基本概念：频率特性及其物理意义、最小相位系统与非最小相位系统、闭环频域性能指标的定义；学会绘制伯德图和奈奎斯特图，注意伯德图的坐标分度特点和以转折频率为特征

的渐近线作图特点和作图规律；奈奎斯特图作图时要特别注意特殊点的确定及其基本计算。应具备的基本技能是：涉及频率特性（或响应）定义的计算，如求系统对频率输入信号的稳态输出，闭环频域性能指标的计算，注意两者都要根据闭环频率特性来计算；掌握伯德图和奈奎斯特图中特殊点的计算及其对于系统性能的意义。

复习思考题

1. 什么是频率响应？
2. 系统频率特性的定义是什么？它由哪两部分组成？
3. 机械系统的动刚度和动柔度如何表示？
4. 频率特性和单位脉冲响应函数的关系是什么？
5. 各典型环节的伯德图和奈奎斯特图怎么画？
6. 简述绘制系统的伯德图和奈奎斯特图的一般方法和步骤。
7. 最小相位系统与非最小相位系统的定义及本质区别是什么？
8. 频域性能指标 M_r、ω_r、ω_b 和频宽的定义是什么？如何计算二阶系统的上述指标？
9. 如何由开环频率特性确定系统的闭环频率特性？
10. 什么是系统辨识？为什么要进行系统辨识？在本课程学习的基础上，可用哪些方法进行系统辨识？

习题

5-1　设单位反馈系统的开环传递函数为

$$G(s)=\frac{4}{s(s+3)}$$

当系统作用以下输入信号时，试求系统稳态输出 $y(t)$。

（1）$x(t)=\sin(t+30°)$。

（2）$x(t)=2\cos(4t-45°)$。

（3）$x(t)=\sin(4t+30°)-2\cos(t+30°)$。

5-2　绘制下列各环节的伯德图。

（1）$G(j\omega)=20$，$G(j\omega)=-0.5$。

（2）$G(j\omega)=\dfrac{10}{j\omega}$，$G(j\omega)=(j\omega)^2$。

（3）$G(j\omega)=\dfrac{10}{1+j\omega}$，$G(j\omega)=5(1+2j\omega)$。

（4）$G(j\omega)=\dfrac{1+0.2j\omega}{1+0.05j\omega}$，$G(j\omega)=\dfrac{1+0.05j\omega}{1+0.2j\omega}$。

（5）$G(j\omega)=\dfrac{20(1+2j\omega)}{j\omega(1+j\omega)(10+j\omega)}$。

（6）$G(j\omega)=\dfrac{(1+0.2j\omega)(1+0.5j\omega)}{(1+0.05j\omega)(1+5j\omega)}$。

（7）$G(j\omega)=K_P+K_D j\omega+\dfrac{K_I}{j\omega}$。

（8）$G(j\omega)=\dfrac{10(0.5+j\omega)}{(j\omega)^2(2+j\omega)(10+j\omega)}$。

(9) $G(j\omega)=\dfrac{1}{1+0.1j\omega+0.01(j\omega)^2}$。

(10) $G(j\omega)=\dfrac{9}{j\omega(0.5+j\omega)[1+0.6j\omega+(j\omega)^2]}$。

5-3 绘制下列各环节的奈奎斯特图。

(1) $G(j\omega)=\dfrac{1}{1+0.01j\omega}$。

(2) $G(j\omega)=\dfrac{1}{j\omega(1+0.1j\omega)}$。

(3) $G(j\omega)=\dfrac{1}{1+0.1j\omega+0.01(j\omega)^2}$。

(4) $G(j\omega)=\dfrac{1+0.2j\omega}{1+0.05j\omega}$。

(5) $G(j\omega)=\dfrac{5}{j\omega(1+0.5j\omega)(1+0.1j\omega)}$。

(6) $G(j\omega)=\dfrac{kj\omega}{Tj\omega+1}$。

(7) $G(j\omega)=\dfrac{5}{(j\omega)^2}$。

(8) $G(j\omega)=\dfrac{50(1+0.6j\omega)}{(j\omega)^2(1+4j\omega)}$。

(9) $G(j\omega)=\dfrac{10(0.5+j\omega)}{(j\omega)^2(2+j\omega)(10+j\omega)}$。

(10) $G(j\omega)=\dfrac{(1+0.2j\omega)(1+0.5j\omega)}{(1+0.05j\omega)(1+5j\omega)}$。

5-4 设系统的传递函数分别为:

(1) $G(s)=\dfrac{4(2s+1)}{s(10s+1)(4s+1)}$。

(2) $G(s)=\dfrac{2(0.2s+1)(0.3s+1)}{s^2(0.1s+1)(s+1)}$。

(3) $G(s)=\dfrac{3e^{-s}}{s(s+1)(s+2)}$。

试分别确定当$\angle G(j\omega)=-180°$时的幅值比$|G(j\omega)|$。

5-5 试绘制下列系统的奈奎斯特图(式中K、T、T_1、T_2均大于零),并证明其轨迹为圆。

(1) $G(s)=\dfrac{Ks}{Ts+1}$。

(2) $G(s)=\dfrac{T_2s+1}{T_1s+1}$。

5-6　绘制下列非最小相位系统的伯德图及奈奎斯特图。

（1）$G(s)=\dfrac{2}{0.5s-1}$。

（2）$G(s)=\dfrac{2s}{1-0.5s}$。

（3）$G(s)=\dfrac{4(2s+1)}{s(s-1)}$。

（4）$G(s)=\dfrac{4(2s-1)}{s(10s+1)(4s+1)}$。

5-7　为使图题 5-7 所示系统的截止频率 $\omega_b=100\text{rad}\cdot\text{s}^{-1}$，$T$ 值应为多少？

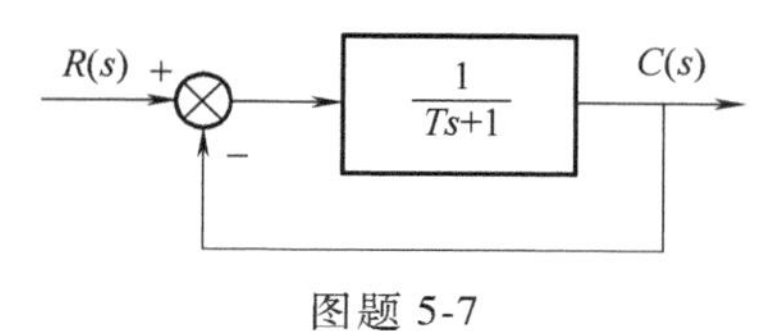

图题 5-7

5-8　设单位反馈系统的开环传递函数为

$$G(s)=\frac{10}{(0.2s+1)(0.02s+1)}$$

试求闭环系统的 M_r、ω_r 及 ω_b。

5-9　有下列最小相位系统，通过实验求得各系统的对数幅频特性如图题 5-9，试估计它们的传递函数。

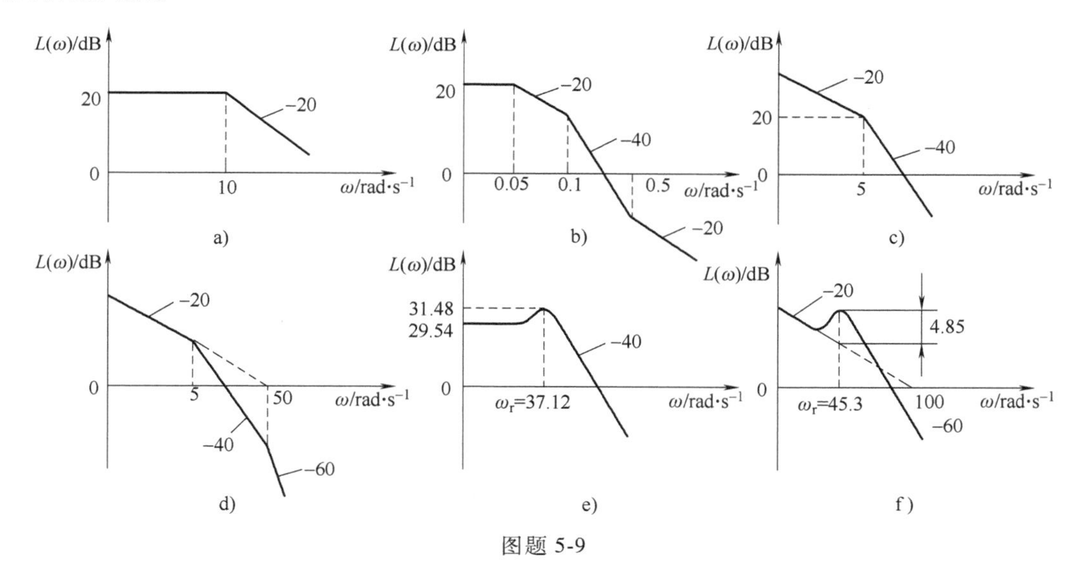

图题 5-9

第 6 章　控制系统的稳定性

稳定性是控制系统最重要的性能指标，是保证控制系统正常工作的必要条件。系统稳定性分析主要包括系统的稳定性判据、系统的相对稳定性及影响系统稳定性的因素（包括系统模型结构和参数等）。在经典控制理论中，系统的设计和校正，也是在满足系统稳定性及其他性能指标的基础上进行的。

本章首先介绍了线性系统稳定性的概念及系统稳定性的基本判别准则，然后介绍了系统稳定性的判据，重点讨论了基于开环频率特性分析的奈奎斯特判据、系统的相对稳定性以及基于根轨迹法的稳定性分析。

6.1　稳定性

1. 稳定性的概念

稳定性是控制系统的重要性能指标之一。稳定性的定义：系统（如图 6-1 中的圆锥体与圆球）在受到外界干扰作用时，其被控制量 $y_c(t)$ 将偏离平衡位置，当这个干扰作用去除后，若系统在足够长的时间内能够恢复到其原来的平衡状态或者趋于一个给定的新的平衡状态，则该系统是稳定的，如图 6-1a 所示。反之，若系统对干扰的瞬态响应发生持续振荡（图 6-1b）或随时间的推移不断扩大（图 6-1c），也就是一般所谓“自激振动”，则系统是

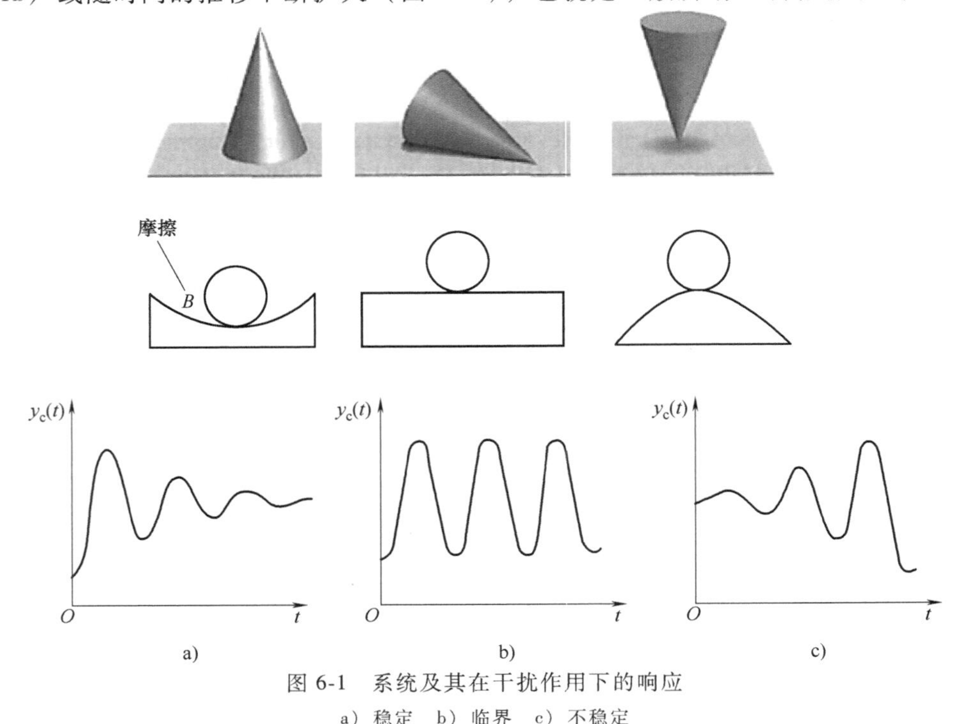

图 6-1　系统及其在干扰作用下的响应

a）稳定　b）临界　c）不稳定

不稳定的。

只有稳定的系统才能正常工作。在设计一个系统时，首先要保证其稳定；在分析一个已有系统时，也首先要判定其是否稳定。线性系统是否稳定，是系统本身的一个特性，与系统的输入量或干扰无关。下面讨论线性系统稳定性的判断准则。

2. 判别系统稳定性的基本准则

如第 3 章所述，描述线性定常系统的微分方程，其形式一般为

$$\begin{aligned} & a_n \frac{d^n y(t)}{dt^n}+a_{n-1} \frac{d^{n-1} y(t)}{dt^{n-1}}+\cdots+a_1 \frac{dy(t)}{dt}+a_0 y(t) \\ & = b_m \frac{d^m x(t)}{dt^m}+b_{m-1} \frac{d^{m-1} x(t)}{dt^{m-1}}+\cdots+b_1 \frac{dx(t)}{dt}+b_0 x(t) \end{aligned} \tag{6-1}$$

式中，$x(t)$ 为输入；$y(t)$ 为输出；$a_i(i=0, \cdots, n)$、b_j $(j=0, \cdots, m)$ 为实常数。

在第 2 章中已经介绍，可以用拉普拉斯变换的数学方法求解式（6-1）。由式（2-55）得

$$A(s)Y(s)-A_0(s)=B(s)X(s)-B_0(s) \tag{6-2}$$

整理后可得

$$Y(s)=\frac{A_0(s)-B_0(s)}{A(s)}+\frac{B(s)}{A(s)}X(s) \tag{6-3}$$

再经拉普拉斯反变换可得原函数

$$y(t)=L^{-1}\left[\frac{A_0(s)-B_0(s)}{A(s)}\right]+L^{-1}\left[\frac{B(s)}{A(s)}X(s)\right] \tag{6-4}$$

式（6-4）右边的第一项是式（6-1）的齐次通解，是与初始条件 $A_0(s)$、$B_0(s)$ 有关而与输入或干扰 $x(t)$ 无关的补函数。令它为 $y_c(t)$，即

$$y_c(t)=L^{-1}\left[\frac{A_0(s)-B_0(s)}{A(s)}\right] \tag{6-5}$$

式（6-4）右边的第二项是式（6-1）的非齐次特解，是与初始条件无关而只与输入或干扰 $x(t)$ 有关的特解。令它为 $y_i(t)$，即

$$y_i(t)=L^{-1}\left[\frac{B(s)}{A(s)}X(s)\right] \tag{6-6}$$

既然系统的稳定与否要看系统在除去干扰后的运行情况，因此系统的补函数 $y_c(t)$ 反映了系统是否稳定。当 $t\to\infty$ 时，$y_c(t)\to 0$，则系统为稳定；当 $t\to\infty$ 时，$y_c(t)\to\infty$ 或是时间 t 的周期函数，则系统不稳定。为此，求解 $y_c(t)$。

$$y_c(t)=L^{-1}\left[\frac{A_0(s)-B_0(s)}{A(s)}\right]=\sum_{i=1}^{n}\frac{N_0(s_i)}{A'(s_i)}e^{s_i t} \tag{6-7}$$

式中，$N_0(s_i)=A_0(s_i)-B_0(s_i)$。

一般称 $A(s)=0$ 为系统的“特征方程”，它的解 s_i 称为其特征根。

若 s_i 为复数，则由于实际物理系统 $A(s)$ 的系数均为实数，因此 s_i 总是以共轭复数形式成对出现，即

$$s_i=a_i \pm jb_i$$

此时，只有当其实部 $a_i<0$ 时，方能使得在 $t\to\infty$ 时

$$e^{s_i t}\big|_{t\to\infty}=e^{a_i t}e^{\pm jb_i t}\big|_{t\to\infty}=0$$

即

$$y_c(t)\big|_{t\to\infty}\to 0$$

若 s_i 为实数，则只有当实数的值小于零，即 $a_i<0$ 时，方能使得在 $t\to\infty$ 时

$$y_c(t)\big|_{t\to\infty}\to 0$$

反之，若 s_i 的实部 $a_i>0$，则当 $t\to\infty$ 时，将使得

$$e^{s_i t}\big|_{t\to\infty}\to\infty$$

即

$$y_c(t)\big|_{t\to\infty}\to\infty$$

则系统不稳定。

若 s_i 实部 $a_i=0$，则 $s_i=\pm jb_i$。$y_c(t)$ 将包含 $(e^{+jb_i t}+e^{-jb_i t})/2$，即 $\cos b_i t$ 这样的时间函数，系统将产生持续振荡，其振荡频率 ω 等于 b_i，系统也不稳定。

综上所述，判别系统稳定性的问题可归结为对系统特征方程根的判别，即一个系统稳定的必要和充分条件是其特征方程的所有根都必须为负实数或为具有负实部的复数。也就是稳定系统的全部特征根 s_i 均应在复平面的左半平面，如图 6-2 所示（其虚轴坐标值为振动频率 ω）。此时，系统对于干扰的响应为衰减振荡，如图 6-3a 所示。反之，若有特征根 s_i 落在包括虚轴在内的右半平面（如图 6-2 中阴影部分），则可判定该系统是不稳定的。如果在虚轴上，则系统产生持续振荡，其频率为 $\omega=\omega_i$（图 6-3c）；如果落在右半平面，则系统产生扩散振荡（图 6-3b）。这就是判别系统是否稳定的基本出发点。

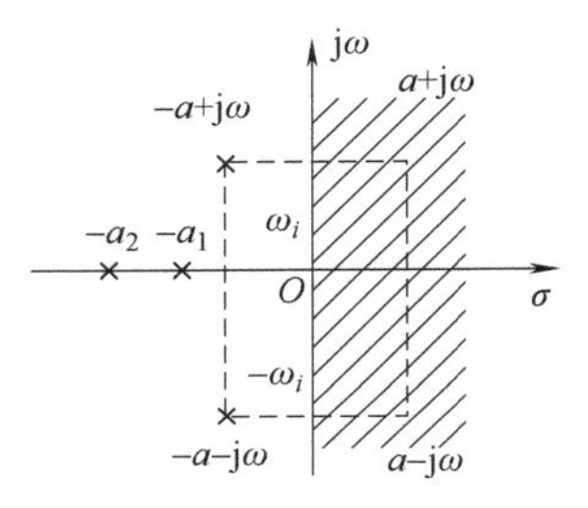

图 6-2 ［s］平面内的稳定域或不稳定域

应当指出，上述不稳定区虽然包括虚轴 jω，但对于虚轴上的坐标原点，应作具体分析。当有一个特征根在坐标原点时，$y_c(t)\big|_{t\to\infty}\to$ 常数，系统达到新的平衡状态，仍属稳定。当有两个及两个以上特征根在坐标原点时，$y_c(t)\big|_{t\to\infty}\to\infty$，其瞬态响应发散，系统不稳定。

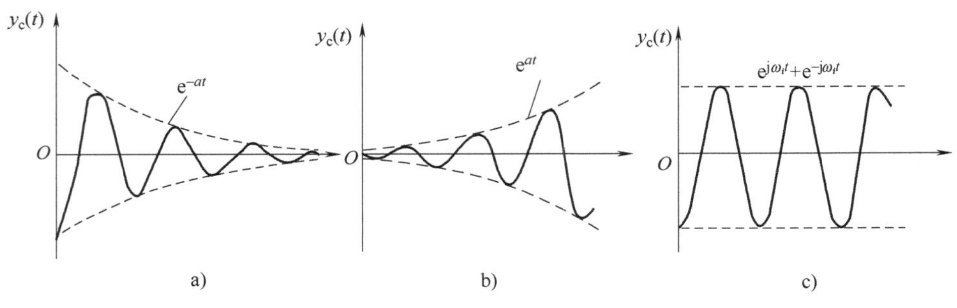

图 6-3 系统的响应曲线

由式（6-3）可知，系统特征方程 $A(s)=0$ 的特征根与系统的闭环传递函数 $F(s)$ 的极点是相同的。因此，知道了系统的传递函数

$$F(s)=\frac{Y(s)}{X(s)}=\frac{B(s)}{A(s)}$$

取其分母 $A(s)=0$，即可分析系统的稳定性，这在工程应用中十分方便。

对如图 6-4 所示的具有反馈环节的典型闭环控制系统，其输出输入的总传递函数即闭环传递函数为

$$F(s)=\frac{C(s)}{R(s)}=\frac{G(s)}{1+G(s)H(s)} \tag{6-8}$$

令该传递函数的分母等于零就可得到该系统的特征方程

$$1+G(s)H(s)=0 \tag{6-9}$$

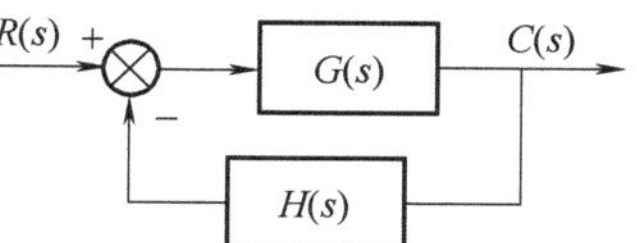

图 6-4　典型闭环控制系统

为了判别系统是否稳定，必须确定式（6-9）的根是否全在复平面的左半平面。为此，可有两种途径：①直接求出所有的特征根；②仅仅确定能保证所有的根均在 s 左半平面的系统参数的范围而并不求出根的具体值。直接计算特征方程根的方法在方程阶数较高时过于繁杂，除简单的特征方程外，一般很少采用。对于第二种途径，工程实际中常采用的方法有劳斯-赫尔维茨判据和奈奎斯特判据等。

6.2　劳斯-赫尔维茨判据

线性定常系统的稳定性分析，本质上就是确定系统特征方程根在复平面上位置的分析。劳斯-赫尔维茨（Routh-Hurwitz）判据是一种代数判据，它是通过分析特征方程的根与系数之间的代数关系，由特征方程中的系数来判别特征方程的根是否在［s］平面的左半平面，以及不稳定根的个数。该方法并不需要计算和求解特征方程即可判断系统的稳定性，因此对于控制系统设计、分析及参数选择有着重要的工程意义。这里只介绍两个代数判据及其应用，并不对其进行数学推导证明。

1. 劳斯判据

劳斯判据（Routh criterion）由英国数学家劳斯（E. J. Routh）在 1877 年提出，它用来判断线性系统稳定性的充分必要条件如下。

（1）系统稳定的必要条件　线性定常系统的特征方程为

$$a_n s^n+a_{n-1}s^{n-1}+a_{n-2}s^{n-2}+\cdots+a_0=0 \tag{6-10}$$

式中，系数 $a_i(i=0,\ 1,\ 2,\ \cdots,\ n)$ 为实数，并且 $a_n\neq 0$。

假设其特征根为 $s_i(i=1,\ 2,\ \cdots,\ n)$，则

$$a_n s^n+a_{n-1}s^{n-1}+a_{n-2}s^{n-2}+\cdots+a_0=a_n(s-s_1)(s-s_2)\cdots(s-s_{n-1})(s-s_n) \tag{6-11}$$

对式（6-11）右边展开，可得到特征根与系数的关系如下

$$\begin{cases}\dfrac{a_{n-1}}{a_n}=-\displaystyle\sum_{i=1}^{n}s_i\\[2ex]\dfrac{a_{n-2}}{a_n}=\displaystyle\sum_{i,j=1}^{n}s_is_j,\ (i\neq j)\\[2ex]\dfrac{a_{n-3}}{a_n}=-\displaystyle\sum_{i,j,k=1}^{n}s_is_js_k,\ (i\neq j\neq k)\\ \vdots\\ \dfrac{a_0}{a_n}=(-1)^n\displaystyle\prod_{i=1}^{n}s_i\end{cases} \tag{6-12}$$

若特征根的实部全为负数，则由式（6-12）可得出系统稳定的必要条件为：特征多项式所有系数符号相同。若系数中有不同的符号或其中某个系数为零（除 $a_0=0$ 外），则必有带正实部的根，即系统不稳定。应注意该条件是系统稳定的必要条件，而非充分条件，因为这时还不能排除有不稳定根的存在。

（2）系统稳定的充分条件　由特征方程系数构造劳斯数列如下

$$\begin{array}{c|ccccc} s^n & a_n & a_{n-2} & a_{n-4} & a_{n-6} & \cdots \\ s^{n-1} & a_{n-1} & a_{n-3} & a_{n-5} & \cdots & \\ s^{n-2} & c_1 & c_2 & c_3 & \cdots & \\ s^{n-3} & d_1 & d_2 & d_3 & \cdots & \\ \vdots & \vdots & & & & \\ s^1 & g_1 & & & & \\ s^0 & h_1 & & & & \end{array} \tag{6-13}$$

第一行是原系数的奇数项，第二行是原系数的偶数项。第三行 c_i 由第一、第二行按下式计算

$$\begin{cases} c_1=\dfrac{a_{n-1}a_{n-2}-a_na_{n-3}}{a_{n-1}} \\ c_2=\dfrac{a_{n-1}a_{n-4}-a_na_{n-5}}{a_{n-1}} \\ c_3=\dfrac{a_{n-1}a_{n-6}-a_na_{n-7}}{a_{n-1}} \end{cases} \tag{6-14}$$

系数 c 的计算，一直进行到其余的 c 值全部为零为止。第四行 d_i 则按下式计算

$$\begin{cases} d_1=\dfrac{c_1a_{n-3}-a_{n-1}c_2}{c_1} \\ d_2=\dfrac{c_1a_{n-5}-a_{n-1}c_3}{c_1} \\ \vdots \end{cases} \tag{6-15}$$

其余依次类推，一直算到第 $n+1$ 行为止，劳斯数列的完整阵列呈现为倒三角形。注意，在展开的阵列中，为了简化其后面的数值运算，可以用一个整数去除或乘某一整个行，这并不改变稳定性的结论。

于是，劳斯稳定判据可陈述如下：系统稳定的必要且充分的条件是，其特征方程式（6-10）的全部系数符号相同，并且式（6-13）所示其劳斯数列的第一列（a_n，a_{n-1}，c_1，d_1，…）的所有各项全部为正，否则，系统为不稳定。如果劳斯数列的第一列中发生符号变化，则其符号变化的次数就是其不稳定根的数目。例如：

+++++　没有不稳定根（稳定）。

++---　有一个不稳定根（不稳定）。

++-++　有两个不稳定根（不稳定）。

由劳斯判据容易得到以下结论：对于二阶系统特征方程 $a_2s^2+a_1s+a_0=0$，若其所有系数全为正，则系统稳定。对于三阶系统特征方程 $a_3s^3+a_2s^2+a_1s+a_0=0$，只要其系数满足 $a_1a_2>$

$a_0a_3>0$，则系统稳定。

例 6-1 设系统传递函数为

$$F(s)=\frac{3s^3+12s^2+17s-20}{s^5+2s^4+14s^2+88s^2+200s+800}$$

试判别其稳定性，若不稳定，求出 $F(s)$ 在［s］平面的右半平面的极点数目。

解： 其特征方程为

$$s^5+2s^4+14s^3+88s^2+200s+800=0$$

式中各项系数均为正，排出劳斯数列如下

$$\begin{array}{c|ccc} s^5 & 1 & 14 & 200 \\ s^4 & 2 & 88 & 800 \\ s^3 & -30 & -200 & \\ s^2 & 74.7 & 800 & \\ s^1 & 121 & & \\ s^0 & 800 & & \end{array}$$

数列的第一列中有两次符号变化，即从 $2\rightarrow-30$ 和 $-30\rightarrow74.7$。因此 $F(s)$ 有两个极点在［s］平面的右半平面，系统不稳定。

若对特征方程直接求解，可得其根为

$$s_1=-4$$
$$s_{2,3}=2\pm \mathrm{j}4$$
$$s_{4,5}=-1\pm \mathrm{j}3$$

其中有两个带正实部的根 $s_{2,3}=2\pm \mathrm{j}4$，与上述劳斯判据判别结果相一致。

（3）应用劳斯判据的两种特殊情况　在应用劳斯判据时，如果发生第一列中出现零且该行其他元素不全为零的情况，则下一行计算将会产生被零除的情况，从而使劳斯数列无法继续计算，这时可采取如下两种解决方法。

1）用一个小的正数 ε 代替 0，仍按上述方法计算各行，再令 $\varepsilon\rightarrow0$ 求极限，来判别劳斯数列第一列系数的符号。

例 6-2 设系统的特征方程为

$$s^5+2s^4+3s^3+6s^2+2s+1=0$$

判别其是否稳定，若不稳定，求不稳定根的数目。

解： 排出劳斯数列如下

$$\begin{array}{c|ccc} s^5 & 1 & 3 & 2 \\ s^4 & 2 & 6 & 1 \\ s^3 & 0(\varepsilon) & \dfrac{3}{2} & \\ s^2 & \dfrac{6\varepsilon-3}{\varepsilon} & 1 & \\ s^1 & \dfrac{3}{2}-\dfrac{\varepsilon^2}{6\varepsilon-3} & & \\ s^0 & 1 & & \end{array}$$

当 $\varepsilon\to0$ 时，$\dfrac{6\varepsilon-3}{\varepsilon}\to-\infty$，而$\dfrac{3}{2}-\dfrac{\varepsilon^2}{6\varepsilon-3}\to\dfrac{3}{2}$，即第一列有两次符号变化，因此特征方程有两个根在［s］平面的右半平面。

2）用 $s=1/p$ 代入原特征方程，得到一个新的关于 p 的方程，再对此方程应用劳斯判据，新方程不稳定根数就等于原方程不稳定根数。

例 6-3 用上述方法对上例中的特征方程进行判别。

解： 原特征方程为

$$s^5+2s^4+3s^3+6s^2+2s+1=0$$

用 $s=1/p$ 代入该式，得到

$$p^5+2p^4+6p^3+3p^2+2p+1=0$$

相应的劳斯数列为

$$\begin{array}{c|ccc} p^5 & 1 & 6 & 2 \\ p^4 & 2 & 3 & 1 \\ p^3 & 9/2 & 3/2 & \\ p^2 & 7/3 & 1 & \\ p^1 & -3/7 & & \\ p^0 & 1 & & \end{array}$$

第一列同样有两次符号变化，所得结论与前法一致。

在应用劳斯判据时，可能遇到的另一种特殊情况是在劳斯数列中出现某一行的元素全为零。这种情况意味着特征方程在［s］平面存在一些对称的根：一对（或几对）大小相等符号相反的实根；一对（或几对）共轭虚根；呈对称位置的两对共轭复根。在这种情况下，系统必然不稳定，不稳定根及其个数可通过解“辅助方程”得到。“辅助方程”即由不为零的最后一行元素组成的方程，式中 s 均为偶次项。上述特例及处理方法见如下例题。

例 6-4 系统的特征方程为

$$s^6+2s^5+8s^4+12s^3+20s^2+16s+16=0$$

判别其是否稳定，若不稳定，求不稳定根的数目。

解： 排出劳斯数列

$$\begin{array}{c|cccc} s^6 & 1 & 8 & 20 & 16 \\ s^5 & 2 & 12 & 16 & \\ s^4 & 2 & 12 & 16 & \\ s^3 & 0 & 0 & & \end{array}$$

由于 s^3 行中各元素全为零，因此将 s^4 行的各元素构成如下辅助方程

$$A(s)=2s^4+12s^2+16=0$$

整理后得

$$s^4+6s^2+8=0$$

该方程的两对共轭虚根为

$$s_{1,2}=\pm\mathrm{j}\sqrt{2}$$

$$s_{3,4}=\pm\mathrm{j}2$$

这两对根同时也是原特征方程的根，它们位于虚轴上。由系统稳定性的基本准则可知，该特征方程所代表的系统实际上是不稳定的。

例 6-5 系统的特征方程为

$$s^6+3s^5+2s^4+4s^2+12s+8=0$$

判别其是否稳定，若不稳定，求不稳定根的数目。

解： 排出劳斯数列

$$\begin{array}{c|cccc} s^6 & 1 & 2 & 4 & 8 \\ s^5 & 3 & 0 & 12 & \\ s^4 & 2 & 0 & 8 & \\ s^3 & 0 & 0 & & \end{array}$$

由于 s^3 行中各元素全为零，因此将 s^4 行的各元素构成如下辅助方程

$$A(s)=2s^4+8=0$$

整理后得

$$(s^2+2s+2)(s^2-2s+2)=0$$

该方程的两对共轭复根为

$$s_{1,2}=-1\pm \mathrm{j}$$
$$s_{3,4}=1\pm \mathrm{j}$$

很显然，该系统是不稳定的，并且有两个不稳定根，即 $s_{3,4}=1\pm \mathrm{j}$。

例 6-6 系统的特征方程为

$$s^5+3s^4-5s^3-15s^2+4s+12=0$$

判别其是否稳定，若不稳定，求不稳定根的数目。

解： 由于特征方程的系数符号不全相同，系统肯定不稳定。排出劳斯数列

$$\begin{array}{c|ccc} s^5 & 1 & -5 & 4 \\ s^4 & 3 & -15 & 12 \\ s^3 & 0 & 0 & \end{array}$$

由于 s^3 行中各元素全为零，因此将 s^4 行的各元素构成如下辅助方程

$$A(s)=3s^4-15s^2+12=0$$

该方程的根为

$$s_{1,2}=\pm 1$$
$$s_{3,4}=\pm 2$$

显然系统是不稳定的，其根为两对关于虚轴对称的实根，并且有两个不稳定根，分别为 1 和 2。当然，对于该例，若仅需要判别系统的不稳定性，则只根据稳定性的必要条件就可判别。

2. 赫尔维茨判据

赫尔维茨判据（Hurwitz criterion）由赫尔维茨（A. Hurwitz）在 1895 年提出。它和劳斯判据都属代数判据，只是在处理技巧上有所不同，它是把特征方程的系数用相应的行列式表示。对于式（6-10）所示的系统特征方程，赫尔维茨判据判断系统稳定性的充分必要条件如下。

1）特征方程的所有系数 a_n，a_{n-1}，…，a_0 均为正。

2）由特征方程系数组成的各阶赫尔维茨行列式 D_1，D_2，D_3，…，D_n 均为正，即

$$D_1=a_{n-1}>0,\ D_2=\begin{vmatrix} a_{n-1} & a_{n-3} \\ a_n & a_{n-2} \end{vmatrix}>0,\ D_3=\begin{vmatrix} a_{n-1} & a_{n-3} & a_{n-5} \\ a_n & a_{n-2} & a_{n-4} \\ 0 & a_{n-1} & a_{n-3} \end{vmatrix}>0,\ \cdots$$

n 阶赫尔维茨行列式按下面方法组成：在主对角线（1，1）位置上写上特征方程第二项的系数 a_{n-1}，然后依次按照系数下标减少的序列直到最后一项的系数 a_0，在主对角线以下的各行中，按列填充下标号码逐次增加的各系数，而在主对角线以上的各行中，按行填充下标号码逐次减小的各系数。如果在某位置上按次序应填入的系数下标大于 n 或小于零，则在该位置上填零。对于式（6-10）所示的 n 阶特征方程来说，其主行列式形式为

$$D_n=\begin{vmatrix} a_{n-1} & a_{n-3} & a_{n-5} & a_{n-7} & \cdots & 0 & 0 & 0 \\ a_n & a_{n-2} & a_{n-4} & a_{n-6} & \cdots & 0 & 0 & 0 \\ 0 & a_{n-1} & a_{n-3} & a_{n-5} & \cdots & 0 & 0 & 0 \\ \vdots & \vdots & \vdots & \vdots & \vdots & \vdots & \vdots & \vdots \\ \vdots & \vdots & \vdots & \vdots & \vdots & \vdots & \vdots & \vdots \\ \vdots & \vdots & \vdots & \vdots & \cdots & a_2 & a_0 & 0 \\ \vdots & \vdots & \vdots & \vdots & \cdots & a_3 & a_1 & 0 \\ 0 & 0 & 0 & 0 & \cdots & a_4 & a_2 & a_0 \end{vmatrix} \tag{6-16}$$

当主行列式（6-16）及其主对角线上的各子行列式［如式（6-16）中用虚线所划］均大于零时，特征方程就没有特征根在［s］平面的右半平面，即系统稳定。

例 6-7 设系统的特征方程为

$$s^4+8s^3+18s^2+16s+5=0$$

判别系统的稳定性。

解：可写出其赫尔维茨主行列式为

$$D_4=\begin{vmatrix} 8 & 16 & 0 & 0 \\ 1 & 18 & 5 & 0 \\ 0 & 8 & 16 & 0 \\ 0 & 1 & 18 & 5 \end{vmatrix}$$

可得各子行列式分别为

$$D_1=8>0,\ D_2=\begin{vmatrix} 8 & 16 \\ 1 & 18 \end{vmatrix}=128>0$$

$$D_3=\begin{vmatrix} 8 & 16 & 0 \\ 1 & 18 & 5 \\ 0 & 8 & 16 \end{vmatrix}=1728>0$$

$$D_4=8640>0$$

因这些子行列式均大于零，所以系统稳定。

实际上，因为求高阶行列式的值并不容易，所以对六阶以上的系统很少使用赫尔维茨判据。

3. 基于 MATLAB 的稳定性分析

若已知高阶系统的闭环传递函数，则可利用指令 roots（den）求取闭环特征根以判断系统的稳定性。例如，例 6-6 中已知特征方程为 $s^5+3s^4-5s^3-15s^2+4s+12=0$，则可利用以下指令求得其特征根：

```
den=[1 3 -5 -15 4 12];
roots(den)
```

运行 MATLAB 所得特征根如下：

```
ans=
   -3.0000
    2.0000
    1.0000
   -2.0000
   -1.0000
```

6.3 奈奎斯特判据

上述劳斯-赫尔维茨方法根据系统的特征方程判别系统的稳定性，其缺点是难以评价系统稳定或不稳定的程度，也难以分析系统中各参数对稳定性的影响。奈奎斯特判据（Nyquist criterion）是一种几何判据，由奈奎斯特（H. Nyquist，1889—1976，美国物理学家）在 1932 年提出。它是根据开环传递函数的特点，通过作开环频率特性的极坐标图（即奈奎斯特图）来研究闭环控制系统的稳定性，它不仅能判定系统是否稳定，而且可以分析系统的稳定或不稳定程度，并从中找出改善系统性能的途径。

1. 基本原理

图 6-4 所示的闭环系统，其闭环传递函数为

$$F(s)=\frac{C(s)}{R(s)}=\frac{G(s)}{1+G(s)H(s)}$$

闭环系统稳定的必要和充分条件是闭环特征方程的根全部在［s］平面的左半平面，只要有一个根在［s］平面的右半平面或在虚轴上，系统就不稳定。奈奎斯特判据是通过系统开环奈奎斯特图以及开环极点的位置来判断闭环特征方程的根在［s］平面上的位置，从而判别系统的稳定性。下面分三步来说明奈奎斯特判据的原理。

（1）闭环特征方程与特征函数　系统闭环特征方程为

$$1+G(s)H(s)=0$$

其特征函数为

$$A(s)=1+G(s)H(s)$$

其中，$G(s)$ 和 $H(s)$ 都是复数 s 的函数，可分别表示为如下多项式之比

$$G(s)=\frac{G_N(s)}{G_D(s)},H(s)=\frac{H_N(s)}{H_D(s)} \tag{6-17}$$

故开环传递函数为

$$G(s)H(s)=\frac{G_N(s)H_N(s)}{G_D(s)H_D(s)} \tag{6-18}$$

特征函数 $A(s)=1+G(s)H(s)$ 可表达为

$$A(s)=\frac{G_D(s)H_D(s)+G_N(s)H_N(s)}{G_D(s)H_D(s)} \tag{6-19}$$

闭环特征方程可表示为

$$1+G(s)H(s)=\frac{G_D(s)H_D(s)+G_N(s)H_N(s)}{G_D(s)H_D(s)}=0 \tag{6-20}$$

若式（6-18）中分母、分子 s 的阶次分别为 n 和 m，因为 $G(s)$ 和 $H(s)$ 均为物理可实现的环节，所以 $n \geqslant m$，故特征函数 $A(s)$ 分子分母的阶次均为 n，比较式（6-18）、式（6-19）和式（6-20），可得出以下结论：

1）闭环特征方程的根与特征函数 $A(s)$ 的零点完全相同。

2）特征函数的极点与开环传递函数的极点完全相同。

3）特征函数的零点数与其极点数相同（等于 n）。

因为系统开环传递函数及其极点已知，根据式（6-19），可以通过对开环传递函数 $G(s)H(s)$ 和特征函数 $A(s)=1+G(s)H(s)$ 的频率特性分析，确定特征函数的零点（即闭环特征方程的根）的分布，从而判别系统的稳定性，这就是奈奎斯特判据的基本原理。

（2）辐角原理　奈奎斯特判据的数学基础是复变函数理论中的辐角原理（又称映射定理）。由上述特征函数零、极点与开环极点的关系，利用辐角原理可以得到特征函数零点分布、开环极点分布及开环辐角变化的关系。以下对辐角原理给予简要说明。

将式（6-19）表示为因式分解形式

$$A(s)=\frac{K(s-z_1)(s-z_2)\cdots(s-z_n)}{(s-p_1)(s-p_2)\cdots(s-p_n)} \tag{6-21}$$

式中，z_1，z_2，…，z_n 为特征函数的 n 个零点（闭环特征方程的根）；p_1，p_2，…，p_n 为特征函数的 n 个极点（开环传递函数的极点）。设这些零点、极点均已知，它们在［s］平面上的分布如图 6-5a 所示。图中用“○”表示零点，“×”表示极点。式（6-21）中各因式 $(s-z_i)$、$(s-p_i)$（$i=1, 2, \cdots, n$）均可表示为图 6-5a 中的各向量，这些向量均可表示为指数形式，即

$$s-z_i=A_{z_i}\mathrm{e}^{\mathrm{j}\theta_{z_i}} \tag{6-22}$$

$$s-p_i=A_{p_i}\mathrm{e}^{\mathrm{j}\theta_{p_i}} \tag{6-23}$$

将式（6-22）与式（6-23）代入式（6-21），得

$$\begin{aligned}A(s)&=K\frac{A_{z_1}\mathrm{e}^{\mathrm{j}\theta_{z_1}}A_{z_2}\mathrm{e}^{\mathrm{j}\theta_{z_2}}\cdots A_{z_n}\mathrm{e}^{\mathrm{j}\theta_{z_n}}}{A_{p_1}\mathrm{e}^{\mathrm{j}\theta_{p_1}}A_{p_2}\mathrm{e}^{\mathrm{j}\theta_{p_2}}\cdots A_{p_n}\mathrm{e}^{\mathrm{j}\theta_{p_n}}}\\&=K\prod_{i=1}^{n}\frac{A_{z_i}}{A_{p_i}}\cdot\mathrm{e}^{\mathrm{j}\left(\sum\limits_{i=1}^{n}\theta_{z_i}-\sum\limits_{i=1}^{n}\theta p_i\right)}\end{aligned} \tag{6-24}$$

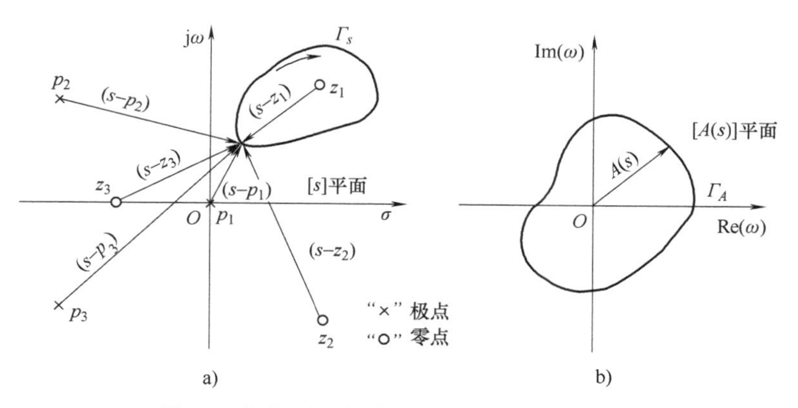

图 6-5 ［s］平面与［A(s)］平面的映射关系

若令顺时针方向的相位角变化为负，逆时针为正，当自变量 s 沿图 6-5a 中封闭曲线 Γ_s 顺时针变化一圈时，式（6-24）中各向量及 $A(s)$ 的辐角均发生变化。图中零点 z_1 被包围在 Γ_s 中，则向量（$s-z_1$）辐角的变化为 $\Delta\theta_{z_1}=-2\pi$；其他 z_2，z_3，…，p_1，p_2，…等均在 Γ_s 之外，故相应的向量辐角的变化均为零，即 $\Delta\theta_{z_2}=\Delta\theta_{z_3}=\cdots=\Delta\theta_{p_1}=\Delta\theta_{p_2}=\Delta\theta_{p_3}=\cdots=0$。

若 Γ_s 中包含 z 个闭环特征方程的根，p 个开环极点，当 s 沿 Γ_s 顺时针转一圈时，则向量 $A(s)$ 在［$A(s)$］平面上沿曲线 Γ_A 变化，如图 6-5b 所示。根据式（6-24），其辐角的变化为

$$\Delta\angle A(s)=\sum_{i=1}^{z}\Delta\theta_{z_i}-\sum_{i=1}^{p}\Delta\theta_{p_i}=z(-2\pi)-p(-2\pi) \tag{6-25}$$

式（6-25）两边同除以 2π，得

$$N=p-z \tag{6-26}$$

式（6-26）为辐角原理的数学表达式，其中 N 表示当 s 沿 Γ_s 顺时针转一圈时，向量 $A(s)$ 的矢端曲线 Γ_A 在［$A(s)$］平面上绕原点逆时针转的圈数。若 $N>0$，表示逆时针转的圈数；$N=0$，表示 $A(s)$ 不包围原点；$N<0$，表示顺时针转的圈数。

以图 6-6 为例说明如何确定 N：由式（6-26）可知，在［$A(s)$］平面上，过原点任作一直线 OC，观察 $A(s)$ 形成的矢端曲线 Γ_A 以不同方向通过 OC 直线次数的差值来确定 N，顺时针通过为负，逆时针通过为正。图 6-6a 中 Γ_A 曲线 2 次顺时针通过直线 OC，故 $N=-2$；图 6-6b 中 Γ_A 曲线分别有 1 次顺时针和 1 次逆时针通过直线 OC，差值为零，故 $N=0$；依此类推，可得图 6-6c 中 $N=-3$；图 6-6d 中 $N=0$。

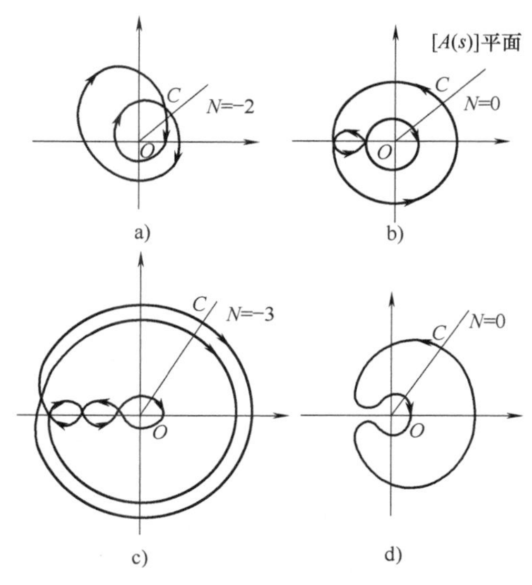

图 6-6 旋转圈数 N 的确定

（3）奈奎斯特判据 判别系统的稳定性就是要判别闭环特征方程在［s］平面的右半平面根的个数，即特征函数 $A(s)$ 在右半平面的零点数。为此，把图 6-5a 中［s］平面上的 Γ_s 曲

线扩大成为包括虚轴在内的右半平面半径为无穷大的半圆，如图 6-7 所示，那么就可以通过式（6-25）来确定特征函数 $A(s)$ 在［s］平面右半平面的零点数。若 s 沿上述 Γ_s 曲线由 $-\mathrm{j}\infty$ 至 $\mathrm{j}\infty$ 再沿无穷大半圆顺时针绕回至 $-\mathrm{j}\infty$ 时，在［$A(s)$］平面上与曲线 Γ_s 相对应的 Γ_A 曲线绕其坐标原点转 N 圈，由于 Γ_s 曲线把［s］平面右半平面全部包括在内，所以特征函数 $A(s)$ 在右半平面的零点及极点必然也都包括在 Γ_s 曲线内，因而可以推算出特征函数在右半平面上的零点数为

$$z=p-N \tag{6-27}$$

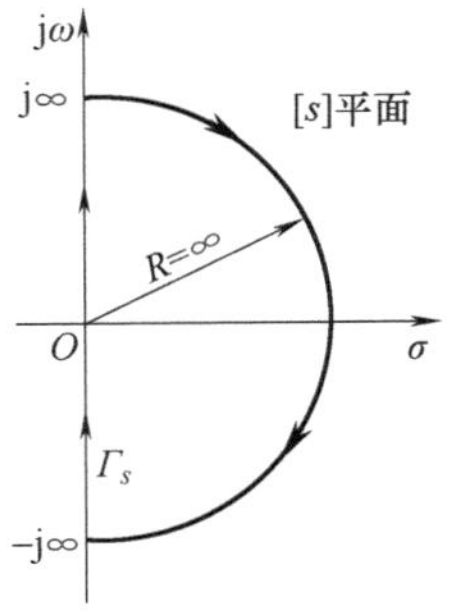

图 6-7 ［s］平面上的封闭曲线

如果 $A(s)$ 向量矢端曲线 Γ_A 绕原点逆时针旋转圈数 $N=p$，则 $z=0$，系统即为稳定，否则不稳定。

（4）开环传递函数与奈奎斯特判据　还可以通过坐标平移，由 $1+G(s)H(s)$ 平面即［$A(s)$］平面变换到 GH 平面（$G(s)H(s)$ 平面的简写），即由 $1+G(s)H(s)=0$ 变换为

$$G(s)H(s)=-1 \tag{6-28}$$

如图 6-8 所示，在 $1+G(s)H(s)$ 平面上绕原点逆时针旋转的圈数，相当于在 GH 平面上绕（-1，j0）点逆时针旋转的圈数。

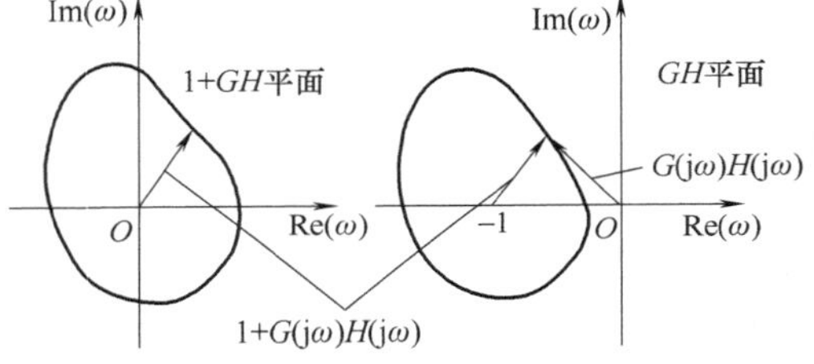

图 6-8　$1+G(\mathrm{j}\omega)H(\mathrm{j}\omega)$ 在［$A(s)$］平面和 GH 平面上的转换

这样，就可以用系统的开环传递函数 $G(s)H(s)$ 来判别系统的稳定性。当在［s］平面上的点沿虚轴及包围右半平面的无穷大半圆 Γ_s 曲线顺时针旋转一圈时，在 GH 平面上所画的开环传递函数 $G(s)H(s)$ 的轨迹称为奈奎斯特曲线。

如果系统开环传递函数 $G(s)H(s)$ 分母多项式 s 的最高幂次为 n，分子多项式的最高幂次为 m，则对于一般实际物理系统，$n\geqslant m$。因此当 $s\to\infty$，即 s 在右半平面无穷大圆弧上时，$G(s)H(s)\to0(n>m)$ 或趋于一常数（$n=m$），即 $G(s)H(s)$ 收缩为原点或实轴上一个点。因此，在绘制奈奎斯特图时，需画出沿虚轴 $s=\mathrm{j}\omega$，当 ω 从 $-\infty$ 变到 ∞ 时 $G(\mathrm{j}\omega)H(\mathrm{j}\omega)$ 的极坐标图，因该图形关于实轴对称，所以只需要画出 ω 从 0 变到 ∞ 时 $G(\mathrm{j}\omega)H(\mathrm{j}\omega)$ 的轨迹（极坐标图），而它的对称图形就是 ω 从 $-\infty$ 变到 0 时 $G(\mathrm{j}\omega)H(\mathrm{j}\omega)$ 的极坐标图。据此对称性，即可画出全部图形。若已知右半平面的开环极点数 p（前已证明，开环极点与 $1+G(s)H(s)$ 的极点完全一样），又知道开环奈奎斯特图绕（-1，j0）点转过的圈数 N，则同样用式（6-27）可计算零点数 z。

综上所述，用奈奎斯特判据判别系统稳定性，一个系统稳定的必要和充分条件是

$$z=p-N=0 \tag{6-29}$$

式中，z 为闭环特征方程在［s］平面的右半平面的特征根数；p 为开环传递函数在［s］平面的右半平面（不包括原点）的极点数；N 为当自变量 s 沿包含虚轴及整个右半平面在内的极大的封闭曲线顺时针转一圈时，开环奈奎斯特图绕（-1，j0）点逆时针转的圈数。

当 $p=0$，即开环无极点在［s］平面的右半平面，则系统稳定的必要和充分条件是开环奈奎斯特图不包围（-1，j0）点，即 $N=0$。

对于 $G(s)H(s)$ 在原点或虚轴上有极点的情况，如果还是像图 6-7 那样作［s］平面上的封闭曲线，则当 s 通过这些点时，$G(s)H(s)\to\infty$，奈奎斯特图就不封闭了。为避免这种情况，应使 s 沿着绕过这些极点的极小半圆变化，如图 6-9a 所示。这个小半圆的半径为 $\delta\to 0$，通常是从［s］平面的右半侧绕过这些极点，这样，原点和虚轴上的极点就不包括在内。

以原点处有 1 个开环极点为例，当 s 沿着虚轴从 $-j\infty$ 向上运动而遇到这些小半圆时，由于 $\delta\to 0$，故 s 是从 $j0^-$ 开始沿此小半圆绕到 $j0^+$，然后再沿虚轴继续运动，如图 6-9b 所示。这些小半圆的面积趋近于零，所以除了原点和虚轴上的极点之外，右半［s］平面的零点、极点仍将全部被包含在无穷大半径的封闭曲线之内。

对应于［s］平面上这一无穷小半圆，在 GH 平面上的图形是一个半径 ρ 趋于无穷大的半圆（因为 $G(s)H(s)$ 的极点在虚轴上，其幅值是变量 s 幅值的倒数）。这样，GH 的向量轨迹可画成如图 6-9c 所示的封闭曲线。

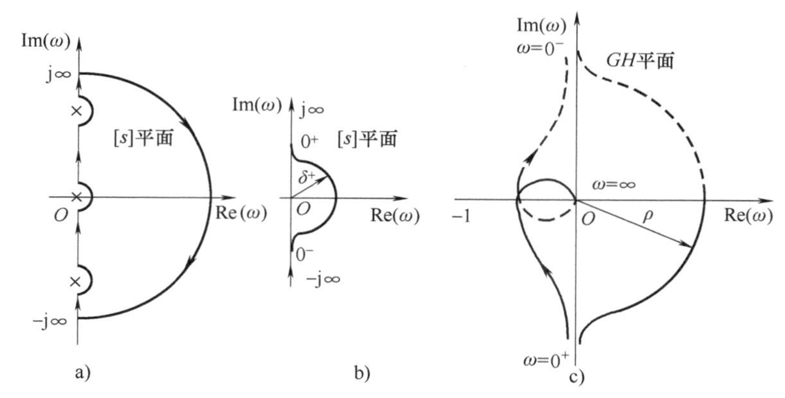

图 6-9 ［s］平面上避开位于原点或虚轴上的极点的封闭曲线

如果系统开环传递函数含有 2 个积分环节，即对应系统有 2 个开环极点在原点，则其完整封闭的开环奈奎斯特图一定含有 1 个 ω 从 $0^-\sim 0^+$ 变化时对应的半径无穷大的顺时针方向的整圆。同理，若系统开环传递函数含有 3 个积分环节（即为Ⅲ型系统），则其完整封闭的开环奈奎斯特图一定含有 1ω 个从 $0^-\sim 0^+$ 变化时对应的半径无穷大的顺时针方向的 1.5 个圆，只是Ⅲ型以上的系统很难稳定，一般不使用和设计这种系统。

综上所述，奈奎斯特判据虽然证明复杂，但应用简单，具有以下特点。

1）它不是在［s］平面而是在 GH 平面判别闭环系统的稳定性，是在已知开环极点在［s］右半平面的个数 p 的情况下，根据 $G(j\omega)H(j\omega)$ 轨迹包围（-1，$j0$）点的圈数 N（注意其方向，逆时针为正，顺时针为负）来判别闭环系统的稳定性。

2）在 $p=0$，即开环传递函数在［s］平面的右半平面无极点时，习惯称为开环稳定，否则称开环不稳定。开环不稳定，闭环仍可能稳定；开环稳定，闭环也可能不稳定，即闭环稳定性不取决于开环稳定与否。

3）在整个实数域内开环奈奎斯特轨迹对实轴是对称的，因为当 $-\omega$ 变为 ω 时，$G(-j\omega)H(-j\omega)$ 与 $G(j\omega)H(j\omega)$ 的模相同，而相位只是符号相反。

所以，在使用奈奎斯特判据进行稳定性判断时，关键在于开环奈奎斯特图的绘制。

2. 用奈奎斯特法判别系统的稳定性

第 5 章已介绍了不同型次系统作奈奎斯特图的一般规律，以下通过例题说明如何用奈奎斯特判据判别 0 型、I 型及Ⅱ型系统的稳定性。

例 6-8 若有 3 个闭环控制系统是具有如下开环传递函数的 0 型系统

1） $G(s)H(s)=\dfrac{K}{(T_1s+1)(T_2s+1)}$。

2） $G(s)H(s)=\dfrac{K}{(T_1s+1)(T_2s+1)(T_3s+1)}$。

3） $G(s)H(s)=\dfrac{K(T_4s+1)}{(T_1s+1)(T_2s+1)(T_3s+1)}$。

式中，K、T_1、T_2、T_3、T_4 均大于零。已知以上系统在某些确定参数下对应的开环奈奎斯特图如图 6-10 所示，判断闭环系统的稳定性。

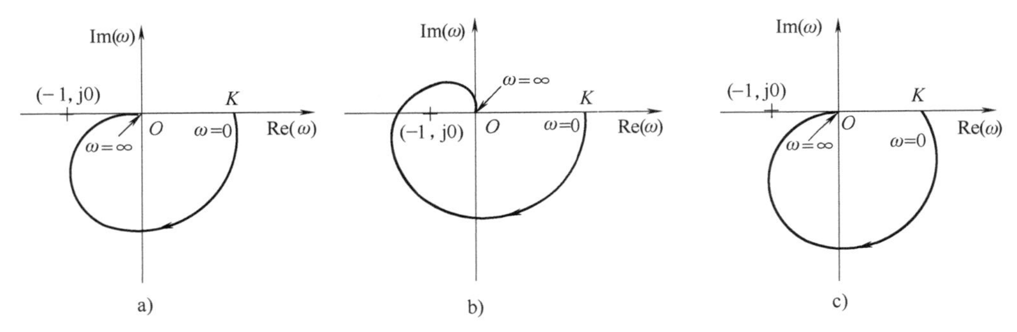

图 6-10 0 型系统 $G(\mathrm{j}\omega)H(\mathrm{j}\omega)$ 的奈奎斯特图

解： 本例中 3 个系统皆为 0 型系统，根据奈奎斯特判据，基于图 6-10 对应的系统开环奈奎斯特图，有以下分析

1） 此系统为二阶系统，因为 $p=0$，又 $N=0$，所以 $z=p-N=0$，闭环系统稳定。

2） 此系统为三阶系统，因为 $p=0$，又 $N=-2$，所以 $z=p-N=2$，闭环系统不稳定。

3） 此系统为三阶系统且有 1 个开环零点，因为 $p=0$，又 $N=0$，所以 $z=p-N=0$，闭环系统稳定。

注意以上分析中，N 的确定需要根据完整的开环奈奎斯特图来定，即需要在图 6-10 中按照奈奎斯特图关于实轴对称原则，补上 ω 从 $-\infty$ 变到 0 时的 $G(\mathrm{j}\omega)H(\mathrm{j}\omega)$ 极坐标图。请读者自行完成。

这里还要特别提醒，对于本例中的 3 个系统开环传递函数，第 1 个系统是无论 3 个开环参数 K、T_1、T_2 在大于零的情况下取什么值，闭环系统都是稳定的；第 2 个系统中，开环参数 K、T_1、T_2、T_3 的选择可能使闭环稳定，也可能不稳定，本例只是其中一种参数选择后的结论；第 3 个系统与第 2 个系统相同，系统稳定与否跟开环参数的选择直接相关，这里只是给出了其中一种情况。

例 6-9 判别如图 6-11 所示 I 型系统的稳定性。

解： 系统开环传递函数为

$$G(s)H(s)=\frac{20}{s\left(1+\dfrac{s}{20}\right)\left(1+\dfrac{s}{100}\right)}$$

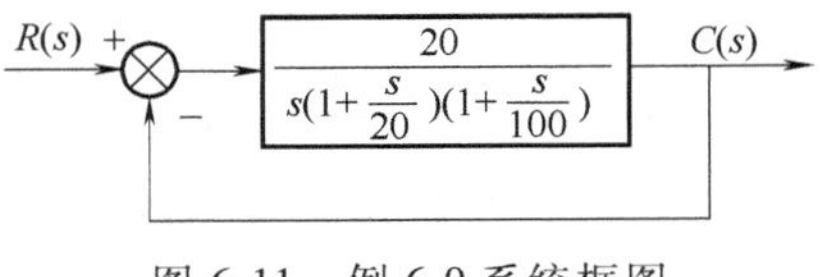

图 6-11 例 6-9 系统框图

可以看出：绕过 $s=0$ 点则没有极点在［s］平面的右半平面，即 $p=0$，只要 $G(\mathrm{j}\omega)H(\mathrm{j}\omega)$ 轨迹不包围（-1，$\mathrm{j}0$）点，即 $N=0$，则 $z=0$，系统为稳定；否则不稳定。

在原点 $s=0$ 处有一极点，故在此处令 $s=\delta\mathrm{e}^{\mathrm{j}\theta}$，$\delta$ 充分小。

当 $\omega=0^+\sim\infty$ 时，其幅频特性与相频特性表达式分别为

$$|G(\mathrm{j}\omega)H(\mathrm{j}\omega)|=\frac{20}{\omega\sqrt{1+\left(\frac{\omega}{20}\right)^2}\sqrt{1+\left(\frac{\omega}{100}\right)^2}} \tag{6-30}$$

$$\varphi(\omega)=\angle G(\mathrm{j}\omega)H(\mathrm{j}\omega)=-90°-\arctan\frac{\omega}{20}-\arctan\frac{\omega}{100} \tag{6-31}$$

当 $s\rightarrow0$ 时，$G(s)H(s)\big|_{s\rightarrow0}=\dfrac{1}{s}\bigg|_{s\rightarrow0}=\dfrac{1}{\delta\mathrm{e}^{\mathrm{j}\theta}}\bigg|_{\delta\rightarrow0}=\rho\mathrm{e}^{-\mathrm{j}\theta}\big|_{\rho\rightarrow\infty}$。

表 6-1 列出了当 ω 从 $-\infty$ 到 ∞ 过程中（图 6-12），$G(\mathrm{j}\omega)H(\mathrm{j}\omega)$ 的幅值和相位的变化，其相应的奈奎斯特图如图 6-13 所示。

表 6-1 $G(s)H(s)$ 的幅值和相位变化

ω	$-\infty$	0^-	0^+	∞
$G(\mathrm{j}\omega)H(\mathrm{j}\omega)$	$-0\mathrm{j}$	$\rho\mathrm{e}^{-\mathrm{j}\theta}\left(\theta=-\frac{\pi}{2}\right)$	$\rho\mathrm{e}^{-\mathrm{j}\theta}\left(\theta=\frac{\pi}{2}\right)$	$0\mathrm{j}$
$\lvert G(\mathrm{j}\omega)H(\mathrm{j}\omega)\rvert$	0	ρ	ρ	0
$\varphi(\omega)$	$+\frac{3\pi}{2}$	$+\frac{\pi}{2}$	$-\frac{\pi}{2}$	$-\frac{3\pi}{2}$

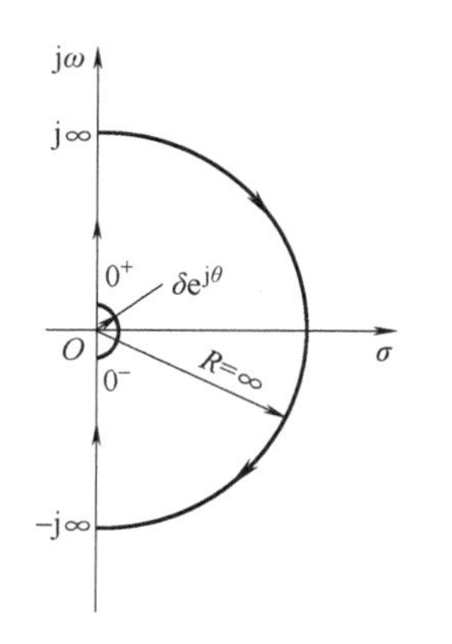

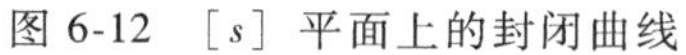

图 6-12 ［s］平面上的封闭曲线

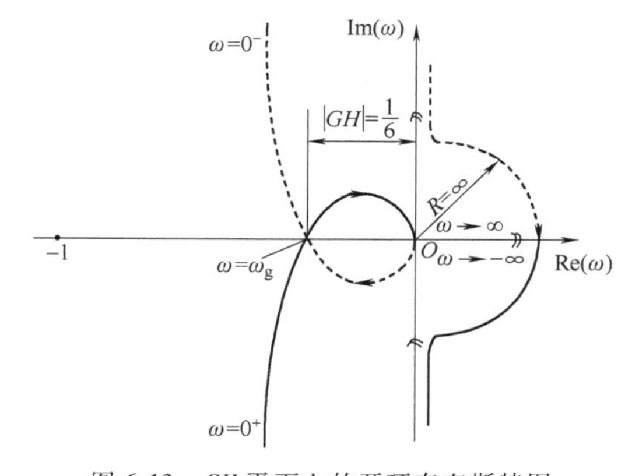

图 6-13 GH 平面上的开环奈奎斯特图

这里需要说明一点，当 ω 从 0^- 变化到 0^+ 时，对应的 $G(\mathrm{j}\omega)H(\mathrm{j}\omega)$ 奈奎斯特图是从 $\mathrm{j}\infty$ 按顺时针方向，经过正实轴到 $-\mathrm{j}\infty$。因为 $s=\delta\mathrm{e}^{\mathrm{j}\theta}$，所以当 $\theta=0$ 时，即与实轴相交时，对应的 $G(s)H(s)$ 幅值为

$$G(s)H(s)\big|_{s=\delta}=\frac{20}{s}\bigg|_{s=\delta}=\frac{20}{\delta}\bigg|_{\delta\rightarrow0}=\rho\big|_{\rho\rightarrow\infty}$$

即对应的 $G(s)H(s)\big|_{s=\delta}$ 在 GH 平面上无穷远处的实轴上。因此，当 s 沿着 δ 圆从 $\omega=0^-$ 变到 $\omega=0^+$ 时，奈奎斯特曲线是从幅值为 ρ、相位角为 $\pi/2$ 顺时针方向到幅值为 ρ、相位角

为$-\pi/2$的半径无穷大的右半圆，如图 6-13 所示。

奈奎斯特图与负实轴交点处的频率称为相位穿越频率，以 ω_g 表示，此时其相位角为$-180°$，即在频率 ω_g 处，由式（6-31），得

$$\varphi(\omega_g)=-90°-\arctan\frac{\omega_g}{20}-\arctan\frac{\omega_g}{100}=-180°$$

整理后得

$$\arctan\frac{\omega_g}{20}+\arctan\frac{\omega_g}{100}=90°$$

两边分别取其 tan 函数并在左边利用三角函数的和角公式，得

$$\frac{\dfrac{\omega_g}{20}+\dfrac{\omega_g}{100}}{1-\dfrac{\omega_g^2}{2000}}=\tan 90°$$

由此解得奈奎斯特图与负实轴交点处的频率为

$$\omega_g=20\sqrt{5}\ \text{rad/s}$$

将其代入式（6-30），可求得交点处的幅值为

$$|G(j\omega_g)H(j\omega_g)|=\frac{1}{6}$$

显然，$(-1,\ j0)$ 点落在奈奎斯特图的外面。由奈奎斯特判据：$N=0$，$p=0$，故 $z=p-N=0$，闭环系统稳定。

本例题详细说明了奈奎斯特图的作图过程，而且画出了整个图形。由于奈奎斯特图在整个实数域取值范围内是关于实轴对称的，所以一般在判断系统稳定性时，先画出 ω 从 $0^+\rightarrow\infty$ 的其中一半奈奎斯特图，另外一半则按照关于实轴对称的原则直接画出即可。

例 6-10 若有 3 个闭环控制系统是具有如下开环传递函数的Ⅰ型系统

1） $G(s)H(s)=\dfrac{K}{s(T_1s+1)}$。

2） $G(s)H(s)=\dfrac{K}{s(T_1s+1)(T_2s+1)}$。

3） $G(s)H(s)=\dfrac{K(T_as+1)(T_bs+1)}{s(T_1s+1)(T_2s+1)(T_3s+1)(T_4s+1)}$。

式中，K、T_1、T_2、T_3、T_4、T_a、T_b 均大于零。已知以上系统在某确定参数下对应的开环奈奎斯特图如图 6-14 所示，试判断闭环系统的稳定性。

解： 图 6-14 只画出了 $\omega=0^+\sim\infty$ 时的奈奎斯特图。若将 $\omega=-\infty\sim0^-$ 以及 $\omega=0^-\sim0^+$ 时的奈奎斯特图补上，则对应有以下封闭的奈奎斯特图，如图 6-15 所示。

根据奈奎斯特判据，图 6-15 所示 3 个闭环系统的稳定性分析如下。

1） 系统是二阶系统，因为 $p=0$，又 $N=0$，所以 $z=0$，闭环系统稳定。

2） 系统是三阶系统，因为 $p=0$，又 $N=-2$，所以 $z=2$，闭环系统不稳定。

3） 系统是五阶系统，因为 $p=0$，又 $N=0$，所以 $z=0$，闭环系统稳定。

这里要注意，本例中的第一个系统无论参数 K、T_1 怎么选择，闭环都是稳定的，而第

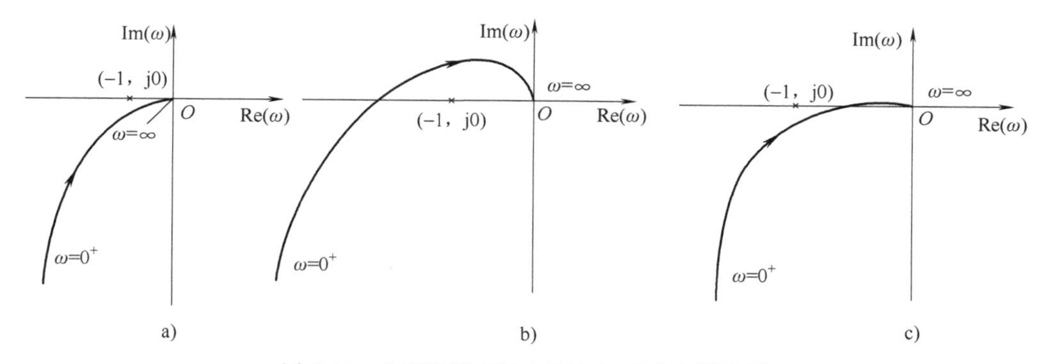

图 6-14　Ⅰ型系统 $G(\mathrm{j}\omega)H(\mathrm{j}\omega)$ 的奈奎斯特图

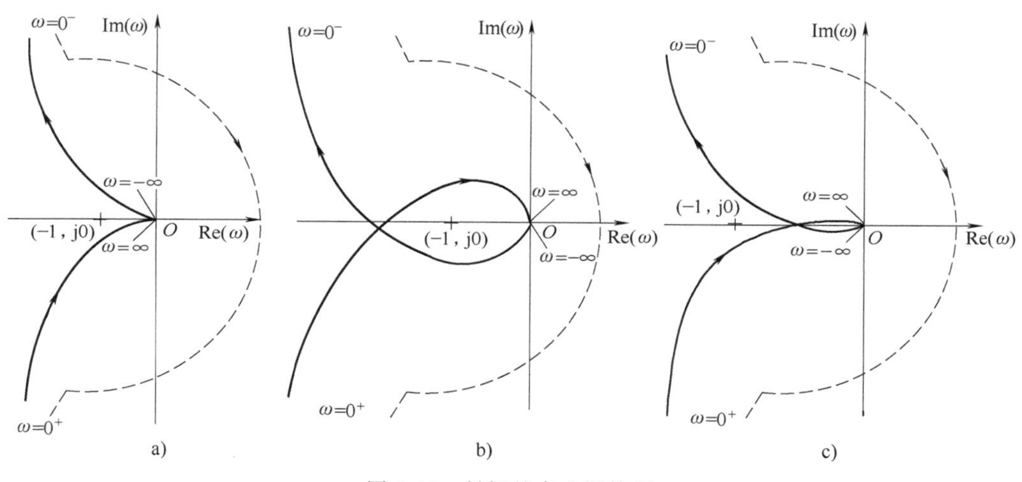

图 6-15　封闭的奈奎斯特图

二个系统与第三个系统的稳定与否是与系统参数选择有关的，本题基于所给出的奈奎斯特图做出的稳定或不稳定判断只代表了其中的一种情况。

例 6-11　若有 4 个闭环控制系统是具有如下开环传递函数的Ⅱ型系统

1）$G(s)H(s)=\dfrac{K}{s^2}$。

2）$G(s)H(s)=\dfrac{K}{s^2(T_1s+1)}$。

3）$G(s)H(s)=\dfrac{K(T_as+1)}{s^2(T_1s+1)}$。

4）$G(s)H(s)=\dfrac{K(T_as+1)}{s^2(T_1s+1)(T_2s+1)}$。

式中，K、T_1、T_2、T_a 均大于零。

以上Ⅱ型系统在某参数下对应的开环奈奎斯特图如图 6-16 所示。其中，图 6-16a 对应系统 1，图 6-16b 对应系统 2，图 6-16c 与图 6-16d 对应系统 3 的两种情况，图 6-16e～g 对应系统 4 的三种情况。试判断闭环系统的稳定性。

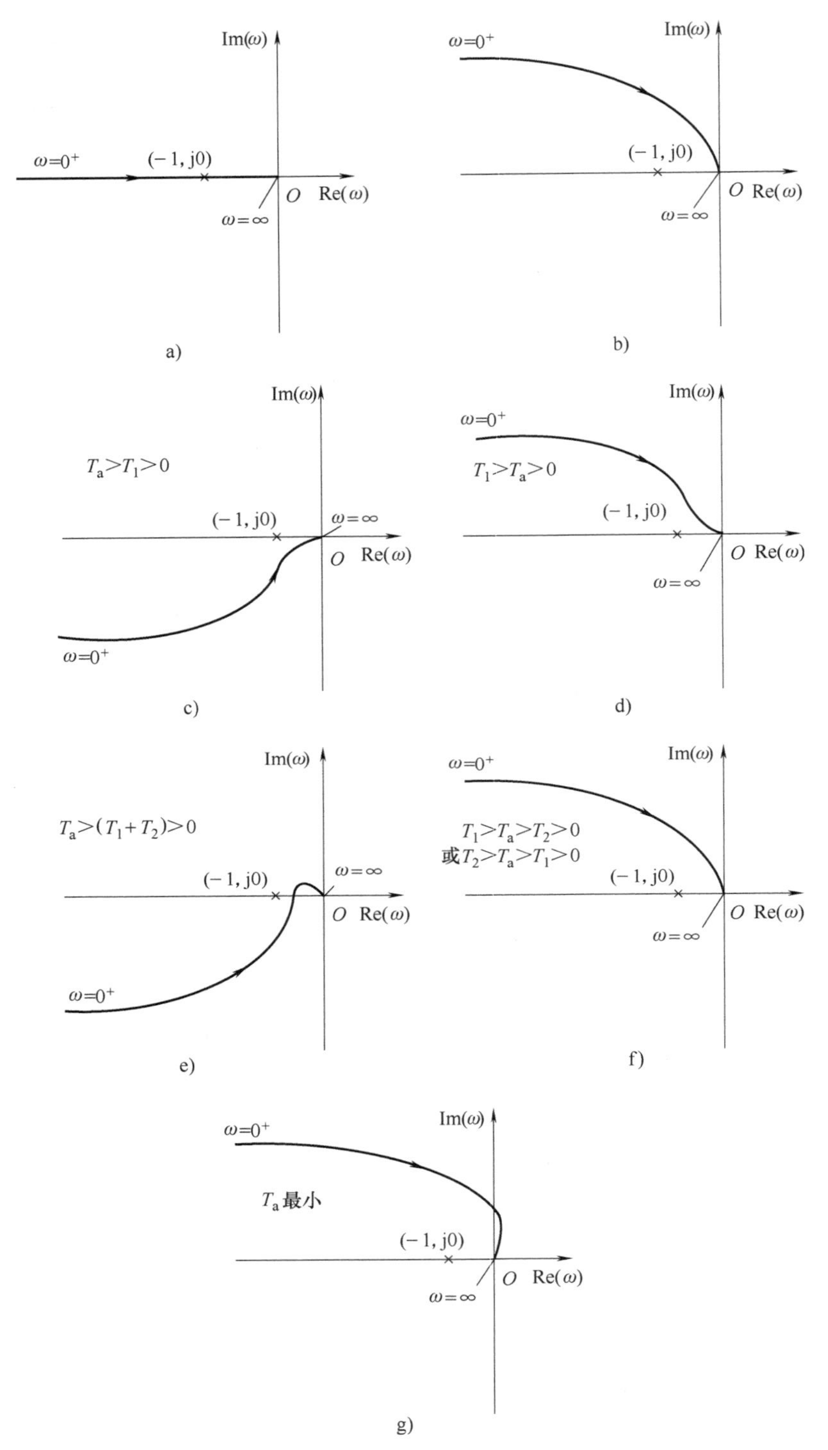

图 6-16　Ⅱ型系统 $G(j\omega)H(j\omega)$ 的奈奎斯特图

解：首先读者可自行将奈奎斯特图补全，注意 $\omega=0^- \sim 0^+$ 时的奈奎斯特图是一个顺时针方向的半径无穷大的整圆，此处不再画出。根据奈奎斯特判据，图 6-16 对应系统稳定性的分析如下。

1）此系统是Ⅱ型系统也是二阶系统。因为 $p=0$，奈奎斯特图通过（-1，j0）点，如图 6-16a 所示，所以闭环系统不稳定，且与 K 值无关，即无论 K 如何取值，闭环系统均不稳定。

闭环不稳定的根有 2 个，因为从开环奈奎斯特图来看，它是两次通过（-1，j0）点，$N=-2$，$z=p-N=2$；从闭环特征方程 $s^2+K=0$ 的根也可得到同样结论。

2）此系统是三阶系统且没有开环零点。因为 $p=0$，$N=-2$，如图 6-16b 所示，所以 $z=2$，闭环系统不稳定，且与 K 值无关。

3）此系统是三阶系统但有 1 个开环零点，该开环零点时间常数的选择对系统稳定性起着决定作用。当 $T_a>T_1$ 时，开环奈奎斯特图如图 6-16c 所示，因为 $p=0$，$N=0$，所以 $z=0$，闭环系统稳定，且闭环稳定性与 K 值无关。

当 $T_a<T_1$ 时，开环奈奎斯特图如图 6-16d 所示，因为 $p=0$，$N=-2$，所以 $z=2$，闭环系统不稳定，且闭环不稳定性与 K 值无关。

4）此系统是 4 阶系统，有 1 个开环零点，该开环零点时间常数的选择对系统稳定性起着关键作用。当 $T_a>(T_1+T_2)$ 时，若 K 值选取适当，其开环奈奎斯特图如图 6-16e 所示，此时因为 $p=0$，$N=0$，所以 $z=0$，闭环系统稳定，而且系统的闭环稳定性与 K 值有关。

当 $T_1>T_a>T_2$ 或 $T_2>T_a>T_1$，即 T_a 大小处于 T_1 与 T_2 之间时，其开环奈奎斯特图如图 6-16f 所示。当 T_a 最小时，其开环奈奎斯特图如图 6-16g 所示。对于这两种情况，因为 $p=0$，$N=-2$，所以 $z=2$，闭环系统不稳定，且闭环不稳定性与 K 值无关。可以证明，对于该系统，只要时间常数不满足 $T_a>(T_1+T_2)$，则闭环系统都不能稳定。

对于此例中的 4 个Ⅱ型系统，可以得到的结论是：系统若不加开环零点，其闭环都不可能稳定；若要闭环系统稳定，则不但需加开环零点，且对于系统 3 和系统 4 来说，开环零点的时间常数还应足够大才能使闭环系统稳定，因此增加开环零点及增大开环零点的时间常数有利于提高闭环系统的稳定性。

下面的例子，说明在系统前向通路中存在延时环节时对系统稳定性的影响，可通过奈奎斯特判据来分析。

例 6-12 已知系统开环传递函数为

$$G(s)=\frac{e^{-\tau s}}{s(s+1)(s+2)}$$

试分析系统的稳定性。

解：系统中加入延时环节 $e^{-\tau s}$ 后，系统开环奈奎斯特图随着延时时间常数 τ 取值的不同而变化，图 6-17 所示为 $\tau=0$s、0.8s、2.14s、4s 时的奈奎斯特图。由图 6-17 可见，随着 τ 值增大，系统稳定性恶化。

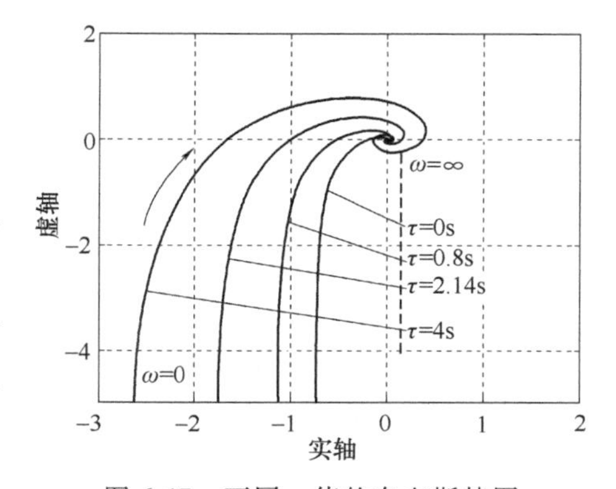

图 6-17　不同 τ 值的奈奎斯特图

设系统奈奎斯特曲线与负实轴交点处频率为 ω_g，则系统临界稳定时的相位与幅值条件分别为

$$\angle G(j\omega_g)=-90^\circ-\arctan\omega_g-\arctan0.5\omega_g-\tau\omega_g\frac{180^\circ}{\pi}=-180^\circ$$

$$|G(j\omega_g)|=\frac{1}{\omega_g\sqrt{(1+\omega_g^2)(4+\omega_g^2)}}=1$$

先由 $|G(j\omega_g)|=1$，可得 $\omega_g=0.44$，代入相位角方程，得

$$\arctan 0.44+\arctan 0.22+0.44\tau\frac{180°}{\pi}=90°$$

$$\tau=2.14\text{s}$$

故 $\tau\geqslant 2.14$s 时，系统不稳定。在图 6-17 中也可以看到，当 $\tau=2.14$s 时开环奈奎斯特图经过（-1，j0）点，是临界稳定位置。

从例 6-12 中可以得到的结论是：系统中若加入延时环节，对于系统稳定性来说是不利的，在其他参数不变的情况下，应使延时时间足够小以保证闭环系统的稳定性。

3. 工程实例

现以电液伺服系统为例，说明稳定性分析方法的实际应用。

稳定性是伺服系统最重要的特性，系统动态特性的设计一般是以稳定性要求为中心来进行的。图 6-18 所示为电液伺服系统功能框图，下面将分析系统参数和稳定性的关系。该系统是由电液伺服阀控制一个液压缸负载（纯惯性负载），各环节所对应的传递函数及系统框图如图 6-19 所示。

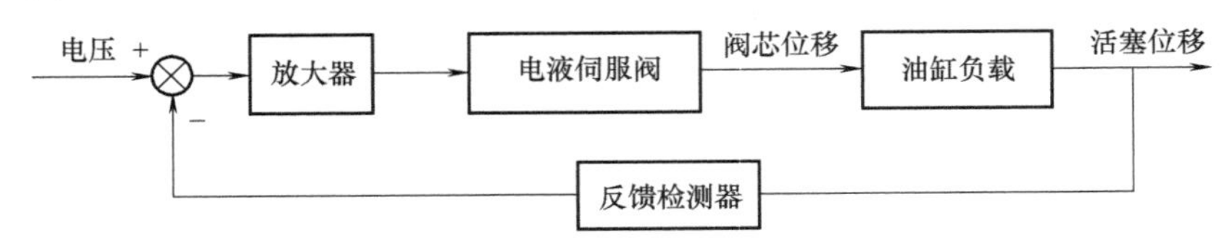

图 6-18　电液伺服系统功能框图

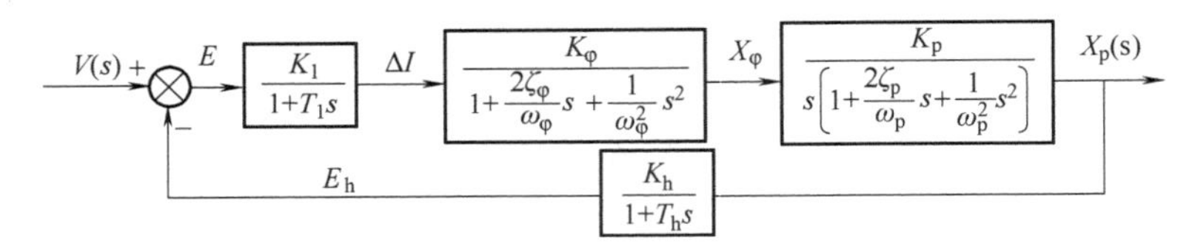

图 6-19　电液伺服系统框图

可通过开环传递函数用奈奎斯特法分析稳定性。为便于分析，图 6-18 的系统可作如下简化。

放大器的时间常数很小，一般 $T_1<0.001$s 可以略去不计，则

$$\frac{\Delta I}{E}=\frac{K_1}{1+T_1s}\approx K_1(\text{放大器增益})$$

QDY1-C32 型电液伺服阀的有关参数：无阻尼固有频率 $\omega_\varphi=680$rad/s，阻尼比 $\zeta_\varphi=0.7$。

系统频率受负载无阻尼固有频率限制，液压缸的无阻尼固有频率 ω_p 与活塞面积及容积有关，一般 $\omega_p<100$rad/s。因此在低频下，电液伺服阀的传递函数

$$\frac{X_\varphi}{\Delta I}=\frac{K_\varphi}{1+\frac{2\zeta_\varphi}{\omega_\varphi}s+\frac{s^2}{\omega_\varphi^2}}\approx K_\varphi$$

反馈检测器的时间常数 T_h 也很小，一般 $T_h<0.001s$，则

$$\frac{E_h}{X_p}=\frac{K_h}{1+T_h s}\approx K_h$$

基于上述的简化，图 6-19 所示系统的开环传递函数可表示为

$$G(s)H(s)=K_1K_\varphi K_p K_h \frac{1}{s\left(1+\frac{2\zeta_p}{\omega_p}s+\frac{s^2}{\omega_p^2}\right)}=K_v \frac{1}{s\left(1+\frac{2\zeta_p}{\omega_p}s+\frac{s^2}{\omega_p^2}\right)} \tag{6-32}$$

式中，$K_v=K_1K_\varphi K_p K_h$，为速度放大系数（因为这是 I 型系统）。

由式（6-32）可画出系统的奈奎斯特图，如图 6-20 所示。由式（6-32）可知，开环传递函数中没有极点和零点在［s］的右半平面，若要系统稳定，只要奈奎斯特图不包围（-1，j0）点。为此要找奈奎斯特图与负实轴的交点，即求相位角为-180°时的幅值 $|G(j\omega)H(j\omega)|$。

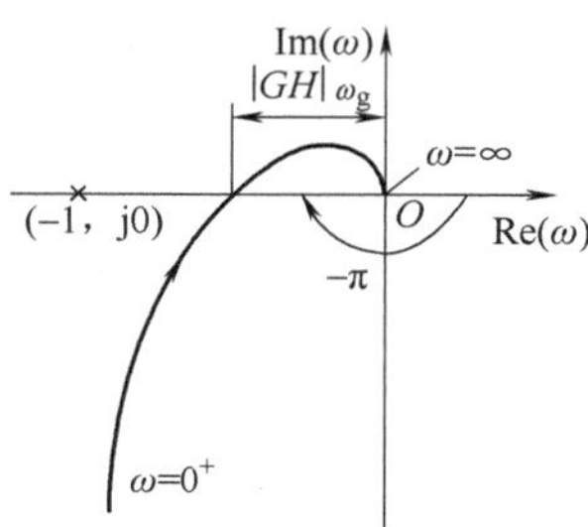

图 6-20　系统的奈奎斯特图

将 $s=j\omega$ 代入式（6-32），得

$$G(j\omega)H(j\omega)=\frac{K_v}{j\omega\left(1-\frac{\omega^2}{\omega_p^2}+2\zeta_p\frac{\omega}{\omega_p}j\right)}$$

与负实轴交点的相位角应为-180°，即

$$\varphi=-90°-\arctan\frac{2\zeta_p\frac{\omega}{\omega_p}}{1-\frac{\omega^2}{\omega_p^2}}=-180°$$

$$\arctan\frac{2\zeta_p\frac{\omega}{\omega_p}}{1-\frac{\omega^2}{\omega_p^2}}=90°$$

解得

$$\frac{2\zeta_p\frac{\omega}{\omega_p}}{1-\frac{\omega^2}{\omega_p^2}}\to\infty$$

即

$$1-\frac{\omega^2}{\omega_p^2}=0$$

因此

$$\omega=\omega_g=\omega_p$$

由此可求得与负实轴交点的幅值

$$|G(j\omega_g)H(j\omega_g)|=\left.\frac{K_v}{\omega\left[\left(1-\frac{\omega^2}{\omega_p^2}\right)^2+4\zeta_p^2\frac{\omega^2}{\omega_p^2}\right]^{1/2}}\right|_{\omega=\omega_p}=\frac{K_v}{2\zeta_p\omega_p}$$

要使系统稳定，必须满足

$$\frac{K_v}{2\zeta_p\omega_p}<1$$

即

$$K_v<2\zeta_p\omega_p$$

故速度放大系数 K_v 受 ω_p 和 ζ_p 的限制，不能太大。例如，当 $\omega_p=60$，$\zeta_p=0.1$，则 $K_v<12$ 时系统稳定，$K_v>12$ 时系统不稳定。不稳定时系统的频宽很窄，可通过增大 ω_p 或增加其他反馈来改善其动态特性。

6.4 系统的相对稳定性

奈奎斯特法是通过研究开环传递函数的轨迹（即奈奎斯特图）和（-1，j0）点的关系及开环极点分布来判别系统的稳定性。当开环是稳定的，即开环极点在［s］右半平面的个数 $p=0$，那么当奈奎斯特图不包围（-1，j0）点，即 $N=0$，则系统是稳定的；反之，若奈奎斯特图包围（-1，j0）点，$N\neq0$，则 $z\neq0$，系统就不稳定。至此，只回答了系统稳定与否的问题。

如果奈奎斯特图虽然不包围（-1，j0）点，但它与负实轴的交点离（-1，j0）点的距离很近，则系统的稳定性就很差，系统参数稍有变化就可能变得不稳定；相反，如果这个距离很大，稳定性程度就可能大得没有必要，而其灵敏度却大大降低。因此，由奈奎斯特图与（-1，j0）点的关系，不但可判别系统稳定与否，而且可表示系统稳定或不稳定的程度，即系统的相对稳定性。

可用相位裕度（phase margin）和幅值裕度（gain margin）来表示系统稳定性的程度—相对稳定性。

1. 相位裕度 γ 和幅值裕度 K_g

在开环奈奎斯特图上，从原点到奈奎斯特图与单位圆的交点连一直线，该直线与负实轴的夹角，就是相位裕度 γ，可表示为

$$\gamma=180°+\varphi(\omega_c) \tag{6-33}$$

式中，$\varphi(\omega_c)$ 为奈奎斯特图与单位圆交点频率 ω_c 上的相位角，一般为负值（对于最小相位系统）。ω_c 称为剪切频率或幅值穿越频率（即幅值等于 1 的频率）。

当 $\gamma>0°$时，系统稳定。当 $\gamma\leqslant0°$时，系统不稳定。

图 6-21a 所示为 $\gamma>0°$的稳定系统的奈奎斯特图；图 6-21b 所示为 $\gamma<0°$的不稳定系统的

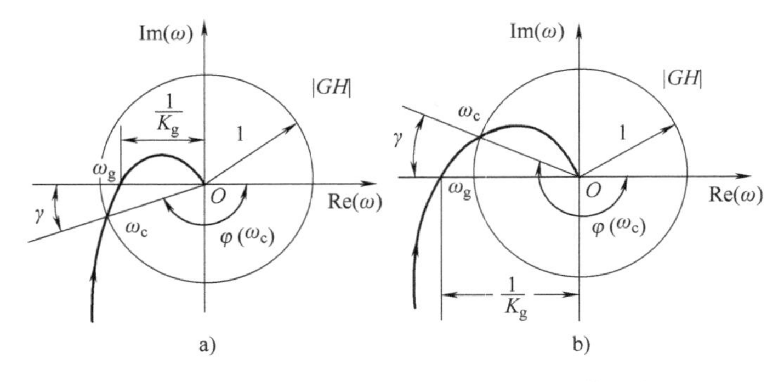

图 6-21　奈奎斯特图上的相位裕度与幅值裕度

奈奎斯特图。γ 越小表示系统相对稳定性越差，但 γ 取值也不是越大越好。一般在设计或校正系统时取 $\gamma=30°\sim60°$。

在开环奈奎斯特图上，奈奎斯特图与负实轴交点处幅值的倒数，称为幅值裕度，表示为 K_g。奈奎斯特图与负实轴交点处的频率 ω_g 称为相位穿越频率（或相位交界频率，即相位角等于−180°的频率）。则有

$$K_g=\frac{1}{|G(j\omega_g)H(j\omega_g)|} \tag{6-34}$$

图 6-21a 与图 6-21b 所示的奈奎斯特图分别表示$\frac{1}{K_g}<1$ 及$\frac{1}{K_g}>1$ 的情况。前者表示系统稳定，后者则表示系统不稳定。

在伯德图上，幅值裕度以 dB 为单位，即对式（6-34）右边的幅值取对数形式表达

$$K_g=20\lg\left|\frac{1}{G(j\omega_g)H(j\omega_g)}\right| \tag{6-35}$$

式中，若 $|G(j\omega_g)H(j\omega_g)|<1$，则 $K_g>0\text{dB}$，系统是稳定的；若 $|G(j\omega_g)H(j\omega_g)|\geqslant1$，则 $K_g\leqslant0\text{dB}$，系统是不稳定的。K_g 的值越大，代表系统稳定性越好，但稳定程度过高的系统响应速度会较慢。在设计或校正系统时，K_g 一般取 8～20dB 为宜。

γ 和 K_g 在伯德图上相应的表示如图 6-22 所示。奈奎斯特图上的单位圆对应于伯德图上的零分贝线，奈奎斯特图上的负实轴对应在伯德图上，是对数相频曲线中的−180°线。在图 6-22a 中，幅频特性穿越零分贝线时，对应于相频特性上的 γ 在−180°线以上，此时 $\gamma>0°$；相频特性和−180°线交点对应于幅频特性上的 K_g 在零分贝线以下，即此时 $K_g>0\text{dB}$，故系统是稳定的；图 6-22b 则相反，其相位裕度 $\gamma<0°$，幅值裕度 $K_g<0\text{dB}$，系统不稳定。

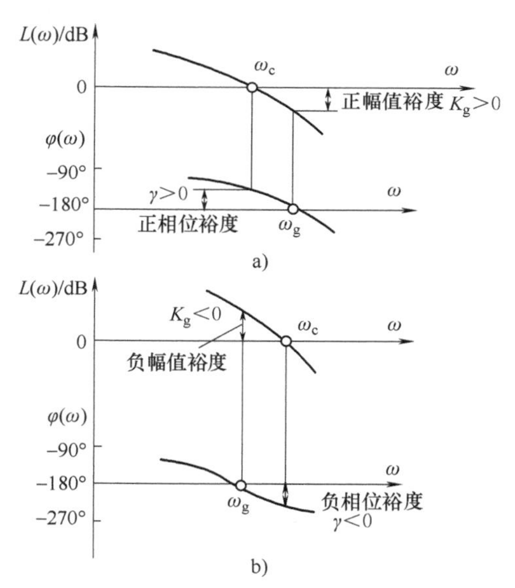

图 6-22 伯德图上的相位裕度与幅值裕度

关于相位裕度 γ 和幅值裕度 K_g，需要注意几点。

1）上述的 $\gamma>0°$，$K_g>0\text{dB}$ 时，系统是稳定的这一结论，是对最小相位系统而言，对非最小相位系统不适用。

2）衡量一个系统的相对稳定性，必须同时用相位裕度和幅值裕度这两个指标，若要求系统稳定，必须 $\gamma>0°$和 $K_g>0\text{dB}$ 同时满足。

3）适当地选择相位裕度和幅值裕度，可以防止系统中参数变化导致系统不稳定的现象。一般取 $\gamma=30°\sim60°$，$K_g=8\sim20\text{dB}$。具有这样稳定性裕度的最小相位系统，即使系统开环增益或元件参数有所变化，通常也能使系统保持稳定。

4）对于最小相位系统，开环的幅频特性和相频特性有一定的关系。要求系统具有 30°～60°的相位裕度，即意味着对数幅频曲线在幅值穿越频率 ω_c 处的斜率应大于−40dB/dec。为保持稳定，在 ω_c 处应以−20dB/dec 斜率穿越为好，因为斜率以−20dB/dec 穿越时，对应的

相位角在$-90°$左右。考虑到还有其他因素的影响，就能满足$\gamma=30°\sim60°$。

5）若分析一阶和二阶系统的稳定程度，会发现其相位裕度总大于零，而其幅值裕度为无穷大。因此从理论上来说，一阶和二阶系统不可能不稳定。但是，实际上某些一阶和二阶系统的数学模型本身是在忽略了一些次要因素之后建立的，实际系统常常是高阶的，其幅值裕度不可能为无穷大，因此系统参数变化时，如开环增益太大，这些系统仍有可能不稳定。

例 6-13 设系统的开环传递函数为

$$G(s)H(s)=\frac{\omega_n^2}{s(s^2+2\zeta\omega_n s+\omega_n^2)}$$

试分析当阻尼比ζ很小时，该闭环系统的相对稳定性。

解： 当ζ很小时，开环传递函数$G(s)H(s)$的奈奎斯特图和伯德图分别如图 6-23a 和图 6-23b 所示，从图中可以看出，虽然系统的相位裕度γ较大，但幅值裕度K_g却太小。这是由于在ζ很小时，二阶振荡环节的幅频特性峰值很高所致，也就是说$G(j\omega)H(j\omega)$的幅值穿越频率ω_c虽较低，相位裕度γ较大，但在频率ω_g附近，幅值裕度太小，奈奎斯特曲线很靠近GH平面上的点（-1，j0）。所以，如果仅以相位裕度γ来评定该系统的相对稳定性，就将得出系统稳定程度高的结论，而实际系统的稳定程度低。若同时根据相位裕度γ及幅值裕度K_g全面地评价系统的相对稳定性就可避免得出不合实际的结论。

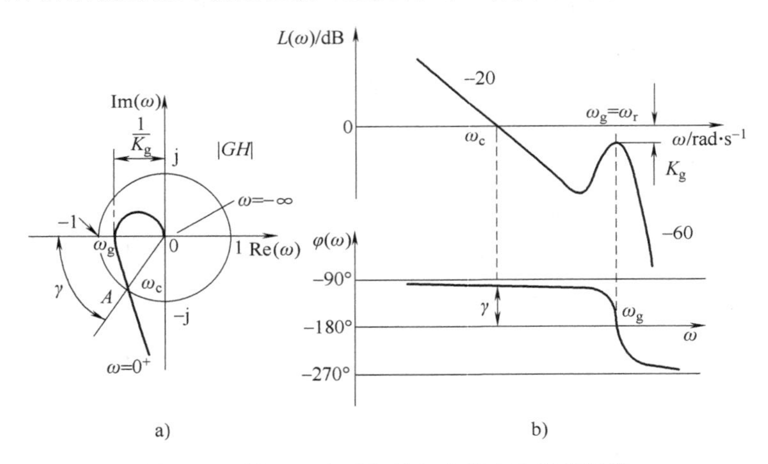

图 6-23 例 6-13 中系统的相位裕度和幅值裕度

例 6-14 设控制系统如图 6-24a 所示。当$K=10$和$K=100$时，试求系统的相位裕度、幅值裕度。

解： 由系统开环传递函数分别作出$K=10$和$K=100$时的开环伯德图如图 6-24b 所示。

$K=10$和$K=100$的对数相频特性曲线是相同的，并且它们的对数幅频特性曲线形状也相同，只是$K=100$的对数幅频特性曲线比$K=10$的曲线向上平移了 20dB，从而导致对数幅频特性曲线与 0dB 线的交点频率向右移动。

由图上查出$K=10$时，相位裕度为$21°$，幅值裕度为 8dB，都是正值。$K=100$时，相位裕度为$-30°$，幅值裕度为-12dB。

由此可见，$K=100$时，系统已经不稳定；$K=10$时，虽然系统稳定，但稳定裕度偏小。为了获得足够的稳定裕度，应将相位裕度γ增大到$30°\sim60°$，这可以通过减小K值来达到。

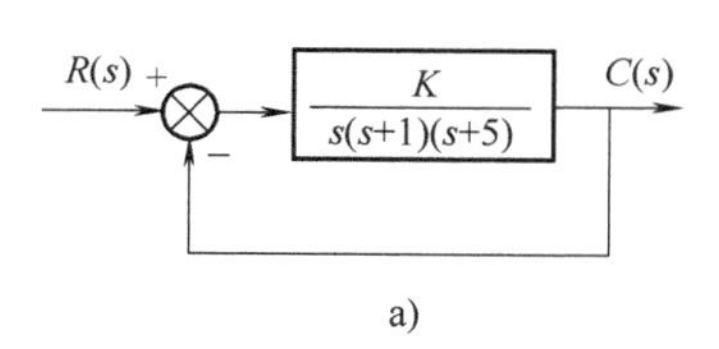

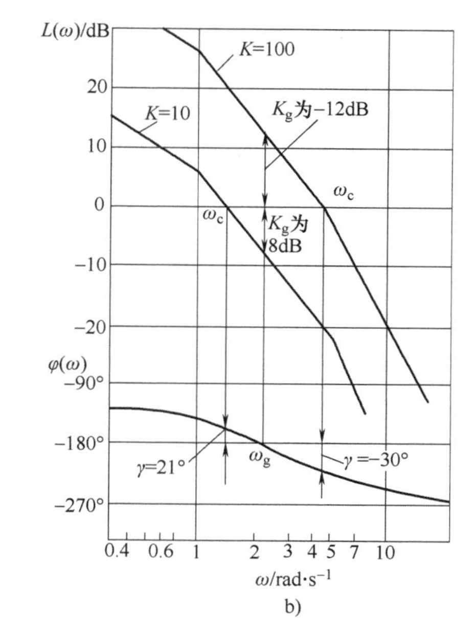

图 6-24 例 6-14 系统框图及相位裕度与幅值裕度

然而从稳态误差的角度考虑，不希望减小 K，因此必须通过增加校正环节来满足要求。这个问题将在第 7 章讨论。

2. 条件稳定系统

若系统的开环传递函数为

$$G(s)H(s)=\frac{K(1+T_\mathrm{a}s)(1+T_\mathrm{b}s)\cdots}{s^\lambda(1+T_1s)(1+T_2s)\cdots}$$

一般情况下，影响系统稳定的主要因素有：系统的型次，系统参数 T_a，T_b，…，T_1，T_2，…及系统开环增益 K。对于图 6-25 所示的系统，系统开环增益 K 较小时，系统稳定性较好，而当 K 值增大时，稳定性变差。对于图 6-26 所示的系统，K 值增大或减小到一定程度，系统都有可能趋于不稳定，只有当 K 值在一定范围内时，系统才稳定。这种系统称为条件稳定系统。

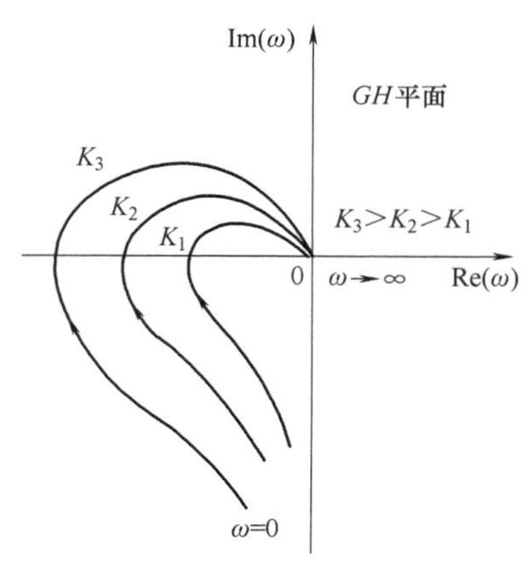

图 6-25 不同 K 值的奈奎斯特图

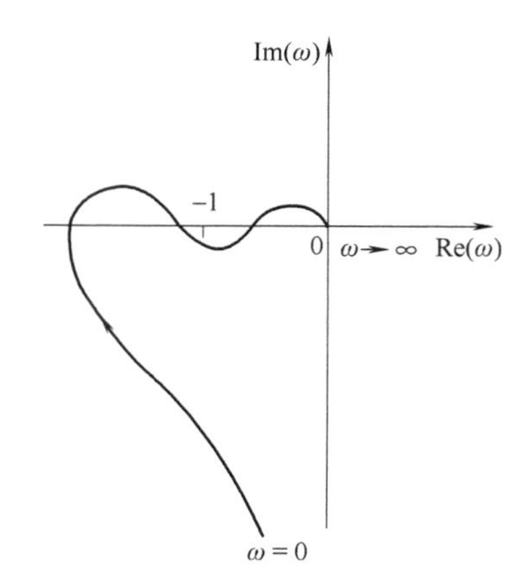

图 6-26 条件稳定系统的奈奎斯特图

对于实际的物理系统不希望其为条件稳定系统，因为一般机电控制系统的参数由于使用工况不同，往往会发生变化，从而使系统产生不稳定状态。例如，液压系统的流量放大系数会随供油压力、开口大小发生变化。通常，当系统阶次较高且含有多个零点或系统为非最小相位系统时，系统往往会变成条件稳定系统，如液压系统的供油压力、流量系数等在使用过程中经常波动而使系统处于不稳定点。

例 6-15 已知单位反馈系统开环传递函数为 $G(s)=\dfrac{K(4s^2+2s+1)}{s^3(s^2+2s+4)}$，试确定使系统稳定的 K 值。

解：此问题可以用劳斯判据、奈奎斯特判据以及 6.5 节将要讲到的根轨迹法来解决。其中，最简单的方法是用劳斯判据来解，下面为求解过程。

系统的特征方程为

$$s^5+2s^4+4s^3+4Ks^2+2Ks+K=0$$

其劳斯数列如下

$$\begin{array}{c|ccc}
s^5 & 1 & 4 & 2K \\
s^4 & 2 & 4K & K \\
s^3 & 4-2K & 3K/2 & \\
s^2 & \dfrac{13K-8K^2}{4-2K} & K & \\
s^1 & \dfrac{-32K^2+71K-32}{2(13-8K)} & & \\
s^0 & K & &
\end{array}$$

根据劳斯判据，要使系统稳定，必须使劳斯数列中的第一列全为正，得

$$\begin{cases} K>0 \\ 4-2K>0 \\ 13K-8K^2>0 \\ -32K^2+71K-32>0 \end{cases} \Rightarrow \begin{cases} K>0 \\ K<2 \\ K<1.625 \\ 0.629<K<1.590 \end{cases} \Rightarrow 0.629<K<1.590$$

即系统稳定的条件为 $0.629<K<1.590$。

对此问题也可以通过奈奎斯特判据来分析。首先用 MATLAB 绘制系统稳定时的奈奎斯特图，如图 6-27a 所示。此系统为Ⅲ型系统，其完整的奈奎斯特图如图 6-27b 所示。由图 6-27b 中过（-1，j0）点所做的射线可见，奈奎斯特曲线顺时针和逆时针方向各穿越射线一次，因此 $N=0$，闭环稳定。从图 6-27b 可以看到，只有当（-1，j0）点处于奈奎斯特图与负实轴的两个交点 A、B 之间时，系统才能稳定，说明该系统是条件稳定系统。具体解题过程不再给出。

若采用根轨迹法也可解决此问题，读者可在学过根轨迹法后再来看，这里不再详述。

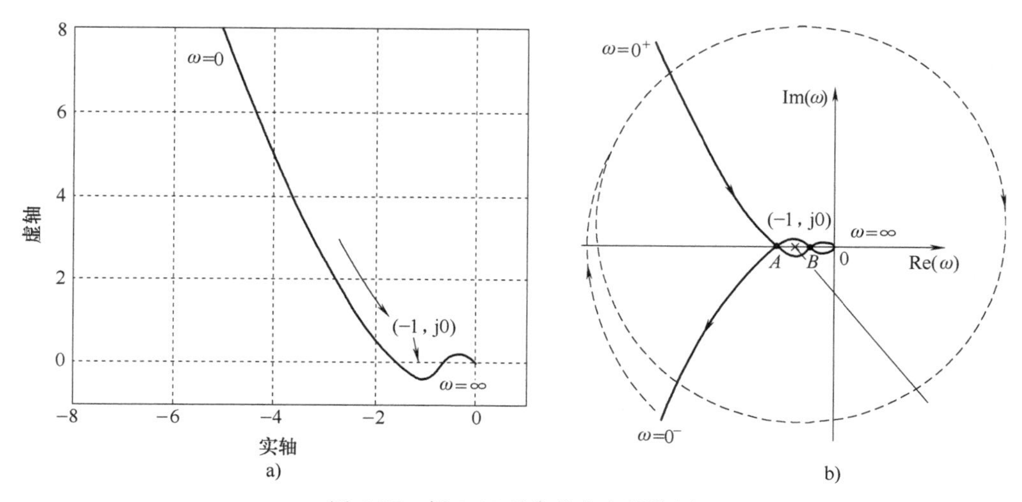

图 6-27　例 6-15 系统的奈奎斯特图

6.5　根轨迹法

如前文所述，对于闭环控制系统，判别其稳定性的根本出发点是判断闭环特征方程的根在［s］平面上的位置。对于图 6-4 所示的典型闭环控制系统，其闭环特征方程为

$$1+G(s)H(s)=0$$

根据第 4 章 4.6 节，开环传递函数通常表示为

$$G(s)H(s)=\frac{K(T_a s+1)\cdots(T_m s+1)}{s^{\lambda}(T_1 s+1)\cdots(T_p s+1)}\quad(\lambda+p=n\geqslant m)\tag{6-36}$$

式中，K 为开环增益；λ 为积分环节的个数，代表系统的型次；T_a，…，T_m 和 T_1，…，T_p 分别为开环零点与开环极点的时间常数。

开环传递函数也可以表示为

$$G(s)H(s)=\frac{K^*(s-z_1)\cdots(s-z_m)}{(s-p_1)\cdots(s-p_n)}\quad(n\geqslant m)\tag{6-37}$$

式中，K^* 为根轨迹增益，是大于零的实数；p_i（$i=1$，…，n）和 z_j（$j=1$，…，m）分别是系统的开环极点和零点。

因此控制系统的闭环特征方程可写为

$$1+G(s)H(s)=\frac{s^{\lambda}(T_1 s+1)(T_2 s+1)\cdots(T_p s+1)+K(T_a s+1)(T_b s+1)\cdots(T_m s+1)}{s^{\lambda}(T_1 s+1)(T_2 s+1)\cdots(T_p s+1)}=0$$

或

$$1+G(s)H(s)=\frac{(s-p_1)(s-p_2)\cdots(s-p_n)+K^*(s-z_1)(s-z_2)\cdots(s-z_m)}{(s-p_1)(s-p_2)\cdots(s-p_n)}=0$$

可见，闭环特征根与系统的开环极点、开环零点以及开环增益（或者根轨迹增益）都有关系。

系统的闭环特征根不但决定系统的稳定性，也决定系统的瞬态与稳态性能。求闭环特征方程的根，在系统阶次较高时并不是一件容易的事情，尤其是当 $G(s)H(s)$ 的开环增益 K 或根轨迹增益 K^* 变化时，特征方程的根在［s］平面上的位置也会相应变化，这给系统的稳定性分析和动态性能分析带来很大不便。

1948 年，伊文思（W. R. Evans，1920—1999，美国工程师）在“控制系统的图解分析”一文中，提出了一种当系统参数（通常是开环增益 K 或根轨迹增益 K^*）变化时寻找特征方程根的一种比较简单的图解方法——根轨迹法。根轨迹（root locus），即当系统参数如开环增益 K 或根轨迹增益 K^* 从 $0\sim\infty$ 变化时，特征方程 $1+G(s)H(s)=0$ 的根在［s］平面上的移动轨迹。

因为根轨迹图直观形象，使根轨迹法在设计线性控制系统时得到了广泛应用，它指明了开环零、极点及增益变化时，闭环极点（即闭环特征根）的变化情况，从而指明了如何调整开环零、极点位置及增益的大小来满足系统所要求的性能指标。

随着 MATLAB 等相关控制系统软件的开发与应用，根据根轨迹遵守的法则采用手工描绘根轨迹似乎已经不那么重要了，但是，作为控制系统设计者而言，往往需要草绘系统根轨迹来指导控制系统的设计过程，或者在采用动态补偿法对系统稳、准、快性能进行调整时，需要通过手工对根轨迹进行绘制并通过调整系统参数改变根轨迹的方式来调整系统性能。根据根轨迹作图的一些基本法则，绘制系统的根轨迹图并不困难，因此有必要介绍一下绘制根轨迹图的法则。

下面主要讲述根轨迹法的基本原理以及当系统开环增益 K（或根轨迹增益 K^*）变化时绘制根轨迹图的一些法则。

1. 基本原理

由根轨迹定义，根轨迹上的每一点都满足方程

$$1+G(s)H(s)=0$$

或

$$G(s)H(s)=-1 \tag{6-38}$$

因为 $G(s)H(s)$ 是一个复数，式（6-38）要成立必满足下面两个条件。

1）幅值条件

$$|G(s)H(s)|=1 \tag{6-39}$$

当开环传递函数表达如式（6-37）时，则有

$$\frac{K^*|s-z_1|\cdots|s-z_m|}{|s-p_1|\cdots|s-p_n|}=1 \tag{6-40}$$

2）相位条件

$$\angle G(s)H(s)=\pm(2k+1)\pi,\quad (k=0,1,2,\cdots) \tag{6-41}$$

当开环传递函数表达如式（6-37）时，则有

$$\sum_{i=1}^{m}\angle(s-z_i)-\sum_{j=1}^{n}\angle(s-p_j)=\pm(2k+1)\pi,\ (k=0,1,2,\cdots) \tag{6-42}$$

因此，只要同时满足幅值条件和相位条件的 s 值就是系统特征方程的根，也就是系统的闭环极点。由式（6-40）与式（6-42）还可以看出，幅值条件与 K 或 K^* 有关，而相位条件与 K 或 K^* 无关。所以相位条件是确定根轨迹的充分必要条件，而幅值条件通常用来计算根轨迹上各点的 K 或 K^* 值。

2. 根轨迹作图法则

绘制根轨迹时，并不需要在［s］平面上找很多点描绘其精确曲线，而是根据根轨迹的一些特征进行近似作图即可。这些特征包括：①根轨迹的起点和终点；②根轨迹的分支数；③实轴上的根轨迹段；④根轨迹的渐近线；⑤根轨迹的分离点和会合点；⑥根轨迹在无穷远处的状态；⑦根轨迹离开复极点或进入复零点时的出射角或入射角；⑧根轨迹穿过虚轴的点。

下面根据开环传递函数 $G(s)H(s)$ 的零、极点和闭环特征方程 $1+G(s)H(s)=0$ 的根之间的关系，给出反映以上特征的根轨迹作图法则。

法则 1　根轨迹对称于实轴。

这一点很容易理解，因为闭环极点若为实数，则必定位于实轴上；若为复数，则一定是以共轭复数成对出现，所以根轨迹必然对称于实轴。

法则 2　根轨迹起始于开环极点（起始点对应于 K 或 $K^*=0$），终止于开环零点（终止点对应于 K 或 $K^*=\infty$）。若开环零点数 m 小于开环极点数 n，则有 $(n-m)$ 条根轨迹终止于无穷远处。

法则 3　根轨迹的分支数等于闭环极点数 n（或开环极点数、系统阶数）。

根轨迹的起点，即为 K 或 $K^*=0$ 时的闭环极点，对应于系统的开环极点。这可以通过幅值条件来证明。式（6-40）可改写为如下形式

$$\frac{|s-z_1|\cdots|s-z_m|}{|s-p_1|\cdots|s-p_n|}=\frac{1}{K^*} \tag{6-43}$$

当 $K^*\to 0$ 时，只有令式（6-43）中 s 取 p_1，p_2，$\cdots$，p_n 的值才能满足。因此当 K 或 $K^*=0$ 时，根轨迹起始于 n 个开环极点。

同样，当 $K^*\to\infty$ 时，只有令式（6-43）中 s 取 z_1，z_2，$\cdots$，z_m 的值才能满足。因此当 $K^*\to\infty$ 时，根轨迹有 m 个终止点在开环零点，还有 $(n-m)$ 个终止点在无穷远处。

可见，当 K 或 K^* 在 $0\sim\infty$ 变化时，根轨迹起始点有 n 个，终止点也有 n 个，即根轨迹的分支数等于闭环极点数 n（或开环极点数）。

法则 4　实轴上根轨迹区段右侧的开环零、极点的总数应为奇数。

此结论可用相位条件来说明。若某系统的开环零、极点在［s］平面上的位置如图 6-28 所示，用“×”表示极点，用“○”表示零点。

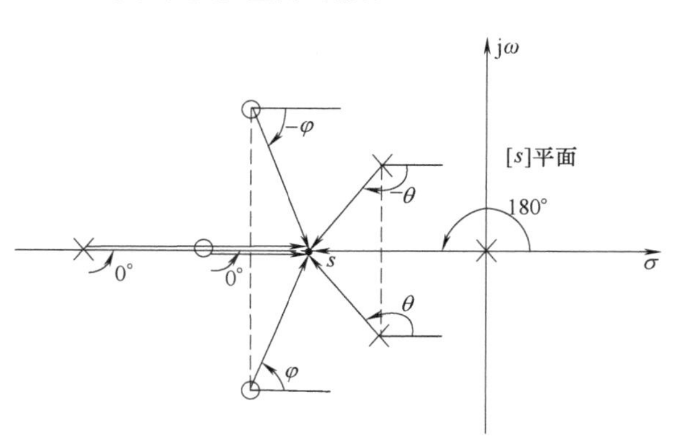

图 6-28　开环零、极点分布图

在实轴上任取一点 s，$(s-z_i)$ 和 $(s-p_i)$ 分别表示开始于开环零点和开环极点、终止于 s 点的矢量。由于复数零点和复数极点均分别对称于实轴（即为共轭的），因此它们与 s 点形成矢量的相位大小相等，符号相反，对相位条件式（6-41）和式（6-42）没有影响，因此只需要对于实轴上的零、极点进行分析。位于 s 点左侧的零、极点到 s 点的矢量，其相位总是

为零，只有位于 s 点右侧的零、极点到 s 点的矢量，其相位才是 180°或−180°，因此根据相位条件，只有当实轴上根轨迹区段右侧的开环零、极点总数为奇数时，才能符合根轨迹的相位条件。

例 6-16 已知开环传递函数 $G(s)H(s)=\dfrac{K^*(s+2)(s+10)}{s(s+20)^2}$，请画出 K^* 从 0~∞ 变化时的根轨迹。

解： 系统有 3 个开环极点：$p_1=0$，$p_{2,3}=-20$，$n=3$；2 个开环零点：$z_1=-2$，$z_2=-10$，$m=2$。

开环零、极点全部位于实轴上，根据法则 2 与法则 3，根轨迹有 3 条，起始于 3 个开环极点，其中 2 条终止于零点，1 条终止于无穷远处。从右向左，实轴上第 1 个点 $p_1=0$ 是极点，按照法则 4，从 p_1 出发终止于 z_1 的区段是第 1 条根轨迹；再向左，第 3 个点是零点 $z_2=-10$，根据法则 4，其左边起始于 p_2 终止于 z_2 的区段是第 2 条根轨迹；再向左，第 5 个点是极点 $p_3=-20$（与 p_2 点重合），根据法则 2 和法则 4，其左边源于 p_3 终止于无穷大的区段是第 3 条根轨迹，如图 6-29 所示。

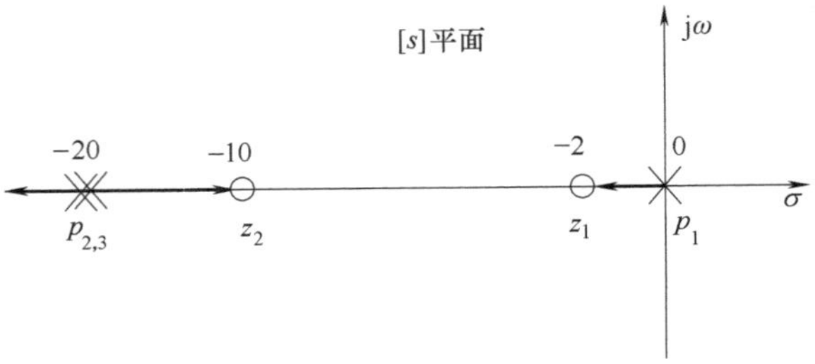

图 6-29 例 6-16 的根轨迹

法则 5 当 K 或 $K^*\to\infty$ 时，有 $(n-m)$ 条根轨迹趋于无穷远处，这些根轨迹的渐近线和实轴正方向的夹角 α 称为渐近角，并且

$$\alpha_k=\frac{(2k+1)\pi}{n-m} \tag{6-44}$$

其中，k 依次取 0，±1，±2，…直到获得 $(n-m)$ 个夹角为止。根轨迹渐近线与实轴的交点 σ_a 位于开环零、极点的重心处，由式（6-45）决定

$$\sigma_a=\frac{\sum_{i=1}^{n}p_i-\sum_{j=1}^{m}z_j}{n-m} \tag{6-45}$$

证明： 根据根轨迹方程 $1+G(s)H(s)=0$ 和式（6-37）有

$$\begin{aligned}1+G(s)H(s)&=1+\frac{K^*(s-z_1)\cdots(s-z_m)}{(s-p_1)\cdots(s-p_n)}\\&=1+\frac{K^*[s^m-(z_1+\cdots+z_m)s^{m-1}+\cdots]}{s^n-(p_1+\cdots+p_n)s^{n-1}+\cdots}\\&=1+\frac{K^*}{s^{n-m}-\left(\sum_{i=1}^{n}p_i-\sum_{j=1}^{m}z_j\right)s^{n-m-1}+\cdots}\\&=0\end{aligned}$$

即

$$s^{n-m}-\left(\sum_{i=1}^{n}p_i-\sum_{j=1}^{m}z_j\right)s^{n-m-1}+\cdots=-K^* \tag{6-46}$$

因考虑的是根轨迹趋于无穷，故当 $s\to\infty$ 时式（6-46）可近似表示为

$$\left[s-\frac{\left(\sum_{i=1}^{n}p_i-\sum_{j=1}^{m}z_j\right)}{n-m}\right]^{n-m}\approx -K^* \tag{6-47}$$

即

$$(s-\sigma_a)^{n-m}\approx -K^* \tag{6-48}$$

式（6-48）中

$$\sigma_a=\frac{\sum_{i=1}^{n}p_i-\sum_{j=1}^{m}z_j}{n-m}$$

由于开环传递函数 $G(s)H(s)$ 的复数零、极点总是共轭的，所以 σ_a 总是实数。

由式（6-48）即可解得渐近线方程式（6-44）和式（6-45）。

由式（6-44）可得，当（$n-m$）取不同值时，其趋于无穷远处的根轨迹渐近线和实轴正方向的夹角如图 6-30 所示。

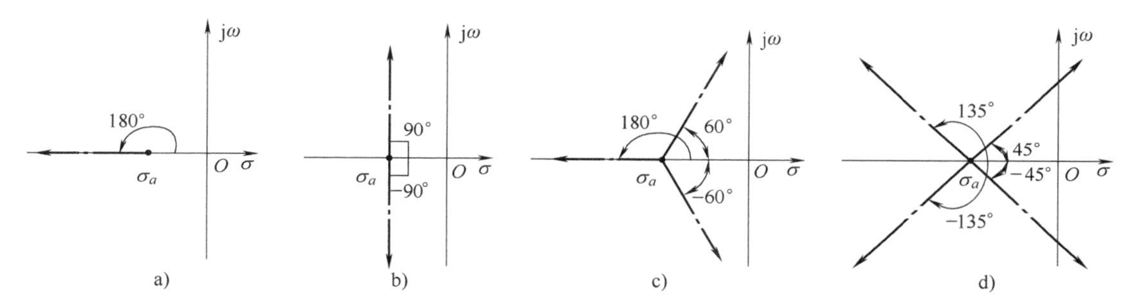

图 6-30 （$n-m$）取不同值时根轨迹渐近线与实轴的正方向夹角

a）$n-m=1$ b）$n-m=2$ c）$n-m=3$ d）$n-m=4$

例 6-17 已知开环传递函数 $G(s)H(s)=\dfrac{K^*}{s(s+2)(s+4)}$，请画出 K^* 从 $0\sim\infty$ 变化时的根轨迹。

解：系统有 3 个开环极点：$p_1=0$，$p_2=-2$，$p_3=-4$，$n=3$；没有开环零点：$m=0$。故起始于开环极点的 3 条系统根轨迹均趋于无穷远处，根轨迹渐近线和实轴的交点为

$$\sigma_a=\frac{\sum_{j=1}^{n}p_j-\sum_{i=1}^{m}z_i}{n-m}=\frac{(-2)+(-4)}{3}=-2$$

根轨迹渐近线和实轴正方向的夹角为

$$\alpha_k=\frac{(2k+1)\pi}{n-m}=\begin{cases}\dfrac{\pi}{3},(k=0)\\ \pi,(k=1)\\ -\dfrac{\pi}{3},(k=-1)\end{cases}$$

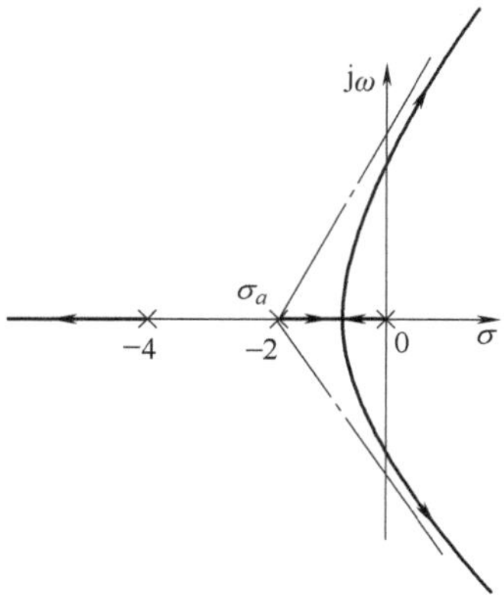

图 6-31 例 6-17 的根轨迹

概略画出其根轨迹如图 6-31 所示。

此例中，从开环极点 0 与−2 出发的根轨迹在实轴上分离后分别趋于无穷远处，其分离点在

哪儿？其与虚轴有相交，相交点在哪儿？这两个问题将在下面的法则中给出解决方法。

法则 6 根轨迹的分离点和会合点的坐标若用 d 表示，则其值满足

$$\sum_{i=1}^{n}\frac{1}{d-p_i}=\sum_{j=1}^{m}\frac{1}{d-z_j} \tag{6-49}$$

证明： 若系统开环零、极点分布如图 6-32 所示，其中 s_d 为分离点，也是根轨迹上的点，应满足相位条件

$$\angle(s_d-z_1)-\angle(s_d-p_1)-\angle(s_d-p_2)=(2k+1)\pi \tag{6-50}$$

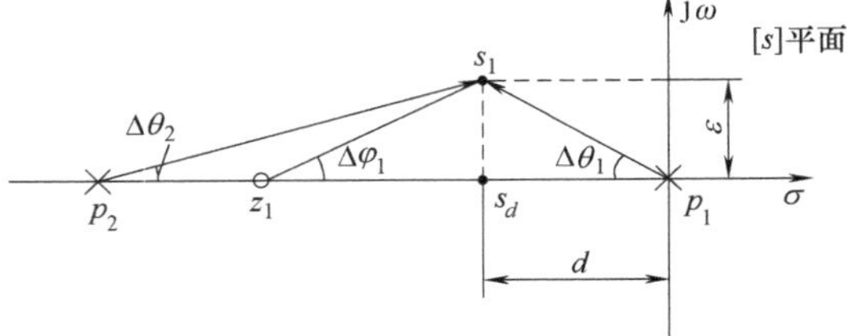

图 6-32 分离点坐标 d

假设 s_1 点刚刚离开 s_d 点，与 s_d 点的距离是一无穷小量 ε，故 s_1 点也应是根轨迹上的点，同样应满足相位条件

$$\angle(s_1-z_1)-\angle(s_1-p_1)-\angle(s_1-p_2)=(2k+1)\pi \tag{6-51}$$

将式（6-51）与式（6-50）相减，可得

$$\Delta\varphi_1-\Delta\theta_1-\Delta\theta_2=0 \tag{6-52}$$

式中，$\Delta\varphi_1=\angle(s_1-z_1)-\angle(s_d-z_1)$；$\Delta\theta_1=\angle(s_1-p_1)-\angle(s_d-p_1)$；$\Delta\theta_2=\angle(s_1-p_2)-\angle(s_d-p_2)$。

因为相位增量很小，可以用其正切来近似，即 $\Delta\varphi_1\approx\tan\Delta\varphi_1=\varepsilon/(d-z_1)$，$\Delta\theta_1\approx\tan\Delta\theta_1=\varepsilon/(d-p_1)$，$\Delta\theta_2\approx\tan\Delta\theta_2=\varepsilon/(d-p_2)$。将这些关系式代入式（6-52）并整理，得

$$\frac{1}{d-p_1}+\frac{1}{d-p_2}=\frac{1}{d-z_1} \tag{6-53}$$

对于具有 m 个开环零点、n 个开环极点的系统，式（6-53）可写成式（6-49）的一般形式，即

$$\sum_{i=1}^{n}\frac{1}{d-p_i}=\sum_{j=1}^{m}\frac{1}{d-z_j}$$

应当注意：

1）式（6-49）同样适用于系统的开环零、极点为复数的情况。

2）当开环无零点时，则式（6-49）中 $\sum_{j=1}^{m}\frac{1}{d-z_j}=0$。

3）由式（6-49）解出的值，并非都是根轨迹上的点，因此必须舍弃不在根轨迹上的值。

4）由于根轨迹的共轭对称性，根轨迹的分离点和会合点或位于实轴上，或为共轭复数对。

如果根轨迹位于相邻的开环极点之间，则在这两个极点中至少存在一个分离点。同样，如果根轨迹位于实轴上两个相邻的零点（其中一个零点可以位于$-\infty$）之间，则在这两个相邻的零点之间至少存在一个会合点。如果根轨迹位于实轴上一个开环极点与一个开环零点（有限零点或无限零点）之间，则在这两个相邻的极、零点之间，或者既不存在分离点也不存在会合点，或者既存在分离点又存在会合点。

回到例 6-17 中，若要求出从开环极点 0 与 -2 出发的根轨迹在实轴上的分离点，可以根

据式（6-49）得

$$\frac{1}{d}+\frac{1}{d+2}+\frac{1}{d+4}=0$$

化简得

$$3d^2+12d+8=0$$

解此方程可得到分离点为 $d=-0.845$（求得的另一个解为 -3.155，不在根轨迹上）。

例 6-18 某控制系统如图 6-33 所示，请画出 K^* 从 $0\sim\infty$ 变化时的根轨迹。

解： 系统有 4 个开环极点：$p_1=0$，$p_2=-1$，$p_3=-2$，$p_4=-4$，$n=4$；有 1 个开环零点：$z_1=-3$，$m=1$。故系统有 4 条根轨迹，其中位于实轴上的根轨迹有 2 条，一条由开环极点 -2 到开环零点 -3，还有一条由开环极点 -4 到负实轴的无穷远，起始于开环极点 0、-1 的 2 条根轨迹在实轴上分离并趋于无穷远处。根轨迹渐近线与实轴正方向的夹角为

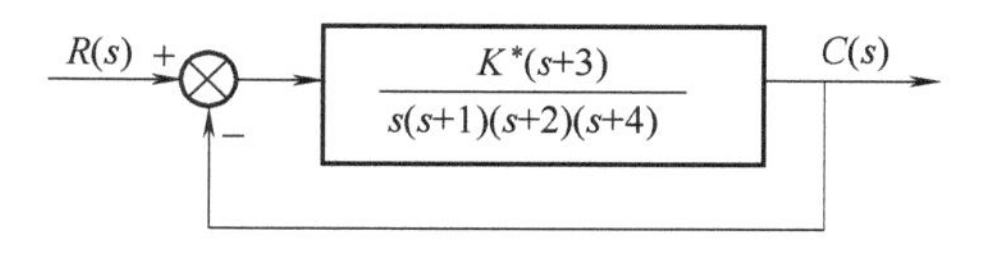

图 6-33 例 6-18 控制系统框图

$$\alpha_k=\frac{(2k+1)\pi}{n-m}=\begin{cases}\dfrac{\pi}{3},(k=0)\\ \pi,(k=1)\\ -\dfrac{\pi}{3},(k=-1)\end{cases}$$

根轨迹渐近线和实轴的交点为

$$\sigma_a=\frac{\sum\limits_{i=1}^{n}p_i-\sum\limits_{j=1}^{m}z_j}{n-m}=\frac{(0-1-2-4)-(-3)}{4-1}=-\frac{4}{3}$$

根据式（6-49），求根轨迹在实轴上的分离点

$$\frac{1}{d}+\frac{1}{d+1}+\frac{1}{d+2}+\frac{1}{d+4}=\frac{1}{d+3}$$

化简得

$$3d^4+26d^3+77d^2+84d+24=0$$

解此方程即可获得根轨迹在实轴上的分离点为 $d=-0.436$。概略画出其根轨迹如图 6-34 所示。

法则 7 根轨迹自复数极点 p_i 的出射角（即根轨迹在复数极点 p_i 处的切线与正实轴的夹角）为

$$\theta_{p_i}=180°+\sum_{j=1}^{m}\varphi_{ji}-\sum_{\substack{j=1\\ j\neq i}}^{n}\theta_{ji} \tag{6-54}$$

式中，φ_{ji}、θ_{ji} 分别是开环零点、开环极点到所考虑点 p_i 和 z_i 的向量与正实轴的夹角，即

$$\varphi_{ji}=\angle(z_j-p_i),\ \theta_{ji}=\angle(p_j-p_i)$$

根轨迹进入复数零点 z_i 的入射角（即根轨迹在复数零点 z_i 处的切线与正实轴的夹角）为

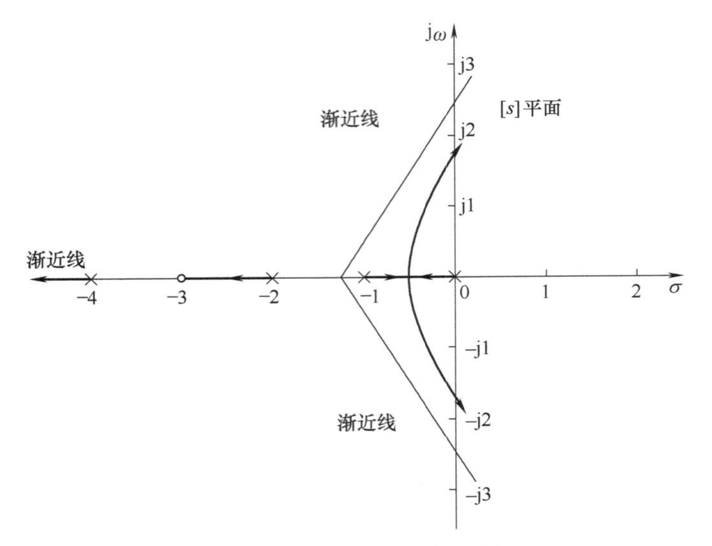

图 6-34　例 6-18 的根轨迹图

$$\varphi_{z_i}=180^\circ+\sum_{j=1}^{n}\theta_{ji}-\sum_{\substack{j=1\\ j\neq i}}^{m}\varphi_{ji} \tag{6-55}$$

证明： 假设系统的开环零、极点分布如图 6-35 所示，在由 p_1 极点出发的根轨迹线上取 s_1 点，则由相位条件有

$$\angle(s_1-z_1)-(\angle(s_1-p_1)+\angle(s_1-p_2)+\angle(s_1-p_3))=\pm(2k+1)\times180^\circ$$

当 s_1 点无限靠近 p_1 点时，$\angle(s_1-p_1)$ 即出射角 θ_{p_1}，各开环零、极点到 s_1 点的向量就称为各开环零、极点到 p_1 点的向量，因此上式可表示为

$$\theta_{p_1}=\varphi_{11}-\theta_{21}-\theta_{31}+(2k+1)\times180^\circ$$

因为在一个开环极点处只有一个出射角，故取 $k=0$，因此得到出射角的一般表达式

$$\theta_{p_i}=180^\circ+\sum_{j=1}^{m}\varphi_{ji}-\sum_{\substack{j=1\\ j\neq i}}^{n}\theta_{ji}$$

同理可证得根轨迹在开环零点处的入射角表达式如式（6-55）。

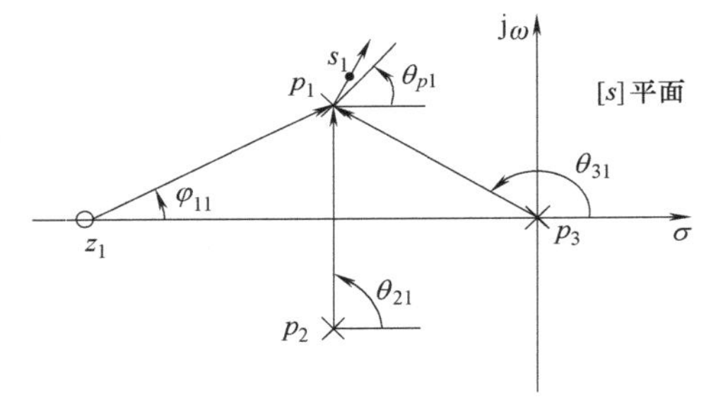

图 6-35　系统的开环零、极点分布

推论： 根轨迹离开实轴或进入实轴时的出射角或入射角为$\pm\dfrac{\pi}{2}$。

法则 8　根轨迹与虚轴的交点。

当根轨迹在［s］平面的左半平面时，闭环系统稳定，否则不稳定。若根轨迹与虚轴相交，系统处于临界稳定状态，其交点处的根（即闭环特征方程的纯虚根）与开环增益 K 或根轨迹增益 K^* 可由劳斯判据求得，或者将 $s=\mathrm{j}\omega$ 代入闭环特征方程，分别令其实部和虚部等于零求得。

例 6-19　已知系统的开环传递函数为 $G(s)H(s)=\dfrac{K^*(s+0.8)}{s^2(s+4)(s+6)}$，画 K^* 从 0～∞ 变化时

的根轨迹，并求出根轨迹与虚轴的交点。

解：开环传递函数 $G(s)H(s)$ 有：4 个极点 $p_{1,2}=0$，$p_3=-4$，$p_4=-6$，$n=4$；1 个零点 $z_1=-0.8$，$m=1$。开环零、极点在［s］平面中的位置分别表示于图 6-36 中。

从实轴的右边向左数第 3 个点是零点 $z_1=-0.8$，按照法则 4，其左区段起始于 $p_3=-4$，终止于 $z_1=-0.8$ 的实轴是根轨迹。再向左数第 5 个点是 $p_4=-6$，同样由法则 4 可判断其左边起始于 $p_4=-6$ 终止于无穷远处的实轴是根轨迹。根据极点数 $n=4$ 与零点数 $m=1$ 的差值，系统有 3 条终止于无穷远处的根轨迹，其中 1 条已经确定位于 $p_4=-6$ 以左的实轴上，另外 2 条则是从 $p_{1,2}=0$ 出发的根轨迹，根据法则 7，这 2 条根轨迹离开实轴的出射角为 $\pm\frac{\pi}{2}$，其渐近线与实轴的交角为

$$\alpha_k=\frac{(2k+1)\pi}{n-m}=\frac{(2k+1)\pi}{3}=\begin{cases}\frac{\pi}{3},(k=0)\\-\frac{\pi}{3},(k=-1)\\\pi,(k=1)\end{cases}$$

渐近线与实轴的交点坐标为

$$\sigma_a=\frac{\sum_{i=1}^{n}p_i-\sum_{j=1}^{m}z_j}{n-m}=\frac{-10+0.8}{3}=-3.07$$

下面求从 $p_{1,2}=0$ 出发的两条根轨迹与虚轴的交点。

方法 1：利用劳斯判据来求。

根据开环传递函数可写出系统的闭环特征方程为

$$1+\frac{K^*(s+0.8)}{s^2(s+4)(s+6)}=0$$

$$s^4+10s^3+24s^2+K^*s+0.8K^*=0$$

其劳斯数列为

$$\begin{array}{c|ccc}s^4 & 1 & 24 & 0.8K^*\\ s^3 & 10 & K^* & \\ s^2 & \frac{240-K^*}{10} & 0.8K^* & \\ s^1 & \frac{(240-K^*)K^*-80K^*}{240-K^*} & & \\ s^0 & 0.8K^* & & \end{array}$$

由第一列中 s^1 项系数等于零，可得

$$\frac{(240-K^*)K^*-80K^*}{240-K^*}=0$$

解得 $K^*=160$，代入 s^2 行组成的辅助方程，有

$$\frac{240-K^*}{10}s^2+0.8K^*=8s^2+128=0$$

解得 $s=j\omega=\pm j4$，即穿越虚轴的频率为 $\omega=\pm 4$。

因此，系统根轨迹如图 6-36 所示。

方法 2：直接由闭环特征方程来求。

因为根轨迹在虚轴上的交点为 $j\omega$ 形式，故令 $s=j\omega$ 代入闭环特征方程，得

$$\omega^4-10j\omega^3-24\omega^2+jK^*\omega+0.8K^*=0$$

要使以上等式成立，分别令其方程左边的实部和虚部为零，得

$$\begin{cases}\omega^4-24\omega^2+0.8K^*=0\\-10j\omega^3+jK^*\omega=0\end{cases}$$

求解以上方程组可以得到

$$K^*=10\omega^2,\ \omega^2=16$$

即当 $\omega=\pm 4$ 时，根轨迹与虚轴相交，交点 $s=j\omega=\pm j4$，且这时根轨迹增益 $K^*=160$。

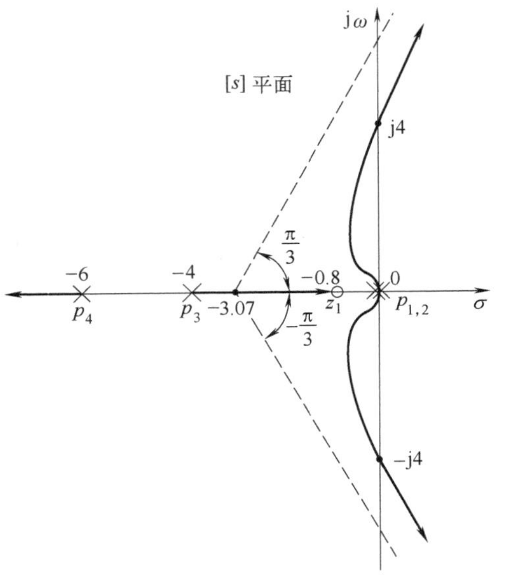

图 6-36　例 6-19 的根轨迹

根轨迹与虚轴交点对系统稳定性有着特殊意义。根据系统稳定性判定准则，根轨迹与虚轴相交时，代表闭环系统处于临界稳定状态，因此这时的根轨迹增益也确定了系统稳定的 K^* 取值范围。对于本例，当 $0<K^*<160$ 时，系统稳定；当 $K^*\geqslant 160$ 时，系统不稳定。

例 6-20　已知系统开环传递函数为 $G(s)H(s)=\dfrac{K^*(s+2)}{s^2+2s+3}$，画其根轨迹图，并分析闭环系统的稳定性。

解：

1）确定开环零、极点。开环传递函数有 2 个极点：$p_1=-1+j\sqrt{2}$，$p_2=-1-j\sqrt{2}$；1 个零点 $z_1=-2$。分别表示于［s］平面上如图 6-37 所示。

2）确定实轴上的根轨迹。根据法则 4，零点 $z_1=-2$ 以左的实轴为根轨迹。

3）$n=2$，$m=1$，系统有 1 条根轨迹趋于无穷远处，其与实轴的夹角为

$$\alpha_k=\frac{(2k+1)\pi}{1}=\pi\quad(k=0)$$

4）确定从复极点 p_1、p_2 出发的根轨迹的出射角。由式（6-54）得出射角分别为

$$\theta_{p_1}=180^\circ+\varphi_{11}-\theta_{21}=180^\circ+\arctan\frac{\sqrt{2}}{1}-90^\circ=144.7^\circ$$

$$\theta_{p_2}=180^\circ+\varphi_{12}-\theta_{12}=180^\circ+\left(-\arctan\frac{\sqrt{2}}{1}\right)-270^\circ=-144.7^\circ$$

5）根据根轨迹的对称性，可确定从复极点 p_1、p_2 出发的根轨迹必会合于实轴，然后分向 $-\infty$ 和 -2。由法则 6 求会合点

$$\frac{1}{d-p_1}+\frac{1}{d-p_2}=\frac{1}{d-z_1}$$

即

$$\frac{1}{d-(-1+j\sqrt{2})}+\frac{1}{d-(-1-j\sqrt{2})}=\frac{1}{d-(-2)}$$

化简得
$$d^2+4d+1=0$$
解得
$$d_1=-3.732, d_2=-0.268$$

因为实轴上的-0.268不在根轨迹上，所以会合点只能取-3.732，且根轨迹在该会合点的入射角为$\pm\frac{\pi}{2}$。作系统根轨迹如图6-37所示，可以证明，从两个复数极点$p_{1,2}$出发的根轨迹是圆心在零点z_1、半径为z_1到会合点d之间距离的圆弧。由图6-37可知，当$K^*>0$时，根轨迹全部位于[s]平面左半平面，故闭环系统稳定。

将根轨迹的作图法则归纳于表6-2中。其中重点掌握法则1~法则5、法则8，利用它们即可相对快速准确地将一般系统的根轨迹画出来。

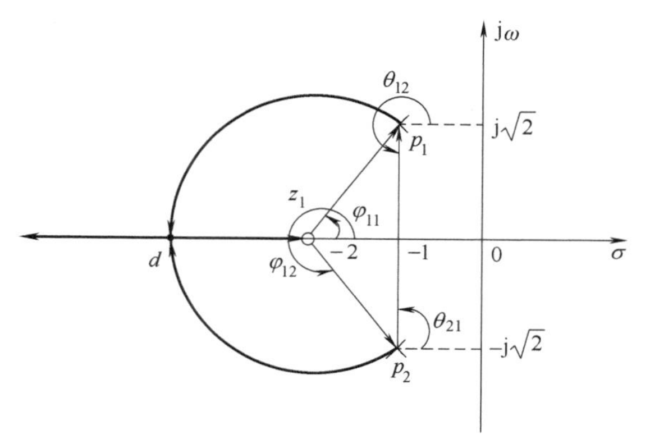

图6-37　例6-20的根轨迹

表6-2　根轨迹的作图法则

序号	内容	具体法则
法则1	根轨迹对称性	根轨迹曲线关于实轴对称，且连续
法则2	根轨迹起止点	根轨迹起于开环极点，止于开环零点
法则3	根轨迹分支数	根轨迹分支数等于开环(闭环)极点数
法则4	实轴上的根轨迹	实轴上根轨迹右侧的开环零、极点的个数为奇数
法则5	根轨迹渐近线	$(n-m)$条渐近线与实轴的交点和夹角为 $\sigma_a=\frac{\sum_{i=1}^{n}(p_i)-\sum_{j=1}^{m}(z_j)}{n-m}, \alpha_k=\frac{(2k+1)\pi}{n-m}$
法则6	分离点与会合点	l条根轨迹相遇，根轨迹的分离点与会合点坐标由式$\sum_{i=1}^{n}\frac{1}{d-p_i}=\sum_{j=1}^{m}\frac{1}{d-z_j}$确定，分离角等于$\pi/l$
法则7	出射角与入射角	根据相位条件计算 $\sum_{i=1}^{m}\angle(s-z_i)-\sum_{j=1}^{n}\angle(s-p_j)=\pm(2k+1)\pi$ 根轨迹离开实轴的出射角或进入实轴时入射角为$\pm\frac{\pi}{2}$
法则8	根轨迹与虚轴交点	通过劳斯判据确定增益K和虚轴交点，也可用$j\omega$代入闭环特征方程来求

若控制系统中含有其他参数，如图6-38所示的系统，以开环极点a为参数，如何获得关于a变化的根轨迹？

通常采用将该参数转换为根轨迹增益形式进行处理。此例中的闭环传递函数为
$$s^2+4s+a(s+4)+20=0$$
可以变化为

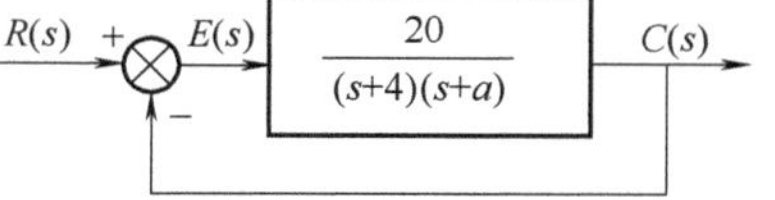

图6-38　以开环极点为参数的闭环控制系统

$$1+\frac{a(s+4)}{s^2+4s+20}=0$$

即其开环传递函数改变为

$$\frac{a(s+4)}{s^2+4s+20}$$

这时参数 a 就是根轨迹增益，有 2 个开环极点 $p_{1,2}=-2\pm j4$ 和 1 个开环零点 $z_1=-4$，当 $a=0\sim\infty$ 时，其根轨迹如图 6-39 所示，此处不再详述过程。

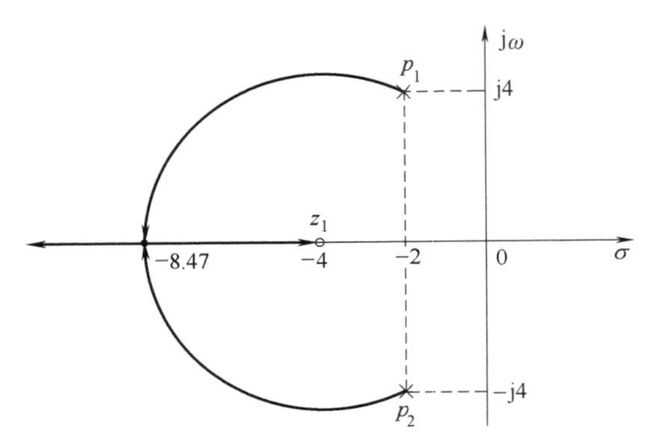

图 6-39　图 6-38 所示系统的根轨迹

值得说明的是，以上所讨论的根轨迹条件和根轨迹绘制法则都是基于闭环系统为负反馈的情况给出的。若控制系统为正反馈，则闭环特征方程为 $1-G(s)H(s)=0$，其根轨迹的幅值条件还是等于 1，但相位条件则变为

$$\angle G(s)H(s)=2k\pi \quad (k=0,\pm1,\pm2,\cdots)$$

这时根轨迹的绘制会与前述负反馈根轨迹有些不同，有的教材称其 0°根轨迹，而前述负反馈根轨迹为 180°根轨迹。对于这种情况，本书不做讨论。

3. 利用 MATLAB 工具画根轨迹

利用 MATLAB 工具可以很方便地画出根轨迹。对于闭环特征方程 $1+G(s)H(s)=0$，可以写成下列形式

$$1+K^*\frac{num}{den}=0 \tag{6-56}$$

式中，num 为分子多项式；den 为分母多项式。根据式（6-37），有

$$\begin{aligned} num &=(s-z_1)(s-z_2)\cdots(s-z_m) \\ &=s^m+[-(z_1+z_2+\cdots+z_m)]s^{m-1}+\cdots+(-1)^m z_1 z_2\cdots z_m \\ den &=(s-p_1)(s-p_2)\cdots(s-p_n) \\ &=s^n+[-(p_1+p_2+\cdots+p_n)]s^{n-1}+\cdots+(-1)^n p_1 p_2\cdots p_n \end{aligned}$$

通常采用下列 MATLAB 命令画根轨迹：

```
rlocus (num, den)
```

注意，num 和 den 都必须写成 s 的降幂形式。利用该命令，可以得到根轨迹图，增益 K^* 是由程序自动确定的。命令 rlocus 既适用于连续时间系统，也适用于离散时间系统。

对于例 6-20，可以用下列 MATLAB 程序画出其根轨迹如图 6-40 所示。对于本章中

例 6-16~例 6-19，读者可自行利用 MATLAB 方法画根轨迹来加以验证。

MATLAB Program of example 6-20

```
%--------Root-locus Plot of G(s)=K*(s+1)/(s2+2s+3)---------
num=[1 2];
den=[1 2 3];
rlocus(num,den)
v=[-6 6 -6 6];
axis(v);
axis('square')
grid
title('Root-locus Plot of G(s)=K*(s+1)/(s^2+2s+3)')
```

4. 开环增益或根轨迹增益的计算

根据根轨迹的相位条件式（6-41）或式（6-42），按照根轨迹的作图法则画出系统的根轨迹后，往往还需要在根轨迹上标记出系统的开环增益或根轨迹增益的数值，下面介绍开环增益或根轨迹增益的计算方法。

对应根轨迹上某点 s_i 的根轨迹增益 K_i^* 值，可以根据幅值条件式（6-40）来进行计算，即

$$K_i^* = \frac{|s_i-p_1|\cdots|s_i-p_n|}{|s_i-z_1|\cdots|s_i-z_m|} \tag{6-57}$$

式（6-57）表明，与根轨迹上的点 s_i 相对应的根轨迹增益 K_i^*，可以利用该点与各开环零、极点之间的幅值得到，即

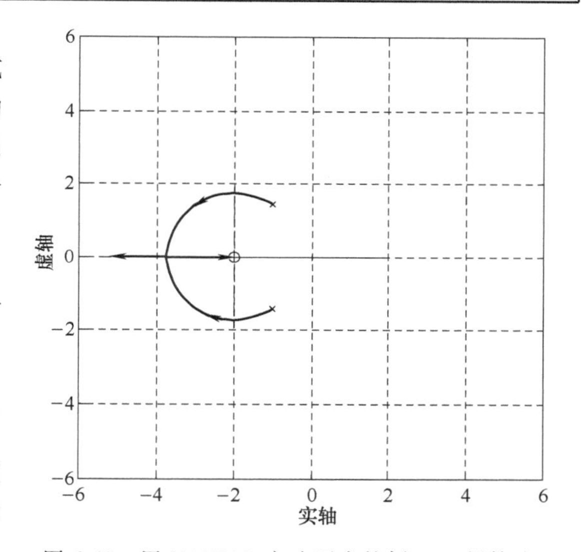

图 6-40　用 MATLAB 方法画出的例 6-20 根轨迹

$$K_i^* = \frac{s_i\text{ 点到各极点之间幅值的乘积}}{s_i\text{ 点到各零点之间幅值的乘积}}$$

利用开环增益 K 与根轨迹增益 K^* 之间的关系，开环增益 K 可用下式求出

$$K = K^* \frac{\prod_{j=1}^{m}(-z_j)}{\prod_{i=1}^{n}(-p_i)} \tag{6-58}$$

需要注意，使用式（6-58）求开环增益 K 时，不计坐标原点处的开环零、极点，否则该式无意义。

5. 典型的零、极点分布及其相应的根轨迹

通过前面的讨论可以看出，对于给定系统，依照一些根轨迹法则，可以比较精确地作出系统的根轨迹图。对于设计的初步阶段，可能并不需要知道闭环极点的精确位置，为了对系

统的性能做出估计，通常只要知道它们的近似位置就足够了。因此，对于设计者来说，具备迅速地画出给定系统的根轨迹的本领很重要。这需要在做习题的过程中进一步理解和体会。典型的开环零、极点分布及其相应的根轨迹见表 6-3。

表 6-3　典型的开环零、极点分布及其相应的根轨迹

系统类型	根轨迹		
无开环零点的系统	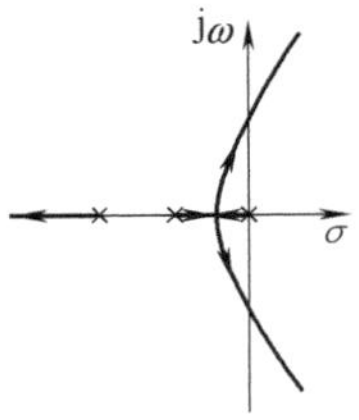	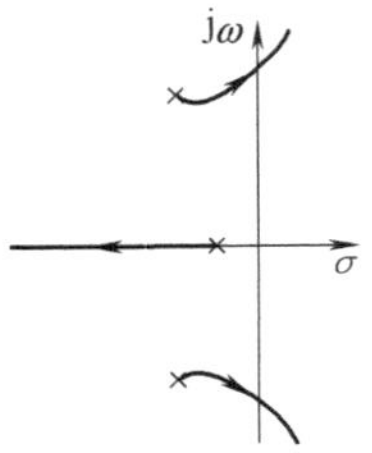	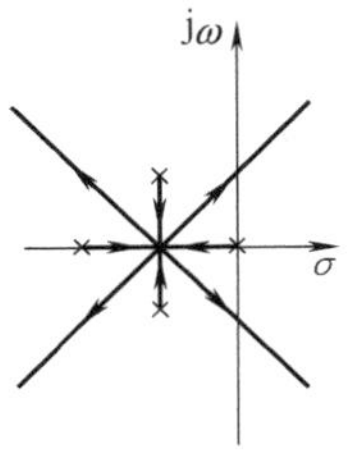
	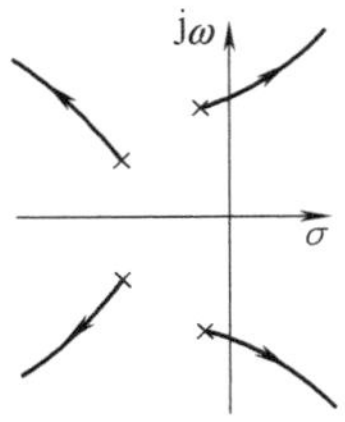	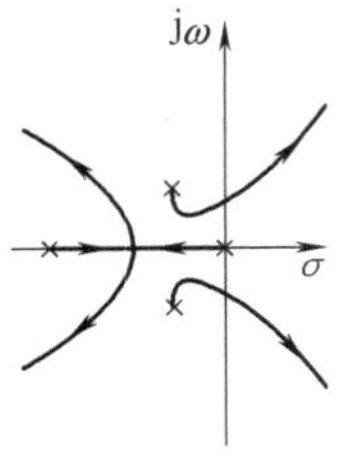	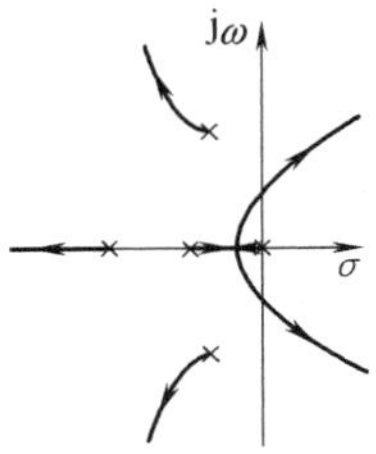
有开环零点的系统	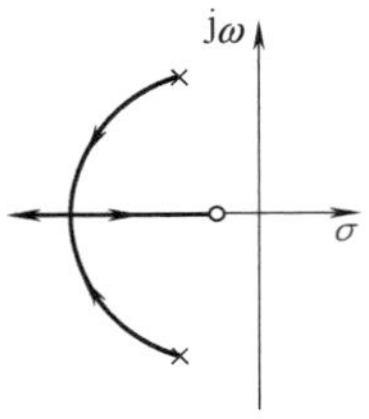	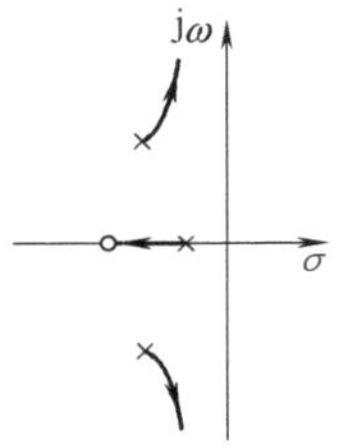	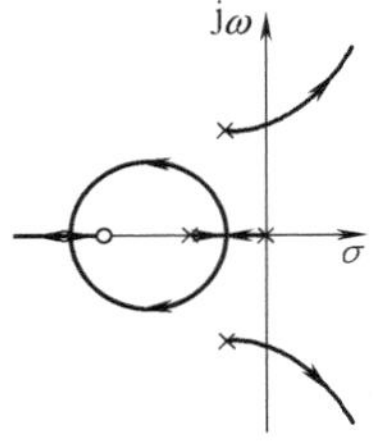
	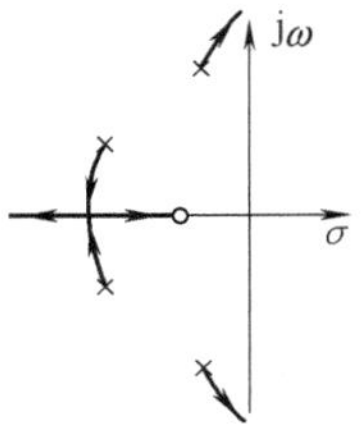	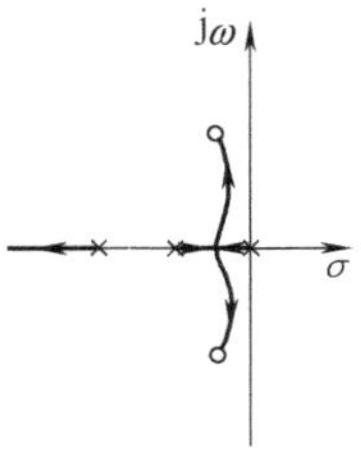	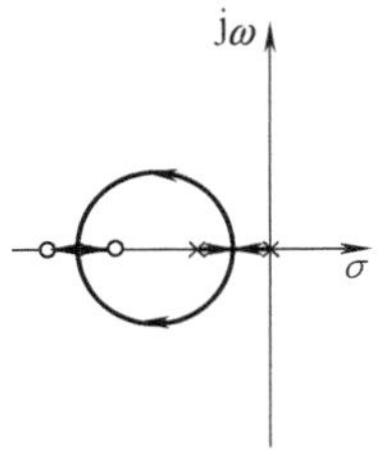

6. 控制系统的根轨迹分析

如前所述，在已知系统开环零、极点分布的基础上，依据绘制根轨迹的基本法则，可以很方便地绘出闭环系统的根轨迹，并在根轨迹上确定闭环零、极点的位置，由此可以利用主导极点等概念对系统的动态性能进行分析。根轨迹法特别便于确定高阶系统中某个参数变化时闭环极点的分布规律，形象直观地看出参数对系统动态性能的影响，因此为系统设计和性能改善提供了依据。

下面通过实例，说明如何应用根轨迹法分析系统的动态性能。

例 6-21　已知单位反馈系统的开环传递函数为 $G(s)=\dfrac{K^*}{s^2(s+10)}$，试画出闭环系统的根轨迹。

解： 系统有 3 个开环极点：$p_{1,2}=0$，$p_3=-10$。由根轨迹的作图法则或由如下的 MATLAB 程序作出根轨迹如图 6-41 所示。

MATLAB Program of example 6-21-1

```
%------------Root-locus Plot of G(s)=K*/[s^2(s+10)]-------------
num=[0 0 0 1];
den=[1 10 0 0];
rlocus(num,den)
v=[-20 20 -20 20];axis(v)
grid
title('Root-locus Plot of G(s)=K*/[s^2(s+10)]')
text(0.5,-1,'p1,2');text(-9.5,-1,'p3')
```

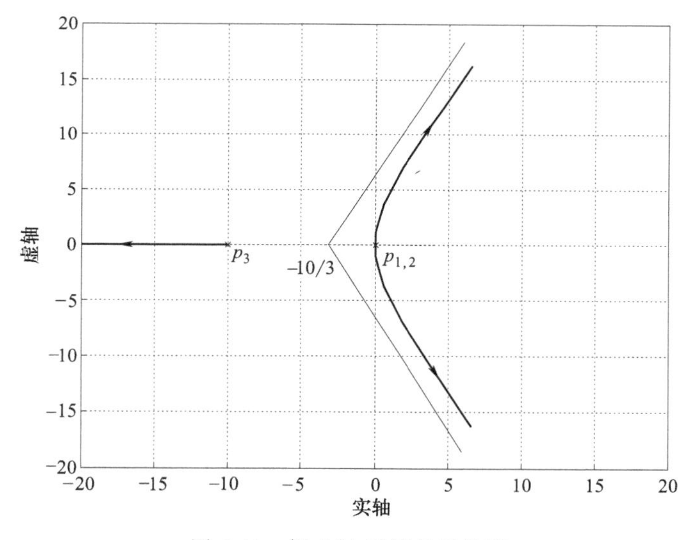

图 6-41　例 6-21 系统的根轨迹

由图 6-41 可见，有 2 条根轨迹线始终位于复平面的右半平面，即闭环系统始终有 2 个右半平面的极点，这表明无论 K^* 取何值，此系统总是不稳定的。

如果在系统中附加 1 个开环零点 z_1（z_1 为负的实数零点），来改善系统的动态性能，则系统开环传递函数变为 $G'(s)=\dfrac{K^*(s-z_1)}{s^2(s+10)}$。若将 z_1 设置在 $-10\sim0$ 之间，则附加零点后系统的根轨迹可根据下面的 MATLAB 程序（取 $z_1=-5$）作出，如图 6-42 所示。

由图 6-42 可见，当 K^* 在正区间由 $0\sim\infty$ 变化时，3 条根轨迹线都处于复平面的左半平面，即无论 K^* 取何值，系统总是稳定的，而且闭环系统始终有一对靠近虚轴的共轭复极点，即系统的主导极点。因此，无论 K^* 取何值，系统的阶跃响应都呈现衰减振荡，且振荡频率随开环增益 K^* 的增大而增大。只要适当选取 K^* 值，便可以得到满意的系统动态性能。

MATLAB Program of example 6-21-2

```
%----------Root-locus Plot of G(s)= K * (s+5)/[s^2(s+10)]----------
num=[0 0 1 5];
den=[1 10 0 0];
rlocus(num,den)
v=[-20 20 -20 20];axis(v)
grid
title('Root-locus Plot of G(s)= K * (s+5)/[s^2(s+10)]')
text(0.5,-1,'p1,2');text(-5,-1,'z1');text(-9.5,-1,'p3')
```

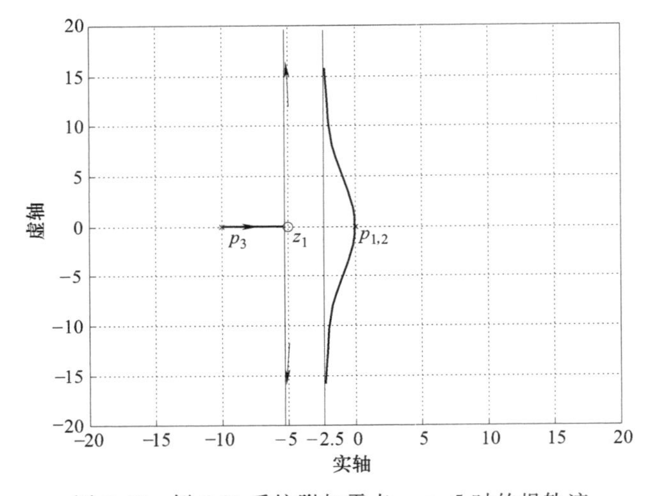

图 6-42　例 6-21 系统附加零点 $z_1=-5$ 时的根轨迹

对于本例，若附加零点 $z_1<-10$，如取 $z_1=-20$，则作系统根轨迹如图 6-43 所示，系统仍无法稳定。因此，引入的附加零点要适当（应在开环极点 $p_3=-10$ 右侧、原点左侧），才能对系统的性能起到改善作用。

此例也验证了前述例 6-11 中利用奈奎斯特判据对于系统 2 与系统 3 的分析与结论。

MATLAB Program of example 6-21-3

```
----------Root-locus Plot of G(s)= K * (s+20)/[s^2(s+10)]----------
num=[1 20];
den=[1 10 0 0];
rlocus(num,den)
v=[-20 20 -20 20];axis(v)
grid
title('Root-locus Plot of G(s)= K * (s+5)/[s^2(s+10)]')
text(0.5,-1,'p1,2');text(-20,-1,'z1');text(-9.5,-1,'p3')
```

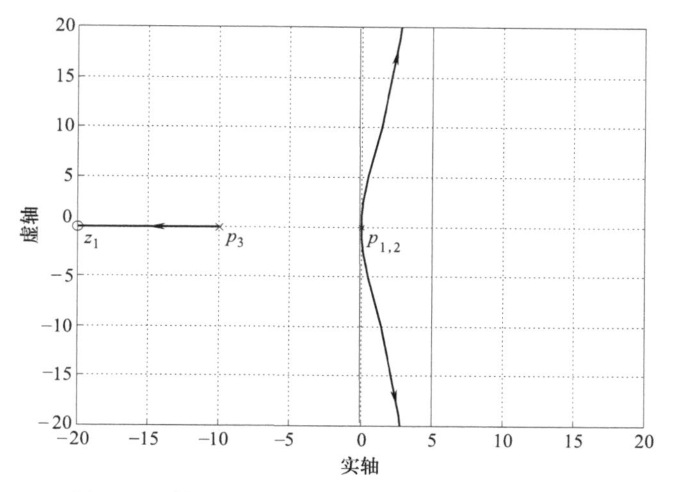

图 6-43　例 6-21 系统附加零点 $z_1=-20$ 时的根轨迹

例 6-22　已知单位反馈系统，其前向传递函数为

$$G(s)=\frac{K^*(s+4)}{s(s+2)}$$

1）试作其根轨迹，并分析 K^* 对系统性能的影响。

2）求系统最佳阻尼比所对应的闭环极点及 K^* 值。

解：1）系统开环传递函数有 2 个极点 $p_1=0$，$p_2=-2$，1 个零点 $z_1=-4$。根据根轨迹作图法则，可以画出其闭环根轨迹如图 6-44 所示。可以证明，该二阶系统的根轨迹其复数部分为一个圆心在开环零点处，半径为零点到分离点距离的圆。由式（6-49）可求出其分离点和会合点为

$$d_1=-1.17,\ d_2=-6.83$$

根据式（6-57）计算分离点 d_1、d_2 处的根轨迹增益 K_1^* 和 K_2^* 为

$$K_1^*=\frac{|d_1||d_1-(-2)|}{|d_1-(-4)|}=\frac{1.17\times0.83}{2.83}=0.343$$

$$K_2^*=\frac{|d_2||d_2-(-2)|}{|d_2-(-4)|}=\frac{6.83\times4.83}{2.83}=11.7$$

与之对应的开环增益 K_1 和 K_2 分别为

$$K_1=2K_1^*=0.686$$

$$K_2=2K_2^*=23.4$$

由图 6-44 可见，只要根轨迹增益 $K^*>0$，闭环系统都是稳定的。但是，当根轨迹增益 $0<K^*<0.343$ 和 $K^*>11.7$ 时，闭环极点分别为两个负实数，系统的阶跃响应为非周期性质；当根轨迹增益 $0.343<K^*<11.7$ 时，闭环极点为一对共轭复数极点，系统的阶跃响应为衰减振荡过程。

MATLAB Program of example 6-22

```
%----------Root-locus Plot of G(s)= K * (s+4)/[s(s+2)]----------
num=[0 1 4];
den=[1 2 0];
rlocus(num,den)
v=[-10 10 -10 10];axis(v), axis('square')
grid
title('Root-locus Plot of G(s)= K * (s+4)/[s(s+2)]')
text(0.5,-1,'p1');text(-2,-1,'p2');text(-4,-1,'z1')
```

2）由于系统为二阶系统，其最佳阻尼比为$\zeta=0.707$，由图 6-44 可直接得到其对应的闭环极点

$$s_{1,2}=-2\pm \mathrm{j}2$$

该闭环极点对应的根轨迹增益K^*值可由式（6-57）求得，$K^*=2$。

在最佳阻尼比时，系统的阶跃响应为周期性的衰减振荡，其平稳定和快速性都较好。

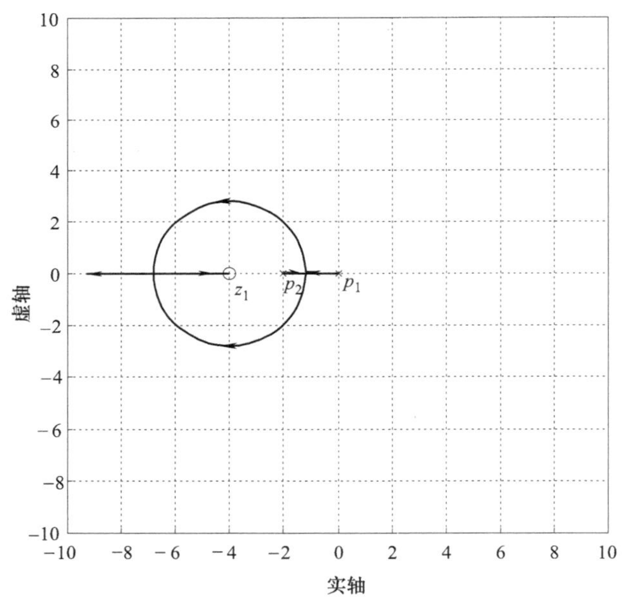

图 6-44 例 6-22 的根轨迹

自学指导

学习本章内容，应掌握以下基本概念：稳定性的物理意义及其数学描述，判断稳定性的基本准则，稳定性判断的 2 个间接判据——劳斯判据与奈奎斯特判据，衡量系统相对稳定性的指标——幅值裕度K_g（由相位穿越频率ω_g确定）和相位裕度γ（由幅值穿越频率ω_c确定）及其使用条件。特别是要求掌握用奈奎斯特判据对系统稳定性进行判断的方法和步骤，其中关键是作奈奎斯特图（通过找特殊点来画）。要求理解和掌握系统处于临界稳定时的 3 个表现特征：有特征根为成对的虚根；劳斯数列出现某一行元素全为零；开环奈奎斯特图穿

越（−1，j0）点。能够定性分析系统参数、开环零点的加入以及延时环节对系统稳定性的影响。适当了解非最小相位系统开环奈奎斯特图的作图方法及其稳定性的判断方法。了解利用根轨迹法进行系统性能分析的原理（即根轨迹条件）和方法（即根轨迹绘图法则），能够利用根轨迹作图法则概略画出系统的根轨迹，并基于根轨迹简要分析系统的性能。

复习思考题

1. 如何区分稳定系统和不稳定系统？

2. 判别系统稳定与否的基本出发点是什么？

3. 劳斯-赫尔维茨判据判别系统稳定的充要条件是什么？

4. 奈奎斯特判据判别系统稳定性的基本原理和方法是什么？为什么用开环传递函数并结合开环奈奎斯特图就可以判定闭环系统的特征根位置？

5. 当系统开环传递函数在虚轴上有极点存在时，如何处理对应于极点处的奈奎斯特图？

6. 当系统开环传递函数在原点或虚轴上存在重极点时，对应的奈奎斯特图与没有重极点时有什么不同？

7. 相位裕度和幅值裕度是如何定义的？在极坐标图和对数坐标图上如何表示？

8. 如何由开环系统的零、极点求取闭环系统的零、极点？

9. 开环系统的零、极点对闭环系统的性能指标有什么影响？

10. 什么是根轨迹？根轨迹应满足什么条件？

11. 根据哪些性质或特征可以方便地画出根轨迹图形？

12. 熟悉典型开环零、极点分布及其对应的闭环根轨迹图形。

习题

6-1 设图题 6-1 所示系统的开环传递函数为 $G(s)$，试判别闭环系统稳定与否。

（1）$G(s)=\dfrac{10(s+1)}{s(s-1)(s+5)}$。

（2）$G(s)=\dfrac{10}{s(s-1)(2s+3)}$。

6-2 系统如图题 6-1 所示，采用劳斯-赫尔维茨判据来判断系统稳定与否。

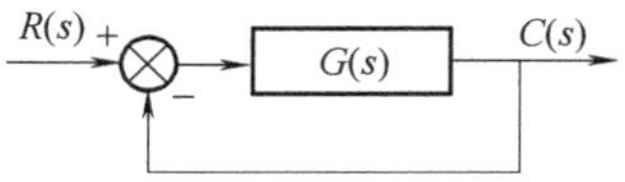

（1）$G(s)=\dfrac{K(s+1)(s+2)}{s^2(s+3)(s+4)(s+5)}$。

（2）$G(s)=\dfrac{0.2(s+2)}{s(s+3)(s+0.8)(s+0.5)}$。

（3）$G(s)=\dfrac{K(s+6)}{(s^2+2s+3)(s^2+4s+5)}$。

（4）$G(s)=\dfrac{K(s+3)(s+4)}{s^3(s+1)(s+2)}$。

（5）$G(s)=\dfrac{3s+1}{s^2(300s^2+600s+50)}$。

（6）$G(s)=\dfrac{K(s+20)(s+30)}{s(s^2+6s+10)}$。

$R(s)$ + − $G(s)$ $C(s)$

图题 6-1

6-3 判别图题 6-3 所示系统的稳定性。

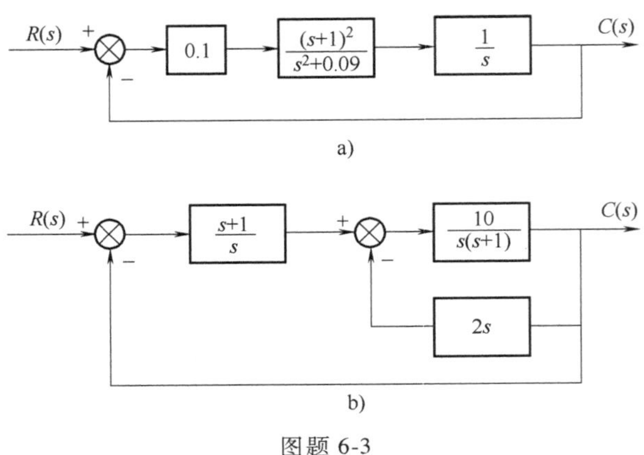

图题 6-3

6-4　系统如图题 6-4 所示，若系统时域响应产生频率为 $\omega_n = 2\text{rad/s}$ 的持续振荡，试确定系统的参数 K 和 a。

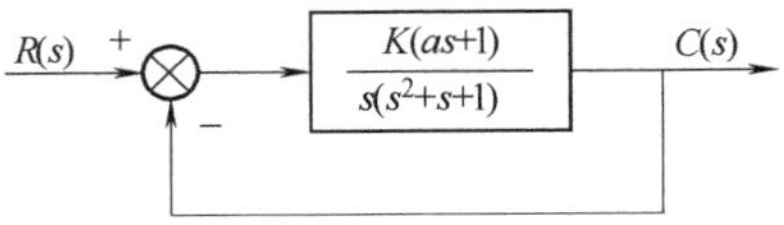

图题 6-4

6-5　画出下列各开环传递函数的奈奎斯特图，求出系统的幅值裕度和相位裕度，并判别系统是否稳定。

（1）$G(s)=\dfrac{10}{(s+1)(2s+1)(3s+1)}$。

（2）$G(s)=\dfrac{120(4s+1)}{(s+1)(2s+1)(3s+1)}$。

（3）$G(s)=\dfrac{120(0.5s+1)}{(s+1)(2s+1)(3s+1)}$。

（4）$G(s)=\dfrac{24}{s(s+1)(s+4)}$。

（5）$G(s)=\dfrac{24(s+5)}{s(s+1)(s+4)}$。

（6）$G(s)=\dfrac{10(0.2s+1)}{s^2(0.1s+1)}$。

（7）$G(s)=\dfrac{10(0.1s+1)}{s^2(0.2s+1)}$。

（8）$G(s)=\dfrac{K(2s+1)}{(s^2+4)(s+1)(s+3)}$。

6-6　设单位反馈控制系统的开环传递函数为

$$G(s)H(s)=\frac{10K(s+0.5)}{s^2(s+2)(s+10)}$$

画出 $G(s)H(s)$ 在 $K=10$ 和 $K=40$ 时的奈奎斯特图，并用奈奎斯特判据判别系统稳定性。

6-7　已知单位反馈控制系统的开环传递函数为 $G(s)=\dfrac{K}{s(T_1 s+1)(T_2 s+1)}$（$T_1>T_2>0, K>0$），试确定系统稳定性与参数 K、T_1、T_2 之间的关系。

6-8　设单位反馈控制系统的开环传递函数为 $G(s)=\dfrac{as+1}{s^2}$，试确定使相位裕度等于 45°时的 a 值。

6-9　有下列开环传递函数。

（1）$G(s)H(s)=\dfrac{20}{s(1+0.5s)(1+0.1s)}$。

（2）$G(s)H(s)=\dfrac{50(0.6s+1)}{s^2(1+4s)}$。

试绘制系统的伯德图并分别求它们的幅值裕度和相位裕度。

6-10　系统如图题 6-10 所示。分别画出其奈奎斯特图和伯德图，求出其相位裕度并在所作图中标出。

6-11　设图题 6-11 所示系统中，$G(s)=\dfrac{10}{s(s-1)}$，$H(s)=1+K_n s$。

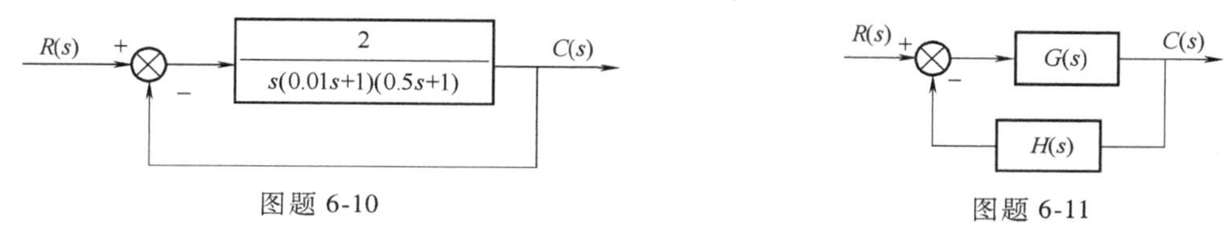

图题 6-10　　　　图题 6-11

试确定闭环系统稳定时 K_n 的临界值。

6-12　单位反馈控制系统的开环传递函数为 $G(s)=\dfrac{K\mathrm{e}^{-\tau s}}{s(s+1)}$，试画出 $K=20$，$\tau=1\mathrm{s}$ 时的奈奎斯特图，并确定使系统稳定的 K 的临界值。

6-13　已知系统的开环零、极点分布如图题 6-13 所示，试概略画出相应的闭环根轨迹图。

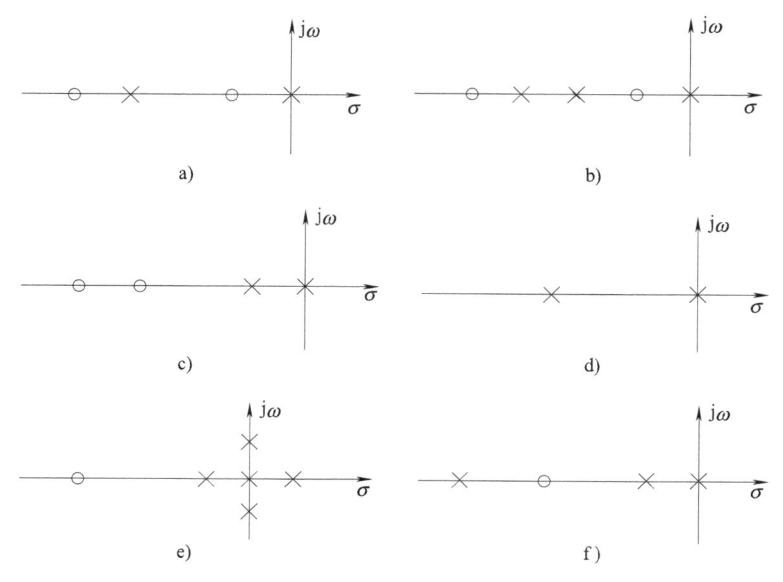

图题 6-13

6-14　已知单位反馈系统的开环传递函数如下，试画其闭环根轨迹。

(1) $G(s)=\dfrac{K^*}{s(s+4)}$。

(2) $G(s)=\dfrac{K^*(s+3)}{s(s+4)}$。

(3) $G(s)=\dfrac{K^*(s+20)}{s(s+4)}$。

6-15　单位负反馈系统具有如下前向传递函数。

(1) $G(s)=\dfrac{K}{s(0.1s+1)(s+1)}$。

(2) $G(s)=\dfrac{K}{s^2}$。

(3) $G(s)=\dfrac{K^*(s+1)}{s(s^2+8s+16)}$。

试分别作出其根轨迹图并给出必要的解释，并说明当 K 和 K^* 为何值时系统将不稳定。

6-16　已知系统开环传递函数为 $G(s)H(s)=\dfrac{K^*(s+3)}{s(s+1)(s+2)}$。

(1) 试绘制系统根轨迹图。

(2) 求当 $\zeta=0.5$ 时的闭环主导极点，并确定其对应的开环增益 K 值及另一个实极点。

6-17　设控制系统中，已知

$$G(s)=\frac{K^*}{s^2(s+1)},\ H(s)=1$$

该系统在增益为任何值时均不稳定，试画出该系统的根轨迹图。利用作出的根轨迹图，说明若在负实轴上加一个零点 $z=-a$，即把 $G(s)$ 变为

$$G(s)=\frac{K^*(s+a)}{s^2(s+1)}\quad(0\leqslant a<1)$$

可以使该系统稳定。

第 7 章　控制系统的校正与设计

在第 4~6 章中，分别介绍了在时域和频域内分析系统的方法，这些方法都是在控制系统数学模型已知的情况下，分析其稳定性、准确性和快速性。本章介绍的内容，是在预先规定了系统的各项性能指标，即在系统稳定的条件下，满足一定的准确性和快速性要求，通过选择适当的环节和参数使控制系统满足这些要求，这就是系统分析的逆问题——控制系统的校正与设计。两者的特点可简要表示如下。

系统分析：控制系统结构参数已知⇒分析其稳定性、准确性、快速性。

系统设计：确定系统结构参数⇐系统稳定，满足一定的准确性和快速性要求。

系统的校正与设计可以采用频率法（利用伯德图）与时域法（利用根轨迹）分别进行，这主要取决于所要求的期望指标是频域指标还是时域指标。本章主要讲述利用频率法进行控制系统的校正与设计问题。

本章首先简单地总结了系统的时域和频域性能指标及两者之间的关系，介绍了校正的概念及实现校正的各种方法，重点介绍了串联校正中的相位超前、相位滞后和相位滞后-超前校正环节，然后讨论了并联校正的反馈校正和顺馈校正，最后介绍了按主导极点位置进行配置的 PID 校正器。

7.1　控制系统的性能指标与校正方式

1. 系统的时域和频域性能指标

系统的性能指标按类型可分为：时域性能指标和频域性能指标。

（1）时域性能指标　时域性能指标包括瞬态性能指标和稳态性能指标。

瞬态性能指标一般是在单位阶跃输入下，由系统输出的过渡过程给出，通常采用以下 5 个性能指标：

1）延迟时间 t_{d}。

2）上升时间 t_{r}。

3）峰值时间 t_{p}。

4）超调量 M_{p}。

5）调整时间 t_{s}。

注意，以上性能指标对于欠阻尼系统和过阻尼系统其定义有所不同（参看第 4 章 4.5 节）。对于如图 7-1 所示的典型二阶欠阻尼系统，以上时域性能指标的具体表达式为

$$t_{\mathrm{r}}=\frac{\pi-\beta}{\omega_{\mathrm{d}}}=\frac{\pi-\arctan\dfrac{\sqrt{1-\zeta^2}}{\zeta}}{\omega_{\mathrm{n}}\sqrt{1-\zeta^2}}$$

$$t_{\mathrm{p}}=\frac{\pi}{\omega_{\mathrm{d}}}=\frac{\pi}{\omega_{\mathrm{n}}\sqrt{1-\zeta^2}}$$

$$M_{\mathrm{p}}=\mathrm{e}^{-\frac{\zeta\pi}{\sqrt{1-\zeta^2}}}$$

$$t_{\mathrm{s}}=\frac{4}{\zeta\omega_{\mathrm{n}}}(\text{误差取 }2\%)\text{或 }t_{\mathrm{s}}=\frac{3}{\zeta\omega_{\mathrm{n}}}(\text{误差取 }5\%)$$

稳态性能指标主要由系统的稳态误差 e_{ss} 来体现。

（2）频域性能指标　频域性能指标不仅反映系统在频域方面的特性，而且当时域性能无法求得时，可先用频率特性实验求得该系统在频域中的动态性能，再由此推出时域中的动态特性，主要有以下指标：

1）谐振频率 ω_r 与谐振峰值 M_r。

2）截止频率 ω_b 与频宽（或称带宽）$0\sim\omega_b$。

3）幅值裕度 K_g。

4）相位裕度 γ。

对于如图 7-1 所示的典型二阶欠阻尼系统，其频域性能指标表达式为

$$\omega_{\mathrm{r}}=\omega_{\mathrm{n}}\sqrt{1-2\zeta^2},M_{\mathrm{r}}=\frac{1}{2\zeta\sqrt{1-\zeta^2}}$$

$$\omega_{\mathrm{b}}=\omega_{\mathrm{n}}\sqrt{1-2\zeta^2+\sqrt{2-4\zeta^2+4\zeta^4}}$$

$$K_{\mathrm{g}}=\infty$$

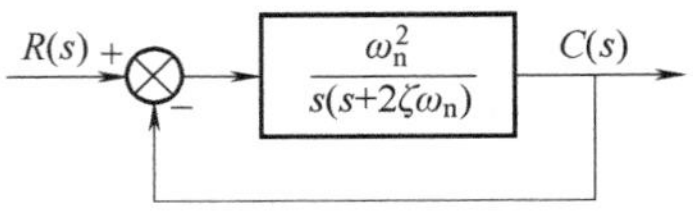

$R(s)$ + ⊗ − → $\dfrac{\omega_{\mathrm{n}}^2}{s(s+2\zeta\omega_{\mathrm{n}})}$ → $C(s)$

图 7-1　典型二阶欠阻尼系统闭环控制框图

$$\gamma=180°+\varphi(\omega_{\mathrm{c}})=180°-90°-\arctan\frac{\omega_{\mathrm{c}}}{2\zeta\omega_{\mathrm{n}}}=\arctan\frac{2\zeta}{\sqrt{\sqrt{1+4\zeta^4}-2\zeta^2}}$$

式中，$|G(\mathrm{j}\omega_{\mathrm{c}})H(\mathrm{j}\omega_{\mathrm{c}})|=1$，并可求得 $\omega_{\mathrm{c}}=\omega_{\mathrm{n}}\sqrt{\sqrt{1+4\zeta^4}-2\zeta^2}$。

注意，在上述频域性能指标中，1）、2）是在系统的闭环幅频特性上定义，而 3）、4）是在系统的开环频率特性上定义。

（3）时域与频域性能指标的转换　对于同一系统，不同域中的性能指标转换有严格的数学关系。由第 4、5 章可知，对于如图 7-1 所示的典型二阶欠阻尼系统而言，可推导得到以下关系式

$$M_{\mathrm{p}}=\mathrm{e}^{-\pi\sqrt{(M_{\mathrm{r}}-\sqrt{M_{\mathrm{r}}^2-1})/(M_{\mathrm{r}}+\sqrt{M_{\mathrm{r}}^2-1})}}$$

$$\omega_{\mathrm{r}}=\frac{3}{t_{\mathrm{s}}\zeta}\sqrt{1-2\zeta^2}\text{，其中 }t_{\mathrm{s}}=\frac{3}{\zeta\omega_{\mathrm{n}}}\text{或}\frac{4}{\zeta\omega_{\mathrm{n}}}$$

$$\omega_{\mathrm{b}}=\frac{3}{t_{\mathrm{s}}\zeta}\sqrt{1-2\zeta^2+\sqrt{2-4\zeta^2+4\zeta^4}}\text{或}\frac{4}{t_{\mathrm{s}}\zeta}\sqrt{1-2\zeta^2+\sqrt{2-4\zeta^2+4\zeta^4}}$$

$$\gamma=\arctan\frac{2\zeta}{\sqrt{\sqrt{1+4\zeta^4}-2\zeta^2}}\text{，其中 }\omega_{\mathrm{c}}=\omega_{\mathrm{n}}\sqrt{\sqrt{1+4\zeta^4}-2\zeta^2}$$

对于高阶系统来说，其关系比较复杂，通常取其主导极点近似为二阶系统进行分析计算，工程上常用近似公式或曲线来表达它们之间的相互联系。

（4）频率特性曲线与系统性能的关系　由于开环系统的频率特性与闭环系统的时间响应密切相关，而基于频率特性的控制系统设计和校正方法又较为简便，因此了解频率特性曲

线与系统性能之间的关系是很必要的。

一般是将系统开环频率特性的幅值穿越频率 ω_c 看成是频率响应的中心频率，并将在 ω_c 附近的频率区段称为中频段；把 $\omega \ll \omega_c$ 的频率区段称为低频段（一般定为第一个转折频率以前）；把 $\omega \gg \omega_c$ 的频率区段称为高频段（一般取 $\omega > 10\omega_c$）。

由前几章内容可知，低频段可求出系统的开环增益 K、系统的类型 λ 等参数，表征了闭环系统的稳态特性；中频段可求出幅值穿越频率 ω_c 和相位裕度 γ 等参数，表征了闭环系统的动态特性；高频段表征了系统对高频干扰或噪声的抵抗能力，幅值衰减越快，系统抗干扰能力越强。

用频率法校正与设计系统的本质，就是对系统的开环频率特性（一般用渐近伯德图）作某些修改，使之变成我们所期望的曲线形状，即低频段的增益充分大，以保证稳态误差的要求；在幅值穿越频率 ω_c 附近，使对数幅频特性的斜率为 -20dB/dec 并占据充分的带宽，以保证系统具有较快的响应速度和适当的相位裕度、幅值裕度；在高频段的增益应尽快衰减，以便使噪声影响减到最小。

2. 校正的概念与方式

（1）校正的概念　校正又称补偿，是在控制对象已知、性能指标已定的情况下，在系统中增加新的环节或改变某些参数以改变原系统性能，使其满足所定性能指标要求的一种方法。

校正的实质就是通过引入校正环节，改变整个系统的零、极点分布，从而改变系统的频率特性，使系统频率特性的低、中、高频段满足希望的性能或使系统的根轨迹穿越希望的闭环主导极点，从而使系统满足希望的动、静态性能指标要求。

（2）校正的方式　在工程上习惯采用频率法进行校正，通常的校正方式有以下几种。

1）串联校正。校正环节 $G_c(s)$ 串联在原系统传递函数框图的前向通路中，如图 7-2 所示。为了减少功率消耗，串联校正环节一般都放在前向通路的前端即低功率的部位，多采用有源校正网络。

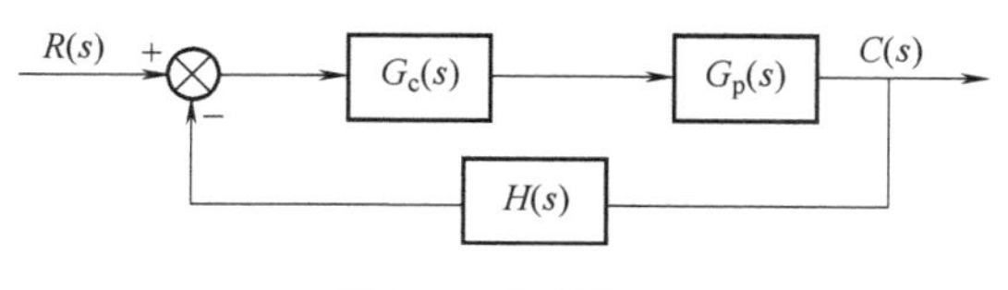

图 7-2　串联校正

串联校正按校正环节 $G_c(s)$ 的性能可分为：增益调整、相位超前校正、相位滞后校正、相位滞后-超前校正。

2）并联校正。按校正环节 $G_c(s)$ 在原系统中并联的方式，并联校正又可分为反馈校正（图 7-3）、顺馈校正（图 7-4）与前馈校正（图 7-5）。

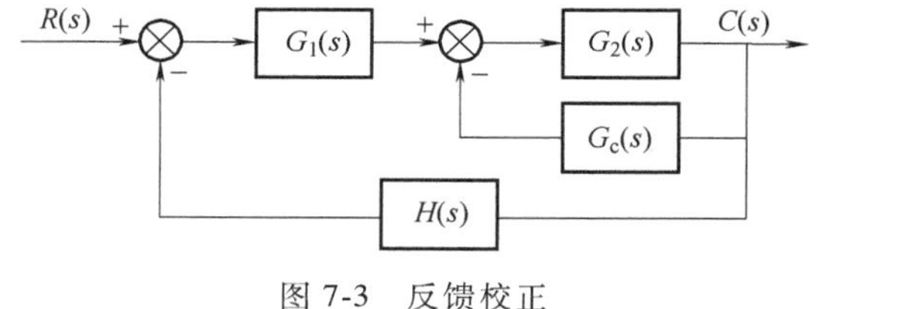

图 7-3　反馈校正

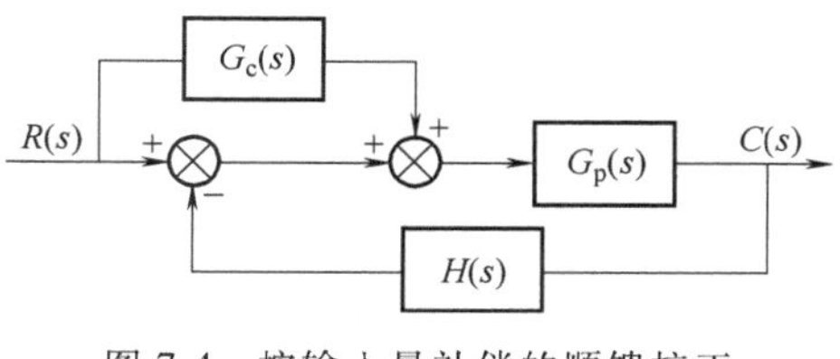

图 7-4　按输入量补偿的顺馈校正

由于采用反馈校正时，信号是从高功率点流向低功率点，因此一般采用无源校正网络，不再附加放大器。

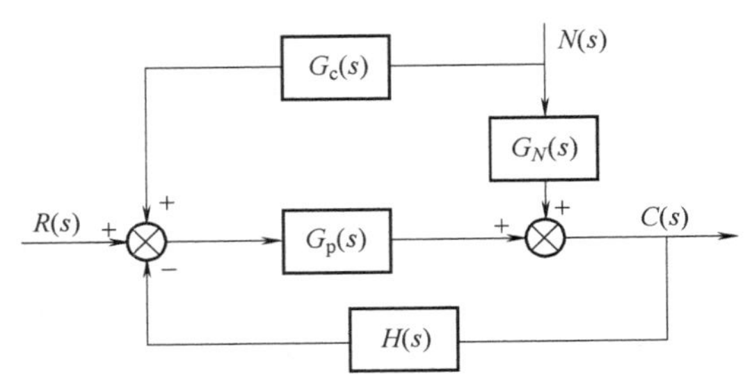

图 7-5　按干扰量补偿的前馈校正

3）PID 校正器。在工业控制上，常采用能够实现比例（proportional）、积分（integral）、微分（derivative）等控制作用的校正器，实现超前、滞后、滞后-超前的校正作用。其基本原理与串联校正、反馈校正相比并无特殊之处，但结构的组合形式、产生的调节效果却有所不同。PID 校正与串联校正、反馈校正相比有如下特点。

① 对被控对象的模型要求低，甚至在系统模型完全未知的情况下，也能进行校正。

② 校正方便。在 PID 校正器中，其比例、积分、微分的校正作用相互独立，最后以求和的形式出现，如图 7-6 所示。人们可以任意改变其中的某一校正规律，大幅增加了使用的灵活性。

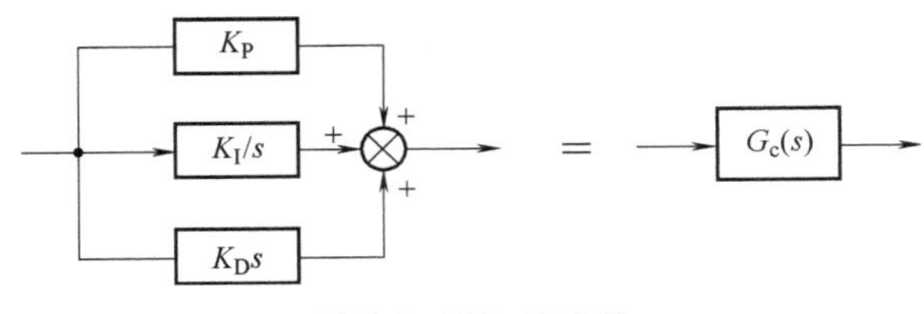

图 7-6　PID 校正器

③ 适用范围较广。采用一般的校正装置，当原系统参数变化时，系统的性能将产生很大的变化，而 PID 校正器的适用范围要广得多，在一定的变化区间中，仍有很好的校正效果。

因为 PID 校正器有上述优点，所以在工业控制中得到了广泛的应用。

在实际研究中究竟选用何种校正方式，主要取决于系统本身的结构特点、采用的元件、信号的性质、经济条件及设计者的经验等。

另外，控制系统的校正不像系统分析那样只有单一答案，最终确定校正方案时，应根据技术、经济和其他一些附加限制条件综合考虑。

7.2　串联校正

对于大多数控制系统的性能指标，一般是从两方面进行要求：稳态特性和动态特性。稳态特性由稳态精度或稳态误差 e_{ss} 来决定，动态特性由相对稳定性指标幅值裕度 K_g 和相位裕度 γ 来决定。当这两方面的要求不能满足时就要在系统中加入校正环节或改变某些参数，使系统满足规定的性能指标。本节主要介绍串联校正的 4 种形式。

1. 控制系统的增益调整

增益调整是改进控制系统性能使其满足相对稳定性和稳态精度要求的一个有效方式。

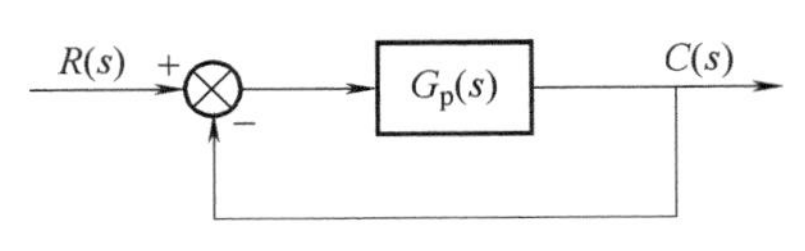

图 7-7　位置控制系统的框图

例 7-1　图 7-7 所示为位置控制系统的框图，其开环

传递函数为

$$G_p(s)=\frac{250}{s\left(1+\frac{1}{10}s\right)}$$

要求改变增益，使系统有 45°的相位裕度。

解：首先作系统开环频率特性的渐近伯德图，如图 7-8 所示。由图 7-8 可知，校正前系统的幅值穿越频率 $\omega_c\approx 50\text{rad/s}$，系统的相位裕度 $\gamma\approx 11°$，显然远小于要求的 45°的相位裕度。由相频曲线可知，在 $\omega=10\text{rad/s}$ 处，系统对应的相位角为−135°，如果能使此频率为系统新的幅值穿越频率 ω_c'，则相位裕度即可达到要求。系统在未校正前，在 $\omega=10\text{rad/s}$ 处的幅值为 $20\lg|G_p(j\omega)|_{\omega=10}\approx 20\lg 25$（注意，此值是按渐近伯德图近似求得），即 $|G_p(j\omega)|_{\omega=10}\approx 25$，因此如果能使校正后的 $|G_p'(j\omega)|_{\omega_c=10}=1$，相当于将原系统的增益缩小为 $\frac{1}{25}$，即可满足 $\gamma=45°$的要求，由此得校正后系统的传递函数为

$$G_p'(s)=\frac{1}{25}G_p(s)=\frac{10}{s(1+\frac{1}{10}s)}$$

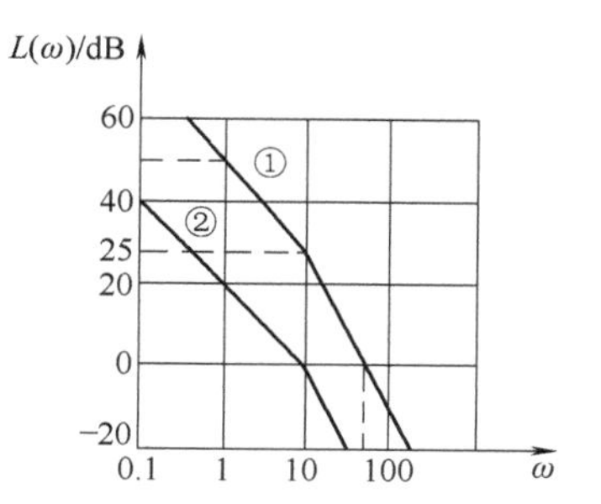

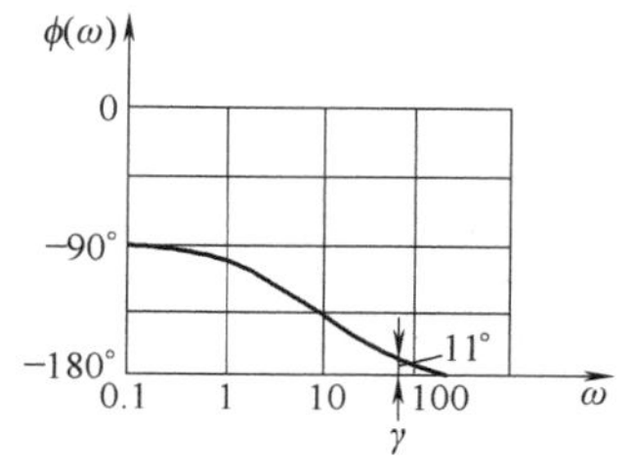

图 7-8 位置控制系统的增益调整伯德图

校正后的曲线②满足了 $\gamma=45°$的要求，但系统的稳态误差由 $\frac{1}{250}$增大为 $\frac{1}{10}$，稳态精度降低了，由于 ω_c 变小响应速度也降低了。用 MATLAB 求图 7-7 所示系统校正前后的单位阶跃响应曲线，如图 7-9 所示。其 MATLAB 程序如下。

MATLAB Program of Example 7-1

```
%----------Unit-step Response of gain regulation---------
num=[2500];
den=[1 10 2500];
step(num,den)
grid on
title('Unit-step Response')
hold
num=[0 0 100];
den=[1 10 100];
step(num,den)
title('Unit-step Response')
```

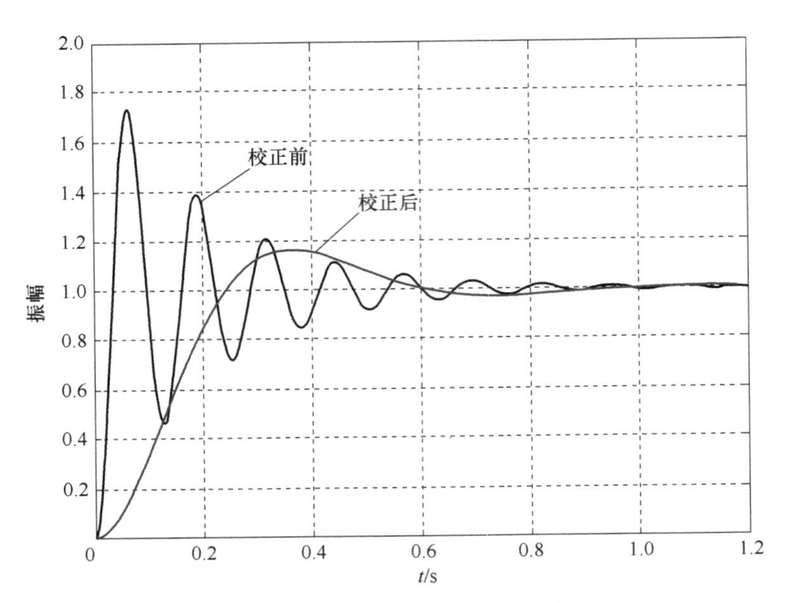

图 7-9　增益校正前后的单位阶跃响应曲线

用 MATLAB 画出系统增益调整前后的实际伯德图如图 7-10 所示。MATLAB 程序如下。

MATLAB Program of Example 7-1

```
%---------Bode Diagram of gain regulation---------
num=[2500];
den=[1 10 0];
w=logspace(-1,3,100)
bode(num,den,w)
grid on
title('Bode Diagram')
hold
num=[100];
den=[1 10 0];
bode(num,den,w)
```

2. 相位超前校正

由以上增益调整过程可知，减少系统的开环增益可以使相位裕度增加，从而使系统的稳定性得到提高，但它又降低了系统的稳态精度和响应速度。为了既提高系统的响应速度，又保证系统的其他特性不变坏，可以对系统进行相位超前校正。

相位超前校正环节使输出相位超前于输入相位。图 7-11a 所示为无源超前校正网络，其传递函数可以利用第 3 章讲述的概念，直接求得

$$G_c(s)=\frac{u_o(s)}{u_i(s)}=\frac{R_2}{R_1+R_2}\cdot\frac{R_1Cs+1}{\dfrac{R_2}{R_1+R_2}R_1Cs+1}$$

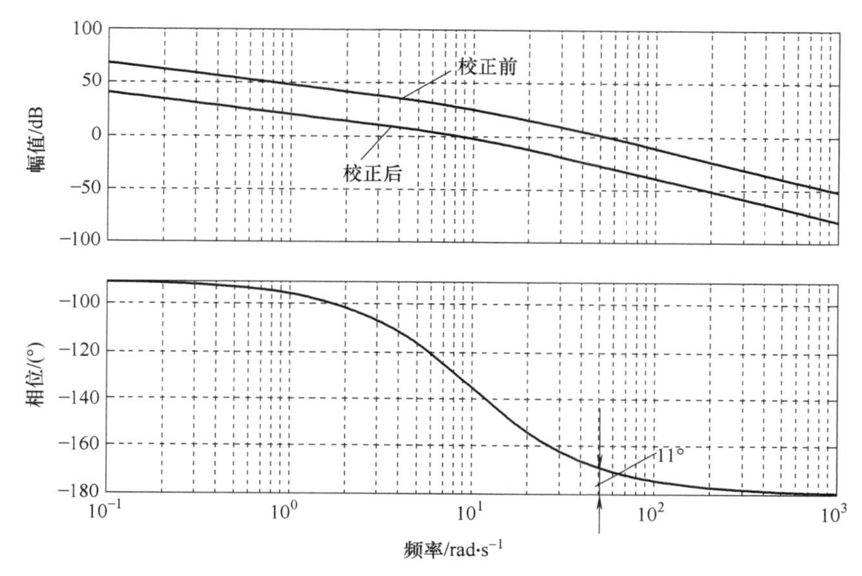

图 7-10　位置控制系统的增益调整伯德图

若令 $\alpha=\dfrac{R_1+R_2}{R_2}$，$T=\dfrac{R_2}{R_1+R_2}R_1C$，则有

$$G_c(s)=\frac{1}{\alpha}\frac{\alpha Ts+1}{Ts+1}\quad(\alpha>1)\tag{7-1}$$

其幅频特性与相频特性表达式为

$$L(\omega)=20\lg|G_c(j\omega)|=20\lg\frac{1}{\alpha}\frac{\sqrt{(\alpha\omega T)^2+1}}{\sqrt{(\omega T)^2+1}}$$

$$\varphi(\omega)=\arctan\alpha\omega T-\arctan\omega T\geqslant 0°\tag{7-2}$$

作其渐近伯德图如图 7-11b 所示，其转折频率分别为 $\omega_1=\dfrac{1}{\alpha T}$，$\omega_2=\dfrac{1}{T}$，且具有正的相角特性。利用$\dfrac{d\varphi}{d\omega}=0$，可求出最大超前相位的频率为

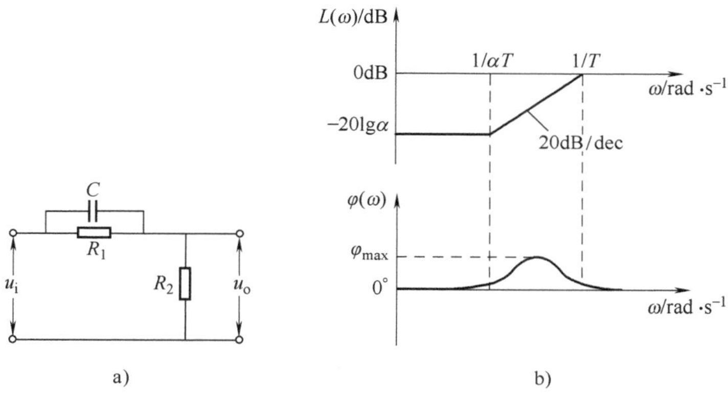

图 7-11　无源超前校正网络及其伯德图

$$\omega_{\mathrm{m}}=\frac{1}{T\sqrt{\alpha}}=\sqrt{\omega_1\omega_2} \tag{7-3}$$

即 ω_{m} 在伯德图上是两个转折频率的几何中心。

将式（7-3）代入式（7-2）可得最大超前相位为

$$\varphi_{\mathrm{m}}=\arcsin\frac{\alpha-1}{\alpha+1} \tag{7-4}$$

式（7-4）又可写成

$$\alpha=\frac{1+\sin\varphi_{\mathrm{m}}}{1-\sin\varphi_{\mathrm{m}}} \tag{7-5}$$

由式（7-4）和式（7-5）可知，φ_{m} 仅与 α 取值有关，α 值越大，相位超前越多，对于被校正系统来说，相位裕度也越大。由于校正环节增益下降，会引起原系统开环增益减小，使稳态精度降低，因此须提高放大器的增益来补偿超前网络的衰减损失，即实际的超前校正环节传递函数为

$$G_{\mathrm{c}}(s)=\frac{\alpha Ts+1}{Ts+1}\quad(\alpha>1) \tag{7-6}$$

由图 7-11b 可知，超前校正网络具有高通滤波器特性，为使系统抑制高频噪声的能力不致降低太多，通常 α 取值为 10 左右（此时超前校正环节产生的最大相位超前约 55°左右）。

串联相位超前校正是对原系统在中频段的频率特性实施校正，它对系统性能的改善体现在以下两方面。

1）由于 20dB/dec 的环节可加大系统的幅值穿越频率 ω_{c}，因而它可提高系统的响应速度。

2）由于相位超前的特点，它使原系统的相位裕度增加，因而可提高其相对稳定性。

下面举例说明采用相位超前校正的步骤。

例 7-2 图 7-12 所示为单位反馈控制系统，给定的性能指标如下。

单位斜坡输入时的稳态误差 $e_{\mathrm{ss}}=0.05$，相位裕度 $\gamma\geqslant 50°$，幅值裕度 $20\lg K_{\mathrm{g}}\geqslant 10\mathrm{dB}$。

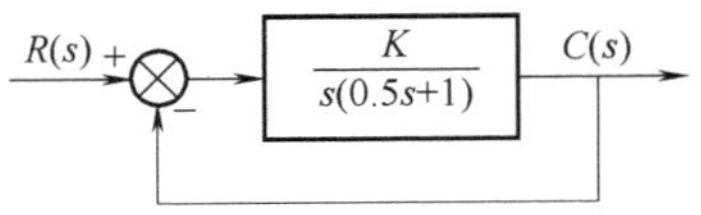

R(s) + − $\frac{K}{s(0.5s+1)}$ C(s)

图 7-12 单位反馈控制系统

解： 1）首先根据稳态误差确定开环增益 K。因为是 Ⅰ 型系统，所以

$$K=\frac{1}{e_{\mathrm{ss}}}=\frac{1}{0.05}=20$$

2）作开环频率特性的渐近伯德图，并找出校正前系统的相位裕度和幅值裕度。

校正前开环频率特性渐近伯德图如图 7-13 所示。由图 7-13 可知，校正前系统相位裕度为 17°，幅值裕度为无穷大，因此系统是稳定的。但因相位裕度小于 50°，故相对稳定性不合要求。为了在不减小幅值裕度的前提下，将相位裕度从 17°提高到 50°，需要采用如式（7-6）形式的相位超前校正环节。

3）确定系统需要增加的相位超前角 φ_{m}。由于串联相位校正环节会使系统的幅值穿越频率 ω_{c} 在对数幅频特性的坐标轴上向右移，因此在考虑相位超前量时，增加 5°左右，以补偿这一移动，因而相位超前量为

$$\varphi_{\mathrm{m}}=50°-17°+5°=38°$$

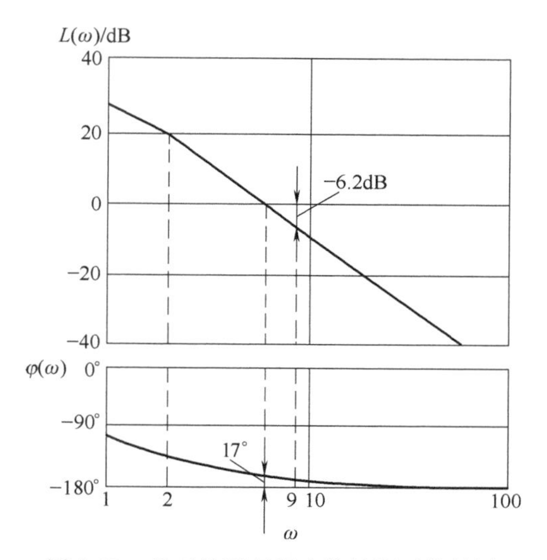

图 7-13　校正前开环频率特性渐近伯德图

相位超前校正环节应产生这一相位才能使校正后的系统满足设计要求。

4）利用式（7-4）确定系数 α。由

$$\varphi_m = \arcsin\frac{\alpha-1}{\alpha+1} = 38°$$

可计算得到 $\alpha = 4.17$。

由式（7-3）可知，φ_m 发生在 $\omega_m = \dfrac{1}{T\sqrt{\alpha}}$ 的点上。在这点上超前环节的幅值为

$$20\lg\left|\frac{1+\mathrm{j}\alpha T\omega_m}{1+\mathrm{j}T\omega_m}\right| = 20\lg\left|\frac{1+\sqrt{\alpha}\,\mathrm{j}}{1+\dfrac{1}{\sqrt{\alpha}}\mathrm{j}}\right| = 6.2\mathrm{dB}$$

这就是超前校正环节在 ω_m 点上造成的对数幅频特性的上移量。

从图 7-13 上可以找到幅值为 -6.2dB 时的频率约为 $\omega = 9\mathrm{rad/s}$，这一频率就是校正后系统的幅值穿越频率 ω_c。

$$\omega_c = \omega_m = \frac{1}{T\sqrt{\alpha}} = 9\mathrm{rad/s}$$

所以，$T = 0.055\mathrm{s}$，$\alpha T = 0.23\mathrm{s}$。

由此得相位超前校正环节的频率特性为

$$G_c(\mathrm{j}\omega) = \frac{1+\mathrm{j}\alpha T\omega}{1+\mathrm{j}T\omega} = \frac{1+\mathrm{j}0.23\omega}{1+\mathrm{j}0.055\omega}$$

校正后系统的开环传递函数为

$$G_k(s) = G_c(s)G(s) = \frac{1+0.23s}{1+0.055s}\cdot\frac{20}{s(1+0.5s)}$$

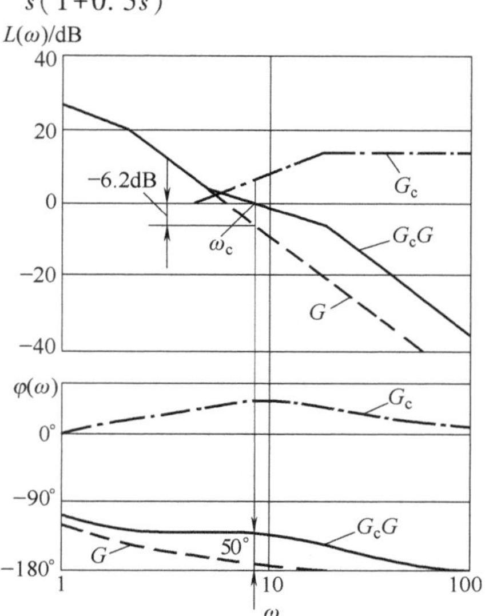

图 7-14　校正后的 $G_k(\mathrm{j}\omega)$ 伯德图

图 7-14 所示为校正后的 $G_k(\mathrm{j}\omega)$ 伯德图。比较图 7-13 与图 7-14 可以看出，校正后系统的带宽增加，相位裕度从 17°增加到 50°，幅值裕度也足够。

考察校正前系统的闭环传递函数（$K=20$ 时）为

$$\frac{C(s)}{R(s)} = \frac{G(s)}{1+G(s)} = \frac{20}{0.5s^2+s+20} = \frac{num(s)}{den(s)}$$

实施串联相位超前校正后系统的闭环传递函数为

$$\frac{C(s)}{R(s)} = \frac{G_c(s)G(s)}{1+G_c(s)G(s)} = \frac{4.6s+20}{0.0275s^3+0.555s^2+5.6s+20} = \frac{num(s)}{den(s)}$$

用 MATLAB 求系统在相位超前校正前后的单位阶跃响应曲线，如图 7-15 所示。MATLAB 程序如下。

MATLAB Program of Example 7-2

```
%-----Unit-step Response of phase-lead compensation-----
num=[20];
den=[0.5 1 20];
step(num,den)
grid on
title('Unit-step Response')
hold
num=[4.6 20];
den=[0.0275 0.555 5.6 20];
step(num,den)
```

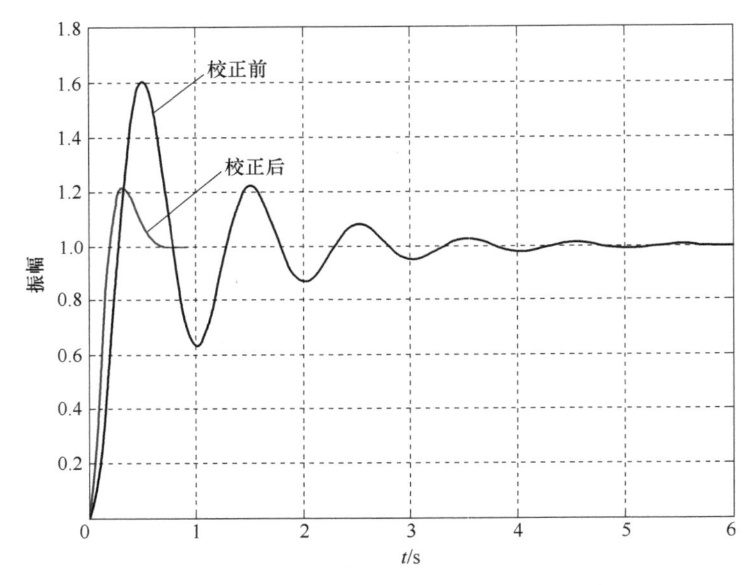

图 7-15　相位超前校正前后的单位阶跃响应曲线

由图 7-14 和图 7-15 可见，串联超前校正环节增大了相位裕度，加大了带宽，进而提高了系统的相对稳定性（超调量 M_p 由 60.4%减小为 22%），加快了系统的响应速度（峰值时间 t_p 由 0.50s 减小为 0.31s），使过渡过程得到显著改善（调整时间 t_s 明显减小）。但由于系统的增益和型次都未变，所以稳态精度变化不大。

3. 相位滞后校正

系统的稳态误差取决于开环传递函数的型次和增益，为了减小稳态误差而又不影响稳定性和响应的快速性，只要加大低频段的增益即可。为此目的，可采用相位滞后校正环节，使输出相位滞后于输入相位，从而对控制信号产生相移的作用。

图 7-16a 所示为无源滞后校正网络，它的传递函数为

$$G_c(s)=\frac{u_o(s)}{u_i(s)}=\frac{R_2Cs+1}{(R_1+R_2)Cs+1}=\frac{Ts+1}{\alpha Ts+1} \tag{7-7}$$

其相频特性为
$$\varphi(\omega)=\arctan\omega T-\arctan\omega\alpha T\leqslant 0^\circ \tag{7-8}$$
式中，$T=R_2C$；$\alpha=\dfrac{R_1+R_2}{R_2}>1$。

滞后环节的渐近伯德图如图 7-16b 所示，其转折频率分别为 $\omega_1=\dfrac{1}{\alpha T}$和 $\omega_2=\dfrac{1}{T}$。由式（7-8）可见，φ 为负值，并随 α 的增大而减小。对式（7-8）求导，令$\dfrac{\mathrm{d}\varphi}{\mathrm{d}\omega}=0$，得

$$\omega_m=\frac{1}{T\sqrt{\alpha}}=\sqrt{\omega_1\omega_2} \tag{7-9}$$

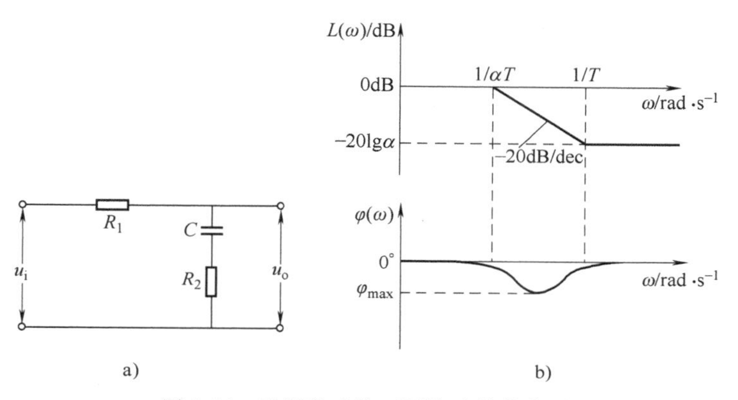

图 7-16　无源滞后校正网络及其伯德图

此为最大滞后相位处的频率，而最大相位滞后为
$$\varphi_m=\arctan\omega_m T-\arctan\omega_m\alpha T \tag{7-10}$$
将式（7-9）代入式（7-10），得
$$\varphi_m=\arctan\frac{\alpha-1}{2\sqrt{\alpha}}$$
由几何关系可得
$$\sin\varphi_m=\frac{\alpha-1}{\alpha+1} \tag{7-11}$$

串联相位滞后校正环节，目的不在于使系统相位滞后（而这正是要避免的），而在于使系统大于$\dfrac{1}{T}$的高频段增益衰减，并保证在该频段内相位变化很小。

为避免使最大滞后相位发生在校正后系统的开环对数幅频曲线的幅值穿越频率 ω_c 附近，一般$\dfrac{1}{T}=\dfrac{\omega_c}{4}\sim\dfrac{\omega_c}{10}$，$\alpha$ 取 10 左右。

由式（7-7），令 $s=\mathrm{j}\omega$，当 $\omega<1/\alpha T$，即为低频部分时
$$|G_c(\mathrm{j}\omega)|\approx 1$$
当 $\omega>1/T$，即为高频部分时
$$|G_c(\mathrm{j}\omega)|\approx 1/\alpha<1$$
因此，滞后校正网络相当于一个低通滤波器。当频率高于 $1/T$ 时，增益全部下降 $20\lg\alpha$，而

相位增加不大，这是因为如果 $1/T$ 比校正前的幅值穿越频率 ω_c 小很多，那么加入这种相位滞后环节，ω_c 附近的相位变化很小，响应速度也不会受到太大影响。

下面举例说明采用相位滞后校正的步骤。

例 7-3 设有单位反馈控制系统，其开环传递函数为

$$G(s)=\frac{K}{s(s+1)(0.5s+1)}$$

给定的性能指标：单位斜坡输入时的静态误差 $e_{ss}=0.2$，相位裕度 $\gamma=40°$，幅值裕度 $20\lg K_g \geqslant 10\text{dB}$。

解： 1）按给定的稳态误差确定开环增益 K。对于Ⅰ型系统。

$$K=\frac{1}{e_{ss}}=\frac{1}{0.2}=5$$

2）作 $G(j\omega)$ 的渐近伯德图，找出未校正系统的相位裕度和幅值裕度。

图 7-17 中虚线①是校正前系统开环频率特性 $G(j\omega)$ 的渐近伯德图。由图可知，原系统的相位裕度为$-20°$，幅值裕度为 $20\lg K_g=-8\text{dB}$，系统是不稳定的。这个结论也可以通过劳斯判据得到，校正前该闭环系统稳定的 K 值范围为 $0<K<3$。

3）在 $G(j\omega)$ 的伯德图上找出相位裕度 $\gamma=40°+(5°\sim12°)$ 的频率点，并选这点作为已校正系统的幅值穿越频率。

由于在系统中串联相位滞后环节后，对数相频特性曲线在幅值穿越频率 ω_c 处的相位将有所滞后，所以增加 10°作为补充。现取设计相位裕度为 50°，由图可知，对应于相位裕度为 50°的频率大致为 0.6rad/s，将校正后系统的幅值穿越频率 ω_c 选在该频率附近，为 0.5rad/s。

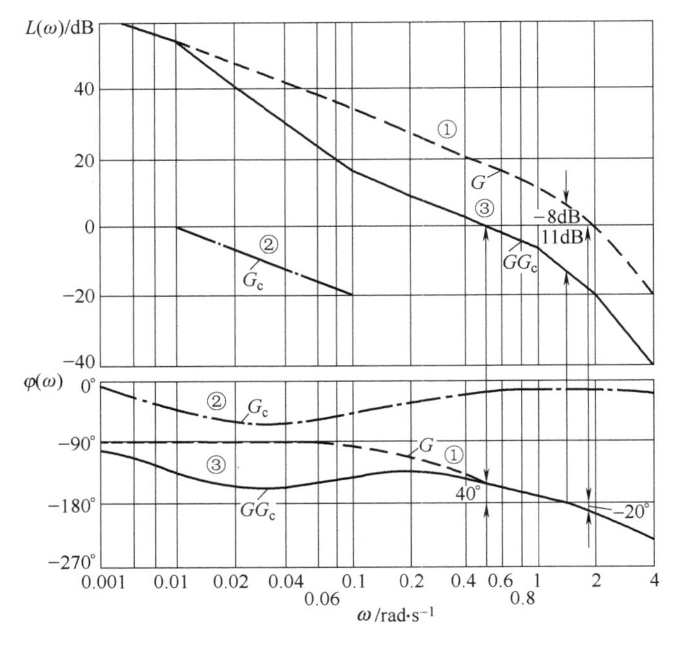

图 7-17 相位滞后校正前后系统的开环伯德图

4）相位滞后校正环节的零点转折频率 ω_T 选为已校正系统的 ω_c 的 1/10～1/4。相位滞后校正环节的零点转折频率 $\omega_T=1/T$，应远小于已校正系统的幅值穿越频率，选 $\omega_c/\omega_T=5$，故

$$\omega_T=\frac{\omega_c}{5}=0.1\text{rad/s}$$

$$T=\frac{1}{\omega_T}=10\text{s}$$

5）确定 α 值和相位滞后校正环节的极点转折频率。在 $G(j\omega)$ 的伯德图中，在已校正系统的幅值穿越频率点上，找到使 $G(j\omega)$ 的对数幅频特性下降到零分贝所需的衰减分贝值，这一衰减分贝值等于 $-20\lg\alpha$，由此确定了 α 值，也确定了相位滞后校正环节的极点转折频率。

由图 7-17 可知，要使 $\omega=0.5\text{rad/s}$ 成为已校正系统的幅值穿越频率 ω_c，就需要在该点将 $G(j\omega)$ 的对数幅频特性移动 -20dB。所以，该点的滞后校正环节的对数幅频特性分贝值应为

$$20\lg\left|\frac{1+jT\omega_c}{1+j\alpha T\omega_c}\right|=-20\text{dB}$$

当 $\alpha T\gg1$ 时，有

$$20\lg\left|\frac{1+jT\omega_c}{1+j\alpha T\omega_c}\right|\approx-20\lg\alpha$$

$$-20\lg\alpha=-20\text{dB}$$

得

$$\alpha=10$$

显然，极点转折频率

$$\omega_T=\frac{1}{\alpha T}=0.01\text{rad/s}$$

相位滞后校正环节的频率特性为

$$G_c(j\omega)=\frac{1+jT\omega}{1+j\alpha T\omega}=\frac{1+j10\omega}{1+j100\omega}$$

$G_c(j\omega)$ 的伯德图如图 7-17 中的点画线②所示。

故校正后系统的开环传递函数为

$$G_k(s)=G_c(s)G(s)=\frac{5(10s+1)}{s(0.5s+1)(s+1)(100s+1)}$$

图中实线③为校正后的 $G_k(j\omega)$ 伯德图。图中相位裕度 $\gamma=40°$，幅值裕度 $20\lg K_g\approx11\text{dB}$，系统的性能指标得到满足。但由于校正后的开环幅值穿越频率从 1.85 降到了 0.55，闭环系统的带宽也随之下降，所以这种校正会使系统的响应速度降低。

同样，在求得系统校正后的闭环传递函数后，可以用 MATLAB 画出系统校正后的单位阶跃响应曲线，来验证上面的结论，如图 7-18 所示（校正前系统不稳定）。

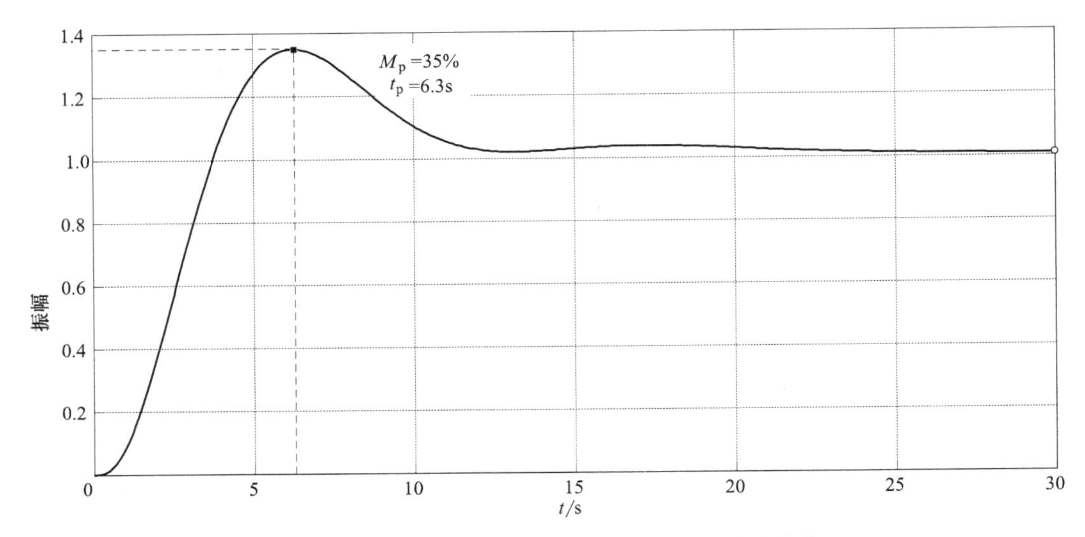

图 7-18　相位滞后校正后系统的单位阶跃响应曲线

4. 相位滞后-超前校正

超前校正的效果使系统带宽增加，提高了时间响应速度，但对稳态误差影响较小；滞后校正则可以提高稳态性能，但使系统带宽减小，降低了时间响应速度。

采用滞后-超前校正环节，则可以同时改善系统的瞬态响应和稳态精度。

图 7-19a 所示为无源滞后-超前校正网络，它的传递函数为

$$G_c(s)=\frac{u_o(s)}{u_i(s)}=\frac{(R_1C_1s+1)(R_2C_2s+1)}{(R_1C_1s+1)(R_2C_2s+1)+R_1C_2s} \tag{7-12}$$

令

$$R_1C_1=T_1;R_2C_2=T_2 \quad (取\ T_2>T_1) \tag{7-13}$$

$$R_1C_1+R_2C_2+R_1C_2=\frac{T_1}{\alpha}+\alpha T_2 \quad (取\ \alpha>1) \tag{7-14}$$

将式 (7-13)、式 (7-14) 代入式 (7-12)，得

$$G_c(s)=\frac{(T_1s+1)}{\left(\frac{T_1}{\alpha}s+1\right)}\cdot\frac{(T_2s+1)}{(\alpha T_2s+1)}=\frac{(1+T_2s)}{(1+\alpha T_2s)}\cdot\frac{(1+T_1s)}{\left(1+\frac{T_1}{\alpha}s\right)} \tag{7-15}$$

式 (7-15) 中的第一项相当于滞后网络，而第二项相当于超前网络。由其伯德图 7-19b 可以看出，当 $0<\omega<1/T_2$ 时，起滞后网络作用；当 $1/T_2<\omega<\infty$ 时，起超前网络作用；在 $\omega=1/\sqrt{T_1T_2}$ 时，相位等于零。

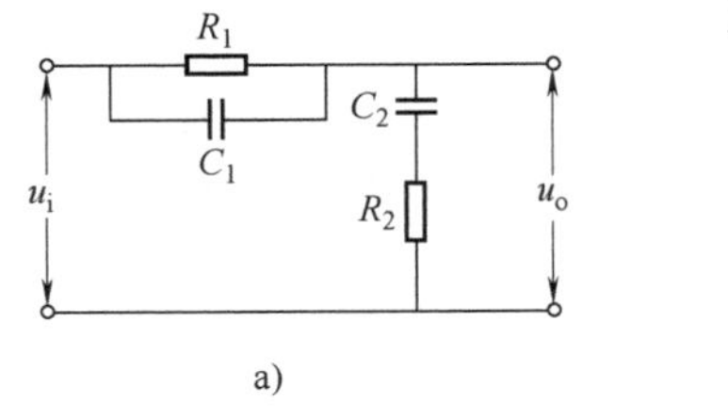

a)

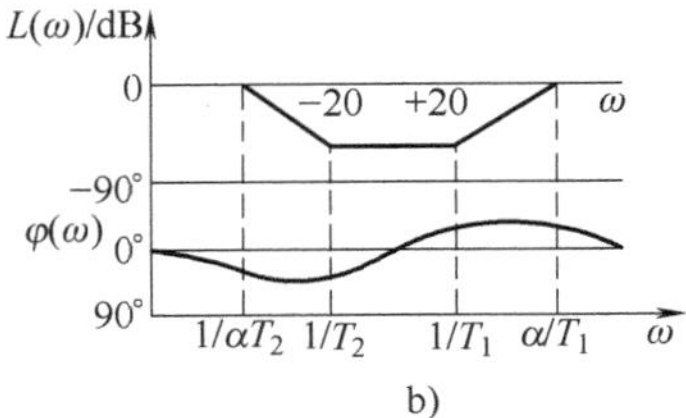

b)

图 7-19　无源滞后-超前网络及其伯德图

下面举例说明采用滞后-超前校正的步骤。

例 7-4 设单位反馈系统的开环传递函数为

$$G(s)=\frac{K}{s(s+1)(0.5s+1)}$$

给定的性能指标为：单位斜坡输入时的稳态误差 $e_{ss}=0.1$，相位裕度 $\gamma=50°$，幅值裕度 $20\lg K_g \geqslant 10\text{dB}$。

解： 1）首先根据稳态性能指标确定开环增益 K。对于Ⅰ型系统

$$K=\frac{1}{e_{ss}}=\frac{1}{0.1}=10$$

2）画出 $G(\mathrm{j}\omega)$ 的渐近伯德图，如图 7-20 中的虚线①所示。

由图 7-20 可知，系统的相位裕度约为−32°，显然系统是不稳定的。现在采用超前校正，使相位在 $\omega=0.4\text{rad/s}$ 以上超前，但若单纯采用超前校正，则低频段衰减太大，若附加增益 K_1，则幅值穿越频率右移，ω_c 仍可能在相位穿越频率 ω_g 右边，系统仍然不稳定。因此，在此基础上再采用滞后校正，可使低频段有所衰减，有利于 ω_c 左移。

3）选择未校正前的相位穿越频率。若选择未校正前的相位穿越频率 $\omega_g=1.5\text{rad/s}$ 为新系统的幅值穿越频率，则取相位裕度 $\gamma=50°$。

4）选滞后部分的零点转折频率远小于 $\omega=1.5\text{rad/s}$，即 $\omega_{T_2}=1.5/10=0.15\text{rad/s}$，$T_2=\frac{1}{\omega_{T_2}}=6.67\text{s}$，选 $\alpha=10$，则极点转折频率为 $1/\alpha T_2=0.015\text{rad/s}$，因此滞后部分的频率特性为

$$\frac{1+\mathrm{j}T_2\omega}{1+\mathrm{j}\alpha T_2\omega}=\frac{1+\mathrm{j}6.67\omega}{1+\mathrm{j}66.7\omega}$$

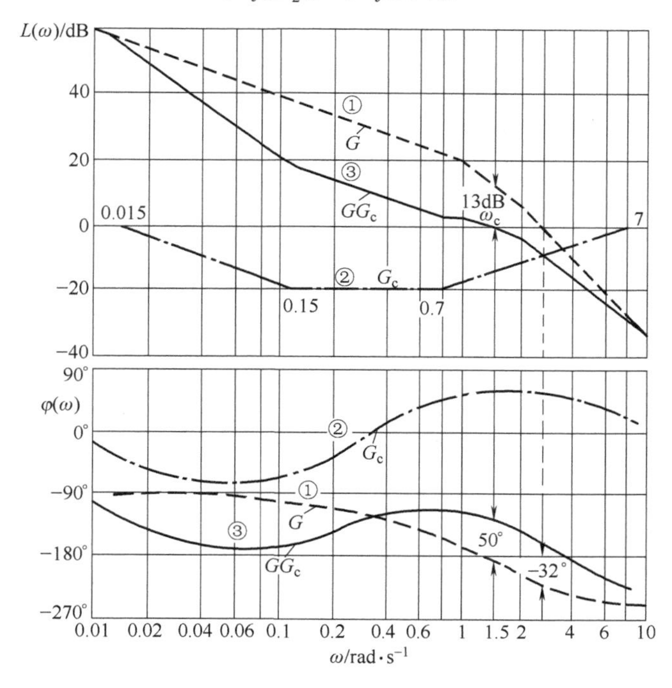

图 7-20 相位滞后-超前校正前后的系统伯德图

由图 7-20 可知，当 $\omega=1.5\text{rad/s}$ 时，幅值 $L(\omega)=13\text{dB}$。因为这一点是校正后的幅值穿越频率，所以校正环节在 $\omega=1.5\text{rad/s}$ 点上产生-13dB 增益。在伯德图上过点（1.5，−13）作斜率为 20dB/dec 的斜线，它和零分贝线和−20dB 线的交点就是超前部分的极点和零点的转折频率。如图 7-20 所示，超前部分的零点转折频率，$\omega_{T_1}\approx 0.7\text{rad/s}$，$T_1=1/\omega_{T_1}=1.43\text{s}$。极点转折频率为 7rad/s，则超前部分的频率特性为

$$\frac{T_1}{\alpha}=\frac{1.43}{10}=0.143$$

$$\frac{1+\mathrm{j}T_1\omega}{1+\mathrm{j}\dfrac{T_1}{\alpha}\omega}=\frac{1+\mathrm{j}1.43\omega}{1+\mathrm{j}0.143\omega}$$

5）滞后-超前校正环节的频率特性为

$$G_c(\mathrm{j}\omega)=\frac{(1+\mathrm{j}6.67\omega)(1+\mathrm{j}1.43\omega)}{(1+\mathrm{j}66.7\omega)(1+\mathrm{j}0.143\omega)}$$

其特性曲线如图 7-20 中的点画线②。

因此，校正后系统的开环传递函数为

$$G_k(s)=G_c(s)G(s)=\frac{10(6.67s+1)(1.43s+1)}{s(s+1)(0.5s+1)(66.7s+1)(0.143s+1)}$$

其伯德图如图 7-20 中的实线③所示。此例的 MATLAB 程序如下，实际伯德图如图 7-21 所示。

MATLAB Program of Example 7-4

```
%-----Bode diagram of phase-lag-lead compensation-----
num=[10];
den=[0.5 1.5 1 0];
w=logspace(-2,2,100)
bode(num,den,w)
grid on
title('Bode Diagrams')
hold
numa=[9.5381 8.1 1];
dena=[9.5381 66.843 1];
bode(numa,dena,w)
grid on
numb=[95.381   81   10];
denb=[4.7691   47.7287   110.3026   68.343   1   0];
bode(numb,denb,w)
grid on
```

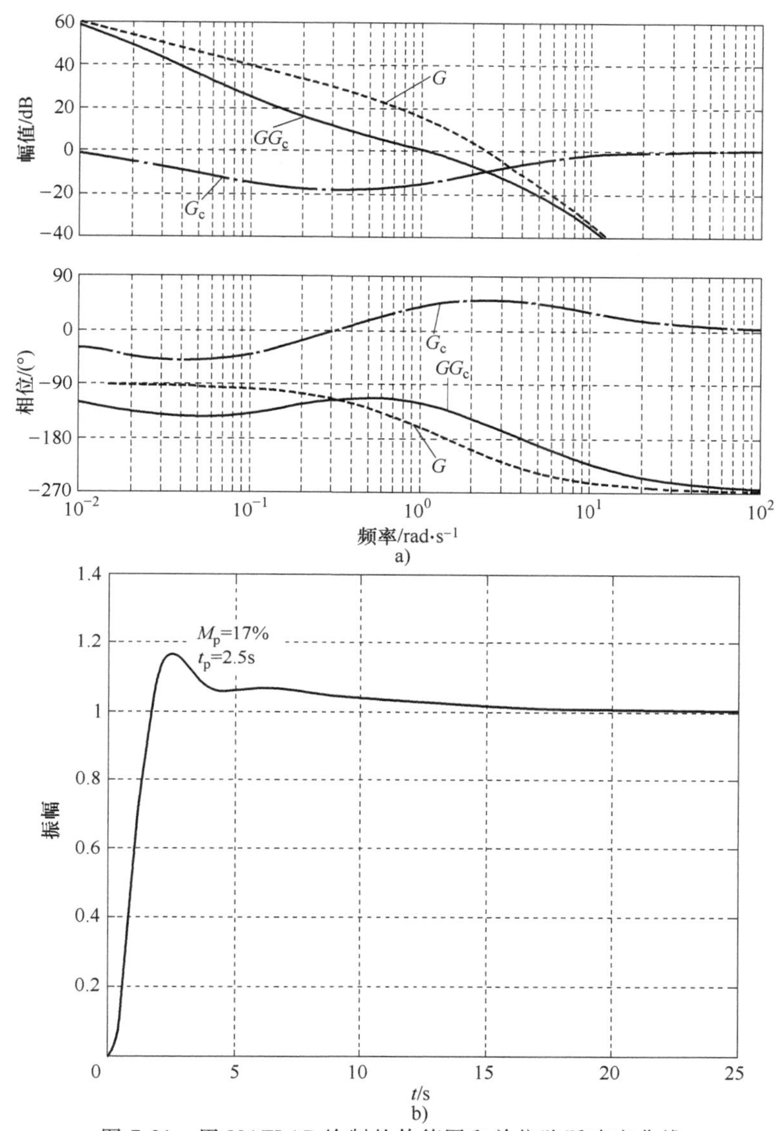

图 7-21 用 MATLAB 绘制的伯德图和单位阶跃响应曲线

a）用 MATLAB 绘制的例 7-4 伯德图 b）滞后-超前校正后系统的单位阶跃响应曲线

由以上校正过程可以看出，相位滞后-超前校正使系统的稳定性和稳态精度得到提高，但由于幅值穿越频率变小，使得带宽变窄，从而使系统的响应速度有所降低。

同样，因为校正前的系统不稳定，用 MATLAB 绘制其校正后的单位阶跃响应曲线，如图 7-21b 所示。MATLAB 程序如下。

MATLAB Program of Example 7-4

```
%-----Unit-step Response of phase-lag-lead compensation-----
num=[10];
den=[0.5 1.5 1 10];
step(num,den)
```

```
title('Unit-step Response')
hold
num=[95.381   81   10];
den=[4.7691   47.7287   110.3026   163.724   82   10];
step(num,den)
grid on
```

7.3 并联校正

串联校正实现比较简单，使用也较为普遍，但有时由于系统本身的特性决定，也常采用并联（反馈、顺馈与前馈）的校正方法来改善系统的动特性。

1. 反馈校正

反馈校正，是从系统某一环节的输出中取出信号，经过校正网络加到该环节前面某一环节的输入端，并与那里的输入信号叠加，从而改变信号的变化规律，实现对系统进行校正的目的。应用较多的是对系统的部分环节建立局部负反馈，如图 7-22 所示。

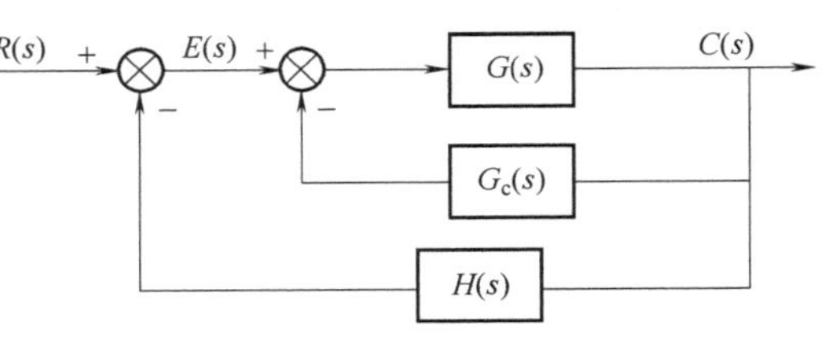

图 7-22　反馈校正系统框图

对于图 7-22 所示的简单反馈校正控制系统，$G_c(s)$ 为反馈校正装置的传递函数，$G(s)H(s)$ 为原系统的开环传递函数，则校正后系统的开环传递函数为

$$G_k(s)=\frac{G(s)H(s)}{1+G(s)G_c(s)}$$

在能够影响系统动态性能的频率范围内，如果

$$|G(j\omega)G_c(j\omega)|\gg 1$$

则校正后系统的开环传递函数可近似表示为

$$G_k(s)\approx\frac{H(s)}{G_c(s)}$$

可见反馈校正系统的特性几乎与被反馈校正装置包围的环节 $G(s)$ 无关。

因此，从控制的观点讲，反馈校正比串联校正有更突出的优点：利用反馈校正能有效地改善被包围环节的动态结构参数，甚至在一定条件下能用反馈校正环节完全取代被包围环节，从而大幅减弱这部分环节由于特性参数变化以及各种干扰给系统带来的不利影响。

下面用一些例子来说明采用反馈校正对系统结构和参数的影响，为分析方便，令 $H(s)=1$。

1）若采用的反馈校正装置 $G_c(s)=K_H$，则称为比例（或位置）反馈。

① 当图 7-22 中的 $G(s)=K/s$，则校正后系统的开环传递函数为

$$G_k(s)=\frac{G(s)H(s)}{1+G(s)G_c(s)}=\frac{\dfrac{1}{K_H}}{1+\dfrac{s}{KK_H}}\tag{7-16}$$

系统由原来的Ⅰ型变成了0型的惯性环节，系统的型次降低，虽然这意味着降低了大回路系统的稳态精度，但有可能提高系统的稳定性。

② 当图7-22中 $G(s)=\dfrac{K}{1+Ts}$，则校正后系统的开环传递函数为

$$G_k(s)=\frac{G(s)H(s)}{1+G(s)G_c(s)}=\frac{\dfrac{K}{1+KK_H}}{1+s\dfrac{T}{1+KK_H}} \tag{7-17}$$

系统仍为一阶惯性环节，但时间常数由原来的 T 变为 $T/(1+KK_H)$，反馈系数 K_H 越大，时间常数越小，系统的响应也就越快。

一般地，比例负反馈可以削弱被包围环节 $G(s)$ 的时间常数，从而扩展该环节带宽。

2）若采用的反馈校正装置 $G_c(s)=K_H s$，则称为微分（或速度）反馈。

当 $G(s)=\dfrac{\omega_n^2}{s(s+2\xi\omega_n)}$，则校正后系统的开环传递函数为

$$G_k(s)=\frac{G(s)H(s)}{1+G(s)G_c(s)}=\frac{\omega_n^2}{s^2+(2\zeta\omega_n+K_H\omega_n^2)s} \tag{7-18}$$

系统仍为二阶振荡环节，但阻尼比由原来的 $2\zeta\omega_n$ 增加到（$2\zeta\omega_n+K_H\omega_n^2$），可以在不影响系统无阻尼固有频率的条件下，有效地减弱小阻尼环节的不利影响。因此，速度反馈既保持了系统的快速性，又改善了系统的稳定性。

希望系统具有较高的快速性，同时又具有良好平稳性的位置随动系统，广泛地采用了这类速度反馈。但由于在工程实际中难以获得理想的微分环节，故常采用近似的微分环节 $K_H s/(T_1 s+1)$ 来实现微分作用，只要 $T_1 s \ll 1$（一般 T_1 为 $10^{-4}\sim10^{-2}$s）。T_1 越小，微分作用越显著。

2. 顺馈与前馈校正

前面讨论的闭环反馈控制，控制作用由误差 $E(s)$ 产生，是利用误差来减少误差最后消除误差的过程。因此从原理上来讲，误差是不可避免的。如果采用补偿的方法，使作用于系统的信号除误差以外，还引入与输入（或扰动）有关的补偿信号，来消除输出和输入之间的误差，这种方法称为顺馈校正（或前馈校正）。

前馈校正的特点是在干扰引起误差之前就对它进行近似补偿，以便及时消除干扰的影响。因此，在干扰信号可测的前提下，可引入前馈补偿。因补偿信号与输入和扰动有关，故可分为按输入校正和按扰动校正两种情况。

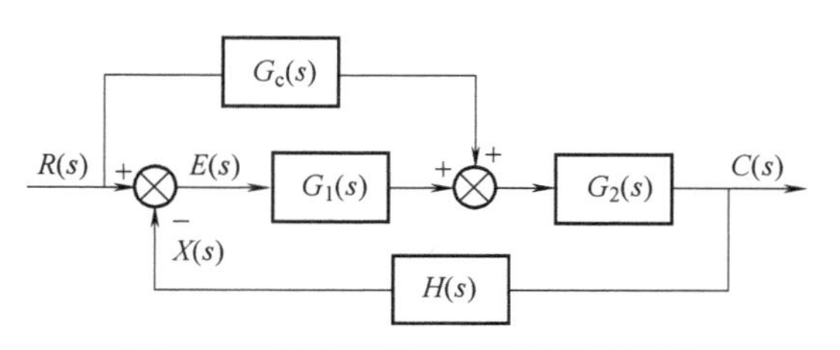

图 7-23 按输入校正的顺馈控制系统

（1）按输入校正　图7-23所示为按输入进行顺馈校正的控制系统，$G_c(s)$ 为顺馈校正环节的传递函数。系统的输出为

$$C(s)=G_1(s)G_2(s)E(s)+G_c(s)G_2(s)R(s)=C_{o1}(s)+C_{o2}(s) \tag{7-19}$$

式中，$C_{o1}(s)=G_1(s)G_2(s)E(s)$ 表示误差引起的输出；$C_{o2}(s)=G_c(s)G_2(s)R(s)$ 表示

输入引起的输出。

式（7-19）表明顺馈补偿为开环补偿，相当于系统通过 $G_c(s)G_2(s)$ 增加了一个输出 $C_{o2}(s)$，其闭环传递函数为

$$\frac{C(s)}{R(s)}=\frac{G_1(s)G_2(s)+G_c(s)G_2(s)}{1+G_1(s)G_2(s)H(s)}$$

此时如果选择顺馈校正环节为

$$G_c(s)=\frac{1}{G_2(s)H(s)} \tag{7-20}$$

则有

$$\frac{C(s)}{R(s)}=\frac{G_1(s)G_2(s)+\dfrac{1}{G_2(s)H(s)}G_2(s)}{1+G_1(s)G_2(s)H(s)}=\frac{1}{H(s)}$$

此时反馈信号 $X(s)=H(s)C(s)=R(s)$，这样，$E(s)=R(s)-H(s)C(s)=0$，即完全消除了给定输入信号引起的误差，称为全补偿的顺馈校正。式（7-20）这一使误差为零的条件，称为绝对不变性条件。

上述系统虽然加了顺馈校正，但稳定性不受影响，因为系统的特征方程仍然是

$$1+G_1(s)G_2(s)H(s)=0$$

为了减小顺馈控制信号的功率，大多将顺馈控制信号加在系统中信号综合放大器的输入端。另外，在工程上实现绝对不变性条件是很困难的，而且为了使 $G_c(s)$ 的结构简单，在绝大多数情况下，并不要求实现全补偿，只要通过部分补偿将系统的误差减小到允许范围之内即可。

（2）按扰动校正　控制系统往往因受到扰动信号的作用而产生误差，如果扰动信号是可测量的，则可采用按扰动校正的前馈补偿，如图 7-24 所示。图中 $N(s)$ 为扰动（或称噪声）信号，$G_N(s)$ 为干扰作用的传递函数，$G_c(s)$ 为前馈校正环节传递函数。

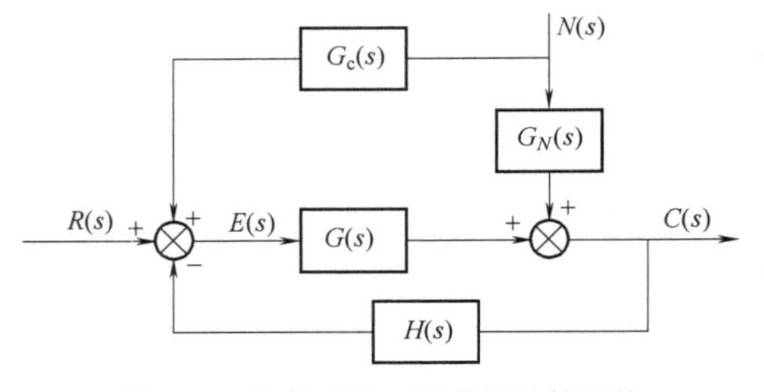

图 7-24　按扰动校正的前馈补偿系统

根据图 7-24 中信号的传输过程，系统的输出为

$$C(s)=G(s)E(s)+G_N(s)N(s) \tag{7-21}$$

误差信号可表示为

$$E(s)=R(s)-H(s)C(s)+G_c(s)N(s)$$

将以上误差表达式代入式（7-21），得

$$C(s)=G(s)[R(s)-H(s)C(s)]+[G(s)G_c(s)+G_N(s)]N(s) \tag{7-22}$$

当输入 $R(s)=0$ 时，则由扰动引起的系统输出为

$$C_N(s)=\frac{G(s)G_c(s)+G_N(s)}{1+G(s)H(s)}N(s) \tag{7-23}$$

如果适当地选择 $G_c(s)$ 使它满足

$$G_{c}(s)=-\frac{G_{N}(s)}{G(s)} \tag{7-24}$$

则 $C_N(s)=0$，由 $N(s)$ 引起的误差就可消除，即实现了对系统扰动作用的全补偿。当然，在工程上实现对扰动的全补偿是困难的，但近似补偿是可以做到的。

综上所述，顺馈与前馈校正实际上是一种开环控制方式，因为其特征方程没有改变，所以系统稳定性不受影响；但由于开环控制的特点，开环装置中元器件的精度及其参数的稳定性会直接影响控制的效果。因此，为了获得比较好的补偿效果，应力求选择高质量的元器件，而这又会增加控制系统的成本。所以，顺馈与前馈校正往往和反馈控制配合使用，如图 7-23 和图 7-24 所示的控制系统，有些教材与文献亦称它们为复合校正（或复合控制）系统。

一般地，既有串联校正又有反馈校正的复合校正系统框图，如图 7-25 所示。此处不再详述。

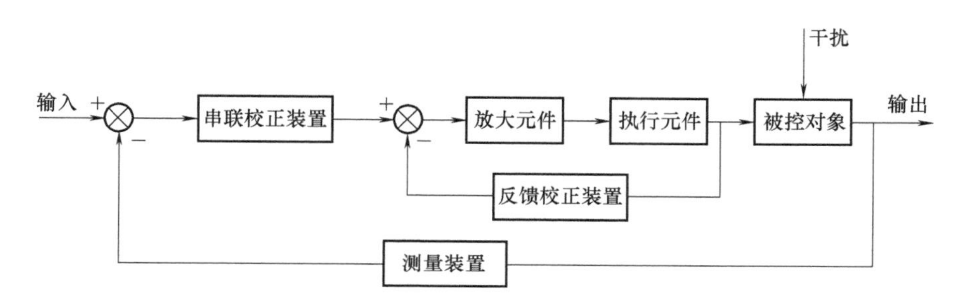

图 7-25　一般复合校正系统框图

下面研究如何利用顺馈校正来提高液压仿形刀架的车削精度。

图 7-26a 所示为液压仿形刀架系统框图。系统的输入量为模板的形状对触头的输入，输出量为刀具刀尖的轨迹。在加工过程中，刀具刀尖随触头的运动做随动，仿形模板由两段和零件轴线平行的直线 12、34 和一段与零件轴线夹角为 β 的直线 23 组成。触头轴线和零件轴线的夹角为 α，仿形刀架在零件轴线方向进给速度为 v，如图 7-26b 所示。

当触头在仿形模板 34 与 12 直线段运动时（加工外圆柱面），触头没有信号输入，$r(t)=0$。自 3 点开始，触头沿仿形模板 32 直线段向左运动时（加工圆锥面），触头的输入为斜坡信号 v_i，输入信号 v_i 与仿形刀架进给速度 v 的关系如图 7-26c 所示。

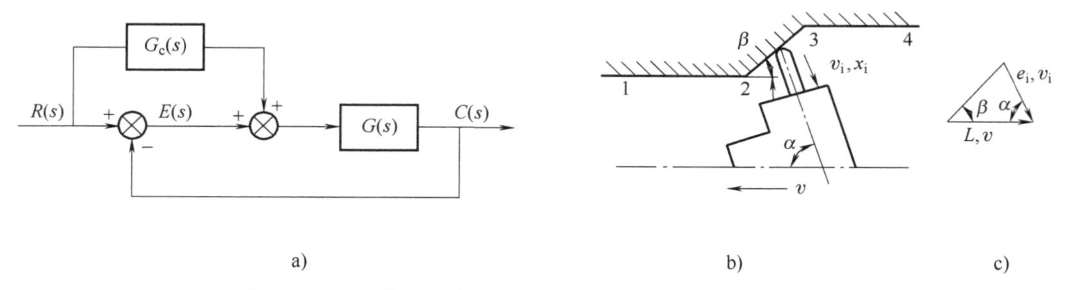

图 7-26　液压仿形刀架系统框图和触头沿模板的运动情况

由图 7-26c 所示的几何关系，可以得到以下表达式

$$v_{\mathrm{i}}=\frac{\sin\beta}{\sin(\alpha+\beta)}v \tag{7-25}$$

由于液压仿形刀架的传递函数为

$$G(s)=\frac{K}{s\left(\dfrac{s^2}{\omega_{\mathrm{n}}^2}+\dfrac{2\zeta}{\omega_{\mathrm{n}}}s+1\right)} \tag{7-26}$$

即系统为Ⅰ型。当输入为斜坡函数 v_{i} 时，系统的稳态误差为

$$e_{\mathrm{ss}}=\frac{v_{\mathrm{i}}}{K}=\frac{v}{K}\frac{\sin\beta}{\sin(\alpha+\beta)} \tag{7-27}$$

e_{ss} 表示在触头轴线方向上刀尖将滞后于触头的距离，即产生的仿形车削误差。为此若采用如图 7-26a 所示的顺馈校正装置 $G_{\mathrm{c}}(s)$，则系统的输出为

$$C(s)=\frac{K}{s\left(\dfrac{s^2}{\omega_{\mathrm{n}}^2}+\dfrac{2\zeta}{\omega_{\mathrm{n}}}s+1\right)}[R(s)G_{\mathrm{c}}(s)+E(s)] \tag{7-28}$$

$$E(s)=R(s)-C(s) \tag{7-29}$$

由式（7-28）与式（7-29）消去 $C(s)$，得

$$E(s)=\frac{1-G_{\mathrm{c}}(s)\dfrac{K}{s\left(\dfrac{s^2}{\omega_{\mathrm{n}}^2}+\dfrac{2\zeta}{\omega_{\mathrm{n}}}s+1\right)}}{1+\dfrac{K}{s\left(\dfrac{s^2}{\omega_{\mathrm{n}}^2}+\dfrac{2\zeta}{\omega_{\mathrm{n}}}s+1\right)}}R(s) \tag{7-30}$$

在斜坡函数 $r(t)=v_{\mathrm{i}}t$ 作用下，其稳态误差为

$$e_{\mathrm{ss}r}=\lim_{s\to0}sE(s)=\lim_{s\to0}s\frac{s\left(\dfrac{s^2}{\omega_{\mathrm{n}}^2}+\dfrac{2\zeta}{\omega_{\mathrm{n}}}s+1\right)-G_{\mathrm{c}}(s)K}{s\left(\dfrac{s^2}{\omega_{\mathrm{n}}^2}+\dfrac{2\zeta}{\omega_{\mathrm{n}}}s+1\right)+K}\cdot\frac{v_{\mathrm{i}}}{s^2} \tag{7-31}$$

若 $G_{\mathrm{c}}(s)=s/K$，则有

$$e_{\mathrm{ss}r}=\lim_{s\to0}\frac{\left(\dfrac{s^2}{\omega_{\mathrm{n}}^2}+\dfrac{2\zeta}{\omega_{\mathrm{n}}}s+1\right)-1}{s\left(\dfrac{s^2}{\omega_{\mathrm{n}}^2}+\dfrac{2\zeta}{\omega_{\mathrm{n}}}s+1\right)+K}v_{\mathrm{i}}=0$$

上式说明，当输入信号为斜坡函数时，若顺馈校正采用微分环节，则系统的稳态误差从原理上说可以为零。

由式（7-27）可知

$$K=\frac{v_{\mathrm{i}}}{e_{\mathrm{ss}}}$$

实际中为了实现 $G_{\mathrm{c}}(s)=s/K$，可以采用将模板沿工件纵向进给方向向后平移 L 距离的方

法。由图 7-26c 可知

$$L=\frac{\sin(\alpha+\beta)}{\sin\beta}e_{ss} \tag{7-32}$$

从输入信号看，模板平移一段距离 L，相当于有一个导前输入。设原来输入量为 $r(t)$，平移 L 后变为 $r(t+T_d)$。令

$$T_d=\frac{L}{v}=\frac{e_{ss}}{v_i}=\frac{1}{K}$$

对 $r(t+T_d)$ 进行拉普拉斯变换，得

$$R'(s)=L[r(t+T_d)]=\frac{v_i}{s^2}e^{T_d s}$$

指数函数可展开为级数形式

$$e^{T_d s}=1+T_d s+\frac{1}{2!}e^{T_d s}+\cdots$$

当 $|T_d s|\ll 1$ 时，近似可取

$$e^{T_d s}\approx 1+T_d s$$

因此，得

$$R'(s)=\frac{v_i}{s^2}(1+T_d s)=\frac{v_i}{s^2}+\frac{v_i}{s^2}T_d s \tag{7-33}$$

在 $R'(s)$ 输入下，系统框图如图 7-27 所示。

如果将图 7-27 中的两个相加点交换位置，就变成为图 7-26a 所示的框图，$T_d s$ 即为所求的顺馈校正环节 $G_c(s)$。

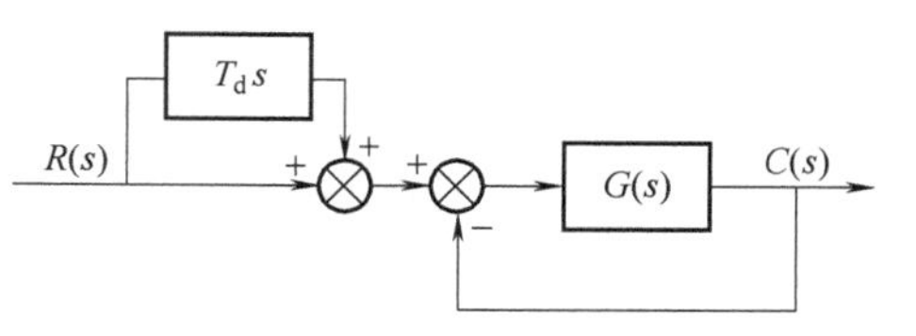

图 7-27　模板移动 L 后的框图

因此当车削锥面时，为减小稳态误差，可以将模板移动 L 距离，这相当于在原来斜坡函数输入的基础上再并联一个顺馈的微分校正环节 $T_d s$，从而使系统的稳态误差为零。

7.4　PID 校正器的设计

PID 校正器又称为 PID 控制器，是最早发展起来的控制策略之一。因其算法简单、工程实现容易和可靠性高而被广泛地应用于工业过程控制和运动控制中，据统计，50%以上的工业控制器采用了 PID 或变形 PID 控制方案。它既可以用于串联校正方式，也可以用于并联校正方式。

1. PID 校正器的原理

从第 4 章的分析中，我们知道闭环系统的稳态性能主要取决于系统的型次和开环增益，而闭环系统的瞬态性能主要取决于闭环系统零点和极点的分布。在系统中加入校正器的目的，就是要使系统的零点和极点分布按性能要求来配置。设计时，一般是将校正器的增益调整到使系统的开环增益满足稳态性能指标的要求，而校正器的零点和极点的设置，能使校正

后系统的闭环主导极点处于所希望的位置，满足瞬态性能指标的要求。

在模拟控制系统中，最常用的校正器就是PID校正器。它通常是一种由运算放大器组成的器件，通过对输出和输入之间的误差（或偏差）进行比例（P）、积分（I）和微分（D）的线性组合以形成控制律，对被控对象进行校正和控制，故称PID校正器。模拟PID控制系统框图如图7-28所示。

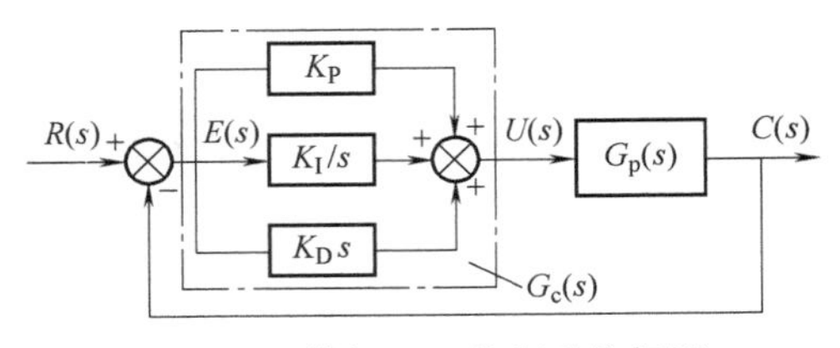

图 7-28　模拟 PID 控制系统框图

图中，$G_p(s)$ 是被控对象的传递函数，$G_c(s)$ 则是点画线框中PID校正器的传递函数

$$G_c(s)=K_P+\frac{K_I}{s}+K_D s \tag{7-34}$$

式中，K_P 为比例系数；K_I 为积分系数；K_D 为微分系数。

使用时，PID校正器的传递函数也经常表示成以下形式

$$G_c(s)=K_P\left(1+\frac{1}{T_I s}+T_D s\right) \tag{7-35}$$

式中，K_P 为比例系数；T_I 为积分时间常数，$T_I=\frac{K_P}{K_I}$；T_D 为微分时间常数，$T_D=\frac{K_D}{K_P}$。

PID校正器对控制对象所施加的作用可以由式（7-36）来表示

$$u(t)=K_P e(t)+K_I\int e(t)\mathrm{d}t+K_D\frac{\mathrm{d}e(t)}{\mathrm{d}t} \tag{7-36}$$

简单来说，PID校正器各校正环节的作用如下。

1）比例环节：成比例地反映控制系统的误差（偏差）信号，误差一旦产生，校正器立即产生控制作用，以减少误差。

2）积分环节：主要作用是消除静态误差，提高系统的准确度。积分作用的强弱取决于积分系数 K_I（或积分时间常数 T_I），K_I 越小（或 T_I 越大），积分作用越弱，反之则越强。

3）微分环节：反映误差信号的变化趋势（变化速率），并能在误差信号变得太大之前，在系统中引入一个有效的早期修正信号，从而加快系统的动作速度，减小调节时间。

2. PID校正器的形式及其作用

在实际工程应用中，PID校正器可以有以下组合形式：PI校正器、PD校正器以及PID校正器，其各自对系统的作用有所不同。

（1）PI校正器　在图7-28中，若 $K_D=0$，即不含微分环节，则PID校正器成为PI校正器，如图7-29所示。其中，$G_p(s)$ 是被控对象的传递函数。

PI校正器的传递函数为

$$G_c(s)=K_P+\frac{K_I}{s}=K_P\left(1+\frac{1}{T_I s}\right) \tag{7-37}$$

分析其相频特性可知，$\varphi(\omega)=-90°+\arctan\frac{K_P}{K_I}\omega\leqslant 0°$，所以PI校正器的频率特性类似于滞后校正环节。

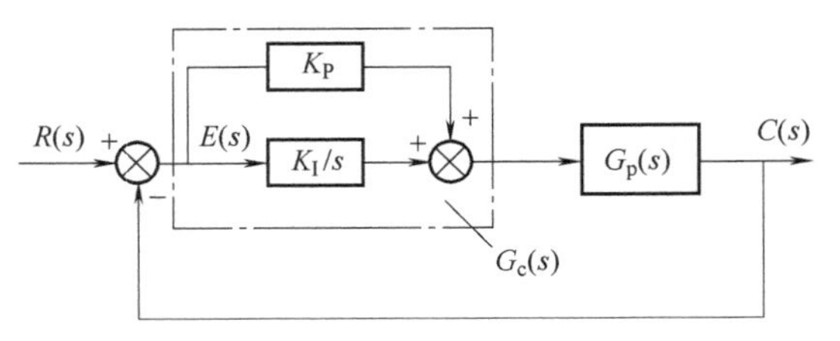

图 7-29　带有 PI 校正器的反馈控制系统

当控制对象传递函数为 $G_p(s)=\dfrac{\omega_n^2}{s(s+2\zeta\omega_n)}$，则整个系统的开环传递函数为

$$G_k(s)=G_c(s)G_p(s)=\frac{\omega_n^2(K_P s+K_I)}{s^2(s+2\zeta\omega_n)}$$

在此情况下，PI 校正器相当于给系统开环传递函数增加了一个极点 $s=0$ 和一个零点 $s=-K_I/K_P$，结果使系统的阶数增加一阶，这样可以使系统的稳态误差得到一级改善。也就是说，如果原系统对于给定输入的稳态误差是一个常数，则 PI 校正器的积分环节将使其减小到零。但是，因为系统阶数的增加，会使校正后系统的稳定性降低，如果参数 K_P 和 K_I 的选择不当，甚至会变为不稳定。

所以，在具有 PI 校正器的控制系统的调整中，K_P 的取值很重要，因为对 I 型系统，它决定了系统的速度误差系数，而其稳态误差与 K_P 成反比，但如果 K_P 取得太大，又会影响系统的稳定性。

下面通过实例说明，如何选取配合适当的 K_P 和 K_I，使系统得到满意的瞬态响应。

假设图 7-29 中受控对象为打印轮系统，其传递函数为 $G_p(s)=\dfrac{400}{s(s+48.5)}$，取 $K_P=100$，$K_I=10$，则系统的闭环传递函数为

$$\frac{C(s)}{R(s)}=\frac{40000(s+0.1)}{s^3+48.5s^2+40000s+4000}$$

特征方程的 3 个根分别为

$$s_1=-0.10001,\ s_{2,3}=-24.2\pm j198.5$$

可以看到，s_1 与闭环传递函数的零点非常接近，这样三阶系统可以近似为二阶系统，其闭环传递函数可写为

$$\frac{C(s)}{R(s)}=\frac{40000}{s^2+48.5s+40000}$$

利用 MATLAB 绘制系统的单位阶跃响应曲线，如图 7-30 所示。

由于 K_P 无论如何取值，Ⅰ型和Ⅱ型系统对于阶跃输入信号的稳态误差均为零，因此为改善系统的瞬态响应，可以进一步减小 K_P。保持 K_P 和 K_I 的比值不变（保持该比值的目的只是为了使系统的实数极点与其零点抵消），分别取 $K_P=10$、$K_I=1$ 和 $K_P=2$、$K_I=0.2$，绘制其单位阶跃响应曲线，如图 7-30 所示。3 种参数选择条件下的 MATLAB 程序如下。

MATLAB Program of PI Control System

```
%---Unit-step Response of PI control system---
%---When KP=100, KI=1---------
numa=[40000 4000];
dena=[1 48.5 40000 4000];
step(numa,dena)
hold on
title('Unit-step Response of PI control system')
```

```
%---When Kp = 10,KI = 1---------
numb=[0 0 4000 400];
denb=[1 48.5 4000 400];
step(numb,denb)
hold on
%---When Kp = 2,KI = 0.2---------
numc=[0 0 800 80];
denc=[1 48.5 800 80];
step(numc,denc)
grid on
```

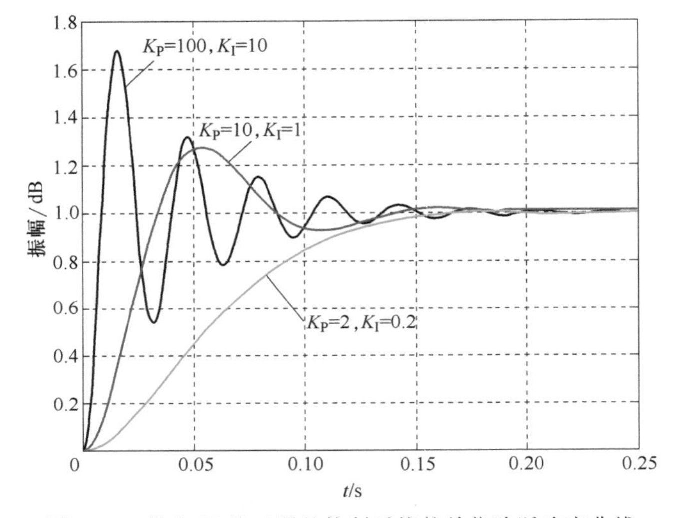

图 7-30　带有 PI 校正器的控制系统的单位阶跃响应曲线

积分环节参数 K_I 对系统稳定性的影响可以用劳斯判据对闭环特征方程进行分析

$$s^3+48.5s^2+400K_P s+400K_I=0$$

其结果是，若 $K_I \leqslant 48.5K_P$，则闭环系统稳定。

由图 7-30 可以看出，当 PI 校正器的参数取 $K_P=10$、$K_I=1$ 时，系统的响应速度较快，相对稳定性较好。这时，根据式（7-37）得 PI 校正器的传递函数为

$$G_c(s)=K_P+\frac{K_I}{s}=\frac{10(s+0.1)}{s}$$

校正后系统的开环传递函数为

$$G(s)=G_c(s)G_p(s)=\frac{4000(s+0.1)}{s^2(s+48.5)}$$

用 MATLAB 画出的系统校正前后的开环伯德图如图 7-31 所示。由图 7-31 可知，系统实施 PI 校正后，幅值裕度和相位裕度几乎没有变化，而幅值穿越频率由 8rad/s 增大到约 50rad/s，即系统能够在保持原相对稳定性的前提下，使响应速度加快，并且由于积分环节

的引入，使斜坡输入的稳态误差减少到零。MATLAB 程序如下。

MATLAB Program of PI Control System

```
%--Bode Diagram of PI control system---
%---When K_P = 10,K_I = 1---------
%---input transform function before compensation---------
numa=[400];
dena=[1 48.5 0];
bode(numa,dena)
hold on
title('Bode diagrams of PI control system')
%---input transform function of compensation ---------
numb=[10 1];
denb=[1 0];
bode(numb,denb)
hold on
%---input compensated transform function of --------
numc=[0 0 4000 400];
denc=[1 48.5 0 0];
bode(numc,denc)
grid on
```

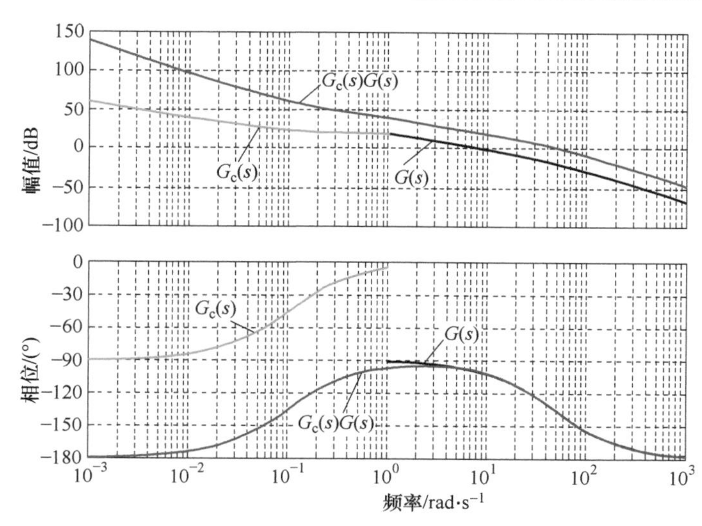

图 7-31　系统实施 PI 校正前后的开环伯德图

（2）PD 校正器　在图 7-28 中，若 $K_I=0$，即不含积分环节，则 PID 校正器成为 PD 校正器，如图 7-32 所示。

PD 校正器的传递函数为

$$G_c(s)=K_P+K_Ds=K_P(1+T_Ds) \qquad (7\text{-}38)$$

分析其相频特性可知，$\varphi(\omega)=\arctan\dfrac{K_D}{K_P}\omega\geqslant 0°$，所以 PD 校正器的频率特性类似于超前校正环节。

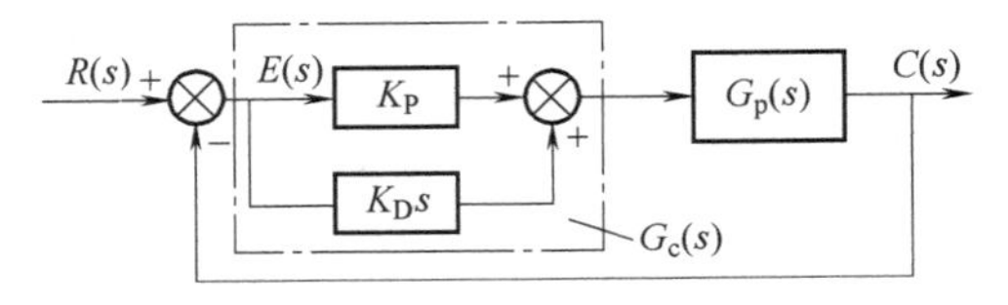

图 7-32　带有 PD 校正器的反馈控制系统

当控制对象传递函数为 $G_p(s)=\dfrac{\omega_n^2}{s(s+2\zeta\omega_n)}$，则整个系统的开环传递函数为

$$G(s)=G_c(s)G_p(s)=\frac{\omega_n^2(K_P+K_Ds)}{s(s+2\zeta\omega_n)}$$

上式清楚地表明，PD 校正器相当于给系统开环传递函数增加了一个简单零点 $s=-K_P/K_D$。

由图 7-32 可以看出，微分环节对系统的控制作用是通过对误差信号 $e(t)$ 求导数进行的，而误差函数对时间的导数 $\mathrm{d}e(t)/\mathrm{d}t$ 实际上就是 $e(t)$ 的斜率，所以微分控制实质上是一种预见型控制，它能在系统误差发生大的变化之前，给系统施加一个有效的早期修正信号，从而加快系统的调整速度。但要注意，只有当误差信号随时间变化时，微分环节才能对系统起控制作用。

仍以前述打印轮系统为例，来说明 PD 校正器对系统的控制作用。

打印轮系统在 PD 校正器的作用下，其开环传递函数为

$$G(s)=G_c(s)G_p(s)=\frac{400(K_P+K_Ds)}{s(s+48.5)}$$

对于 K_P 和 K_D 的取值，采用经验试凑的方法，令 $K_P=2.94$、$K_D=0.0502$（此时 $\zeta=1.0$），绘制系统的单位阶跃响应曲线；再令 $K_P=2.94$、$K_D=0$（此时 $\zeta=0.707$），绘制系统的单位阶跃响应曲线，如图 7-33 所示。MATLAB 程序如下。

MATLAB Program of PD Control System

```
%---Unit-step Response of PD control system---
%---When Kp=2.94, KD=0.0502(ζ=1.0)---------
numa=[20.08 1176];
dena=[1 68.58 1176];
step(numa,dena)
hold on
title('Unit-step Response of PD control system')
%---When Kp=2.94, KD=0(ζ=0.707)---------
numb=[0 0 1176];
denb=[1 48.5 1176];
step(numb,denb)
grid on
```

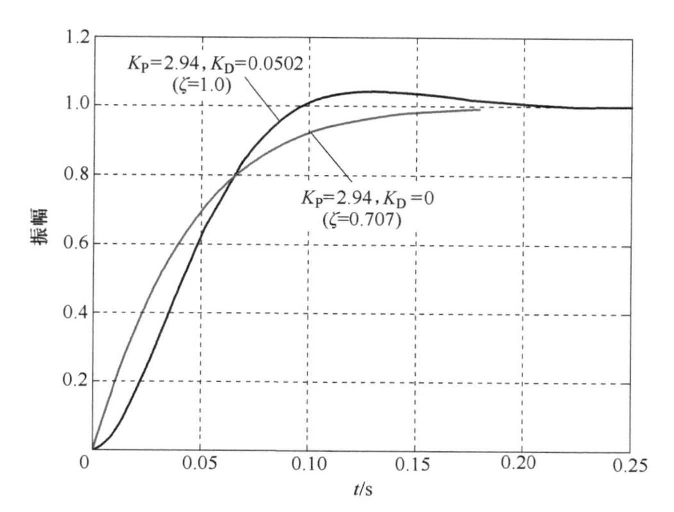

图 7-33　$K_P=2.94$ 时系统的单位阶跃响应曲线

由图 7-33 可知，当 $K_P=2.94$ 和 $K_D=0.0502$ 时，系统的响应速度缓慢，而且系统对于单位阶跃输入的响应几乎无超调，因此对其实施微分控制的必要性不大。图 7-34 所示为当 $K_P=100$，而 K_D（或 ζ）取不同值时系统的单位阶跃响应曲线，随着 K_D（或 ζ）的增大，系统的瞬态响应超调量减小，上升时间也缩短。因此，恰当地选取 PD 校正器的参数可以使系统响应曲线上升很快，并且超调量很小或没有。MATLAB 程序如下。

MATLAB Program of PD Control System

```
%---Unit-step Response of PD control system---
%---When Kp = 100, KD = 0.0502(ζ = 0.1715)---------
numa = [20.08 40000];
dena = [1 68.58 40000];
step(numa,dena)
hold on
title('Unit-step Response of PD control system')
%---When Kp = 100, KD = 0(ζ = 0.12125)---------
numb = [40000];
denb = [1 48.5 40000];
step(numb,denb)
hold on
%---When Kp = 100, KD = 0.8788(ζ = 1.0)---------
numc = [0 351.52 40000];
denc = [1 400.02 40000];
step(numc,denc)
grid on
```

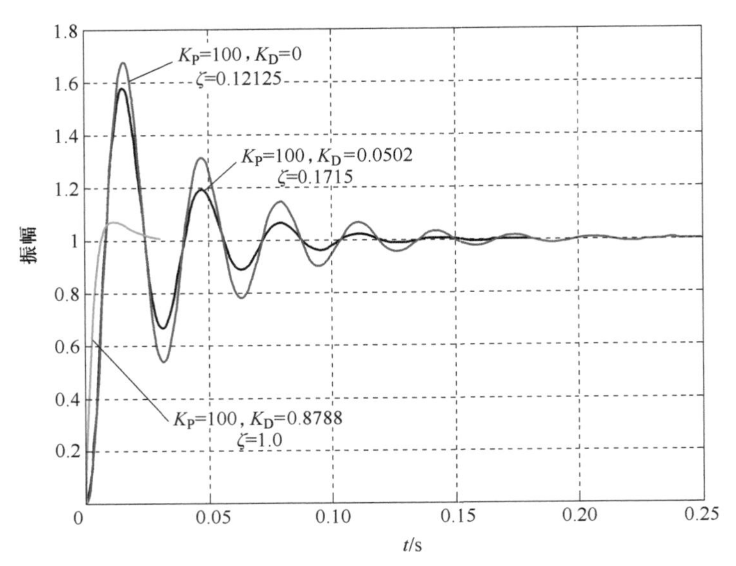

图 7-34 $K_P=100$ 时系统的单位阶跃响应曲线

现取 PD 校正器参数 $K_P=100$、$K_D=0.8788$，通过系统频率特性分析其对系统性能的影响。PD 校正器的传递函数为

$$G_c(s)=K_P+K_Ds=100+0.8788s$$

校正后系统的开环传递函数为

$$G(s)=G_c(s)G_p(s)=\frac{400(K_P+K_Ds)}{s(s+48.5)}=\frac{400(100+0.8788s)}{s(s+48.5)}$$

用 MATLAB 绘制系统校正前后的开环伯德图，如图 7-35 所示。由图 7-35 可以看出，校正后系统的相位滞后大幅减小，相对稳定性得到改善；其幅值穿越频率由 9rad/s 增加到约 400rad/s，响应速度也得到较大提高，这在图 7-34 所示的该参数下系统的单位阶跃响应曲线中可以得到直观体现。MATLAB 程序如下。

MATLAB Program of PD Control System

```
%--Bode Diagram of PD control system---
%---When K_P = 100, K_D = 0.8788---------
%---input transform function before compensation---------
numa = [400];
dena = [1 48.5 0];
bode(numa,dena)
hold on
title('Bode diagrams of PD control system')
%---input transform function of compensation ---------
numb = [0.8788 100];
denb = [0 1];
```

```
bode(numb,denb)
hold on
%---input compensated transform function of --------
numc=[351.52 40000];
denc=[1 48.5 0];
bode(numc,denc)
grid on
```

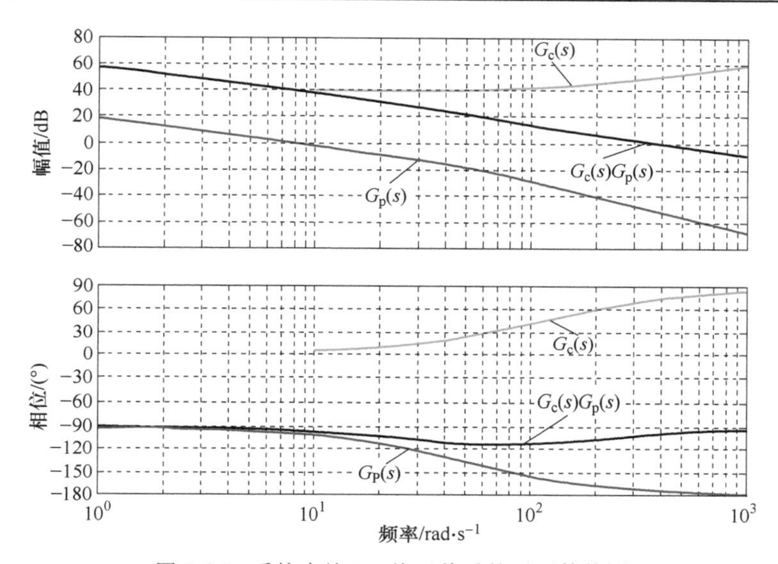

图 7-35　系统实施 PD 校正前后的开环伯德图

（3）PID 校正器　若图 7-28 中的比例、积分、微分三个环节都存在，则该校正器称为 PID 校正器。其传递函数由式（7-34）和式（7-35）得

$$
\begin{aligned}
G_c(s) &= K_P+\frac{K_I}{s}+K_D s \\
&= K_P\left(1+\frac{1}{T_I s}+T_D s\right) \\
&= \frac{K_D\left(s+\dfrac{K_P-\sqrt{K_P^2-4K_IK_D}}{2K_D}\right)\left(s+\dfrac{K_P+\sqrt{K_P^2-4K_IK_D}}{2K_D}\right)}{s}
\end{aligned}
\tag{7-39}
$$

由式（7-39）可知，引入 PID 校正器后，系统的型次增加了，在满足 $(K_P^2-4K_IK_D)>0$ 的条件下，还提供了 2 个负实数零点。

如果将式（7-39）表示的 $G_c(s)$ 改写为

$$
G_c(s)=\frac{(\tau_1 s+1)(\tau_2 s+1)}{\tau_3 s} \tag{7-40}
$$

式中，$\tau_1=\dfrac{2K_D}{K_P-\sqrt{K_P^2-4K_IK_D}}$；$\tau_2=\dfrac{2K_D}{K_P+\sqrt{K_P^2-4K_IK_D}}$；$\tau_3=\dfrac{1}{K_I}$。

作 $G_c(s)$ 在 $s=\mathrm{j}\omega$ 时的伯德图，如图 7-36 所示。它非常类似于前面讲过的相位滞后-超前环节的伯德图。

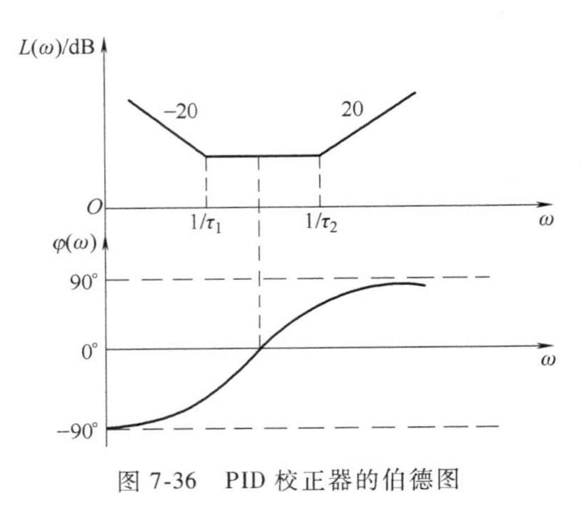

图 7-36 PID 校正器的伯德图

对控制系统实施 PID 校正（或控制），实际上就是对其参数 K_P、K_I 和 K_D 进行设计，也就是在被控系统数学模型已知或未知的情况下，为了满足给定的性能指标，选择校正器参数（确定 K_P、K_I、K_D 值）的过程，这个过程通常也称为控制器的调整。由于 PID 校正器在工业现场中的广泛应用，在很多文献中都提供了不同类型的调整方法（或称调节律），读者可自行参考相关资料。本书限于篇幅，不再详述。

自学指导

本章内容侧重于实践，自学者在课程学习阶段主要掌握以下基本内容即可：系统设计与系统校正的概念，校正的目的，频率法校正的方式。重点掌握增益调整、相位超前校正、相位滞后校正、相位滞后-超前校正以及 PID 校正等校正方式的传递函数特点及其对系统性能调整的作用，掌握采用频率法进行系统校正的方法和步骤。通过本章学习，自学者应初步学会分析系统的性能以及如何通过校正环节改善系统的性能，具体实践和应用可以在后续的相关课程学习和课题研究中仔细体会。

复习思考题

1. 一般采用哪些指标来衡量控制系统的性能，它们各自反映系统哪些方面的性能？
2. 试分析在串联校正中，各种形式的校正环节的作用是什么？
3. 试分析串联校正和并联校正的特点。
4. 试分析顺馈校正的特点以及校正环节的作用。
5. 试分析 PI 校正器、PD 校正器和 PID 校正器的动态特性及其对控制系统的作用。

习题

7-1 试分别画出图题 7-1 所示网络的伯德图和奈奎斯特图。

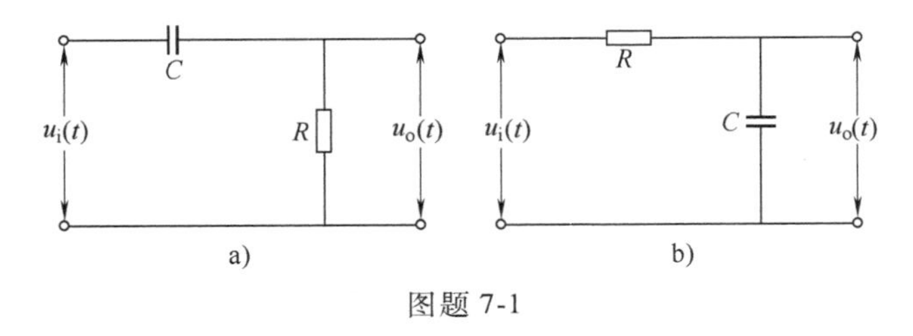

图题 7-1

7-2 如图题 7-2 所示的系统，$G_c(s)=\tau s+1$ 为串联校正装置，系统具有最佳阻尼比（系统闭环阻尼比为 $\xi=\sqrt{2}/2$）时 τ 应如何选取？

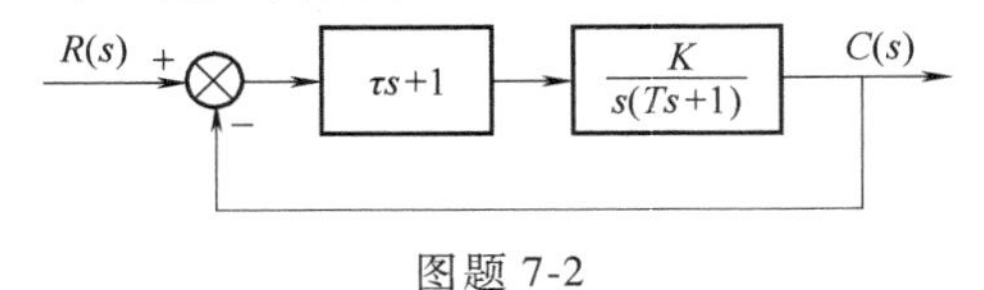

图题 7-2

7-3　为了使图题 7-3 所示系统的闭环主导极点具有 $\xi=0.5$ 和 $\omega_n=3\text{rad/s}$，设另一非主导极点为 $s_3=-15$，试确定系统的 K_1、T_1 和 T_2 值。

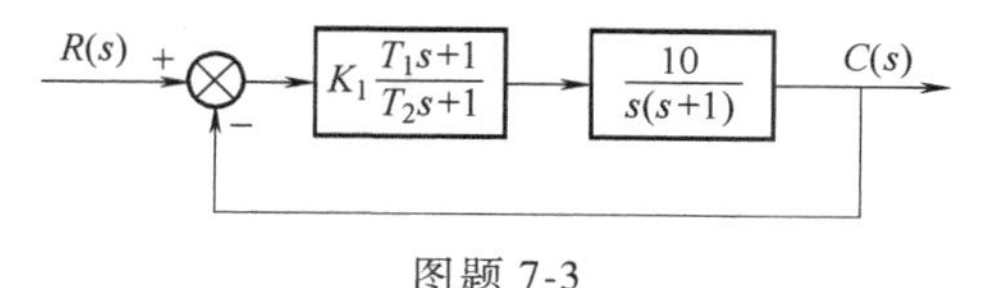

图题 7-3

7-4　某温度控制器如图题 7-4 所示，其中 T_c 为被控对象炉子的输出温度，T_r 为给定温度，T_a 为炉子周围的环境温度，Q 为控制器输入给炉子的热量。试求：

1）引入前馈控制前的传递函数 $T_c(s)/T_a(s)$，若 T_a 增加 10℃时，T_c 的稳态值有何变化？

2）引入具有比例系数为 K 的前馈控制后（如图中虚线所示），求传递函数 $T_c(s)/T_a(s)$；为使 T_a 对炉温的影响最小，K 的取值应是多少？

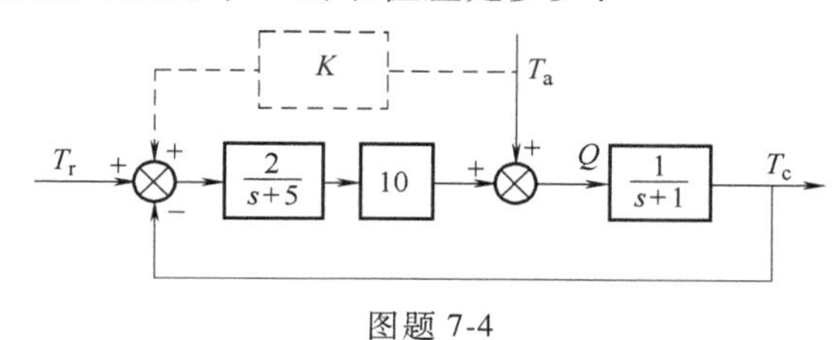

图题 7-4

7-5　对图题 7-5 所示的系统，分别用增益调整、相位滞后校正和相位超前校正，使得系统具有 50°的相位裕度。利用 MATLAB 画出系统校正前后的对数坐标图。

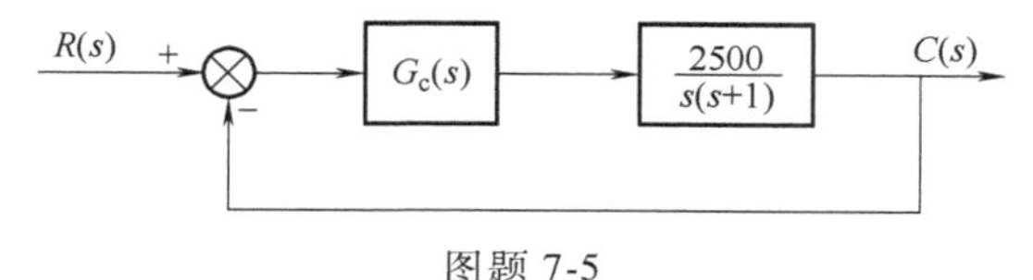

图题 7-5

7-6　对图题 7-6 所示的系统，若要使系统的静态速度误差系数为 20，相位裕度不小于 50°，幅值裕度不小于 10dB，试确定系统的 K 值及校正装置。利用 MATLAB 画出系统校正前后的单位阶跃响应曲线和单位斜坡响应曲线。

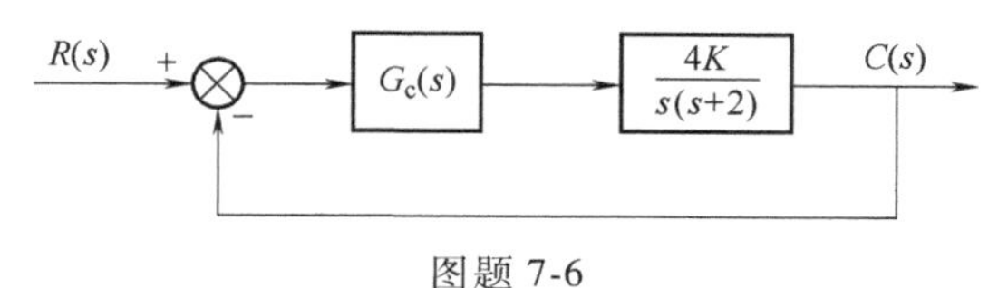

图题 7-6

7-7　研究图题 7-7 所示的系统，设计一个滞后校正网络，使系统静态速度误差系数为 100，相位裕度不小于 40°，幅值裕度不小于 10dB。利用 MATLAB 画出系统校正前后的单位阶跃响应曲线和单位斜坡响应曲线。

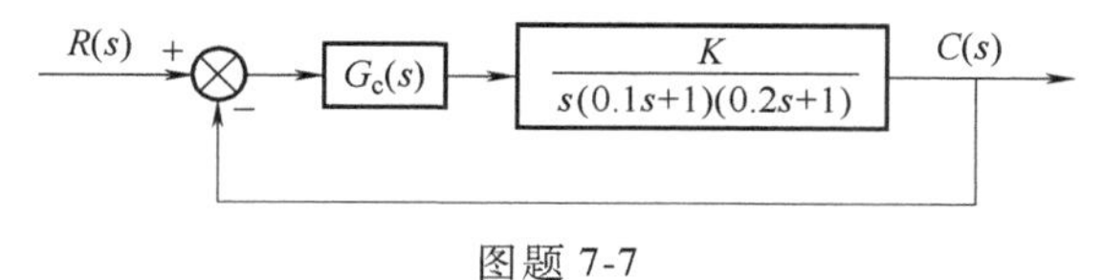

图题 7-7

7-8　图题 7-7 中，若改用相位滞后-超前校正网络，结果如何？并进行比较。

7-9　图题 7-9 所示的 PID 控制器电路，若要使得控制器的传递函数为

$$G_c(s)=39.42\left(1+\frac{1}{3.077s}+0.7692s\right)=\frac{30.322(s+0.65)^2}{s}$$

试确定控制器中 R_1、R_2、R_3、R_4、C_1 和 C_2 的数值。

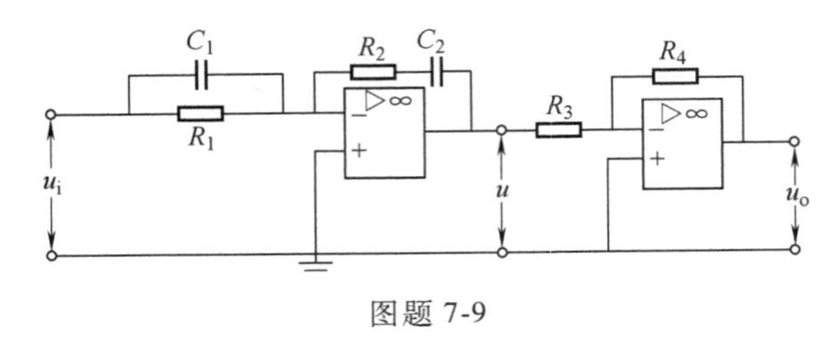

图题 7-9

附　　录

附录 A　MATLAB 应用的基础知识

本附录涉及的基础知识，是读者在求解控制工程问题时，有效地应用 MATLAB 所必需的。MATLAB（matrix laboratory 的缩写）由 MathWorks 公司开发，是一种专门为矩阵运算设计的语言，即 MATLAB 中处理的所有变量都是矩阵。它包括 MATLAB 主程序和各种可选的工具包，是一个集通用科学计算、图形交互、系统控制和程序语言设计于一体、功能非常强大的软件。它一般每年推出两版（如 MATLAB R2022a，MATLAB R2022b），读者可根据自己的需求使用相应版本。

MATLAB 命令和矩阵函数是分析和设计控制系统时经常要用的。表 A-1 列举了 MATLAB 命令和矩阵函数。

表 A-1　MATLAB 命令和矩阵函数

命令与矩阵函数	意　　义	命令与矩阵函数	意　　义
abs	纯量的绝对值或复数的模	disp	显示字符串或数据
acos	反余弦函数	dot	求矩阵或向量的点积
acosh	反双曲余弦函数		
angle	相位角	eig(A)	求方阵 **A** 的特征值和特征向量
ans	表达式未给定时得出的结果	exit	退出 MATLAB
asin	反正弦函数	exp	求自然指数
asinh	反双曲正弦函数	expm	求矩阵指数
atan	反正切函数	expm1	用 Pade 法求矩阵指数
atan2	四象限的反正切函数	expm2	用 Taylor 级数求矩阵指数
atanh	反双曲正切函数	expm3	用特征值和特征向量求矩阵指数
axis	手工坐标轴分度	eye	生成单位矩阵
bode	画伯德图		
		format long	输出格式为 15 位数字定标定点
cd	改换当前所在目录	format long e	输出格式为 15 位数字浮点
clc	清除工作窗口中所有显示内容	format short	输出格式为 5 位数字定标定点
clear	清除工作空间中所有变量和函数	format short e	输出格式为 5 位数字浮点
clf	清除当前窗口中的图形	freqs	拉普拉斯变换频域响应
company(A)	生成矩阵 **A** 的伴随矩阵	freqz	z 变换频域响应
computer	识别当前的计算机类型		
conj	求复数的共轭复数	grid	画网格线
conv	求卷积，多项式相乘		
coplex	由实部和虚部构造复数	hold	保持屏幕上的当前图形
corrcoef	求相关系数		
cos	余弦函数	i	虚数单位
cosh	双曲余弦函数	imag	求复数的虚部
cov	求协方差矩阵	inf	无穷大量(∞)
		inv	求矩阵的逆
deconv	求反卷积，多项式相除		
det(A)	求方阵 **A** 的行列式值	j	虚数单位
diag	生成对角矩阵或提取对角元素		

（续）

命令与矩阵函数	意　　义	命令与矩阵函数	意　　义
length	测量向量长度	rank	求矩阵的秩
linspace	生成等间距向量	real	求复数的实部
log	求以 e 为底的自然对数	rem	求模数或余数
log2	求以 2 为底的对数	residue(a,b)	部分分式展开
log10	求以 10 为底的对数	residue(r,p,k)	部分分式组合
loglog	画对数坐标 x-y 图	rlocus	画根轨迹
logm	求矩阵对数	roots	求多项式方程的根
logspace	生成对数等间隔的向量	rot90(A)	将矩阵 **A** 逆时针旋转 90°
max	取最大值	semilogx	x 轴为对数坐标的半对数坐标图
mean	取平均值	semilogy	y 轴为对数坐标的半对数坐标图
median	求中值	sign	符号函数
min	取最小值	sin	正弦函数
		sinh	双曲正弦函数
NaN	由 0/0、∞/∞ 等运算产生的非数值	size	测出工作空间中变量的大小
nyquist	画奈奎斯特频率特性图	sqrt	求二次方根
		sqrtm	求矩阵的二次方根
ones	生成元素全为‘1’的矩阵或数组	step	画单位阶跃响应曲线
		sum	求各元素的和
pi	圆周率 π		
plot	画线性 x-y 图	tan	正切函数
polar	画极坐标图	tanh	双曲正切函数
poly	用特征根构造特征多项式	text	写任意规定的文本
polyder	求多项式或有理多项式的导数	title	写图形标题
polyfit	多项式曲线拟合	trace	求矩阵的迹
polyval(p,x)	求多项式在点 x 处的数值	tril(A)	取矩阵 **A** 主对角线及以下三角元素
polyvalm	求矩阵多项式方程	triu(A)	取矩阵 **A** 主对角线及以上三角元素
pow2	求 2 的指数		
prod	求各元素的乘积	who	列出当前存储器中的所有变量
quit	退出 MATLAB	whos	列出当前存储器中所有变量及大小
		xlabel	在 x 轴上作标记
rand	生成均匀分布的伪随机数矩阵	ylabel	在 y 轴上作标记
randn	生成正态分布的伪随机数矩阵	zeros	生成元素全为零的矩阵或数组

表 A-2 列出了 MATLAB 编程计算时所经常用到的一些算子符号。

表 A-2　MATLAB 常用算子符号

算子符号		意　义	算子符号		意　义
矩阵与变量运算符	+	加法	数组运算符	.+	点加法
	-	减法		.-	点减法
	*	乘法		.*	点乘法
	^	幂		.^	点乘方
	/	右除号		./	点右除号
	\	左除号		.\	点左除号
	‘	矩阵转置		.‘	共轭
关系操作符	<	小于	逻辑操作与运算符	&	与
	<=	小于或等于		|	或
	>	大于		~	非
	>=	大于或等于		xor	异或
	==	等于			
	~=	不等于			

A.1 如何应用 MATLAB

本书是以命令方式应用 MATLAB 的。当通过键盘输入单行命令时，MATLAB 会立即进行处理并显示处理结果。它也可以通过运行文件名来执行存储在文件中的命令序列，如运行一个 M 文件。

1. 启动和退出

在大多数系统中，一旦安装了 MATLAB，在启动时，可以以快捷方式直接双击桌面上 MATLAB 的图标；也可以单击桌面左下角的“开始”按钮，依次选择“程序”“MATLAB”“MATLAB 2023a”（个人所安装的版本号）命令，进入 MATLAB 工作窗口。

退出时，可以直接单击窗口右上角的“×”退出，或者输入并执行命令 exit 或 quit。

2. MATLAB 中的变量

在 MATLAB 中，变量不需要预先定义维数，变量一旦采用，会自动产生（如有必要，变量的维数以后还可改变）。在退出 MATLAB 或执行命令 exit（或 quit）之前，这些变量将保留在存储器中。通过键盘输入命令 who 或 whos，可以在屏幕上显示当前存放在工作空间中的所有变量；输入并执行命令 clear，可以清除工作空间中所有的非永久性变量，若只清除某一个特定变量，如“x”，则只需输入命令 clear x。

3. 以“%”开始的程序行

在 MATLAB 中，特别是存储程序的文件（如 M 文件）中，以“%”开始的程序行表示注解和说明，在运行时是不执行的。如果注解或说明需要一行以上的程序行，则每一行均需以“%”起始。

4. 分号操作符

分号用来取消打印。在 MATLAB 执行的命令或存储程序的文件中，语句的最后一个符号如果是分号，则该语句仍然执行，但其结果不再显示。因为打印中间结果可能并不必要。

另外，在输入矩阵时，除非是最后一行，中间的分号表示一行的结束。

5. 冒号操作符

冒号操作符在 MATLAB 中非常重要，它用来建立向量、赋予矩阵下标和规定迭代。例如，j: k 表示 [j j+1…k]，A(:, j) 表示矩阵 $\boldsymbol{A}$ 的第 j 列，A(i,:) 表示矩阵 $\boldsymbol{A}$ 的第 i 行。

6. 输入超过一行的长语句

如果输入的语句太长，超出了一行，则回车键后面应跟随 3 个或 3 个以上的省略号（…），以表示语句将延续到下一行。例如，

```
x=1.2222+2.3333+3.4444+4.5555+5.6666+6.7777…
   +7.8888+8.9999-10.0123;
```

符号“+”“-”“=”前后的空白间隔可以任选。

7. 在一行内输入数个语句

如果在一行内输入数个语句，可以将每个语句用逗号或分号分隔开。例如，

```
plot(x,y,'0'),text(1,20,'system 1'),text(1,15,'system 2')
```

或
```
plot(x,y,'0');text(1,20,'system 1');text(1,15,'system 2')
```

8. 退出 MATLAB 时如何保存变量

当退出 MATLAB 时，MATLAB 中的所有变量将消失。如果退出前输入命令 save，则所

有的变量被保存在磁盘文件 matlab.mat 中，当再次进入 MATLAB 时，命令 load 将使工作空间恢复到之前的状态。

A.2 线性系统的数学模型

线性控制系统有连续系统、离散系统之分。对于线性连续系统，其数学模型有：传递函数模型、零极点模型、状态空间模型以及频率响应数据模型等。MATLAB 有一些命令可以将线性系统的一种数学模型转变成另一种数学模型，对控制工程问题的求解很有用。

1. 传递函数模型

命令格式：sys = tf(num,den,Ts)

其中，num、den 分别是分子、分母多项式降幂排列的系数矩阵；Ts 表示采样时间，默认描述的是连续系统传递函数。

例 A-1 在 MATLAB 中建立传递函数 $G_1(s)=\dfrac{1}{s^2+s+1}$模型。

解： 可以用以下 MATLAB 指令描述。

```
num=[1];
den=[1 1 1];
G1=tf(num,den)
```

或者直接用 G1=tf([1],[1 1 0]) 来描述。

若传递函数分子、分母为因式连乘形式，则可以采用 conv 命令进行多项式相乘，得到展开后的分子、分母多项式降幂排列的系数向量，再用 tf 命令建模。

例 A-2 对于以下传递函数，在 MATLAB 中建立其数学模型。

$$G_2(s)=\frac{1}{(s+4)(s^2+s+1)}$$

解： MATLAB 命令如下。

```
num=[1];
den=conv([1 4],[1 1 1]);
G2=tf(num,den)
```

若需要将传递函数展开成部分分式，利用命令 [r, p, k]=residue (num, den) 就会求出传递函数展开成部分分式的留数 (residue)、极点 (pole) 和直接项。

若传递函数表示为

$$G(s)=\frac{B(s)}{A(s)}=\frac{num}{den}=\frac{b(n)s^n+b(n-1)s^{n-1}+\cdots+b(1)s+b(0)}{a(n)s^n+a(n-1)s^{n-1}+\cdots+a(1)s+a(0)}$$

式中，$a(n)\neq0$，但是其他系数 $a(i)$ 和 $b(j)$ 可能为零。则输入命令：

```
num=[b(n)   b(n-1)   …   b(0)];
den=[a(n)   a(n-1)   …   a(0)];
[r,p,k]=residue (num,den)
```

就会求出传递函数 $G(s)$ 展开为部分分式的留数、极点和直接项。

例 A-3 有下列传递函数，将其展开成部分分式形式。

$$G_3(s)=\frac{B(s)}{A(s)}=\frac{2s^3+3s^2+4s+6}{s^3+6s^2+11s+6}$$

解： 可进行下列 MATLAB 输入并得到相应输出。

```
num=[2 3 4 6];
den=[1 6 11 6];
[r,p,k]=residue(num,den)
r=
   -16.5000
     6.0000
     1.5000
p=
   -3.0000
   -2.0000
   -1.0000
k=
     2
```

即传递函数展开成部分分式后的表达式为

$$G_3(s)=\frac{B(s)}{A(s)}=\frac{2s^3+3s^2+4s+6}{s^3+6s^2+11s+6}=\frac{-16.5}{s+3}+\frac{6}{s+2}+\frac{1.5}{s+1}+2$$

利用命令 [num,den]=residue(r,p,k) 又可以将部分分式形式转变回传递函数的多项式之比，这里不再列出。

2. 零极点模型

命令格式：sys=zpk(z,p,k)

其中，z、p、k 分别表示系统的零点（zero）、极点（pole）和增益（gain）。

例 A-4 对于以下传递函数，写出其传递函数模型。

$$G_4(s)=\frac{8(s+1)}{(s+2)(s+4)}$$

解： 可以直接利用 G4=zpk([-1],[-2 -4],8) 获得其传递函数模型。

3. 状态空间模型

命令格式：sys=ss(A,B,C,D,Ts)

其中，A、B、C、D 分别表示状态空间模型的系统矩阵 $\boldsymbol{A}$、$\boldsymbol{B}$、$\boldsymbol{C}$、$\boldsymbol{D}$；Ts 表示采样时间，默认描述的是连续系统

$$\begin{cases}\dot{\boldsymbol{x}}(t)=\boldsymbol{A}\boldsymbol{x}(t)+\boldsymbol{B}u(t)\\ y(t)=\boldsymbol{C}\boldsymbol{x}(t)+\boldsymbol{D}u(t)\end{cases}$$

4. 频率响应数据模型

命令格式：SYS=frd(sys,freqs,unit)

其中，sys 是系统传递函数方程，freqs 是采样点，frd 以 freqs 为 sys 的输入计算频率响应输出，得到类型为 frd 的频率响应数据模型。

例 A-5 对于传递函数为 $G(s)=\dfrac{10}{(s+1)(s+10)}$ 的控制系统，求其输入频率从 1～1000 变化时的频率响应数据，画出其伯德图。

解： MATLAB 命令如下。

```
clc;
clear;
s=tf('s');
G=10/((s+1)*(s +10))
Gfrd=frd(G,1:1000,'rad/s')
bode(G)
```

5. 数学模型之间的转换

（1）传递函数模型与零极点模型之间的转换

命令格式：[num,den]=zp2tf(z,p,k)

[z,p,k]=tf2zp(num,den)

其中，指令 zp2tf 可以将零极点模型转换成传递函数模型，指令 tf2zp 可以将传递函数模型转换成零极点模型。

（2）传递函数模型与状态空间模型之间的转换

命令格式：[A,B,C,D]=tf2ss（num,den ）

[num,den]=ss2tf（A,B,C,D）

其中，tf2ss 是把传递函数模型转换成状态空间模型，ss2tf 则相反。

传递函数模型与状态空间模型之间的关系如下

$$\frac{Y(s)}{U(s)}=\frac{\text{num}}{\text{den}}=\boldsymbol{C}(s\boldsymbol{I}-\boldsymbol{A})^{-1}\boldsymbol{B}+\boldsymbol{D}$$

其中，num、den 是传递函数的分子、分母多项式，$\boldsymbol{A}$、$\boldsymbol{B}$、$\boldsymbol{C}$、$\boldsymbol{D}$ 是如下状态空间模型中的系统矩阵

$$\begin{cases}\dot{\boldsymbol{x}}(t)=\boldsymbol{A}\boldsymbol{x}(t)+\boldsymbol{B}u(t)\\ y(t)=\boldsymbol{C}\boldsymbol{x}(t)+\boldsymbol{D}u(t)\end{cases}$$

如果系统包含 1 个以上的输入变量，利用命令

[num,den]=ss2tf（A,B,C,D,iu）

则可以把系统从状态空间表达式转换为第 i 个输入对应的传递函数 $Y(s)/U_i(s)$。

例 A-6 求下面的双输入-单输出系统的传递函数。

$$\begin{bmatrix}\dot{x}_1\\ \dot{x}_2\end{bmatrix}=\begin{bmatrix}0 & 1\\ -3 & -4\end{bmatrix}\begin{bmatrix}x_1\\ x_2\end{bmatrix}+\begin{bmatrix}1 & 0\\ 0 & 1\end{bmatrix}\begin{bmatrix}u_1\\ u_2\end{bmatrix}$$

$$y=[1\quad 0]\begin{bmatrix}x_1\\ x_2\end{bmatrix}+[0\quad 0]\begin{bmatrix}u_1\\ u_2\end{bmatrix}$$

解： 由于系统有 2 个输入，因而有 2 个传递函数，其结果见下列 MATLAB 输出。

```
A=[0 1;-3 -4];
B=[1 0; 0 1];
C=[1 0];
D=[0 0];
[num1,den1]=ss2tf(A,B,C,D,1)
Gs1=tf(num1,den1)
Num1=
        0     1     4
Den1=
        1     4     3
Gs1=
        s+4
    -------------
    s^2+4 s+3
[num2,den2]=ss2tf(A,B,C,D,2)
Gs2=tf(num2,den2)
Num2=
        0     0     1
Den2=
        1     4     3
Gs2=
          1
    -------------
    s^2+4 s+3
```

根据 MATLAB 输出结果，2 个传递函数分别为

$$\frac{Y(s)}{U_1(s)}=\frac{s+4}{s^2+4s+3},\ \frac{Y(s)}{U_2(s)}=\frac{1}{s^2+4s+3}$$

（3）连续系统与离散系统之间的转换　在系统采用零阶保持器的情况下，利用以下命令

[G,H]=c2d(A,B,Ts)

可以将状态空间模型从连续系统转换为离散系统，命令中的 Ts 为采样周期（s）。即将

$$\dot{x}(t)=Ax(t)+Bu(t)$$

转换为

$$x(k+1)=Gx(k)+Hu(k)$$

例 A-7　将下列连续系统离散化

$$\begin{bmatrix}\dot{x}_1\\ \dot{x}_2\end{bmatrix}=\begin{bmatrix}0 & 1\\ -3 & -4\end{bmatrix}\begin{bmatrix}x_1\\ x_2\end{bmatrix}+\begin{bmatrix}0\\ 1\end{bmatrix}u$$

假设采样周期为 0.05s。

解：有下列 MATLAB 命令和输出。

```
A=[0 1;-3 -4];
B=[0;1];
[G,H]=c2d(A,B,0.05)
G=
     0.9965      0.0453
    -0.1358      0.8154
H=
     0.0012
     0.0453
```

即其采样后的离散时间状态空间方程为

$$\begin{bmatrix} x_1(k+1) \\ x_2(k+1) \end{bmatrix} = \begin{bmatrix} 0.9965 & 0.0453 \\ -0.1358 & 0.8154 \end{bmatrix} \begin{bmatrix} x_1(k) \\ x_2(k) \end{bmatrix} + \begin{bmatrix} 0.0012 \\ 0.0453 \end{bmatrix} u(k)$$

利用命令 [A,B]=d2c（G,H,Ts）又可以将离散系统状态空间模型转换为连续系统状态空间模型，命令中的 Ts 为采样周期（s）。

A.3 有关计算与系统分析

1. 复数的幅值和相位

复数 $z=x+jy=re^{j\theta}$ 的幅值和相位由下列命令来求。

r=abs(z);theta=angle(z)

命令 z=r * exp(j * theta) 会将复数的指数表达形式恢复到原来的形式。

2. 多项式的乘除与计算

命令格式：c=conv(a,b)

q=deconv(c,a)

其中，a、b、c、q 分别为多项式系数向量。第一条命令进行的是多项式相乘，第二条命令进行的是多项式相除。

多项式相乘是多项式系数的卷积。例如，若 $a(s)=2s^2+10.6$，而 $b(s)=s^2+15.2s+123.4$，则两者的乘积通过输入 c=conv(a,b) 可求得。

```
a=[2,0,10.6];
b=[1,15.2,123.4];
c=conv(a,b)


c=
  1.0e+003 *
     0.0020      0.0304      0.2574      0.1611      1.3080
```

即由 MATLAB 输出得到的多项式乘积为

$$c(s)=2s^4+30.4s^3+257.4s^2+161.1s+1308$$

多项式相除是多项式系数的去卷积。例如，为了用 $a(s)$ 除刚才得到的 $c(s)$，应用命令 q=deconv(c,a) 即可。

```
c=[2,30.4,257.4,161.1,1308];
a=[2,0,10.6];
q=deconv(c,a)

q=
     1.0000    15.2000    123.4000
```

如果要求多项式 $p(s)=s^3+3s^2+2s+1$ 在 $s=5$ 时的值，则输入多项式系数向量和命令 polyval（p，5）即可。

```
p=[1 3 2 1];
polyval(p,5)

ans=
   211
```

3. 控制系统的连接与框图简化

一个控制系统通常由多个子系统之间相互连接而成，而最基本的三种连接方式为并联、串联和反馈连接。

（1）两个系统并联连接

命令格式：sys=parallel(sys1,sys2)

对于单输入-单输出（SISO）系统，parallel 命令相当于符号“+”，对于图 A-1 中由 $G_1(s)$ 和 $G_2(s)$ 并联组成的系统，可以描述为

G12=parallel(G1,G2)

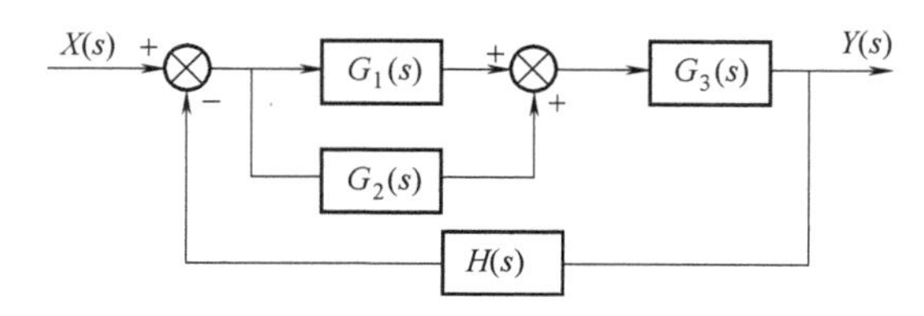

图 A-1 闭环系统框图

（2）两个系统串联连接

命令格式：sys=series(sys1,sys2)

对于 SISO 系统，series 命令相当于符号“*”，对于图 A-1 中由 $G_{12}(s)$ 和 $G_3(s)$ 串联组成的系统 $G(s)$，可以描述为

G=series(G12,G3)

（3）两个系统的反馈连接

命令格式：sys=feedback(sys1,sys2,sign)

其中，sign 用于说明反馈性质（正、负）。sign 省略时，为负，即 sign=−1。由于图 A-1 所

示系统为单位负反馈系统，所以系统的闭环传递函数可以描述为

sys=feedback(G,1,-1)

其中，G 表示单位负反馈开环传递函数，“1”表示单位反馈，“-1”表示负反馈，可以省略。

例 A-8 已知多回路反馈系统的框图如图 A-2 所示，其中

$$G_1(s)=\frac{1}{s+10},\ G_2(s)=\frac{1}{s+1}$$

$$G_3(s)=\frac{s^2+1}{s^2+4s+4},\ G_4(s)=\frac{s+1}{s+6},\ G_5(s)=\frac{1}{s}$$

$$H_1(s)=\frac{s+1}{s+2},\ H_2(s)=2$$

求闭环传递函数和闭环零、极点，并将其写成因式相乘形式。

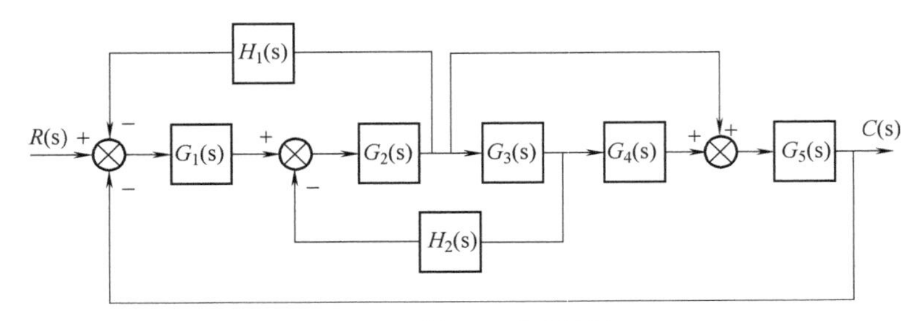

图 A-2 例 A-8 系统框图

解： 首先将框图作必要的改变，得图 A-3 所示框图。

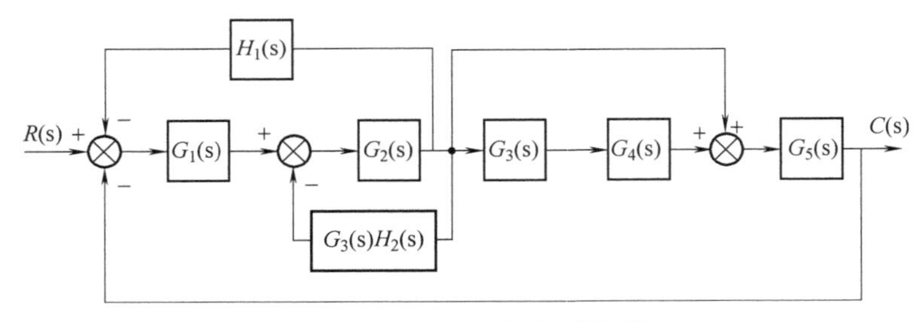

图 A-3 例 A-8 系统框图变形

MATLAB 程序与运行结果如下。

```
clc
clear
s=tf('s');
G1=1/(s+10);
G2=1/(s+1);
G3=(s^2+1)/(s^2+4*s+4);
G4=(s+1)/(s+6);
G5=1/s;
H1=(s+1)/(s+2);
```

```
H2=2;
Sys1=feedback(G2,G3 * H2,-1);
Sys2=parallel(G3 * G4,1);
Sys3=feedback(G1 * Sys1,H1,-1);
Sys4=series(Sys3,Sys2);
Sys= feedback(Sys4,1,-1)
num=Sys.num{1,1};
den=Sys.den{1,1};
[Z,P,K]=tf2zp(num,den)
Syszpk=zpk(Z,P,K)

以下为运行结果
Sys=
        2 s^6+23 s^5+119 s^4+347 s^3+586 s^2+532 s+200
   ---------------------------------------------------------------------------------
   s^8+29 s^7+333 s^6+1956 s^5+6449 s^4+12499 s^3+14474 s^2+9764 s+3176
Continuous-time transfer function.
Z=
   -2.0260+2.1279i
   -2.0260-2.1279i
   -2.0000+0.0001i
   -2.0000-0.0001i
   -1.9999+0.0000i
   -1.4480+0.0000i
P=
   -8.3654+0.7813i
   -8.3654-0.7813i
   -4.9873+0.0000i
   -2.0000+0.0000i
   -2.0000-0.0000i
   -2.0000+0.0000i
   -0.6410+0.8467i
   -0.6410-0.8467i
K=
     2
Syszpk=
          2 (s+2)^3 (s+1.448) (s^2+4.052s+8.633)
     ------------------------------------------------------------
   (s+4.987) (s+2)^3 (s^2+16.73s+70.59) (s^2+1.282s+1.128)
Continuous-time zero/pole/gain model.
```

4. 特征方程的根与稳定性判断

命令格式：p=roots(den)

其中，den 为特征多项式降幂排列的系数向量；p 为特征根。利用所得特征方程的根，可以判断系统的稳定性。

例 A-9 某液压控制系统框图如图 A-4 所示，判断闭环系统稳定性。

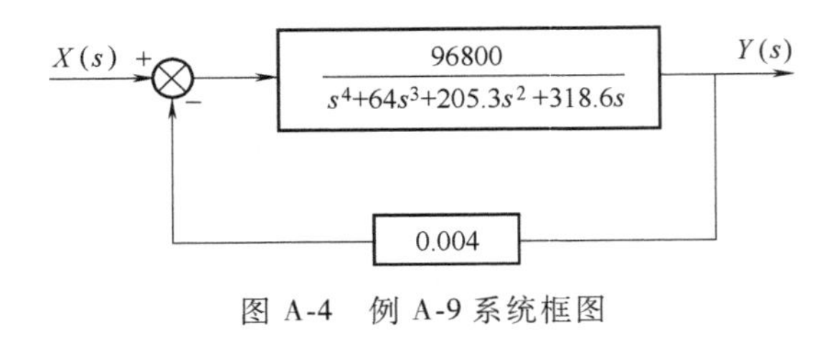

图 A-4 例 A-9 系统框图

解： MATLAB 程序与运行结果如下。

```
clc
clear
G1=tf(96800,[1 64 205.3 318.6 0]);
H1=0.004;
sys=feedback(G1,H1,-1);
roots(sys.den{1,1})
ans=
   -60.7027+0.0000i
   -2.2694+0.0000i
   -0.5140+1.5958i
   -0.5140-1.5958i
```

所以闭环系统稳定。

5. 时域响应分析

(1) 单位脉冲响应

命令格式：y=impulse(sys,t)

当不带输出变量 y 时，impulse 命令可以直接绘制脉冲响应曲线。t 用于设定仿真时间，可以省略。

(2) 单位阶跃响应

命令格式：y=step(sys,t)

当不带输出变量 y 时，step 命令可以直接绘制脉冲响应曲线。t 用于设定仿真时间，可以省略。

(3) 任意输入响应

命令格式：y=lsim(sys,u,t,x0)

当不带输出变量 y 时，lsim 命令可以直接绘制脉冲响应曲线。u 表示输入；x0 用于设定初始状态，默认值为 0；t 用于设定仿真时间，可以省略。

(4) 零输入响应

命令格式：y=initial(sys,x0,t)

initial 命令要求系统 sys 为状态空间模型。当不带输出变量 y 时，initial 命令可以直接绘制脉冲响应曲线。x0 用于设定初始状态，默认值为 0；t 用于设定仿真时间，可以省略。

6. 频域分析

（1）伯德图

命令格式：[mag,phase,w]=bode(sys)

[mag,phase,w]=bode(num,den,w)

当输出变量省略时，bode 命令可以直接绘制伯德图；否则，将只计算幅值和相位，并将结果分别存放在 mag 和 phase 中。

若要分别画对数幅频特性曲线与对数相频特性曲线，则有以下命令：

semilogx(w,20*log10(mag)),semilogy(w,phase)

另外，margin 命令也可以绘制伯德图，并且得出幅值裕度（Gm）、相位裕度（Pm）及其对应的相位穿越频率 Wcg（−180°对应的频率）和幅值穿越频率 Wcp（0dB 幅值对应的频率）。

命令格式：[Gm,Pm,Wcg,Wcp]=margin(sys)

用对数尺度表示的频率点数据向量，命令为：w=logspace(d1,d2,n)，即用对数尺度表示的介于 $10^{d1} \sim 10^{d2}$ 之间的 n 个点；用 dB 表示的幅频特性，命令为：Gm_dB=20*log10(Gm)。

（2）奈奎斯特图

命令格式：[re,im,w]=nyquist(sys)

[re,im,w]=nyquist(num,den,w)

当输出变量省略时，nyquist 命令可以直接绘制奈奎斯特图。

（3）尼科尔斯图

命令格式：[mag,phase,w]=nichols(sys)

[mag,phase,w]= nichols(num,den,w)

当输出变量省略时，nichols 命令可以直接绘制尼科尔斯图。

7. 根轨迹分析

（1）绘制零、极点分布图

命令格式：[p z]=pzmap(sys)

当不带输出变量时，pzmap 命令可以在复平面中标出传递函数零、极点，在图中极点用“×”表示，零点用“○”表示。

（2）绘制根轨迹

命令格式：rlocus(G)

注意，如果系统参数不是根轨迹增益，应先将特征方程写成以下形式

$$1+K\frac{N(s)}{D(s)}=0$$

其中，K 为所研究的变化参数。因此得到如下等效开环传递函数

$$G(s)H(s)=K\frac{N(s)}{D(s)}$$

例 A-10 某单位反馈控制系统开环传递函数为

$$G(s)=\frac{10}{(s+4)(s+p)}$$

画出参数 p 从 $0\sim\infty$ 时的根轨迹。

解： 首先写出系统闭环特征方程如下

$$s^2+4s+10+p(s+4)=0$$

可将其改变为

$$1+p\frac{s+4}{s^2+4s+10}=0$$

因此等效开环传递函数为

$$G^*(s)=p\frac{s+4}{s^2+4s+10}$$

其 MATLAB 命令如下。

```
clc;
clear;
G=tf([1 4],[1 4 10]);
figure(1)
pzmap(G)
figure(2)
rlocus(G)
```

A.4 绘图

MATLAB 具有丰富的获取图形输出的程序集，利用 MATLAB 可以非常方便地得到控制工程问题中的响应曲线和频率特性图。

命令 plot 可以产生线性 x-y 图形，loglog、semilogx、semilogy 和 polar 可以产生对数坐标图和极坐标图（参看表 A-1 中的命令说明）。下面仅以 plot 命令为例介绍绘图的一些操作命令。

1. *x-y* 图

对于同一长度的向量 $\boldsymbol{x}$ 和 $\boldsymbol{y}$，plot(x,y) 将画出 y 值相对于 x 值的曲线图。

2. 画多条曲线

采用具有多个变量对的命令 plot(x1,y1,x2,y2,…,xn,yn) 可以在一幅图上画出多条曲线。另外，利用命令 hold 也可以在保持当前图形的情况下，在同一幅图上再画出随后的另一条曲线。当再次输入 hold，当前的图形又会复原。

3. 加网格线、图形标题和坐标轴标记

MATLAB 中关于网格线、图形标题和坐标轴标记的命令如下：

grid（网格线）。

title（图形标题）。

xlabel（x 轴标记）。

ylabel（y 轴标记）。

4. 在图形屏幕上书写文本

为了在图形屏幕上的点（x，y）处书写文本可采用下列命令：

text(x,y,'text')

例如，语句 text(3,0.45,'sint') 将从点（3，0.45）开始水平地写出 sint；语句 plot(x1,y1,x2,y2),text(x1,y1,'1')，text(x2,y2,'2') 将标记出 2 条曲线，以便于区分。

5. 图形的线型

MATLAB 提供的中线和点的类型见表 A-3。

表 A-3 MATLAB 中线和点的类型

线的类型		点的类型	
实线	-	圆点	.
短画线	--	加号	+
虚线	:	星号	*
点画线	-.	圆圈	。
		×号	×

例如，语句 plot(x,y,'×') 表示将用符号×画出一个点状图；语句 plot(x1,y1,':' x2,y2,'+') 则表示将用虚线画出第一条曲线，而用加法符号画出第二条曲线。

6. 图线的颜色

MATLAB 中图线的颜色见表 A-4。

表 A-4 MATLAB 中图线的颜色

红色	r
绿色	g
蓝色	b
白色	w
无色	i

例如，语句 plot（x,y,'r'）表示图线用红色显示；语句 plot(x,y,'+g') 则表示图线用绿色加号标记画出。

注意，在 MATLAB 中，图形是自动定标的。在另一幅图形画出之前，现行图形将保持不变，但在后续的一幅图画出后，现图形将被删除，坐标轴自动重新定标。关于瞬态响应曲线、根轨迹、伯德图和奈奎斯特图等的自动绘图算法均已经存储在 MATLAB 中了，它们对于各类系统具有广泛的适用性，一般不需要改变。若在某些情况下，需要改变自动绘图，则需采用手工坐标轴定标。

另外，在 MATLAB 中还可以使用 Simulink 进行控制系统的建模、仿真与分析。Simulink 是 MATLAB 中的一种可视化工具，是一个基于模块图环境、可用于多域仿真以及基于模型设计的有用工具。利用 MATLAB 控制类工具箱中有关模块进行控制系统分析与设计非常方便，其中与控制有关的主要工具箱有以下几种。

1）控制系统工具箱（control systems toolbox）。

2）系统识别工具箱（system identification toolbox）。

3）鲁棒控制工具箱（robust control toolbox）。

4）神经网络工具箱（neural network toolbox）。

5）频域系统识别工具箱（frequency domain system identification toolbox）。

6）模型预测控制工具箱（model predictive control toolbox）。

与本课程有关的主要是控制系统工具箱，包括线性系统分析、控制系统设计以及 PID 调整等，此处不再详述。

还有一点，不同版本的 MATLAB 指令可能会有不同，读者要善于利用帮助文档来搜索和查找有关指令。

本附录介绍的内容对于读者阅读本书、利用 MATLAB 解决控制工程所涉及的计算和绘图非常有益，请读者熟悉和掌握它们。

A.5 本书所用 MATLAB 命令

表 A-5 给出了本书所用的 MATLAB 主要命令。

表 A-5 本书所用的 MATLAB 主要命令

任务	命令	任务	命令
阶跃响应	step(num,den) step(num,den,t) [y,x,t]=step(num,den,t)	伯德图	bode(num,den) bode(num,den,w) [mag,phase,w]=bode(num,den,w) w=logspace(d1,d2,n) magdB=20*log10(mag)
脉冲响应	impulse(num,den) impulse(num,den,t) [y,x,t]=impulse (num,den) [y,x,t]=impulse (num,den,t)	奈奎斯特图	nyquist(num,den) nyquist(num,den,w) [re,im,w]=nyquist(sys) [re,im,w]=nyquist(num,den,w)
传递函数与状态空间数学模型的变换	[A,B,C,D]=tf2ss(num,den) [num,den]=ss2tf(A,B,C,D) [num,den]=ss2tf(A,B,C,D,iu)	传递函数与部分分式展开	[r,p,k]=residue(num,den) [num,den]=residue(r,p,k)
连续系统与离散系统的转换	[G,H]=c2d(A,B,Ts) [A,B]=d2c(G,H,Ts)	传递函数模型与零极点模型之间的转换	[num,den]=zp2tf(z,p,k) [z,p,k]=tf2zp(num,den)

附录 B 部分习题参考答案

第 1 章

1-1 汽车驾驶过程中反馈控制过程原理框图如下。

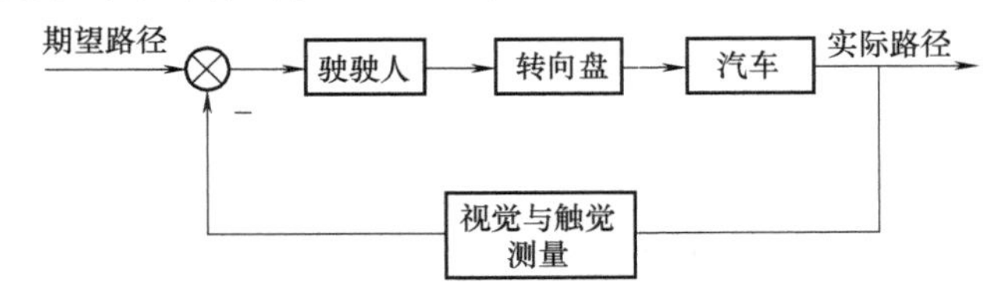

1-2 电热水器工作原理框图如下。

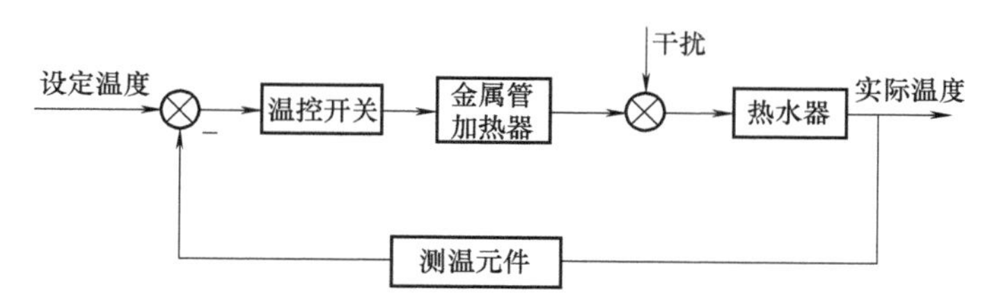

1-3 杠杆型液位控制原理框图如下。

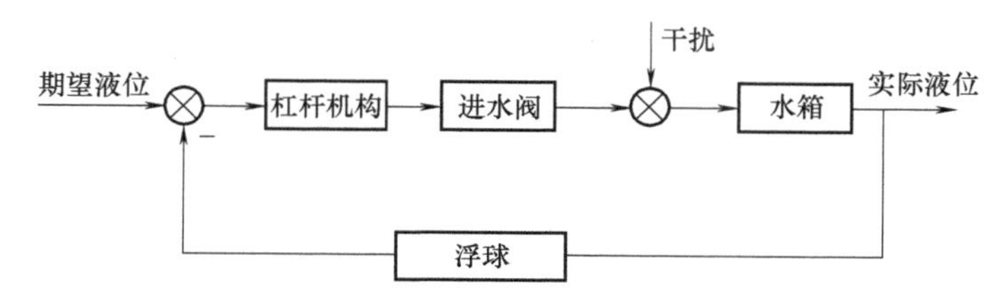

电气型液位控制原理框图如下。

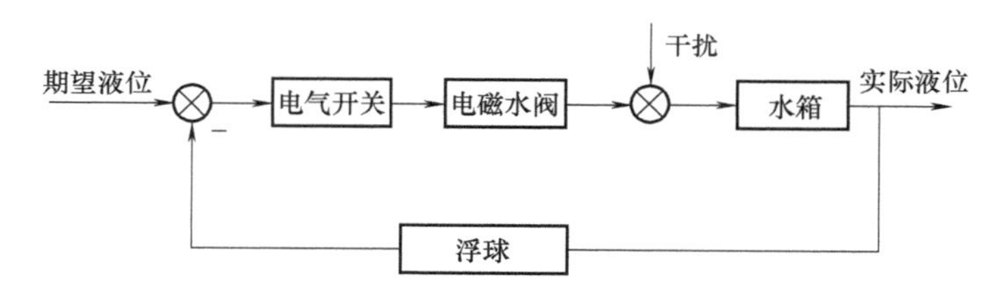

1-4 电冰箱工作原理框图如下。从输入信号来看，该系统是恒值控制系统；从是否有反馈来看，该系统是闭环控制系统。

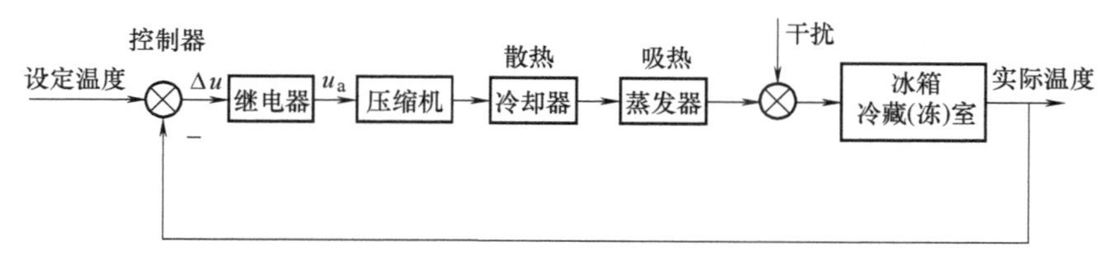

1-5 函数记录仪工作原理框图如下。从输入信号来看，该系统是随动系统；从是否有反馈来看，该系统是闭环系统。

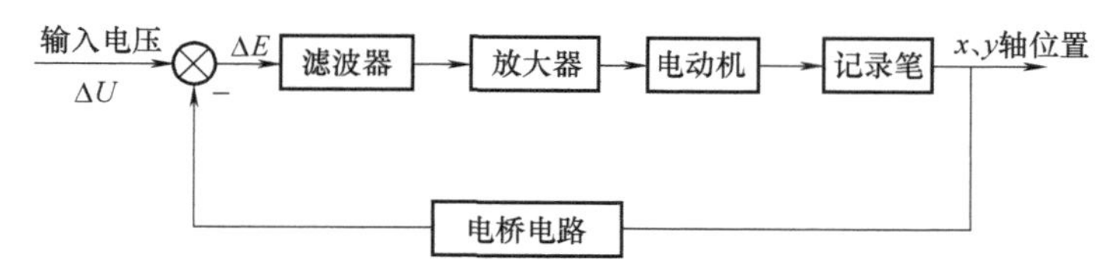

1-6 仓库大门自动控制原理框图如下。

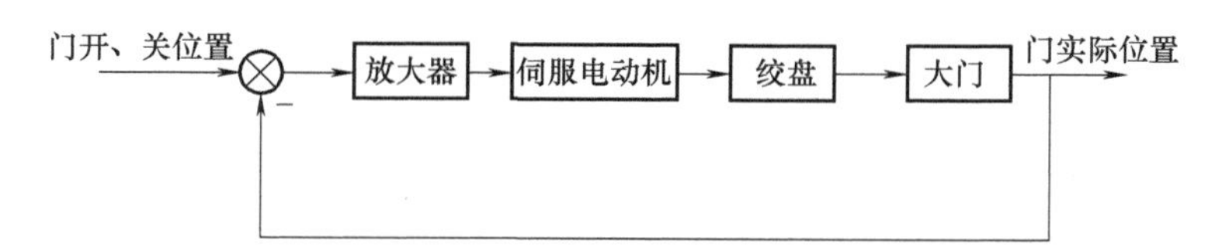

1-7 略。

1-8 略。

第 2 章

2-1 （1） $F(s)=5\left(\frac{1}{s}-\frac{s}{s^2+9}\right)$。 （2） $F(s)=\frac{s+0.5}{(s+0.5)^2+100}$。

（3） $F(s)=\frac{5+\sqrt{3}s}{2(s^2+25)}$。 （4） $F(s)=\frac{n!}{(s-a)^{n+1}}$。

2-2 （1） $F(s)=\frac{2}{s^2}+\frac{18}{s^4}+\frac{2}{s+3}$。 （2） $F(s)=\frac{6}{(s+3)^4}+\frac{s+1}{(s+1)^2+4}+\frac{4}{(s+3)^2+16}$。

（3） $F(s)=\frac{5e^{-2s}}{s}+\frac{2}{(s-2)^3}-\frac{2}{(s-2)^2}+\frac{1}{s-2}$。 （4） $F(s)=\frac{1+e^{-\pi s}}{s^2+1}$。

2-3 （1） $\lim\limits_{t\to\infty}f(t)=10$。 （2） $f(t)=10-10e^{-t}$。

2-4 （1） $f(0^+)=0, f'(0^+)=1$。 （2） $f(t)=te^{-2t}, f'(t)=(1-2t)e^{-2t}$。

2-5 a） $F(s)=\frac{5}{s^2}-\frac{5e^{-2s}}{s^2}-\frac{10e^{-2s}}{s}$。 b） $F(s)=\frac{e^{-s}}{s}+\frac{1}{2}\frac{e^{-s}}{s^2}-\frac{1}{2}\frac{e^{-3s}}{s^2}+2\frac{e^{-3s}}{s}$。

c） $F(s)=\frac{5}{s}-\frac{5}{s^2}+\frac{10e^{-s}}{s^2}-\frac{10e^{-2s}}{s^2}+\frac{5e^{-3s}}{s^2}$。

2-6 （1） $f(t)=\frac{1}{2}\sin 2t$。 （2） $f(t)=e^t\cos 2t+\frac{1}{2}e^t\sin 2t+\cos 3t+\frac{1}{3}\sin 3t$。

（3） $f(t)=1-e^{-t}$。 （4） $f(t)=-e^{-2t}+2e^{-3t}$。

（5） $f(t)=-4te^{-2t}-8e^{-2t}+8e^{-t}$。 （6） $f(t)=e^{t-1}\cdot 1(t-1)$。

（7） $f(t)=-2e^{-2t}+3e^{-t}\cos t$。 （8） $f(t)=\frac{1}{3}\cos t-\frac{1}{3}\cos 2t$。

2-7 （1） $1*1=t$。 （2） $t*t=\frac{t^3}{6}$。 （3） $t*e^t=e^t-t-1$。 （4） $t*\sin t=t-\sin t$。

2-8 （1） $x(t)=e^{-t}\sin t$。 （2） $x(t)=\frac{6}{5}x_0e^{-\frac{1}{2}t}-\frac{1}{5}x_0e^{-3t}$。

（3） $x(t)=\frac{3}{5}-\frac{3}{5}e^{-t}\cos 2t-\frac{3}{10}e^{-t}\sin 2t$。

（4） $x(t)=\frac{-A}{\sqrt{1-\zeta^2}}e^{-\zeta\omega_n t}\sin\left(\omega_n\sqrt{1-\zeta^2}\,t-\arctan\frac{\sqrt{1-\zeta^2}}{\zeta}\right)+$

$\frac{B+2\zeta\omega_n A}{\omega_n\sqrt{1-\zeta^2}}e^{-\zeta\omega_n t}\sin\left(\omega_n\sqrt{1-\zeta^2}\,t\right)$。

第 3 章

3-1 a） $B\dot{y}+ky=kx$。 b） $m\ddot{y}+B\dot{y}+ky=kx$。

c） $B(\dot{x}-\dot{y})+k_1(x-y)=k_2y$。 d） $m\ddot{x}+\frac{k_1k_2}{k_1+k_2}x=f$。

e) $m\ddot{y}+B_2\dot{y}=B_1(\dot{x}-\dot{y})$。

3-2 $\left[J_1+J_2\left(\frac{z_1}{z_2}\right)^2\right]\ddot{\theta}_1+\left[B_1+B_2\left(\frac{z_1}{z_2}\right)^2\right]\dot{\theta}_1+\frac{z_1}{z_2}T_L=T_1$

$$J=\left[J_1+J_2\left(\frac{z_1}{z_2}\right)^2\right],B=\left[B_1+B_2\left(\frac{z_1}{z_2}\right)^2\right]$$

3-3 a) $u_i=LC\frac{d^2u_o}{dt^2}+u_o$。 b) $u_i=L(C_1+C_2)\frac{d^2u_o}{dt^2}+u_o$。

c) $\begin{cases}\frac{u_i-u_o}{R_1}+C_1\frac{d(u_i-u_o)}{dt}=i\\ u_o=R_2i+\frac{1}{C_2}\int idt\end{cases}$。 d) $\begin{cases}u_i=R_1i+\frac{1}{C_1}\int idt+u_o\\ u_o=R_2i+\frac{1}{C_2}\int idt\end{cases}$。

3-4 $m\ddot{x}+B\dot{x}+kx=\frac{a}{b}f$。

3-5 $\begin{cases}m_2\ddot{x}_2+B_2\dot{x}_2+B_1(\dot{x}_2-\dot{x}_1)=f\\ m_1\ddot{x}_1+B_1(\dot{x}_1-\dot{x}_2)+kx_1=0\end{cases}$。

3-6 a) $\frac{X(s)}{F(s)}=\frac{1}{ms^2+k}$。 b) $\frac{X(s)}{F(s)}=\frac{1}{ms^2+Bs+k}$。

c) $\frac{X_2(s)}{X_1(s)}=\frac{k_1Bs}{(k_1+k_2)Bs+k_1k_2}$。 d) $\frac{X_2(s)}{X_1(s)}=\frac{B_1s+k_1}{(B_1+B_2)s+k_1+k_2}$。

3-7 $\frac{\Theta(s)}{F(s)}=\frac{r}{Js^2+Bs+k}$。

3-8 a) $\frac{U_o(s)}{U_i(s)}=\frac{(1+R_1C_1s)(1+R_2C_2s)}{(1+R_1C_1s)(1+R_2C_2s)+R_1C_2s}$。 b) $\frac{X_2(s)}{X_1(s)}=\frac{\left(1+\frac{B_1}{k_1}s\right)\left(1+\frac{B_2}{k_2}s\right)}{\left(1+\frac{B_1}{k_1}s\right)\left(1+\frac{B_2}{k_2}s\right)+\frac{B_2}{k_1}s}$。

3-9 a) $\frac{Y(s)}{X(s)}=\frac{s^2+4s+2}{(s+2)(s+3)}$(注意:进行拉普拉斯反变换前,对部分分式分解时要分出一个常数项)。 b) $g(t)=\delta(t)+2e^{-2t}-e^{-t}$。

3-10 (1) $\frac{C(s)}{R(s)}=\frac{1}{(1+R_1C_1s)(1+R_2C_2s)+R_2C_1s}$。

(2) $\frac{C(s)}{R(s)}=\frac{G_1G_2G_5(1+G_3G_4)}{1+G_1G_2H_1+G_2G_3H_2+G_1G_2G_5(1+G_3G_4)}$。

3-11 $\frac{X(s)}{F(s)}=\frac{k_1+k_2}{(k_1+k_2)ms^2+k_1k_2}$。

3-12 $\frac{X(s)}{F(s)}=\frac{m_1s^2+Bs+k_1}{(m_1s^2+Bs+k_1)(m_2s^2+Bs+k_2)-B^2s^2}$。

第 4 章

4-1 （1）$G(s)=\dfrac{1}{s\left(s+\dfrac{1}{2}\right)}$。 （2）$G(s)=\dfrac{20}{(s+2)^2+1}$。 （3）$G(s)=\dfrac{7s+29}{(s+5)(s+2)}$。

4-2 （1）$G(s)=\dfrac{2}{s+0.5}$。 （2）$G(s)=\dfrac{12}{s^2+2.4s+4}$。 （3）略。

4-3 $c_1(t)\big|_{t=0}=2$，$c_2(t)\big|_{t=0}=3$。因为系统 1 的时间常数小，所以其灵敏性好。

4-4 $c(t)=1-\dfrac{4}{3}e^{-t}+\dfrac{1}{3}e^{-4t}$。

4-5 （1）$\zeta=0.1$，$\omega_n=1$ 时，$M_p=72.9\%$，$t_r=1.68s$，$t_s=30s$（$\delta=5$）或 $40s$（$\delta=2$）；
$\zeta=0.1$，$\omega_n=5$ 时，$M_p=72.9\%$，$t_r=0.336s$，$t_s=6s$（$\delta=5$）或 $8s$（$\delta=2$）。
（2）$\zeta=0.5$，$\omega_n=5$ 时，$M_p=16.3\%$，$t_r=0.48s$，$t_s=1.2s$（$\delta=5$）或 $1.6s$（$\delta=2$）。
（3）略。

4-6 $\zeta=0.69$，$\omega_n=2.17$（$\delta=5$），$\omega_n=2.90$（$\delta=2$）。

4-7 （1）$\omega_n=3$，$\zeta=\dfrac{1}{6}$。 （2）$M_p=58.8\%$，$t_r=0.59s$。
（3）$e_{ss}=0$。 （4）$e_{ss}=\dfrac{1}{9}$。

4-8 $\omega_n=86.6$，$\zeta=0.632$，$M_p=13.8\%$（$t_p=0.032s$）。

4-9 （1）$c_1(t)=1-\dfrac{7}{6}e^{-\frac{1}{8}t}+\dfrac{1}{6}e^{-\frac{1}{2}t}$，$c_2(t)=1-\dfrac{2}{3}e^{-\frac{1}{8}t}-\dfrac{1}{3}e^{-\frac{1}{2}t}$，
$c_3(t)=1+\dfrac{4}{3}e^{-\frac{1}{8}t}-\dfrac{7}{3}e^{-\frac{1}{2}t}$。 （2）$1+7^{-\frac{1}{3}}$。 （3）略。

4-10 当输入 $r(t)=10t$ 时，$e_{ss}=4$；当输入 $r(t)=4+6t+3t^2$ 时，$e_{ss}=\infty$。

4-11 当输入 $r(t)=10t$ 时，$e_{ss}=1$；当输入 $r(t)=4+6t+3t^2$ 时，$e_{ss}=\infty$；
当输入 $r(t)=4+6t+3t^2+1.8t^3$ 时，$e_{ss}=\infty$。

4-12 $K_p=\infty$，$K_v=10$，$K_a=0$；$e_{ss}=4$。

4-13 （1）$e_{ss1}=0$，$e_{ss2}=\dfrac{1}{11}$。
（2）$e_1(t)=\dfrac{e^{-\frac{1}{2}t}}{\sqrt{\dfrac{39}{40}}}\sin\left(\dfrac{\sqrt{39}}{2}t+\arctan\sqrt{39}\right)$；
$e_2(t)=\dfrac{1}{11}(1+10e^{-\frac{11}{2}t})$。
（3）略。

4-14 输入引起的稳态误差 $e_{ssR}=0$，干扰引起的稳态误差分别为
$e_{ssN_1}=-\dfrac{1}{5}$，$e_{ssN_2}=-\dfrac{1}{50}$，$e_{ssN_3}=0$。

第5章

5-1　（1）$y(t)=0.94\sin(t-15°)$。

（2）$y(t)=0.47\cos(4t-180°)$。

（3）$y(t)=0.235\sin(4t-105°)-1.88\cos(t-15°)$。

5-2　（1）

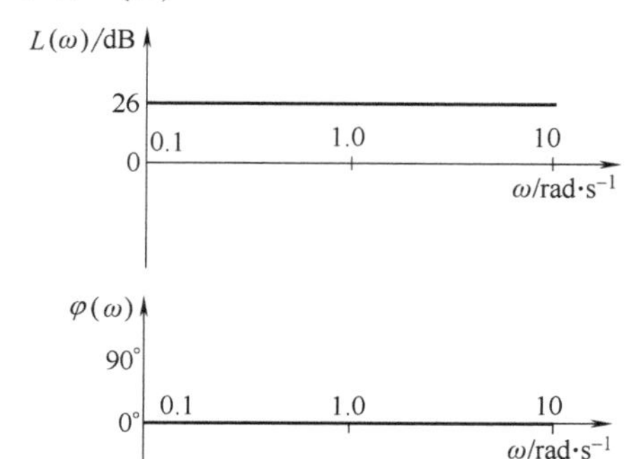

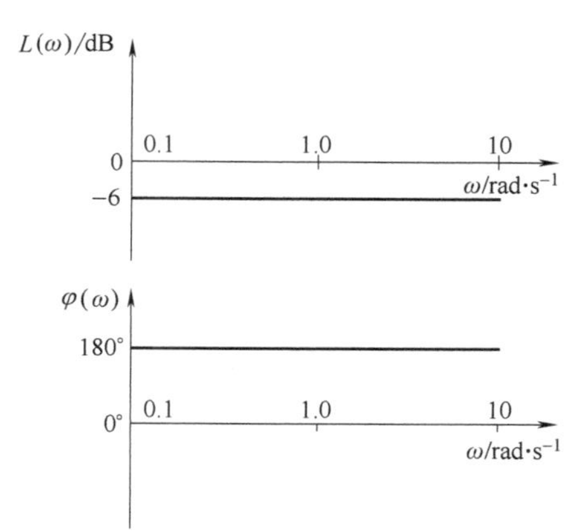

（2）

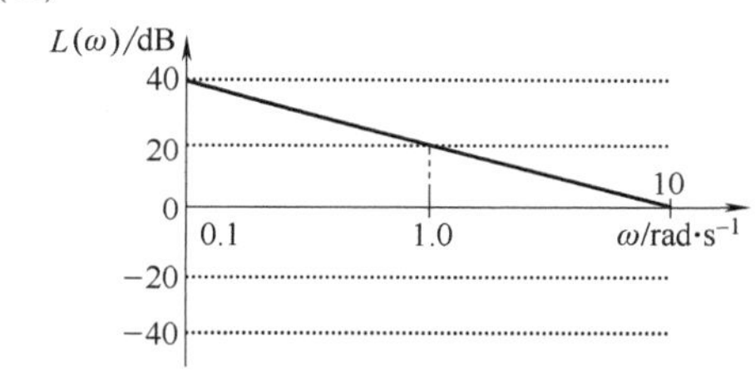

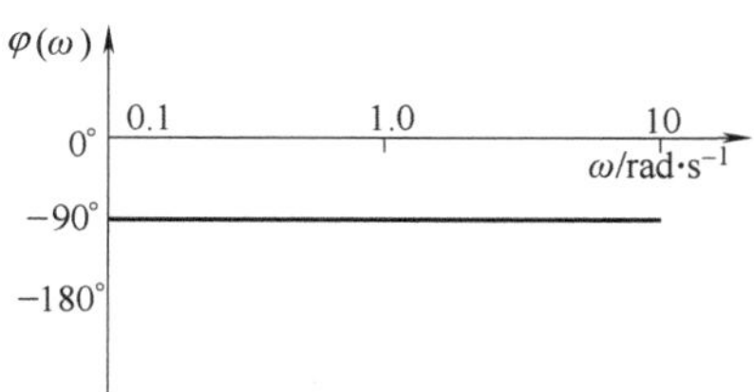

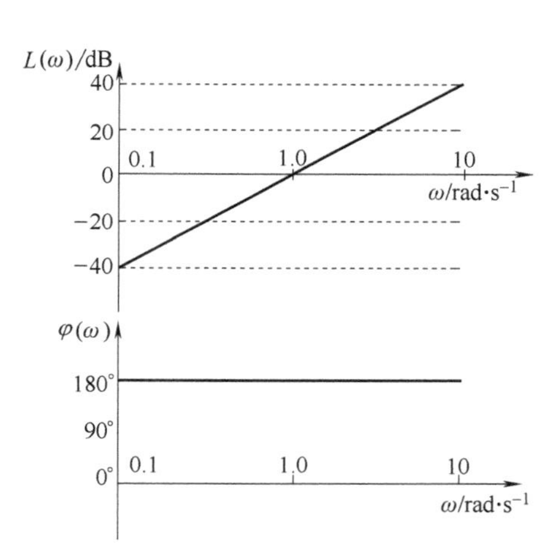

（3）

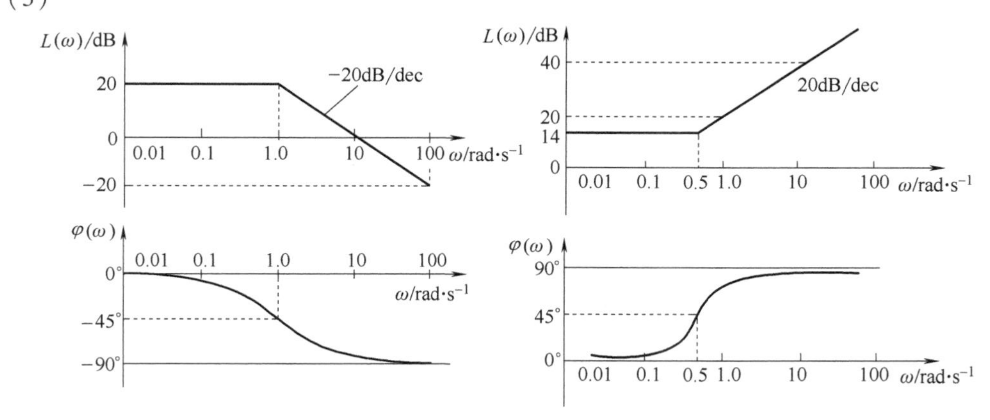

（4）

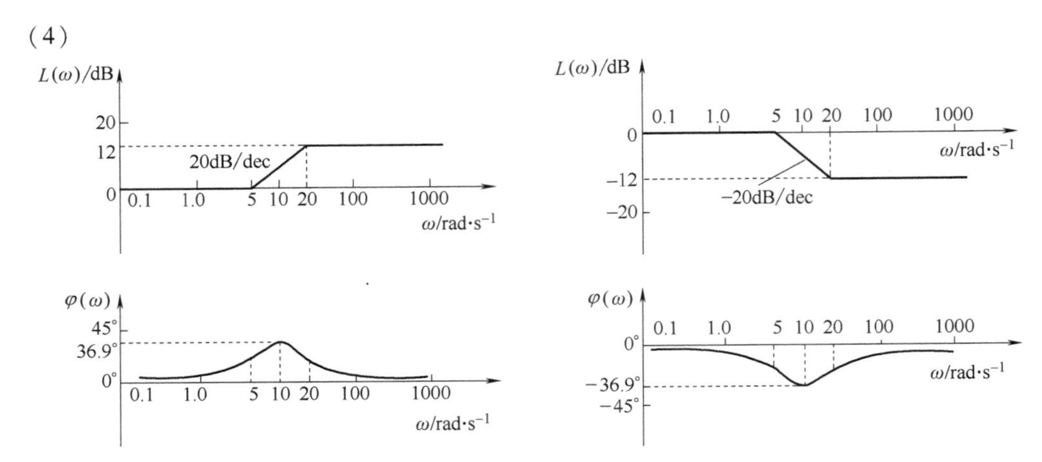

（5）以下为手工绘图（幅频曲线采用渐近线绘图）与 MATLAB 绘图，注意比较两者的差别。

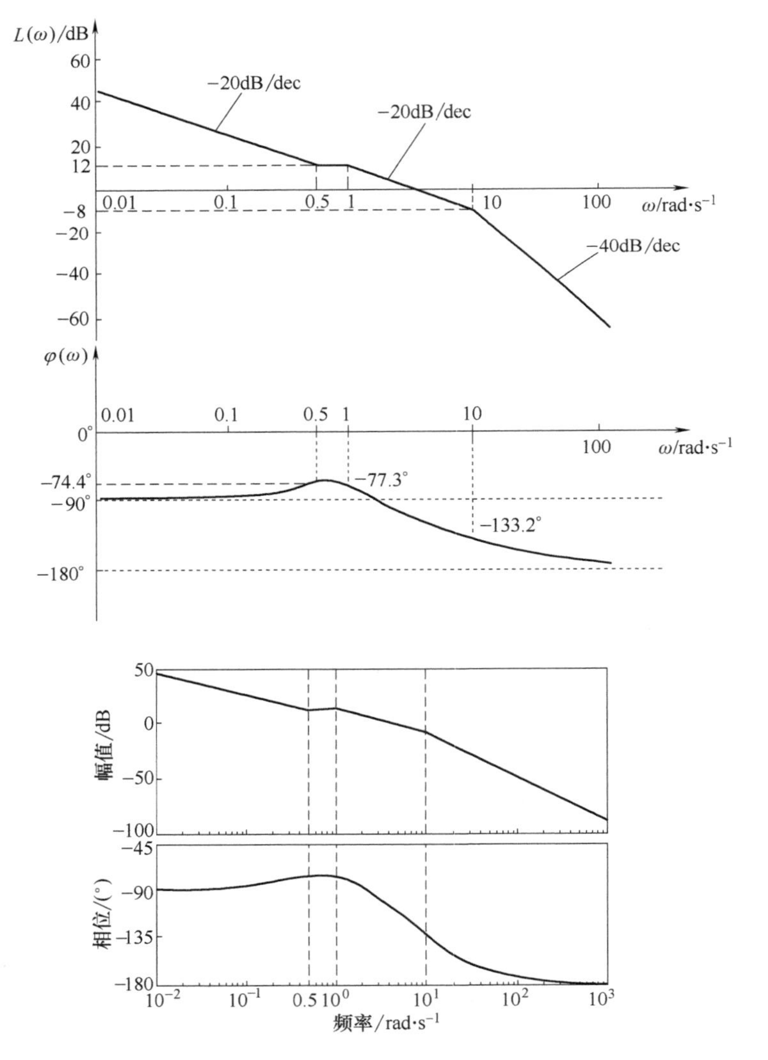

(6) 以下为手工绘图（幅频曲线采用渐近线绘图）与 MATLAB 绘图，注意比较两者的差别。

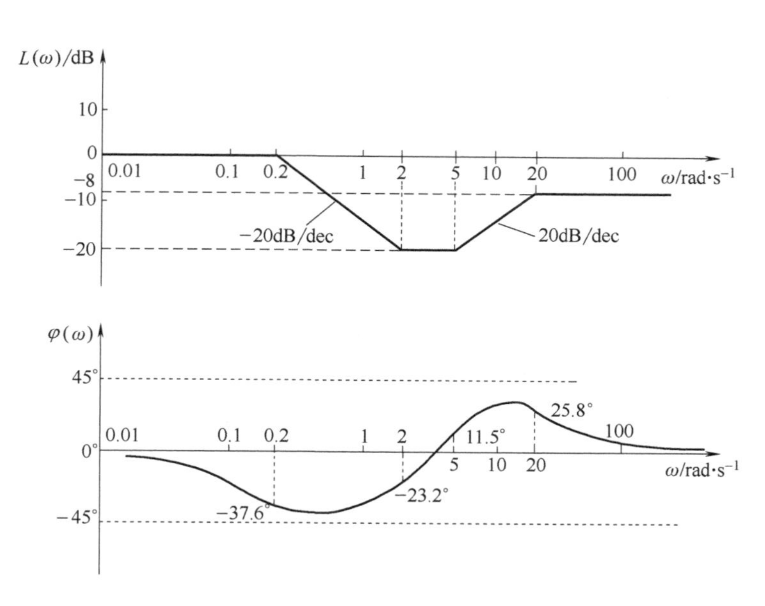

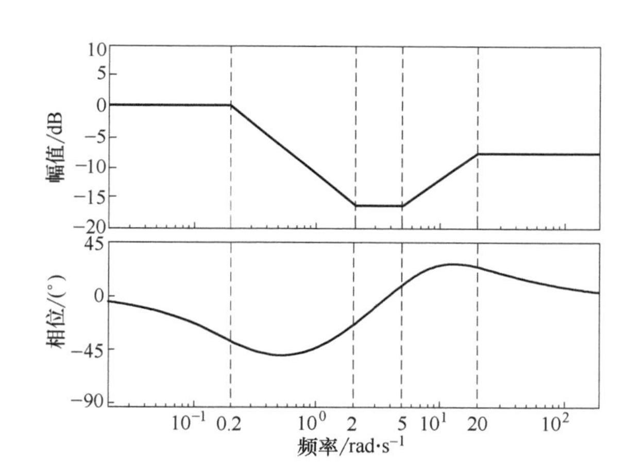

(7) 若以传递函数表达为 $G_c(s)=\dfrac{(\tau_1 s+1)(\tau_2 s+1)}{\tau_3 s}$，其中，$\tau_1=\dfrac{2K_D}{K_P-\sqrt{{K_P}^2-4K_IK_D}}$，$\tau_2=\dfrac{2K_D}{K_P+\sqrt{{K_P}^2-4K_IK_D}}$，$\tau_3=\dfrac{1}{K_I}$。当 $K_P=1.1$，$K_I=1$，$K_D=0.1$ 时，有

$$G_c(s)=\frac{(\tau_1 s+1)(\tau_2 s+1)}{\tau_3 s}=\frac{(s+1)(0.1s+1)}{s}$$

以下为参数取 $K_P=1.1$，$K_I=1$，$K_D=0.1$ 的手工绘图（幅频曲线采用渐近线绘图）与 MATLAB 绘图，注意比较两者的差别。

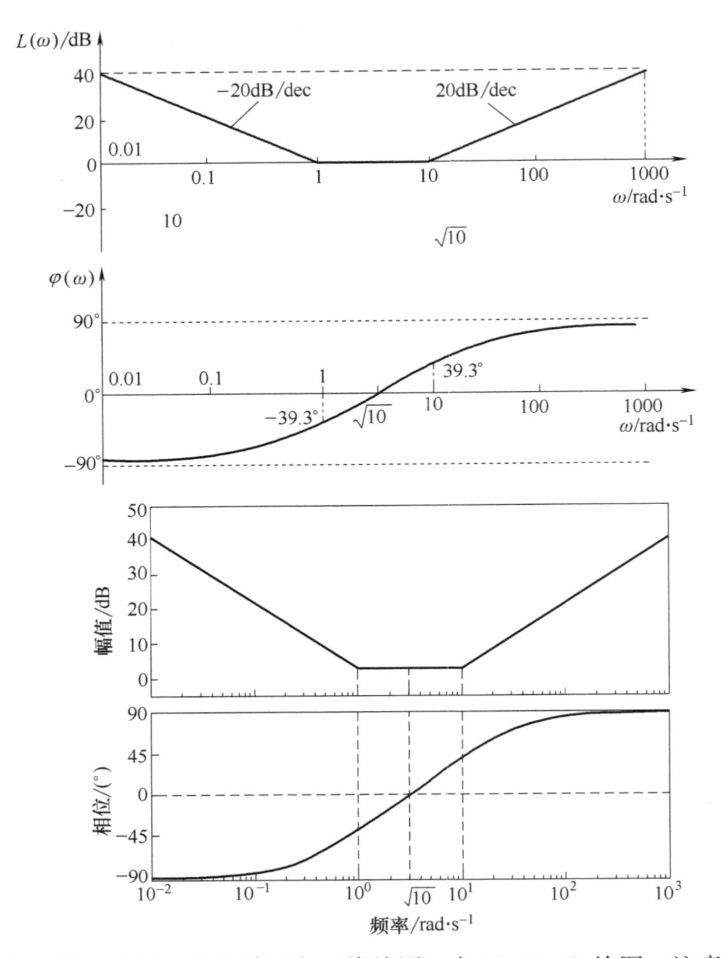

（8）以下为手工绘图（幅频曲线采用渐近线绘图）与 MATLAB 绘图，注意比较两者的差别。

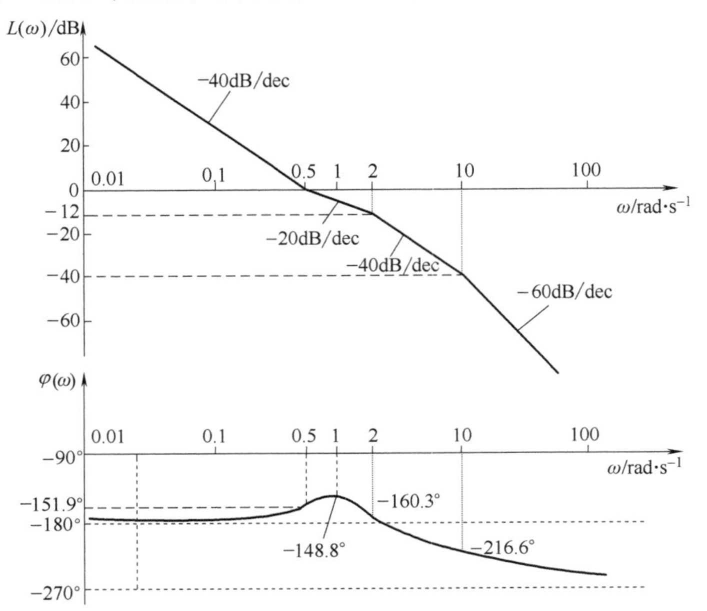

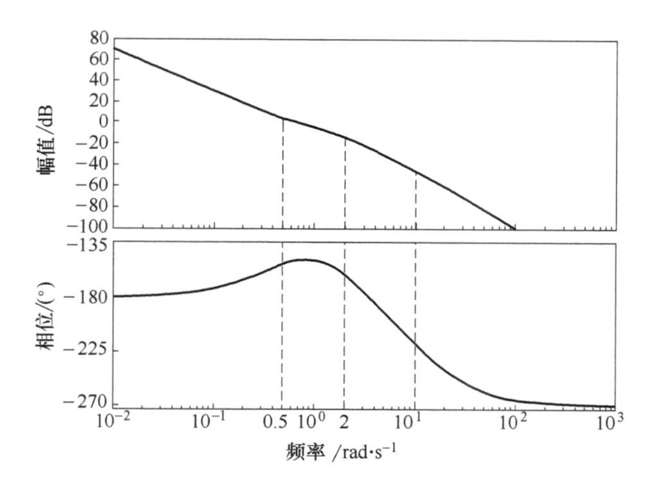

（9）以下为手工绘图（幅频曲线采用渐近线绘图）与 MATLAB 绘图，注意比较两者的差别。

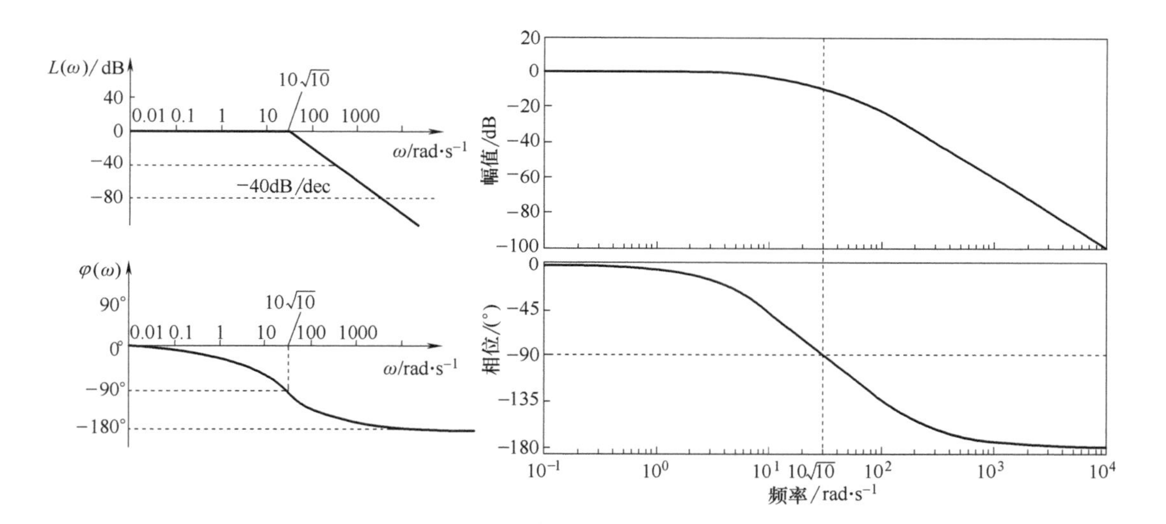

（10）以下为手工绘图（幅频曲线采用渐近线绘图）与 MATLAB 绘图，注意比较两者的差别。

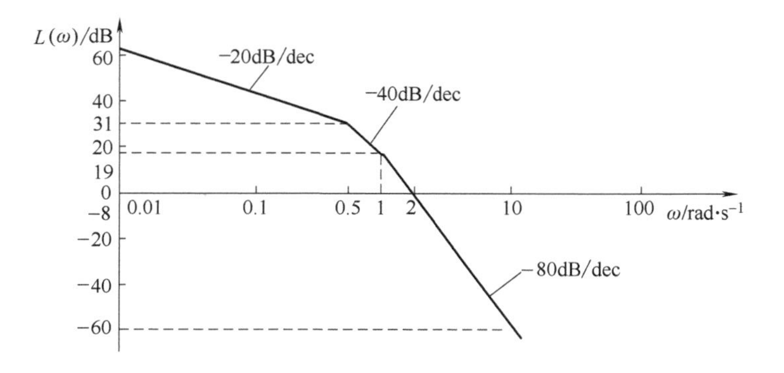

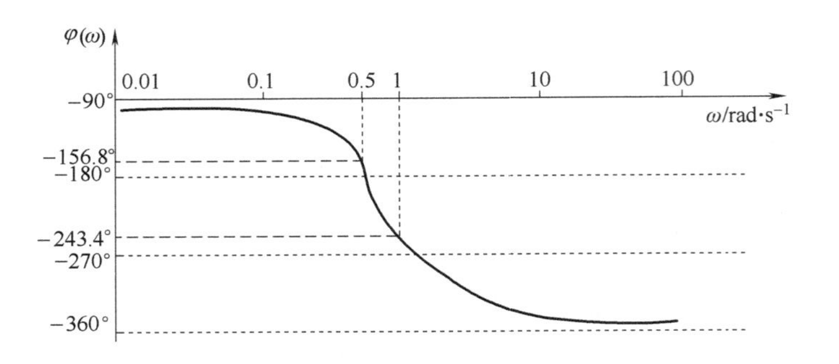

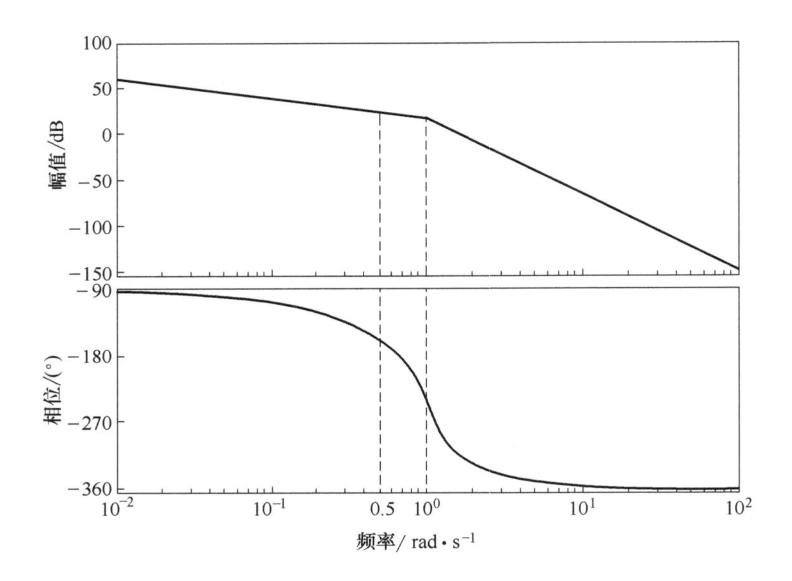

5-3 （1）当 $\omega=0\sim\infty$ 时，奈奎斯特图为起始于实轴上（1，j0）点、终止于原点的半圆。

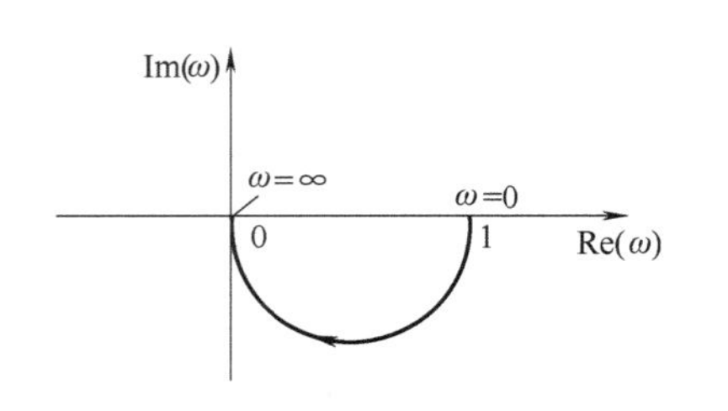

（2）当 $\omega=0\sim\infty$ 时，奈奎斯特图起始于与负虚轴平行的无穷远处（其无穷远处渐近线与实轴交点为-0.1），终止于原点。与负实轴无交点。

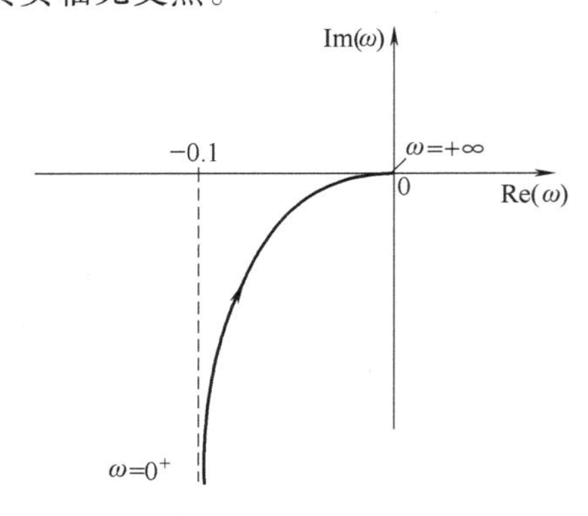

（3）当 $\omega=0\sim\infty$ 时，奈奎斯特图起始于实轴上点（1，j0），终止于原点。与负虚轴交点为（0，-j），此时 $\omega=10$。

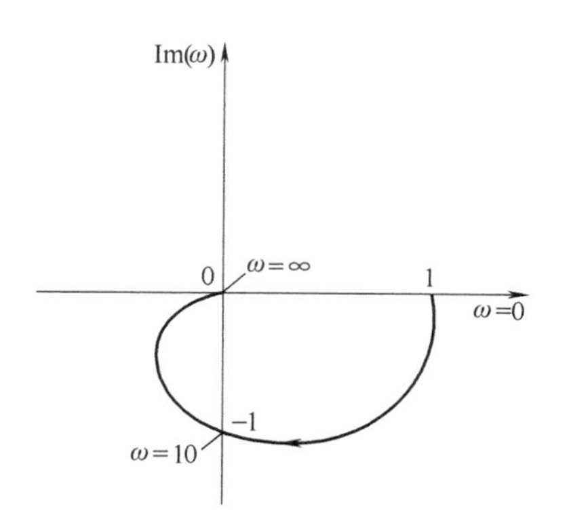

（4）当 $\omega=0\sim\infty$ 时，奈奎斯特图为起始于实轴上（1，j0）点、终止于（4，j0）点的半圆。

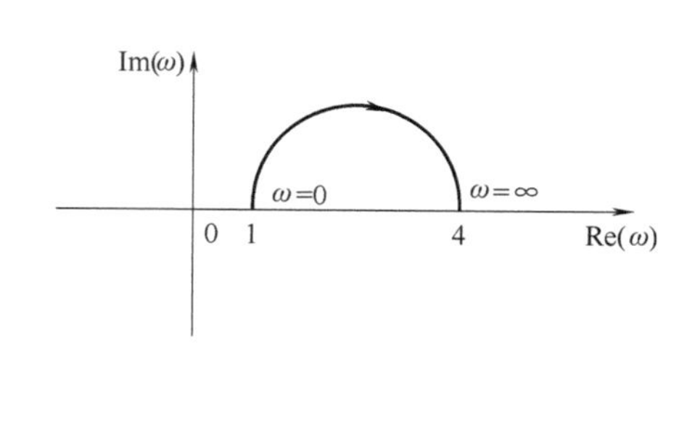

（5）当 $\omega=0\sim\infty$ 时，奈奎斯特图起始于与负虚轴平行的无穷远处（其无穷远处渐近线与实轴交点为-3），终止于原点。与负实轴交点（-0.42，j0），此时 $\omega=2\sqrt{5}$。

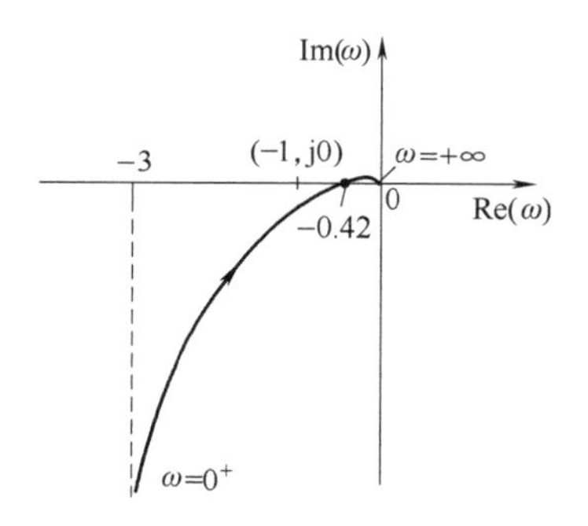

（6）当 $\omega=0\sim\infty$ 时，奈奎斯特图为起始于原点、终止于实轴上（k/T，j0）点的半圆。

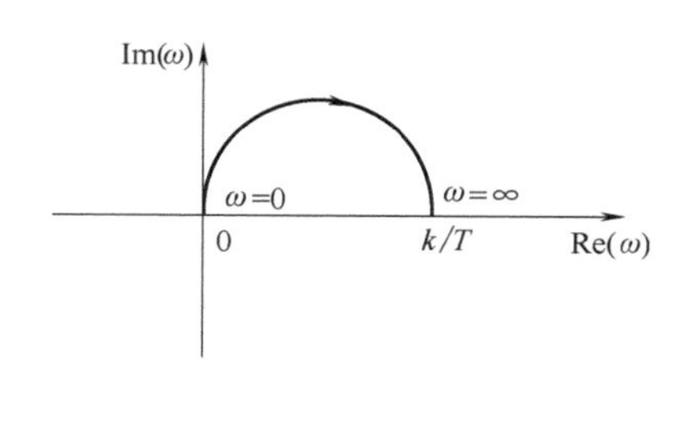

（7）当 $\omega=0\sim\infty$ 时，奈奎斯特图起始于负实轴的无穷远处，终止于原点，在负实轴上。

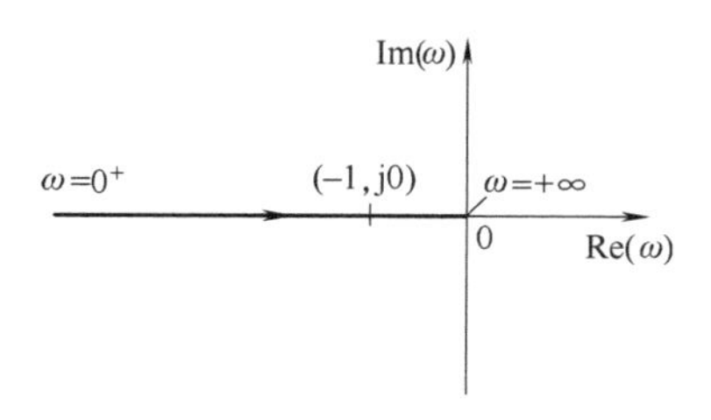

（8）当 $\omega=0\sim\infty$ 时，奈奎斯特图起始于与负实轴平行的无穷远处，终止于原点。与负实轴无交点。

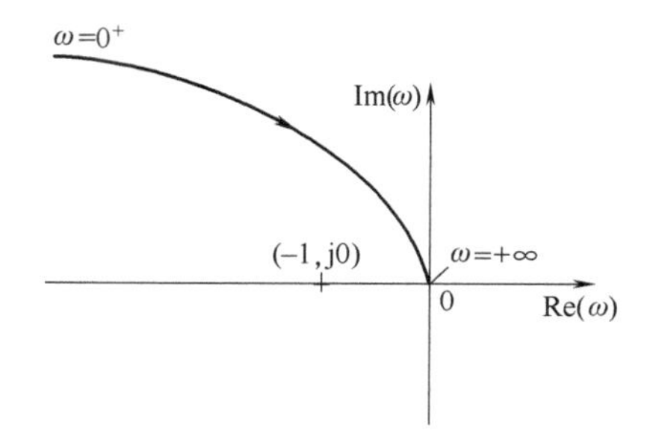

(9) 当 $\omega=0\sim\infty$ 时，奈奎斯特图起始于与负实轴平行的无穷远处，终止于原点。与负实轴交点（-0.06，j0），此时 $\omega=\sqrt{14}$。

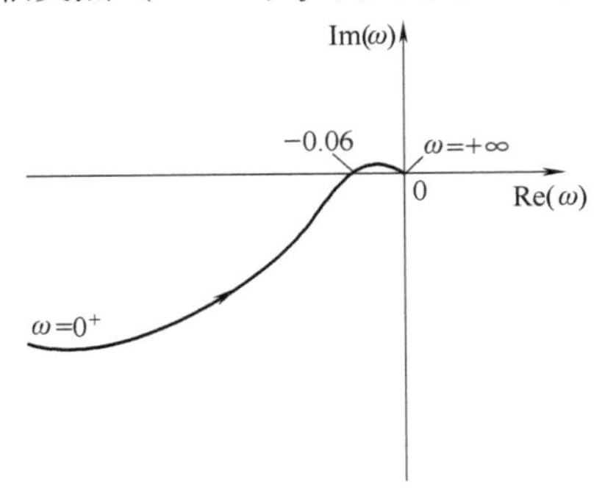

(10) 当 $\omega=0\sim\infty$ 时，奈奎斯特图起始于实轴上（1，j0）点，终止于实轴上（0.4，j0）点。与正实轴交点（0.14，j0），此时 $\omega=3.63$。

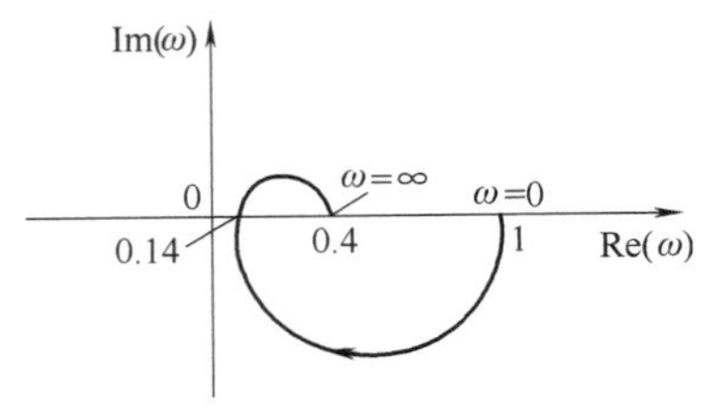

5-4 (1) $\dfrac{24}{7}$。 (2) $\dfrac{4}{165}$。

(3) 提示：$-90°-\omega\times\dfrac{180°}{\pi}-\arctan\omega-\arctan\dfrac{\omega}{2}=-180°$，

$\omega_g=0.665$，$|G(j\omega_g)|=1.79$。

5-5 (1) 其奈奎斯特图为如下半圆弧。

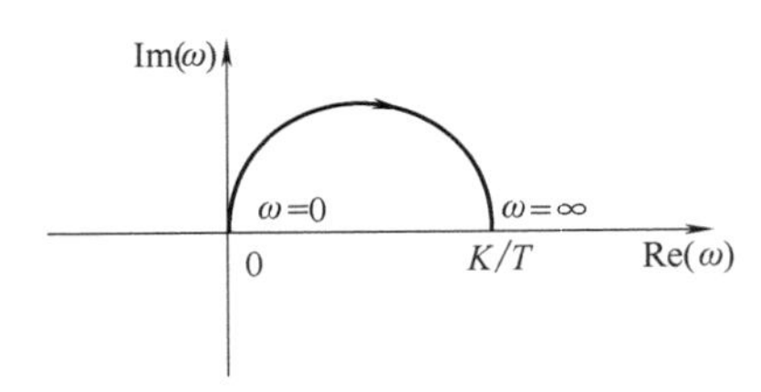

(2) 当参数 $T_1>T_2$，其奈奎斯特图如左下图半圆弧；当参数 $T_2>T_1$，其奈奎斯特图如右下图半圆弧。

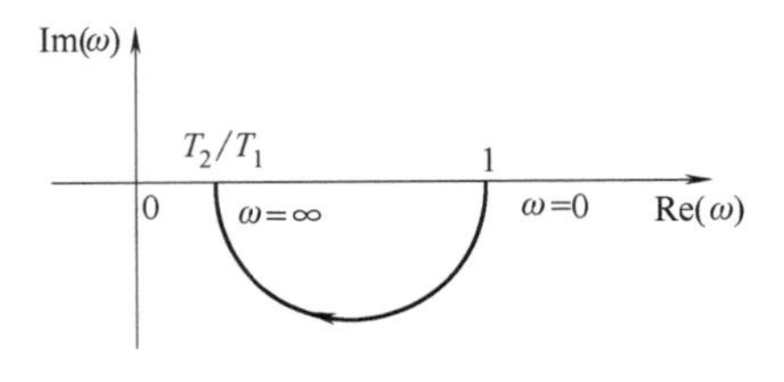

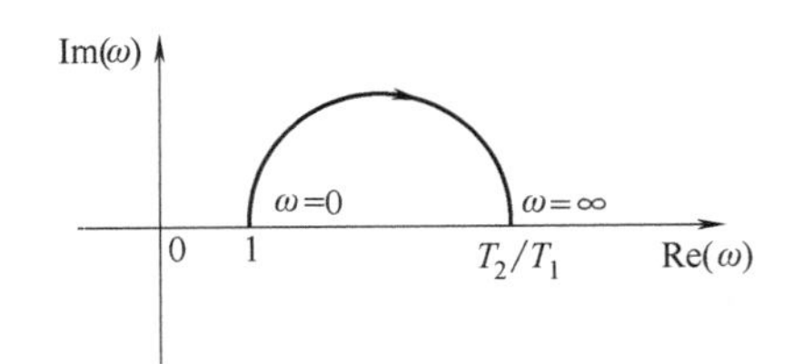

5-6 这里只给出奈奎斯特图。

(1) 当 $\omega=0\sim\infty$ 时，奈奎斯特图为起始于实轴上（-2，j0）点、终止于原点的半圆。

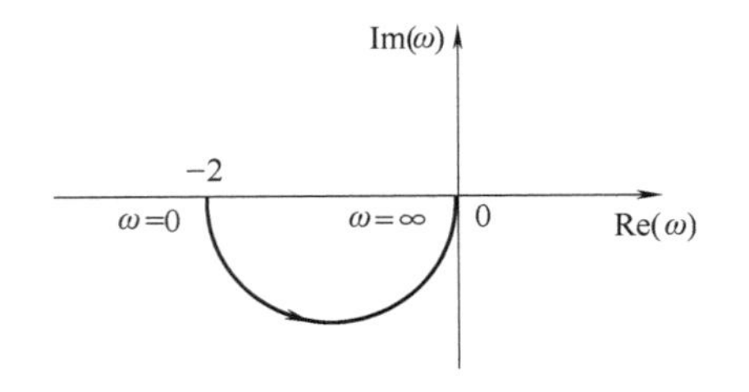

(2) 当 $\omega=0\sim\infty$ 时，奈奎斯特图为起始于原点、终止于实轴上（-4，j0）点的半圆。

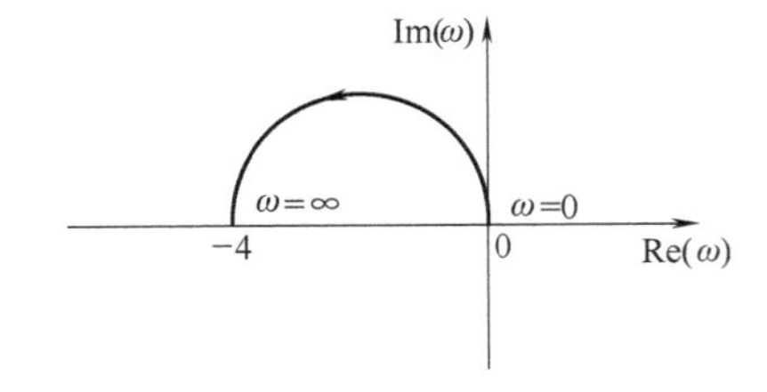

（3）当 $\omega=0\sim\infty$ 时，奈奎斯特图起始于与正虚轴平行的无穷远处，终止于原点。与负实轴交点（-8，j0），此时 $\omega=\sqrt{2}/2=0.707$。

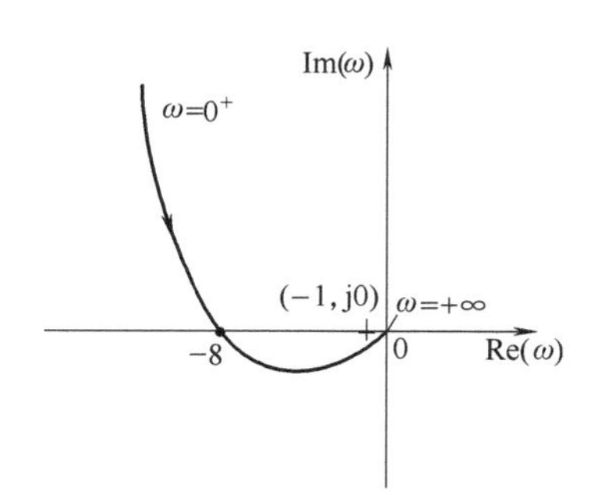

（4）当 $\omega=0\sim\infty$ 时，奈奎斯特图起始于与正虚轴平行的无穷远处（其无穷远处渐近线与实轴交点为-0.1），终止于原点。与正实轴交点（19.4，j0），此时 $\omega=1/\sqrt{68}=0.1213$；与负虚轴交点（0，$-1.3$j），此时 $\omega=1/\sqrt{5}=0.4472$。

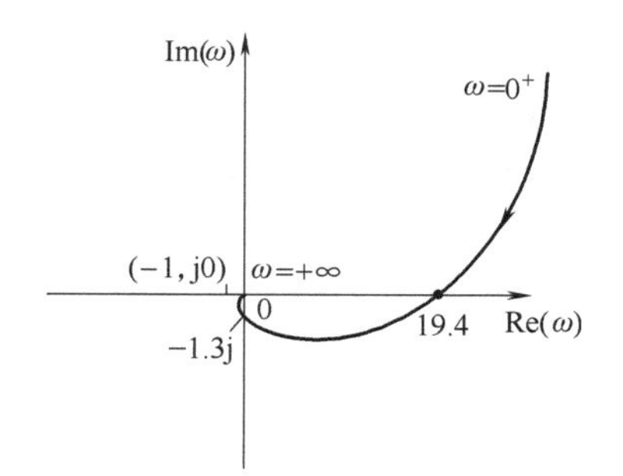

5-7　$T=0.02$。

5-8　$M_r=1.12$，$\omega_r=35.2\text{rad}\cdot\text{s}^{-1}$，$\omega_b=65.2\text{rad}\cdot\text{s}^{-1}$。

5-9　a）$G(s)=\dfrac{10}{0.1s+1}$。　　b）$G(s)=\dfrac{10(2s+1)}{(20s+1)(10s+1)}$。

c）$G(s)=\dfrac{50}{s(0.2s+1)}$。　　d）$G(s)=\dfrac{50}{s(0.2s+1)(0.02s+1)}$。

e）$G(s)=\dfrac{30\times47.92^2}{s^2+42.84s+47.92^2}$。　　f）$G(s)=\dfrac{100\times2500}{s(s^2+30s+2500)}$。

第 6 章

6-1　（1）稳定。（2）不稳定。

6-2　（1）$0<K<192.8$ 时稳定。（2）稳定。（3）$0<K<6.4$ 时稳定。

（4）不稳定。（5）不稳定。（6）$0.215<K<5.585$ 时稳定。

6-3　a）不稳定。b）稳定。

6-4　$K=4$，$a=\dfrac{3}{4}$。

6-5　（1）当 $\omega=0\sim\infty$ 时，其奈奎斯特图如下，过（-1，j0）点。$K_g=1$，系统临界稳定。

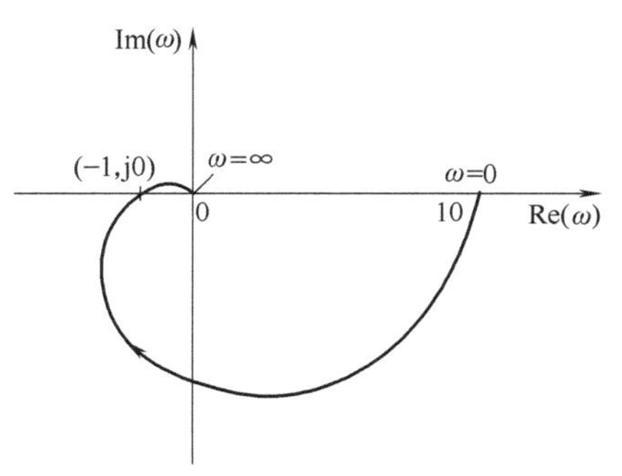

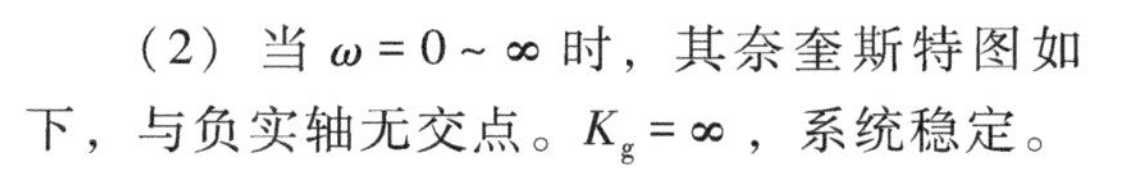
（2）当 $\omega=0\sim\infty$ 时，其奈奎斯特图如下，与负实轴无交点。$K_g=\infty$，系统稳定。

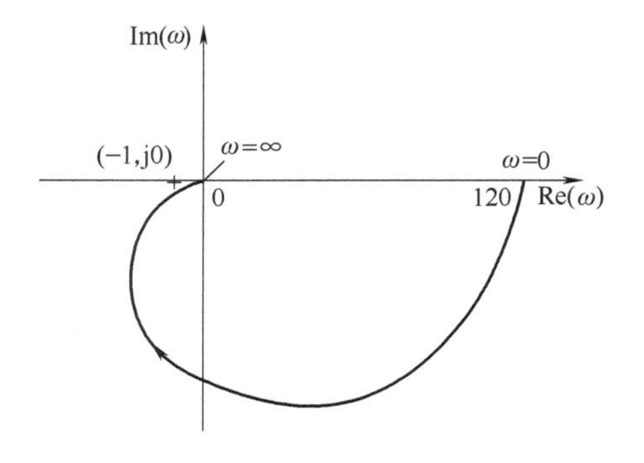

（3）当 $\omega=0\sim\infty$ 时，其奈奎斯特图如下，过（-1，j0）点。$K_g=1$，系统临界稳定。

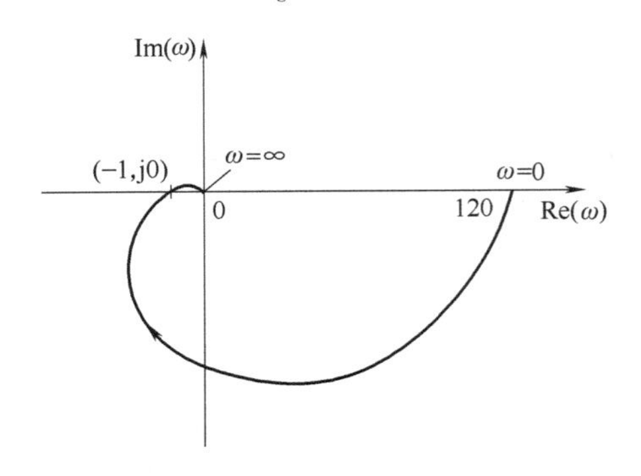

（4）当 $\omega=0\sim\infty$ 时，其奈奎斯特图如下，过（-1.2，j0）点。$K_g=\dfrac{5}{6}$，系统不稳定。

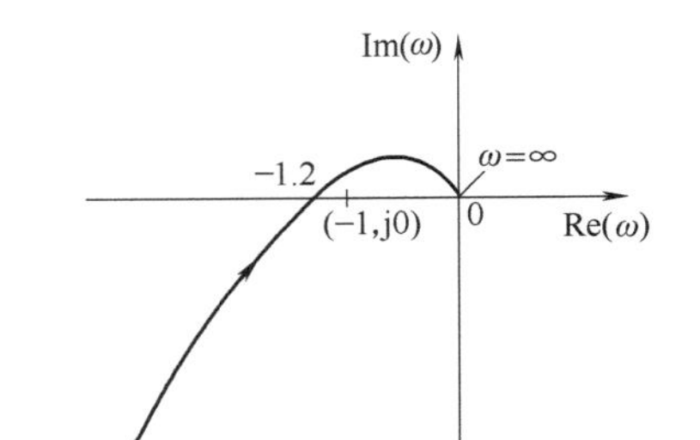

（5）当 $\omega=0\sim\infty$ 时，其奈奎斯特图如下，与负实轴无交点。$K_g=\infty$，系统稳定。

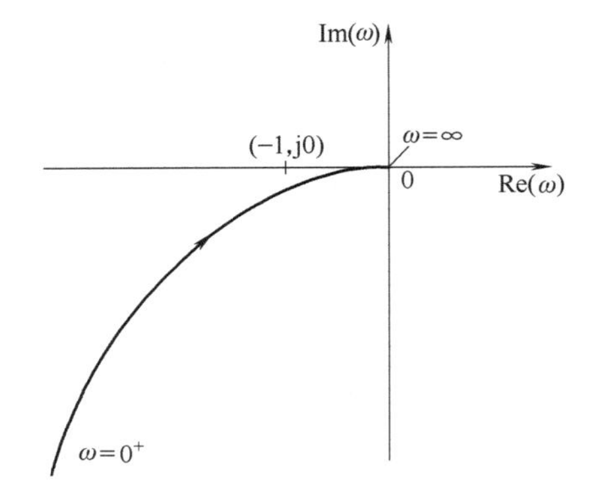

（6）当 $\omega=0\sim\infty$ 时，其奈奎斯特图如下，与负实轴无交点。$K_g=\infty$，系统稳定。

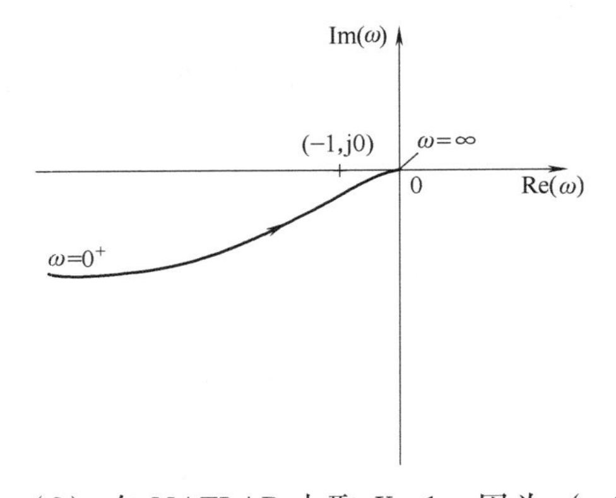

（7）当 $\omega=0\sim\infty$ 时，其奈奎斯特图如下，与负实轴无交点，但（-1，j0）点完全被包围。$K_g=0$，系统不稳定。

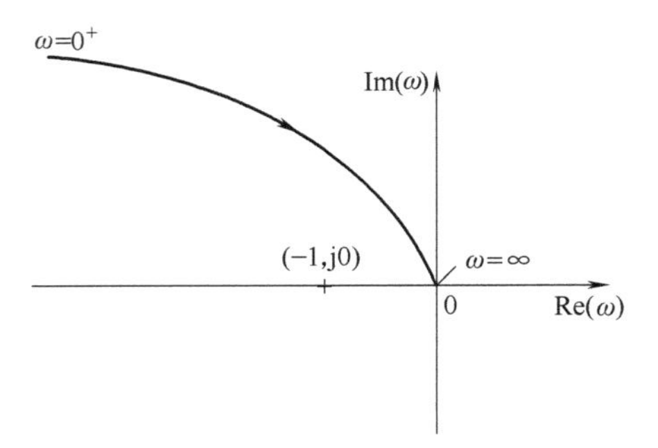

（8）在 MATLAB 中取 $K=1$，因为（-1，j0）点完全被包围，系统不稳定。

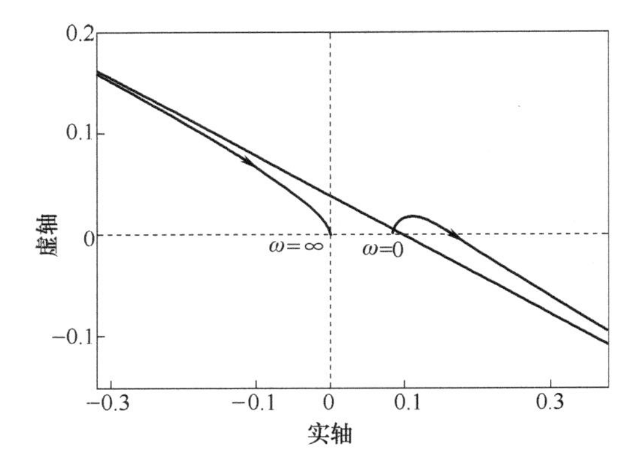

6-6　$\omega_g=\sqrt{14}\,\text{rad}\cdot\text{s}^{-1}$，$|G(\text{j}\omega_g)H(\text{j}\omega_g)|=0.0595K$。

6-7　$(T_1+T_2)>T_1T_2K$ 时，系统稳定。

6-8　$a=2^{-\frac{1}{4}}=0.84$。

6-9　（1）$K_g=-4.4\text{dB}$，$\gamma\approx-14.7°$。（2）$K_g=-\infty$，$\gamma\approx-26°$。

6-10　$K_g = 34\text{dB}$，$\gamma \approx 44°$。

6-11　$K_n = 0.1$。

6-12　解题思路：由 $\angle G(\mathrm{j}\omega_g) = -\omega_g \dfrac{180°}{\pi} - 90° - \arctan\omega_g = -180°$ 求得 ω_g，再代入幅值表达式 $|G(\mathrm{j}\omega_g)| = \dfrac{K}{\omega_g\sqrt{\omega_g^2+1}}$，令 $K=20$ 可求得奈奎斯特图与负实轴交点，由 $|G(\mathrm{j}\omega_g)| = \dfrac{K}{\omega_g\sqrt{\omega_g^2+1}} < 1$ 求得系统稳定的 K 取值范围。

6-13　各个根轨迹如图所示。

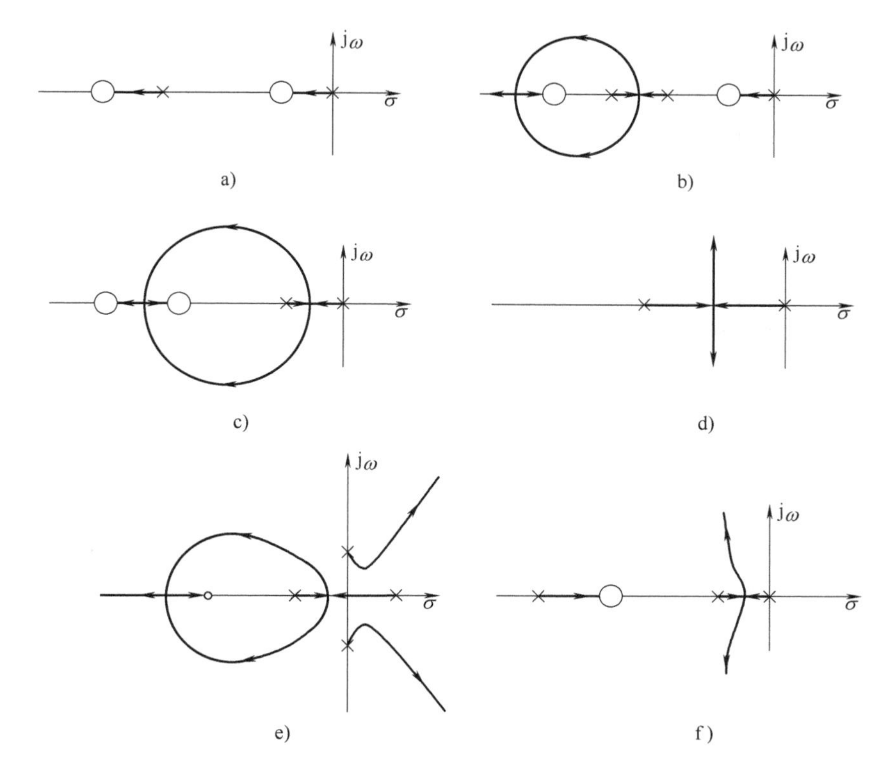

6-14　(1) 系统有 2 条根轨迹，如图所示。

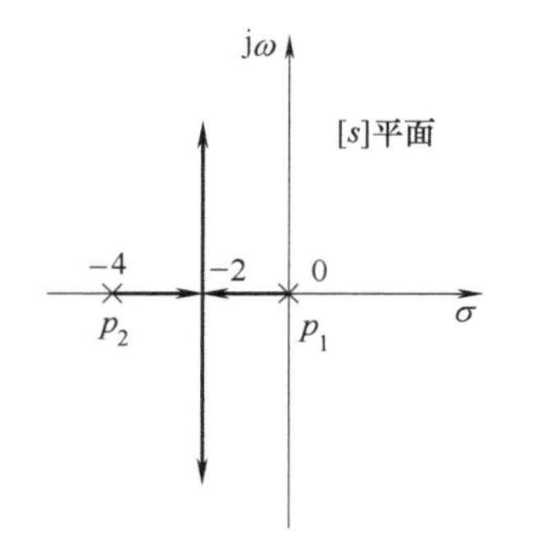

(2) 系统有 2 条根轨迹，均在实轴上，如图所示。

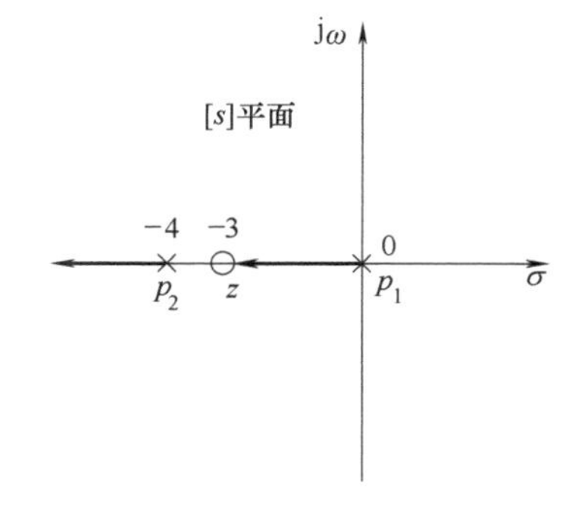

（3）系统有 2 条根轨迹，如图所示。

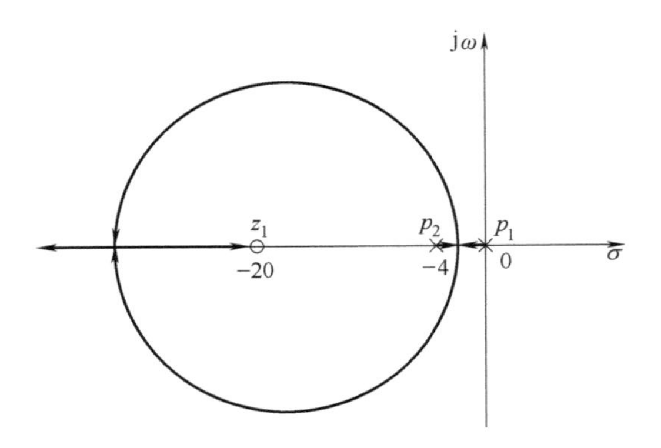

（2）系统有 2 条根轨迹，如图所示。K 无论取何值闭环系统都不稳定。

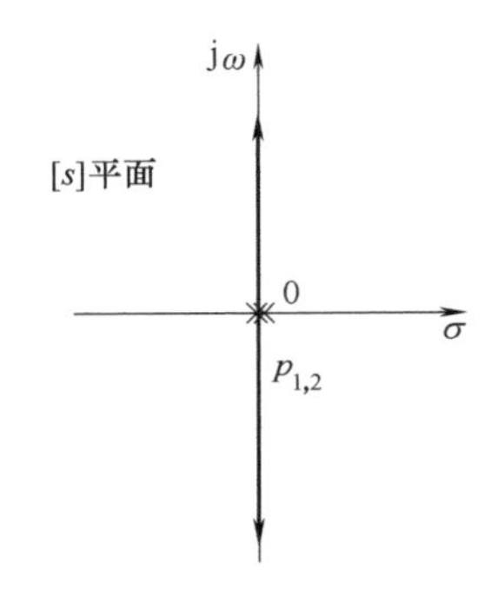

6-15 （1）系统有 3 条根轨迹，如图所示。当 $K \geqslant 11$ 时，闭环系统不稳定。

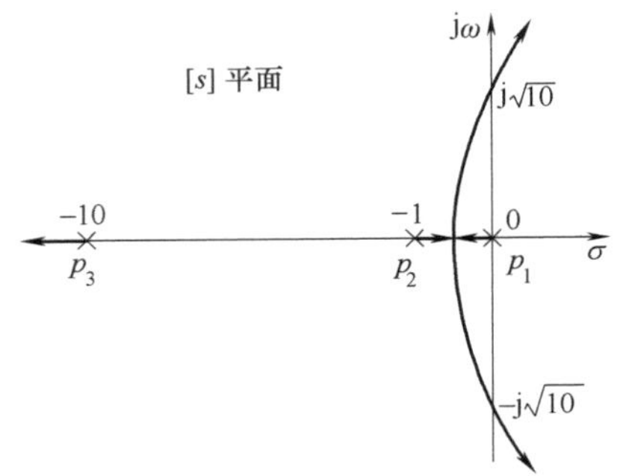

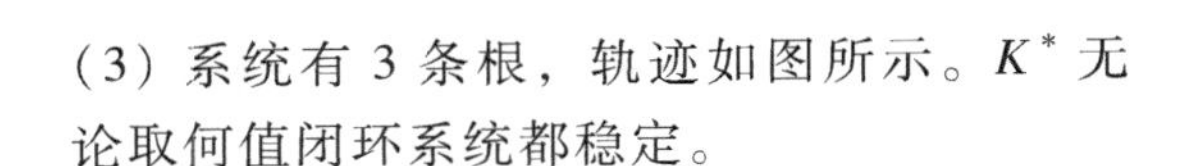
（3）系统有 3 条根，轨迹如图所示。K^* 无论取何值闭环系统都稳定。

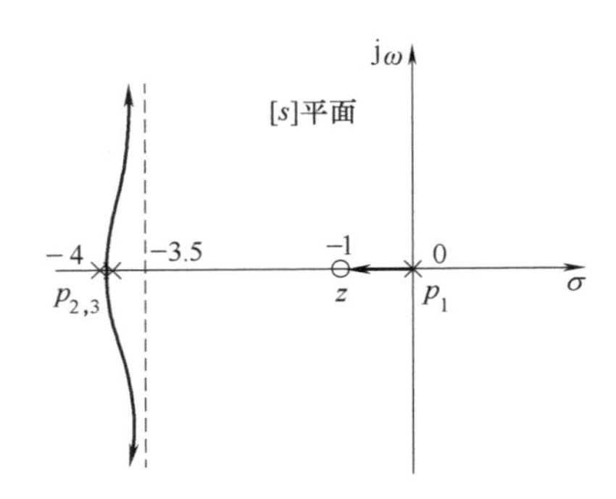

6-16 （1）系统有 3 条根轨迹，如图所示，其中左图为 MATLAB 绘图，右图为手工绘图。K^* 无论取何值闭环系统都稳定。

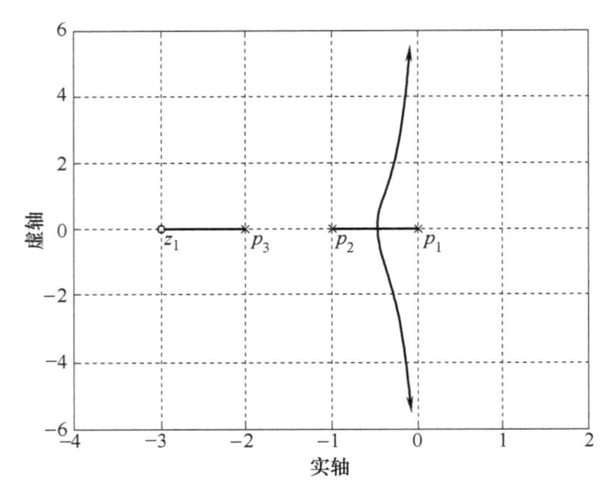

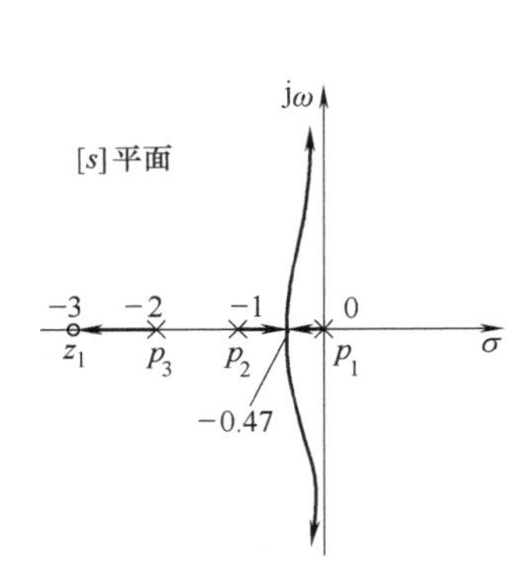

（2）当阻尼比等于 0.5 时，闭环主导极点 $p_{1,2}=-0.42\pm j0.72$，第三极点 $p_3=-2.166$，这时的开环增益 $K^*=0.75$。

6-17 未加零点时，根轨迹如下图，其中左图为 MATLAB 绘图，右图为手工绘图。无论增益为何值闭环都不稳定。

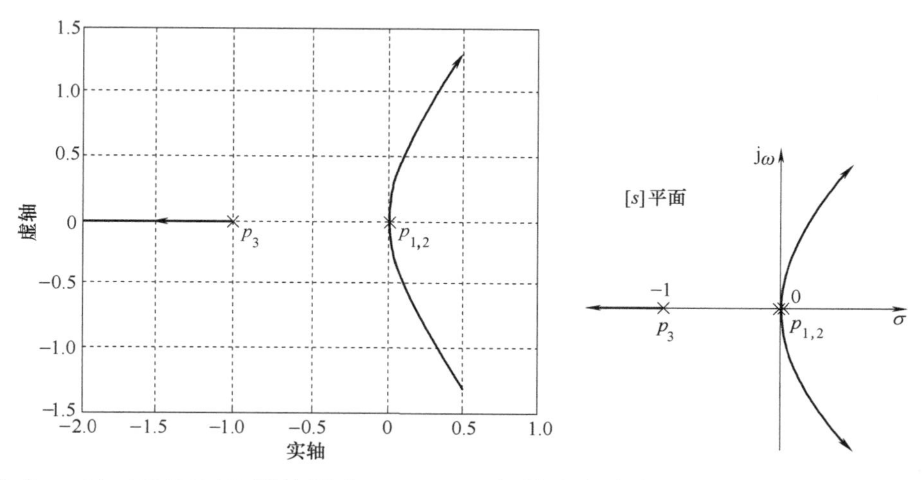

加零点$-a$ 时（MATLAB 所绘图中 $a=0.5$），根轨迹都在复平面的左半平面，闭环稳定。

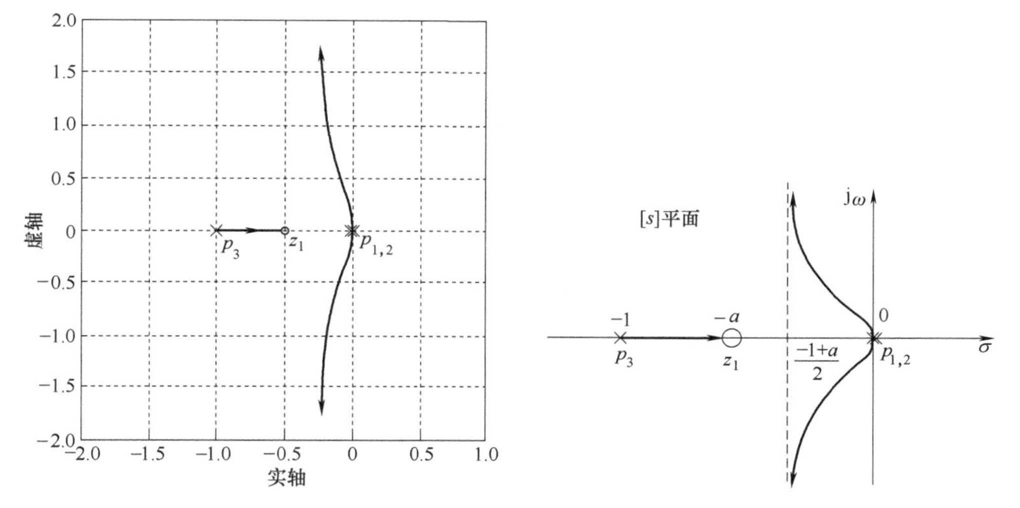

第 7 章

答案略。

参考文献

[1] 董霞，李天石，陈康宁．机械工程控制基础［M］．北京：机械工业出版社，2012.

[2] 董霞，陈康宁，李天石．机械控制理论基础［M］．西安：西安交通大学出版社，2005.

[3] 陈康宁．机械工程控制基础：修订本［M］．西安：西安交通大学出版社，1997.

[4] 阳含和．机械控制工程：上册［M］．北京：机械工业出版社，1986.

[5] OGATA K．现代控制工程：第五版［M］．卢伯英，佟明安，译．北京：电子工业出版社，2017.

[6] DORF R C，BISHOP R H．现代控制系统：第十三版　英文版［M］．北京：电子工业出版社，2018.

[7] 杨叔子，杨克冲，吴波，等．机械工程控制基础［M］．8 版．武汉：华中科技大学出版社，2017.

[8] 王积伟，吴振顺．控制工程基础［M］．3 版．北京：高等教育出版社，2019.

[9] 董景新，赵长德，郭美凤，等．控制工程基础［M］．5 版．北京：清华大学出版社，2022.

[10] 王积伟．控制理论与控制工程［M］．北京：机械工业出版社，2010.

[11] 孔凡才．自动控制系统及应用［M］．北京：机械工业出版社，2012.

[12] 孔祥东，姚成玉．控制工程基础［M］．4 版．北京：机械工业出版社，2019.

[13] 徐昕，李涛，伯晓晨，等．Matlab 工具箱应用指南：控制工程篇［M］．北京：电子工业出版社，2000.

[14] 龚剑，朱亮．MATLAB5．x 入门与提高［M］．北京：清华大学出版社，2000.

[15] 李献，骆志伟．精通 MATLAB/Simulink 系统仿真［M］．北京：清华大学出版社，2015.

[16] 程良，阳平华，李兴玉．MATLAB 2016 基础实例教程［M］．北京：人民邮电出版社，2019.

后　　记

经全国高等教育自学考试指导委员会同意，由机械及轻纺化工类专业委员会负责本书的审定工作。

本书由西安交通大学董霞副教授编写。

本书由西北工业大学王润孝教授担任主审，长安大学段晨东教授参审，他们提出了许多宝贵的修改意见，谨向他们表示诚挚的谢意。

本书通过了机械及轻纺化工类专业委员会最后审定。

全国高等教育自学考试指导委员会

机械及轻纺化工类专业委员会

2023 年 12 月